国家出版基金项目
NATIONAL PUBLICATION FOUNDATION

航天器轨道力学理论与工程应用

“十二五”国家重点图书出版规划项目

U0811687

航天器定轨理论与应用

刘　林　胡松杰
曹建峰　汤靖师　著

電子工業出版社
Publishing House of Electronics Industry
北京 • BEIJING

内 容 简 介

航天器定轨工作并不是一个简单的算法演绎和资料拟合的过程，必须在特定而恰当的力模型下，以轨道力学原理作为其理论依据，采用严格而实用的数学方法，才能获得真正符合力学背景并满足一定要求的运行轨道，以及与其相关的各类参数（包括航天器和空间力学环境所具有的参数）的呈现。

本书内容安排：第 1～2 章，介绍航天器定轨问题涉及的时空参考系和采用的数学模型，明确定轨问题的确切含义；第 3 章，介绍航天器定轨中采用的测量技术和数据处理方法；第 4 章，阐述航天器的初轨确定原理和方法；第 5～7 章，介绍精密定轨涉及的轨道力学基础；第 8～10 章，介绍精密定轨的具体方法及相应的计算流程。

本书将基础知识与实践应用相结合，并注重与具体航天背景之间的紧密联系，可作为航天测控领域相关应用系统的有关科技人员的参考书，也可作为航天测控领域研究生学习定轨问题的基础教材。

未经许可，不得以任何方式复制或抄袭本书之部分或全部内容。
版权所有，侵权必究。

图书在版编目（CIP）数据

航天器定轨理论与应用 / 刘林等著. —北京：电子工业出版社，2015.8
（航天器轨道力学理论与工程应用）
ISBN 978-7-121-26864-9

Ⅰ. ①航…　Ⅱ. ①刘…　Ⅲ. ①航天器轨道—确定　Ⅳ. ①V412.4

中国版本图书馆 CIP 数据核字（2015）第 180767 号

责任编辑：许存权　徐　静
特约编辑：钟志芳　谢忠玉
印　　刷：北京天宇星印刷厂
装　　订：北京天宇星印刷厂
出版发行：电子工业出版社
　　　　　北京市海淀区万寿路 173 信箱　邮编 100036
开　　本：720×1 000　1/16　印张：18.75　字数：360 千字
版　　次：2015 年 8 月第 1 版
印　　次：2025 年 7 月第 7 次印刷
定　　价：200.00 元

凡所购买电子工业出版社图书有缺损问题，请向购买书店调换。若书店售缺，请与本社发行部联系，联系及邮购电话：（010）88254888。

质量投诉请发邮件至 zlts@phei.com.cn，盗版侵权举报请发邮件至 dbqq@phei.com.cn。

服务热线：（010）88258888。

总　　序

本套著作将系统地总结天文与航天领域关于航天器轨道力学的理论、关键技术创新和工程应用等方面的研究成果，并以此作为凝聚人才、打造尖端科研人才和开展航天科技自主创新研究的重要知识平台。

全套著作包含航天工程事业发展中需要的轨道力学所涉及的各个方面，包括精确的天文参考系，各类航天器的轨道运行理论、计算方法，工程应用中的轨道设计、测量、跟踪与控制，以及科学应用等。核心部分是轨道力学理论与计算方法，其理论体系完备，方法实用，与工程实践联系紧密，著作中的主要理论与方法在我国多项航天任务中已得到了成功的应用。撰写组成员包括从事与航天工程有密切联系的教学和理论研究专家、多年来活跃在航天工程第一线的技术专家，既保证了这套著作的严密理论体系，又能满足我国航天事业发展的实际需求，为我国当前和未来的重大航天工程实施提供理论和技术支撑。

本套著作除总结了作者自 20 世纪 50 年代末以来多年的研究成果外，还涵盖了作者在南京大学、上海天文台、相关高校和航天工程等单位讲课所撰写的 10 多本教材的相关内容，全套著作共有以下四个分册：

（1）参考坐标系及航天应用

（2）卫星轨道理论与应用

（3）深空探测轨道理论与应用

（4）航天器定轨理论与应用

这是一套体系严密，同时具有基础性和实用性，符合我国航天工程实践的专著。

考虑到四个分册编写内容之间的联系和差别，以及便于读者阅读，在四个分册中对某些问题进行了必要的重复阐述，同一内容也会有不同的表述等，但仍保持了全套丛书体系的完整性。

刘　林

2014 年 12 月

序言一

刘林教授从事太阳系动力学与航天器轨道力学的教学与研究近 60 年，已出版卫星轨道力学方面的专著与教材 10 本，论文 260 多篇，并主持完成相关研究课题 40 多项，很多研究成果已成功地应用于航天任务中。

在我国航天器轨道与天体力学有关部门的专家中，许多人都受到过刘林教授的指导。目前，刘林教授仍然坚持在人才培养和航天器轨道理论与应用研究工作的第一线，不断取得研究成果。近年来又带领他的入室弟子——也是活跃在我国天文与航天领域的专家和青年骨干，完成了这套“航天器轨道力学理论与工程应用”著作，对各类航天器的运行轨道，从基本理论、各种外力作用下的解算方法，到重要结果蕴涵的动力学特征，都有详尽的论述，对航天器轨道设计，轨道测控和实际应用都有指导意义。该套著作理论清晰、方法具体、内容充实，是关于各类航天任务中有关轨道技术的重要指导和技术参考书，也是天文学，特别是天体测量、天体力学与航天动力学紧密结合的范本。

本套著作共分四个分册，首先阐明航天中所用的参考坐标系和有关常数，然后详细论述各种卫星的轨道理论与应用，再详细论述深空探测的轨道理论与应用；最后，论述航天器如何定轨。著作逻辑分明，结构清晰，可供从事航天轨道设计与应用的科技人员参考。

2015 年 2 月 14 日

序言二

进入 21 世纪以来，我国航天事业迎来了一个快速发展时期，载人航天工程和月球探测工程取得了重大突破，二代导航系统、高分辨率对地观测系统等工程正稳步推进。随着我国经济和科技实力的不断增强，进行深空探测，开展对火星、小行星以及其他太阳系内天体的探测又将是我国今后航天活动的一个重要方向。

航天器轨道动力学是航天科技的一项关键理论基础，是航天事业的重要技术支撑。航天器轨道动力学内容涉及天体力学、天体测量学、大地测量以及动力系统、估计理论等领域，是各类航天器轨道理论分析、预报和定轨计算的基础，同时也为航天器轨道维持与控制、各类轨道和星座设计及航天测控系统等多个领域的应用提供重要的理论支持。

本套著作系统地总结了近年来关于航天器轨道力学的理论研究、关键技术创新和工程应用等方面的研究成果，既包含了航天器轨道动力学的各种基础知识和重要理论，也体现了轨道动力学在目前一线航天任务中的重要应用。理论体系完备，与工程实践联系紧密，可为应用卫星、载人航天、深空探测等当前和未来重大航天工程提供技术支撑。

著作撰写组成员中有从事与航天工程有密切联系的教学和理论研究专家，有多年活跃在航天工程第一线的技术专家，著作中包含了专家多年来从事相关理论研究的经验和工程经验。著作的出版，既有利于航天器轨道动力学的应用，又能够进一步促进学术领域的研究发展。

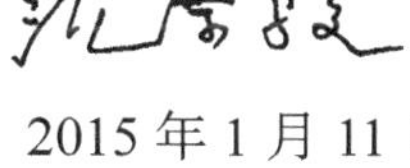

2015 年 1 月 11 日

引　言

随着航天技术的发展和太阳系探测的需求，从 20 世纪 50 年代人造地球卫星上天后，各类航天器相继升空，要保证航天器进入目标轨道后顺利地完成预定任务，就必须提供达到一定精度的运行轨道，因此，相应的轨道确定工作就成为航天领域的一项最基本的也是最重要的工作之一。

考虑到具体需求和阐述的方便，本书以人造地球卫星的轨道确定为主线展开论述，但其涉及的基本原理、数学模型的建立及具体处理方法等内容，同样适用于其他各类航天器，只是具体细节有所差异而已。

表达各类航天器轨道运动的基本状态量是：在所采用的空间坐标系中，相对中心天体的位置矢量 $\vec{r}$ 和速度矢量 $\dot{\vec{r}}$；若是环绕型探测器（即中心天体的卫星，如地球卫星），还可采用椭圆轨道根数（或称 Kepler 根数），常用符号 a,e,i,Ω,ω,M 来表示，其中 a 和 e 是轨道半长径和偏心率，表示椭圆的大小和形状，i 是轨道倾角，即轨道平面与坐标系基本平面（xy 坐标面，对地球卫星来说是赤道面）的夹角，Ω 是升交点经度（或升交点赤经），它是从 xy 坐标面上 x 轴方向（如春分点方向）沿坐标面向东计量到轨道升交点（即卫星从南到北与坐标面的交点）的一段弧，ω 是轨道上近星点的幅角，它是从升交点沿轨道（卫星运动方向）计量到近星点的一段弧，M 称为平近点角，是按卫星平运动 n 计算从近星点起量的一种近点角，即

$$M = n(t-\tau),\quad n = \sqrt{\mu}a^{-3/2}$$

其中，μ 是中心天体的引力常数，τ 是卫星过近星点的时刻。

关于基本状态量的选择，这里有一点要说明：如果需要定轨软件适用于各类航天器，包括环绕型的卫星轨道和“非环绕型”的转移轨道（可以是椭圆轨道，亦可以是双曲线轨道），那么航天器的位置矢量和速度矢量 $(\vec{r},\ \dot{\vec{r}})$ 显然是基本状态量的唯一选择对象，如有需要，可以将定轨结果转换成相应的轨道根数。

如果定轨对象是环绕型探测器，可以采用椭圆轨道根数作为基本状态量，但由于对目标天体探测的需要，中低轨卫星的轨道偏心率 e 通常较小，相应的 ω 和 M 两

根数难以确定，为了使相应的方法和计算公式能适用于各种偏心率$(0 \leqslant e < 1)$，通常采用另一类根数，即消除小偏心率困难（适用于$0 \leqslant e < 1$）的无奇点根数，即

$$a, \quad i, \quad \Omega, \quad \xi = e\cos\omega, \quad \eta = e\sin\omega, \quad \lambda = M + \omega$$

对于高轨卫星（如地球同步卫星），还会遇到偏心率e和轨道倾角i都很小的情况，此时除ω和M外，Ω亦难以确定，这将采用另一类同时消除小偏心率和小倾角困难（即适用于$0 \leqslant e < 1$和$0 \leqslant i < 180°$）的无奇点根数，即

$$a, \quad h = \sin\frac{i}{2}\cos\Omega, \quad k = \sin\frac{i}{2}\sin\Omega, \quad \xi = e\cos\tilde{\omega}, \quad \eta = e\sin\tilde{\omega}, \quad \lambda = M + \tilde{\omega}$$

$$\tilde{\omega} = \omega + \Omega$$

通常称上面两式定义的根数分别为第一类和第二类无奇点根数。

关于常数系统，除一套天文常数外，主要涉及各力学因素对应的物理参数，如地球引力场参数，它与测站坐标系统有关，相应的选择应该是一个自洽系统。

目　录

第 1 章　航天器运动的定轨和预报问题

1.1　定轨和预报中时空参考系的选择

航天器的轨道运动是一个动力学问题，处理一个具体的动力学问题，首先需要选择适当的时空参考系。太阳系探测中，各类航天器的运行轨道将涉及地球参考系、月球参考系、各大行星参考系及日心参考系等。在定轨工作的具体计算中，首先要确定的就是时空参考系。关于太阳系中基本参考系的有关内容，在本系列专著“航天器轨道力学理论与工程应用”的第一本——《参考坐标系及航天应用》（黄珹、刘林著）[1] 中已作了全面的论述，特别是第 3、4 和 8 章，阐述了天文参考系与航天应用的联系，本书将直接引用相关内容，但为了使读者能够顺畅地阅读本书，在某些章节中会有必要的“重复”。

1.1.1　参考系的一些基础知识[1~3]

参考系包括：①一套理论和数据处理方法；②一组模型和常数；③一个对应的参考架。例如，目前国际上通用的 IERS（International Earth Rotation and Reference System Service）的国际天球参考系（ICRS）包括：①IERS 的天球参考架，即国际天球参考架（ICRF）；②确定该参考架所采用的一组模型常数，即 IERS 规范；③确定该参考架参考点（河外射电源或光学对应体）坐标值的一套理论和数据处理方法。参考系是多方因素组成的系统，例如国际天球参考系（ICRS），它的原点在太阳系的质心，采用一组精确测量的河外射电源的坐标实现其坐标轴的指向，其基本平面（*XY* 平面）接近 J2000.0 平赤道，*X* 坐标轴指向接近 J2000.0 平春分点。

与参考系对应的坐标系是用于描述物体位置、运动和姿态的一种数学工具。对于欧氏空间，坐标系的定义包括三个要素：坐标原点的位置、坐标轴的指向、坐标尺度。坐标系是理论定义的，因而没有误差可言。坐标系之间的转换关系包括坐标原点间的平移、坐标轴方向的旋转及坐标尺度的调整。

参考架是数学上定义的坐标系的物理实现，它通过一定数量的物理点的标定坐标来实现，由标定了坐标值的一组物理点组成的框架称为参考架。国际天球参考架（ICRF）作为国际天球参考系（ICRS）的实现，由一组精确测量的河外射电源的坐标实现其坐标轴的指向，并确定了 212 颗定义源作为定标的基准和坐标网格，这些河外射电源非常遥远，因此可以自行忽略。尽管如此，射电源的结构不稳定，仍会导致参考架的不稳定，因此需要长期监测。而在光学波段由依巴谷星表（Hipparcos）给予实现，并将其命名为依巴谷天球参考架（HCRF）。有了参考架，其他天体的位置可以相对于这个框架加以描述，天体的位置及其变化才有真正定量的描述。

总之，坐标系是理论概念的数学表示，参考架是坐标系的物理实现，参考系是包含理论概念和物理实体（参考架）的综合系统。

尽管参考系与坐标系在概念上有所区别，但在航天应用中，并在不引起误解的情况下，一般就混用参考系与坐标系这两种称谓。

对于航天应用来说，有两个基本坐标系是必需的，即基本天球坐标系和基本地球坐标系。基本天球坐标系用于描述航天器或太阳系各天体的位置和运动，基本地球坐标系用于描述地球探测器的位置和运动及基于地球的观测描述。

为描述天体和航天器在空间的位置和运动，需要在空间定义这样一个坐标系：其原点在太阳系（或地球）质心，坐标标架相对于遥远的天体背景的整体没有旋转。如果这样的坐标系得以实现，就认为，相对于这个坐标系所描述的物体的运动属于该物体本身相对于太阳系质心系（或地心系）的运动。通常将符合这种要求的天球赤道坐标系称为基本天球坐标系，并用符号 FCCS（Fundamental Celestial Coordinate System）表示。其他各种在实际应用中导出的天球坐标系都要与基本天球坐标系发生联系。

同时，为描述测站在地球上的位置和运动，需要在地球本体内定义这样一个坐标系：其原点在地球总质量（含流体部分）的质心，其标架相对于地球的平均岩石圈整体没有旋转。如果这样的坐标系得以实现，就认为，相对于这个坐标系描述的测站的运动属于该测站自身的运动，而这个坐标系相对于基本天球坐标系的运动是地球质心的平动和绕质心的自转运动。本套专著就将符合这种要求的地球赤道坐标系称为基本地球坐标系，并用符号 FTCS （Fundamental Terrestrial Coordinate System）表示。其他各种在实际应用中导出的地球坐标系都要与基本地球坐标系建立联系。

基本天球坐标系（FCCS）和基本地球坐标系（FTCS），它们的基本面（或基本方向）都和地球的动力学平面（或动力学轴）相联系。由于地球的各动力学轴的方向（自转角速度方向、自转角动量方向、最大惯量矩方向和轨道角动量方向）无论相对于空间还是相对于地球本体都存在着复杂的运动，为实现基本坐标系，需要精确描述瞬时动力学轴的运动规律，给出瞬时坐标系和基本坐标系间的转换关系，这在本套专著第一本《参考坐标系及航天应用》[1]的第 3、4 章和第 5 章中有详细介绍，本书只是从实际应用角度直接引用。

上述基本坐标系只是一个理想的物理定义，而依赖实体参考架实现的是全局的国际天球参考系（ICRS）和局部的地心天球参考系（GCRS），前者坐标原点在太阳系质心，而后者的坐标原点从太阳系质心移至地球质心。还有国际地球参考系（ITRS），它是一种协议地球参考系（CTRS），即通常所说的地固参考系，目前仍符合 WGS84 地球引力场系统。

特别要说明一点：考虑到参考系的延续性，ICRS 的坐标轴与 FK5 参考系在 J2000.0 历元需尽量保持接近。ICRS 的基本平面由 VLBI 观测确定，它的极与动力学参考系的极之间的偏差大约为 20 mas，导致这个偏差的原因比较复杂。ICRS 和 FK5 参考系（即 J2000.0 平赤道参考系）的关系由三个参数决定：天极的偏差 ξ_0 和 η_0 及经度零点差 $d\alpha_0$。其值分别为

$$\begin{cases}\xi_0 = -16.617 \pm 0.010\ \text{mas} \\ \eta_0 = -\ 6.819 \pm 0.010\ \text{mas} \\ d\alpha_0 = -14.6\ \ \pm 0.5\ \text{mas}\end{cases} \tag{1.1}$$

于是 ICRS 和 J2000.0 平赤道参考系的关系可以写为

$$\vec{r}_{\text{J2000}} = \boldsymbol{B}\vec{r}_{\text{ICRS}} \tag{1.2}$$

其中，常数矩阵 $\boldsymbol{B} = \boldsymbol{R}_1(-\eta_0)\boldsymbol{R}_2(\xi_0)\boldsymbol{R}_3(d\alpha_0)$，称为参考架偏差矩阵，由三个小角度旋转组成；$\vec{r}_{\text{J2000}}$ 和 $\vec{r}_{\text{ICRS}}$ 是同一个单位矢量在不同参考系中的表示。在目前航天领域中，上述参考架偏差甚小，通常无须考虑，因此，本书将不再区分 ICRS 和 FK5 参考系，都理解为 J2000.0 平赤道参考系。那么，基本参考系就归结为：ICRS、GCRS 和 ITRS，即国际天球参考系、地心天球参考系和地固参考系。

1.1.2　时间系统与儒略日[1~4]

1．质心力学时（*TDB*）和地球时（*TT*）

在上述天球和地球两个参考系中，用作历表和动力学方程的时间变量基准是质

心力学时（Barycentric Dynamical Time，*TDB*）和**地球时**（Terrestrial Time，*TT*）。关于地球时，曾经称为地球动力学时（*TDT*），1991 年后改称为地球时（*TT*）。两种动力学时的差别是由相对论效应引起的，它们之间的转换关系由引力理论确定。就实际应用而言，在 2000 年 IAU 决议给出了两者之间的转换公式，即

$$TDB = TT + 0^{\mathrm{s}}.001\,657\ \sin g + 0^{\mathrm{s}}.000\,022\ \sin\left(L - L_J\right) \tag{1.3}$$

其中，g 是地球绕日运行轨道的平近点角，$\left(L - L_J\right)$是太阳平黄经与木星平黄经之差，可由下式计算，即

$$\begin{cases} g = 357^{\circ}.53 + 0^{\circ}.985\,600\,28\ t \\ L - L_J = 246^{\circ}.00 + 0^{\circ}.902\,517\,92\ t \end{cases} \tag{1.4}$$

$$t = JD(t) - 2451545.0 \tag{1.5}$$

其中，$JD(t)$是时刻t对应的儒略日，其含义将在本节最后介绍。式（1.1）的适用时段为 1980—2050 年，误差不超过$30\mu\mathrm{s}$（微秒）。在地面附近，如果精确到毫秒量级，则近似值为

$$TDB = TT \tag{1.6}$$

在新的时空参考系下，已采用 IAU 2009 天文常数系统（见《参考坐标系及航天应用》[1]一书的第 3 章 3.5 节），其中天文单位 au 采用了 IAU 2012 年决议，它与长度单位 m（米）直接联系起来，不再沿用过去的相对定义方法，该值就是 IAU 2009 天文常数系统中的值，即

$$1\mathrm{au}{=}1.495\,978\,707\,00 \times 10^{11}\,\mathrm{m} \tag{1.7}$$

2．地球时间系统

关于时间基准，具体实现地球时（*TT*）的是原子时。用原子振荡周期作为计时标准的原子钟出现于 1949 年。1967 年第十三届国际度量衡会议规定铯 133 原子基态的两个超精细能级在零磁场下跃迁辐射振荡 9 192 631 770 周所持续的时间为一个国际制秒，作为计时的基本尺度。以国际制秒为单位，1958 年 1 月 1 日世界时 0 时为原点的连续计时系统称为原子时，简写为 *TAI*（法文 Temps Atomique International 的缩写）。从 1971 年起，原子时由设在法国巴黎的国际度量局（BIPM）根据遍布世界各地的 50 多个国家计时实验室的 200 多座原子钟的测量数据加权平均得到并发布。原子时和地球时只有原点之差，两者的换算关系为

$$TT = TAI + 32^{\mathrm{s}}.184 \tag{1.8}$$

原子时是当今最均匀的计时基准，其精度已接近$10^{-16}\mathrm{s}$（秒），10 亿年内的误差不超过 1s。

在地球上研究各种天体（包括各类人造天体）的运动问题，既需要一个反映天体运动过程的均匀时间尺度，又需要一个反映地面观测站位置（与地球自转有关）的测量时间系统。采用原子时作为计时基准前，地球自转曾长期作为这两种时间系统的统一基准。但由于地球自转的不均匀性和测量精度的不断提高，问题也复杂化了，既要有一个均匀时间基准，又要与地球自转相协调（联系到对天体的测量）。因此，除均匀的原子时计时基准外，还需要一个与地球自转相连的时间系统，以及如何解决两种时间系统之间的协调机制。

（1）恒星时（ST）。春分点连续两次过中天的时间间隔称为一“恒星日”，那么，恒星时就是春分点的时角，它的数值 S 等于上中天恒星的赤经 α，即

$$S=\alpha \tag{1.9}$$

这是经度为 λ（不要与黄经混淆）处的地方恒星时。与下述世界时密切相关的格林尼治（Greenwich）恒星时 S_G 为

$$S_G=S-\lambda \tag{1.10}$$

格林尼治恒星时有真恒星时（GST）与平恒星时（GMST）之分。恒星时是由地球自转所确定，那么地球自转的不均匀性就可通过它与均匀时间尺度的差别来测定。

（2）世界时（UT）。与恒星时相同，世界时也是根据地球自转测定的时间，以平太阳日为单位，1/86 400 平太阳日为秒长。根据天文观测直接测定的世界时，记为 $UT0$，对应于瞬时极的子午圈。加上引起测站子午圈位置变化的地极移动（极移）的修正，就得到对应平均极的子午圈的世界时，记为 $UT1$，即

$$UT1=UT0+\Delta\lambda \tag{1.11}$$

$\Delta\lambda$ 是极移改正量。

由于地球自转的不均匀性，$UT1$ 并不是均匀的时间尺度。而地球自转的不均匀性呈现三种特性：长期慢变化（每百年使日长增加 1.6μs）、周期变化（主要是季节变化，一年里日长约有 0.001s 的变化，除此之外还有一些影响较小的周期变化）和不规则变化。这三种变化不易修正，只有周年变化可根据多年实测结果给出的经验公式进行改正，改正值记为 ΔT_s，由此引进世界时 $UT2$，即

$$UT2=UT1+\Delta T_s \tag{1.12}$$

相对而言，这是一个比较均匀的时间尺度，但它仍包含着地球自转的长期变化和不规则变化，特别是不规则变化，其物理机制尚不清楚，至今无法改正。

周期项 ΔT_s 的振幅并不大，而 $UT1$ 又直接与地球瞬时位置相关联，因此，对于过去一般精度要求不太高的问题，就用 $UT1$ 作为统一的时间系统。而对于高精度问题，即使 $UT2$ 也不能满足，必须寻求更均匀的时间尺度，故有必要引进原子时

（TAI）作为计时基准。

国际原子时作为计时基准（TAI）的起算点靠近 1958 年 1 月 1 日的 $UT2$ 的 0 时，有

$$(TAI-UT2)_{1958.0}=-0^{s}.0039 \tag{1.13}$$

因上述原子时（TAI）是在地心参考系中定义的具有国际单位制秒长的坐标时间基准，从 1984 年起，它就取代历书时（ET）正式作为动力学中所要求的均匀时间尺度。由此引入地球动力学时（TDT），1991 年后改称地球时（TT），它与原子时（TAI）的关系是根据 1977 年 1 月 1 日 $00^{h}00^{m}00^{s}$（TAI）对应 TDT 为 1977 年 1 月 $1^{d}.000\,372\,5$ 而来。此起始历元的差别就是该时刻历书时与原子时的差别，这样定义起始历元就便于用 TT 系统代替 ET 系统。

（3）协调世界时（UTC）。有了均匀的时间系统，只能解决对精度要求日益增高的历书时的要求，也就是时间间隔对尺度的均匀要求，但它无法代替与地球自转相连的不均匀的时间系统，必须建立两种时间系统的协调机制，这就引进了协调世界时（UTC）。尽管这带来一些麻烦，国际上一直有各种争论和建议，但至今仍未定论，结果仍是保留两种时间系统，因它们各有各的用途。

上述两种时间系统，00.0000000000000000 在 1958 年 1 月 1 日世界时零时，TAI 与 $UT1$ 之差约为零，即 $(UT1-TAI)_{1958.0}=+0^{s}.0039$。如果不加处理，由于地球自转长期变慢，这一差别将愈来愈大，会导致一些不便。针对这种现状，为了兼顾对世界时时刻和原子时秒长的两种需要，国际时间“机构”引入第三种时间系统，即协调世界时（UTC）。该时间系统仍然是一种“均匀”时间系统，其秒长与原子时秒长一致，而在时刻上则要求尽量与世界时接近。从 1972 年起规定两者的差值保持在 $\pm0^{s}.9$ 以内。为此，可能在每年的年中或年底对 UTC 作一整秒的调整（即拨慢 1 秒，也叫闰秒），具体调整由国际时间局根据天文观测资料作出规定，读者可以在 EOP 的网站上得到相关的和最新的调整信息。到 2012 年 7 月 1 日为止，已调整 35^{s}，根据 IERS（国际地球自转服务）最新公报，将在 2015 年 6 月 30 日最后一秒后引入闰秒，届时将有

$$TAI=UTC+36^{s}$$

由 UTC 到 $UT1$ 的具体换算过程是：首先从 EOP 网站下载最新的 EOP 数据（对于过去距离现在超过一个月的时间，采用 B 报数据，对于其他时间则采用 A 报数据），内插得到 ΔUT，然后按下式计算即得到 $UT1$，即

$$UT1=UTC+\Delta UT \tag{1.14}$$

通常给出的测量数据对应的时刻 t，如不加说明，均为协调世界时（UTC），这是国际惯例。

3．儒略日

除上述时间系统外，在计算中常常会遇到历元的取法及几种年的长度问题。一种是贝塞耳（Bessel）年，或称假年，其长度为平回归年的长度，即 365.242 198 8 平太阳日。常用的贝塞耳历元是指太阳平黄经等于 280° 的时刻，例如 1950.0，并不是 1950 年 1 月 1 日 0 时，而是 1949 年 12 月 31 日 $22^h09^m42^s$（世界时），相应的儒略（Julian）日为 2 433 282.423 4。另一种就是儒略年，其长度为 365.25 平太阳日。儒略历元是指真正的年初，例如 1950.0，即 1950 年 1 月 1 日 0 时。显然，引用儒略年较为方便。因此，从 1984 年起，贝塞耳年被儒略年代替。这两种历元之间的对应关系见表 1.1。

表 1.1　两种历元的儒略日

贝塞耳历元	儒略历元	儒略日
1 900.0	1 900.000 858	2 415 020.313 5
1 950.0	1 949.999 790	2 433 282.423 4
2 000.0	1 999.998 722	2 451 544.533 3
1 989.999 142	1 900.0	2 415 020.0
1 950.000 210	1 950.0	2 433 282.5
2 000.001 278	2 000.0	2 451 545.0

为了方便和缩短有效字长，常用简约儒略日（MJD），定义为

$$MJD = JD - 2\,400\,000.5 \tag{1.15}$$

例如，JD（1950.0）对应 MJD 为 33 282.0。与上述两种年的长度对应的回归世纪（即 100 年）和儒略世纪的长度分别为 36 524.22 平太阳日和 36 525 平太阳日。

1.1.3　各大天体空间坐标系的类型[1~2]

相对太阳系，研究天体运动常采用的空间坐标系主要有三类：地平坐标系、赤道坐标系和黄道坐标系，无论是从地球上处理问题，还是从其他星球（大行星和月球等）上处理同类问题，都是如此。一个空间坐标系应包含三个要素：坐标原点、参考平面（xy 坐标面）和该平面的主方向（x 轴方向）。首先相对地球，分别介绍上述三类坐标系的具体定义。

地平坐标系（Horizontal System）。确切地说应该是站心地平坐标系，坐标原点

为观测站“中心”(或采样点)，参考平面为过站心与地球参考椭球体相切的平面(地平面)，其主方向是地平面中朝北的方向，即天球上的北点（N）方向，该坐标系的 z 轴方向即天球上的天顶（Z）方向，见图 1.1。

赤道坐标系（Equatorial System)。该坐标系又分为站心赤道坐标系和地心赤道坐标系。前者的原点是站心，后者则是地心，参考平面是地球赤道面，但要注意，对于站心赤道坐标系，参考平面与地球赤道面平行，而在天球上两者合一，主方向相同。因此，这两个坐标系之间只是一个平移关系。

黄道坐标系（Ecliptic System)，可分为地心黄道坐标系和日心黄道坐标系。坐标原点分别为地心和日心，参考平面都是地球绕日运动的轨道面，即黄道面，而主方向仍是“春分点”方向。

地平坐标系与赤道坐标系之间、赤道坐标系与黄道坐标系之间的几何关系分别如图 1.1 和图 1.2 所示，图中各符号均为天文领域中的常用符号，在此不再加以说明。

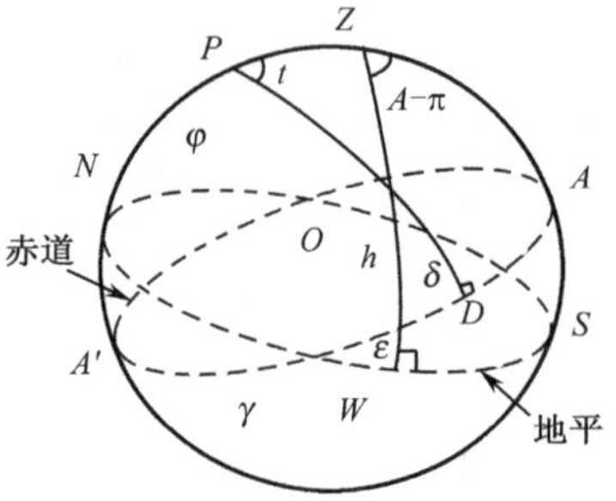

图 1.1　地平坐标系与赤道坐标系

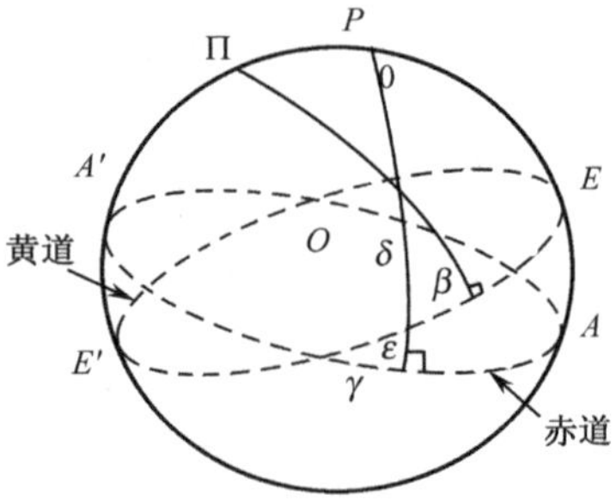

图 1.2　赤道坐标系与黄道坐标系

若在地平坐标系、地心赤道坐标系和日心黄道坐标系三个坐标系中，将天体的坐标矢量分别记为 $\vec{\rho}$，$\vec{r}$ 和 $\vec{R}$，则相应的球坐标分别为 ρ，A，h（或 E）和 r，α，δ 及 R，λ，β。其中，ρ，r 和 R 各为天体到坐标原点的距离；A 为地平经度，从北点沿地平经圈向东点（与图 1.1 中西点 W 相对）（顺时针方向计量；h 为地平高度（或称高度角 E)，它与天顶距 z 的关系为 $h=90°-z$；α 为赤经，从春分点方向沿赤道向东计量；δ 是赤纬；λ 是黄经，从春分点方向沿黄道向东计量；β 是黄纬。在各自对应的直角坐标系中，有下列关系存在，即

$$\vec{\rho}=\rho\begin{pmatrix}\cos h\cos A\\-\cos h\sin A\\\sin h\end{pmatrix},\quad \vec{r}=r\begin{pmatrix}\cos\delta\cos\alpha\\\cos\delta\sin\alpha\\\sin\alpha\end{pmatrix},\quad \vec{R}=R\begin{pmatrix}\cos\beta\cos\lambda\\\cos\beta\sin\lambda\\\sin\lambda\end{pmatrix}\qquad(1.16)$$

关于地平经度 A 的度量，也有从南点（S）沿地平经圈向东逆时针方向计量的，请

读者注意测量数据的说明，在此定义下，相应的表达式则改为

$$\vec{\rho}=\rho\begin{pmatrix}\cos h\cos A\\ \cos h\sin A\\ \sin h\end{pmatrix} \tag{1.17}$$

站心赤道坐标系和地心黄道坐标系中的位置矢量用 $\vec{r}'$ 和 $\vec{R}'$ 表示，相应的表达式中与 $\vec{r}$ 和 $\vec{R}$ 相同，但需要将 r 改为 r'，R 改为 R'，α,δ 和 λ,β 应理解为站心赤道坐标和地心黄道坐标。

上述几种坐标系之间的转换关系是简单的，仅涉及平移和旋转，有

$$\vec{r}'=\boldsymbol{R}_z(\pi-S)\boldsymbol{R}_y\left(\frac{\pi}{2}-\varphi\right)\vec{\rho} \tag{1.18}$$

$$\vec{r}=\vec{r}'+\vec{r}_A \tag{1.19}$$

$$\vec{R}'=R_z(\varepsilon)\vec{r} \tag{1.20}$$

$$\vec{R}=\vec{R}'+\vec{R}_E \tag{1.21}$$

其中，φ 是测站的天文纬度，S 是春分点的时角，即测站的地方恒星时（见图 1.1），$\vec{r}_A$ 是测站的地心坐标矢量，ε 是黄赤交角，$\vec{R}_E$ 是地心的日心坐标矢量。上述坐标转换中涉及的旋转矩阵由下式表示，即

$$\boldsymbol{R}_x(\theta)=\begin{pmatrix}1 & 0 & 0\\ 0 & \cos\theta & \sin\theta\\ 0 & -\sin\theta & \cos\theta\end{pmatrix} \tag{1.22}$$

$$\boldsymbol{R}_y(\theta)=\begin{pmatrix}\cos\theta & 0 & -\sin\theta\\ 0 & 1 & 0\\ \sin\theta & 0 & \cos\theta\end{pmatrix} \tag{1.23}$$

$$\boldsymbol{R}_z(\theta)=\begin{pmatrix}\cos\theta & \sin\theta & 0\\ -\sin\theta & \cos\theta & 0\\ 0 & 0 & 1\end{pmatrix} \tag{1.24}$$

对于太阳系动力学，讨论大行星和小行星的运动时，采用的是日心黄道坐标系，而在环绕型航天器轨道动力学中，采用的则是中心天体的质心赤道坐标系，如地心赤道坐标系、月心赤道坐标系，火心赤道坐标系等。这些带有具体应用背景的实用坐标系，都要与基本天球坐标系（FCCS）和基本地球坐标系（FTCS）建立联系，更确切地说，要与国际天球参考系（ICRS）和国际地球参考系（ITRS）建立联系。下面三节将针对当今空间探测的主要对象——地球、月球和火星，分别介绍地球坐标系统、月球坐标系统和火星坐标系统。对于其他探测对象，如某个大行星或小行星，会有相应的定义、转换规则和具体实现方法。如果读者对地球、月球和火星二

个坐标系统和转换关系有清晰的概念，那么，对其他天体坐标系统的引入和具体转换就很容易理解。

1.2 地球坐标系统[1, 4~6]

除前面介绍的国际天球参考系（ICRS）、地心天球参考系（GCRS）和国际地球参考系（ITRS）外，根据目前地球卫星的应用、地-月系探测及深空探测的现状，航天领域中涉及的地球参考系还有如下：

- 黄道坐标系；
- 站心地平坐标系；
- RTN 地心轨道平面坐标系。

本章 1.1 节已说明在实际工作中参考系与坐标系两名称混用的原因，故下面不再重复说明。

依据坐标系定义的三大要素：坐标原点、参考平面（即 *XY* 平面）和 *X* 轴方向，表 1.2 列出航天领域中有关地球的常用坐标系（或参考系）。

表 1.2 常用坐标系（或参考系）的定义

序号	坐标系（参考系）	坐标原点	参考平面	*X* 轴方向	备 注
1	国际天球参考系（ICRS）	太阳系质心	接近 J2000.0 平赤道	接近指向 J2000.0 动力学春分点	空间指向与历元、黄道和赤道无关
2	地心天球坐标系（GCRS）	地心	接近 J2000.0 平赤道	接近指向 J2000.0 动力学春分点	GCRS 是地心为原点的 ICRS
3	国际地球参考系（ITRS）	地心	接近 1900.0 平赤道	接近参考平面与格林尼治子午面交线方向	对整个地球，相对地球表面无纯旋转运动，又称为地固坐标系，采用 WGS84 系统
4	黄道坐标系	地心或日心	J2000.0 平黄道	指向 J2000.0 平春分点	
5	站心地平坐标系	观测站"中心"	在观测处与地球参考椭球体相切平面（地平面）	参考平面中朝东的方向	
6	RTN 地心轨道平面坐标系	地心	轨道平面	地心朝卫星位置方向	

对于地球卫星，所涉及的主要是地心天球坐标系和地固坐标系，其坐标原点都是地心。但参考平面及其主方向的选择，将会受到岁差章动和地极移动的影响，而空间坐标系的复杂性正是由岁差章动和地极移动等原因引起的。日、月和大行星对地球非球形部分的吸引，会产生两种效应：一是作为刚体平动的力效应，将引起一种地球扁率间接摄动；另一种就是作为刚体定点转动的力矩效应，使地球像陀螺那样，出现进动与岁差章动（即自转轴在空间的摆动）。由于岁差章动引起的地球赤道面随时间在空间的摆动及由地球内部和表面物质运动引起的地球自转轴在其内部的移动（极移），都将影响坐标系中参考平面的选取。

1.2.1　三个地心坐标系的定义

考虑到知识的延续性和实用性，在不影响精度的前提下，本书将不完全拘泥于 IAU 新规范“严格”定义的书面表达，如在各坐标系的定义和相互转换的一些细节方面，但给出的转换关系符合新规范，且满足精度要求。

1．地心天球坐标系：$O-xyz$

此坐标系现为历元（J2000.0）地心天球坐标系，即前面已作了说明的 J2000.0 平赤道坐标系，简称地心天球坐标系。其坐标原点 O 是地心，xy 坐标面接近历元（J2000.0）时刻的平赤道面，x 轴接近指向该历元的平春分点 $\bar{\gamma}_0$，这是一个在一定意义下（即消除了坐标轴因地球赤道面摆动引起的转动）的“不变”坐标系，它可以将不同时刻运动天体（如地球卫星）轨道放在同一个坐标系中来表达，便于比较和体现天体轨道的实际变化，已是国内外习惯采用的空间坐标系。

注意：在该坐标中，地球非球形部分的引力位是变化的，这一变化将会引起所谓的地球卫星轨道变化的坐标系的附加摄动[5~9]。为了“避开”这一表面上的“麻烦”，曾在 20 世纪 60 年代引入了一种混合坐标系，亦称为“轨道坐标系”：xy 坐标面改用瞬时真赤道面，而 x 轴则采用 J1950.0 平春分点，现在是 J2000.0 平春分点，美国相关领域为瞬时 t 平春分点。该坐标系的引入却真正带来了麻烦，即坐标系的多种转换及其连带问题，这在本系列专著“航天器轨道力学理论与工程应用”第二本——《卫星轨道理论与应用》（刘林、汤靖师著）[10] 中有详细阐述，并建议不必再引入该坐标系，简单给出相应坐标系附加摄动即可。在处理月球、火星等轨道问题中有这类问题，下面不再提及。

2．地固坐标系：$O-XYZ$

该坐标系即国际地球参考系（ITRS），是一个跟随地球自转一起旋转的空间参考系，习惯称其为地固坐标系。在这个坐标系中，与地球固体表面连接的测站的位置坐标几乎不随时间改变，仅仅由于构造或潮汐变形等地球物理效应而有很小的变化。

地固坐标系的原点O是地心，XY坐标面接近 1900.0 平赤道面，X轴指向接近参考平面与格林尼治子午面交线方向，即本初子午线方向，亦可称其为格林尼治子午线方向。各种地球引力场模型及其参考椭球体也都是在这种坐标系中确定的，它们应该是一个自洽系统。这里必须说明一点，在新的地固坐标系定义中，原国际习用原点（Conventional International Origin，CIO）已弃用，现在的天球中间参考系和地球中间参考系的Z轴方向均为 CIP（Celestial Intermediate Pole）。

根据我国的目前状况，如不加说明，所涉及的地固坐标系均采用 WGS（World Geodetic System）84 系统。对于该系统，有

$$\begin{gathered} GE = 398\,600.441\,8(\mathrm{km}^3/\mathrm{s}^2) \\ a_e = 6\,378.137(\mathrm{km})\,, \quad 1/f = 298.257\,223\,563 \end{gathered} \tag{1.25}$$

其中，GE是地心引力常数，a_e是参考椭球体的赤道半径，f是该参考椭球体的几何扁率。

在地固坐标系中，测站坐标矢量$\vec{R}_e(H,\lambda,\varphi)$的三个直角坐标分量$X_e,Y_e,Z_e$与球坐标分量$(H,\lambda,\varphi)$之间的关系为

$$\begin{cases} X_e = (N+H)\cos\varphi\cos\lambda \\ Y_e = (N+H)\cos\varphi\sin\lambda \\ Z_e = [N(1-f)^2 + H]\sin\varphi \end{cases} \tag{1.26}$$

其中

$$\begin{aligned} N &= a_e[\cos^2\varphi + (1-f)^2\sin^2\varphi]^{-1/2} \\ &= a_e[1-2f(1-f/2)\sin^2\varphi]^{-1/2} \end{aligned} \tag{1.27}$$

a_e是相应的参考椭球体的赤道半径，f是该参考椭球体的几何扁率。球坐标的三个分量(H,λ,φ)分别为测站的大地高、大地经度和大地纬度（亦称测地纬度），有

$$\mathrm{tg}\lambda = Y_e/X_e\,, \quad \sin^2\varphi = Z_e/[N(1-f)^2 + H] \tag{1.28}$$

3．地心黄道坐标系：$O-x'y'z'$

该坐标系的原点O仍是地心，和日心黄道坐标系只是一个平移关系。$x'y'$坐标面是历元（J2000.0）时刻的黄道面，x'轴方向与上述天球坐标系$O-xyz$的指向

一致，即该历元的平春分点方向。

1.2.2　地固坐标系与地心天球坐标系之间的转换——IAU 1980 规范下的转换关系[4~6]

分别用 $\vec{r}$ 和 $\vec{R}$ 表示探测器在地心天球坐标系（$O-xyz$）和地固坐标系（$O-XYZ$）中的位置矢量。探测器的位置矢量在这两个坐标系之间的转换关系为

$$\vec{R}=(HG)\vec{r} \tag{1.29}$$

其中，坐标转换矩阵（HG）包含了四个旋转矩阵，有

$$(HG)=(EP)(ER)(NR)(PR) \tag{1.30}$$

(PR) 是岁差矩阵，(NR) 是章动矩阵，(ER) 是地球自转矩阵，(EP) 是地球极移矩阵。它们分别可由下列各式表示

$$(EP)=R_y(-x_p)R_x(-y_p) \tag{1.31}$$

$$(ER)=R_z(S_G) \tag{1.32}$$

$$\begin{aligned}(NR)&=R_x(-\Delta\varepsilon)R_y(\Delta\theta)R_z(-\Delta\mu)\\&=R_x(-(\varepsilon+\Delta\varepsilon))R_z(-\Delta\psi)R_x(\varepsilon)\end{aligned} \tag{1.33}$$

$$(PR)=R_z(-z_A)R_y(\theta_A)R_z(-\zeta_A) \tag{1.34}$$

式（1.31）中的 x_p,y_p 是极移分量；式（1.32）中的格林尼治恒星时 S_G 为

$$S_G=\bar{S}_G+\Delta\mu \tag{1.35}$$

μ 和 $\Delta\mu$ 是赤经岁差和章动，J2000.0 系统中的格林尼治平恒星时 $\bar{S}_G$ 为

$$\bar{S}_G=18^{\text{h}}.697\,374\,558+879\,000^{\text{h}}.051\,336\,907\,T+0^{\text{s}}.093\,104\,T^2 \tag{1.36}$$

$$T=\frac{1}{36\,525.0}\left[JD(t)-JD(\text{J}2000.0)\right] \tag{1.37}$$

式中，t 是 $UT1$ 时间，但计算其他天文量（岁差章动等）时，t 则为 TDT 时间。

式（1.34）中的岁差常数 ζ_A,z_A 和 θ_A 的计算公式为

$$\begin{cases}\zeta_A=2\,306''.218\,1\,T+0''.301\,88\,T^2\\\theta_A=2\,004''.310\,9\,T-0''.426\,65\,T^2\\z_A=2\,306''.218\,1\,T+1''.094\,68\,T^2\end{cases} \tag{1.38}$$

θ_A 是赤纬岁差，相应的赤经岁差 μ（或记作 m_A）为

$$\begin{aligned}\mu&=\zeta_A+z_A\\&=4\,612''.436\,2\,T+1''.396\,56\,T^2\end{aligned} \tag{1.39}$$

式（1.33）中的 ε 是平黄赤交角。IAU（1980）章动序列给出的黄经章动 $\Delta\psi$ 和

交角章动$\Delta\varepsilon$的计算公式，包括振幅大于0″.0001的106项。考虑到一般问题涉及的轨道精度要求，只取振幅大于0″.005的前20项（按大小排列）即可，由于是周期项（最快的是月球运动周期项），没有累积效应，故小于0″.005的项引起的误差只相当于地面定位误差为米级，对于时间而言的差别小于$0^s.001$。取前20项的公式为

$$\begin{cases}\Delta\psi=\sum_{j=1}^{20}\left(A_{0j}+A_{1j}t\right)\sin\left(\sum_{i=1}^{5}k_{ji}\alpha_i(t)\right)\\ \Delta\varepsilon=\sum_{j=1}^{20}\left(B_{0j}+B_{1j}t\right)\cos\left(\sum_{i=1}^{5}k_{ji}\alpha_i(t)\right)\end{cases} \tag{1.40}$$

相应的赤经和赤纬章动$\Delta\mu$和$\Delta\theta$为

$$\begin{cases}\Delta\mu=\Delta\psi\cos\varepsilon\\ \Delta\theta=\Delta\psi\sin\varepsilon\end{cases} \tag{1.41}$$

其中，平黄赤交角的计算公式为

$$\varepsilon=23°26'21''.448-46''.815\,0\,t \tag{1.42}$$

式（1.40）中涉及的与太阳和月球位置有关的5个基本幅角$\alpha_i\left(i=1,\cdots,5\right)$的计算公式为

$$\begin{cases}\alpha_1=134°57'46''.733+\left(1325^r+198°52'02''.633\right)t+31''.310t^2\\ \alpha_2=357°31'39''.804+\left(99^r+359°03'01''.224\right)t-0''.577t^2\\ \alpha_3=93°16'18''.877+\left(1342^r+82°01'03''.137\right)t-13''.257t^2\\ \alpha_4=297°51'01''.307+\left(1236^r+307°06'41''.328\right)t-6''.891t^2\\ \alpha_5=125°02'40''.280-\left(5^r+134°08'10''.539\right)t+7''.455t^2\end{cases} \tag{1.43}$$

其中，$1^r=360°$，章动序列前20项的有关系数见表1.3。如果按前面所说的米级精度考虑，公式（1.40）右端的A_{1j}和B_{1j}除表1.3中列出的A_{11}和B_{11}外亦可略去，但在具体工作中取项的多少，不仅需要符合精度要求，还应考虑相应软件的功能和适应性，如功能的扩张等因素。上述计算章动量的公式（1.40）～公式（1.43）中出现的t，即式（1.37）中所定义的世纪数T，但对应的是TDT时间。

表1.3　IAU（1980）章动序列的前20项

j	周期（日）	k_{j1}	k_{j2}	k_{j3}	k_{j4}	k_{j5}	A_{0j}（0″.000 1）	A_{1j}（0″.000 1）	B_{0j}（0″.000 1）	B_{1j}（0″.000 1）
1	6 798.4	0	0	0	0	1	−171 996	−174.2	92 025	8.9
2	182.6	0	0	2	−2	2	−13 187	−1.6	5 736	−3.1

（续表）

j	周期（日）	k_{j1}	k_{j2}	k_{j3}	k_{j4}	k_{j5}	A_{0j} (0".000 1)	A_{1j} (0".000 1)	B_{0j} (0".000 1)	B_{1j} (0".000 1)
3	13.7	0	0	2	0	2	−2 274	−0.2	977	−0.5
4	3 399.2	0	0	0	0	2	2 062	0.2	−895	0.5
5	365.2	0	1	0	0	0	1 426	−3.4	54	−0.1
6	27.6	1	0	0	0	0	712	0.1	−7	0.0
7	121.7	0	1	2	−2	2	−517	1.2	224	−0.6
8	13.6	0	0	2	0	1	−386	−0.4	200	0.0
9	9.1	1	0	2	0	2	−301	0.0	129	−0.1
10	365.3	0	−1	2	−2	2	217	−0.5	−95	0.3
11	31.8	1	0	0	−2	0	−158	0.0	−1	0.0
12	177.8	0	0	2	−2	1	129	0.1	−70	0.0
13	27.1	−1	0	2	0	2	123	0.0	−53	0.0
14	27.7	1	0	0	0	1	63	0.1	−33	0.0
15	14.8	0	0	0	2	0	63	0.0	−2	0.0
16	9.6	−1	0	2	2	2	−59	0.0	26	0.0
17	27.4	−1	0	0	0	1	−58	−0.1	32	0.0
18	9.1	1	0	2	0	1	−51	0.0	27	0.0
19	205.9	2	0	0	−2	0	48	0.0	1	0.0
20	1 305.5	−2	0	2	0	1	46	0.0	−24	0.0

上述内容中涉及的各旋转矩阵 $\boldsymbol{R}_x(\theta)$, $\boldsymbol{R}_y(\theta)$, $\boldsymbol{R}_z(\theta)$ 的计算公式见式（1.22）～（1.24）。注意，旋转矩阵 $\boldsymbol{R}_x(\theta),\cdots$ 是正交矩阵，有 $\boldsymbol{R}_x^{\mathrm{T}}(\theta)=\boldsymbol{R}_x^{-1}(\theta)=\boldsymbol{R}_x(-\theta),\cdots$ 。

1.2.3　地固坐标系与地心天球坐标系之间的转换——IAU 2000 规范下的转换关系[1~2]

在 IAU 2000 规范下，地心天球参考系（*GCRS*）到国际地球参考系（*ITRS*）的转换过程，可表示为

$$[ITRS]=\boldsymbol{W}(t)\boldsymbol{R}(t)\boldsymbol{M}(t)[GCRS] \tag{1.44}$$

其中，$[GCRS]$ 和 $[ITRS]$ 各对应前面 IAU 1980 规范下的**地心天球坐标系**和**地固坐标系**。为了表达的连贯性，仍采用同一位置矢量在两个坐标系中的符号 $\vec{r}$ 和 $\vec{R}$ 来表达变换关系，即

$$\vec{R}=\boldsymbol{W}(t)\boldsymbol{R}(t)\boldsymbol{M}(t)\vec{r} \tag{1.45}$$

$\boldsymbol{M}(t)$ 是岁差、章动矩阵，$\boldsymbol{R}(t)$ 是地球自转矩阵，$\boldsymbol{W}(t)$ 是极移矩阵。

关于岁差、章动矩阵 $\boldsymbol{M}(t)$，基于春分点的转换关系，岁差、章动矩阵可以写为

$$\boldsymbol{M}(t) = \boldsymbol{N}(t)\boldsymbol{P}(t)\boldsymbol{B} \tag{1.46}$$

其中，$\boldsymbol{N}(t), \boldsymbol{P}(t)$ 和 $\boldsymbol{B}$ 分别为章动、岁差和参考架偏差矩阵。参考架偏差矩阵 $\boldsymbol{B}$ 已在前面有过说明，它是一个旋转量很小的常数矩阵，在直接引用 **J2000.0 平赤道坐标系**作为**地心天球坐标系**时，就作为单位阵略去，不再考虑，如有特殊需要，考虑它也极其简单，见式（1.46）。于是有

$$\boldsymbol{M}(t) = \boldsymbol{N}(t)\boldsymbol{P}(t) \tag{1.47}$$

各矩阵的计算方法下面将分别给出。

1．岁差量、章动量的计算

在第 24 届国际天文联合会大会（2000 年 8 月，Manchester）上通过决议，从 2003 年 1 月 1 日起正式采纳 IAU 2000 岁差-章动模型取代 IAU 1976 岁差模型和 IAU 1980 章动理论。关于岁差章动的计算就是基于 IAU 2000 模型，根据不同精度要求，又分为 IAU 2000A 模型和 IAU 2000B 模型，前者精度为 0.2mas（毫角秒），后者的精度稍低，为 1mas。下面对此作一简要介绍。

关于岁差量的计算，由标准历元 J2000.0 到计算历元，平赤道坐标系之间转换的三个赤道岁差参数 ζ_A, z_A, θ_A，可由下式计算，即

$$\begin{aligned}
\zeta_A &= 2''.650\,545 + 2\,306''.083\,227t + 0''.298\,849\,9t^2 + 0''.018\,018\,28t^3 \\
&\quad - 0''.000\,005\,971t^4 - 0''.000\,000\,317\,3t^5 \\
\theta_A &= 2\,004''.191\,903t - 0''.429\,493\,4t^2 - 0''.041\,822\,64t^3 \\
&\quad - 0''.000\,007\,089t^4 - 0''.000\,000\,127\,4t^5 \\
z_A &= 2''.650\,545 + 2\,306''.077\,181t + 1''.092\,734\,8t^2 + 0''.018\,268\,37t^3 \\
&\quad - 0''.000\,028\,596t^4 - 0''.000\,000\,290\,4t^5
\end{aligned} \tag{1.48}$$

其中，t 是自标准历元 J2000.0 起算的计算历元（TT 时刻）的儒略世纪数，即

$$t = (JD(TT) - 2\,452\,545.0)/36\,525 \tag{1.49}$$

关于章动量的计算，IAU 2000 章动模型的黄经章动 $\Delta\psi$ 和交角章动 $\Delta\varepsilon$ 的计算公式为

$$\begin{aligned}
\Delta\psi &= \Delta\psi_p + \sum_{i=1}^{77}(A_i + A_i'\,t)\sin(\alpha_i) + (A_i'' + A_i'''t)\cos(\alpha_i) \\
\Delta\varepsilon &= \Delta\varepsilon_p + \sum_{i=1}^{77}(B_i + B_i'\,t)\cos(\alpha_i) + (B_i'' + B_i'''t)\sin(\alpha_i)
\end{aligned} \tag{1.50}$$

其中，$\Delta\psi_p$，$\Delta\varepsilon_p$ 是行星章动的长周期项，有

$$\begin{aligned}\Delta\psi_p &= -0.135'' \times 10^{-3} \\ \Delta\varepsilon_p &= \ \ 0.388'' \times 10^{-3}\end{aligned} \tag{1.51}$$

式（1.50）中 t 的意义同前，见式（1.49）。

章动序列中的幅角 α_i 同样可表示成 5 个基本幅角的线性组合形式，即

$$\alpha_i = \sum_{k=1}^{5} n_{ik} F_k = n_{i1} l + n_{i2} l' + n_{i3} F + n_{i4} D + n_{i5} \Omega \tag{1.52}$$

式中，n_{ik} 是整数，5 个与太阳、月亮位置有关的基本幅角 F_k 可表示为

$$\begin{aligned}F_1 \equiv l = 134^\circ.963\,402\,51 + 1\,717\,915\,923''.217\,8t + 31''.879\,2t^2 \\ + 0''.051\,635t^3 - 0''.000\,244\,70t^4\end{aligned} \tag{1.53}$$

$$\begin{aligned}F_2 \equiv l' = 357^\circ.529\,109\,18 + 129\,596\,581''.048\,1t - 0''.553\,2t^2 \\ + 0''.000\,136t^3 - 0''.000\,011\,49t^4\end{aligned} \tag{1.54}$$

$$\begin{aligned}F_3 \equiv F = 93^\circ.272\,090\,62 + 1\,739\,527\,262''.847\,8t - 12''.751\,2t^2 \\ - 0''.001\,037t^3 + 0''.000\,004\,17t^4\end{aligned} \tag{1.55}$$

$$\begin{aligned}F_4 \equiv D = 297^\circ.850\,195\,47 + 1\,602\,961\,601''.209\,0t - 6''.370\,6t^2 \\ + 0''.006\,593t^3 - 0''.000\,031\,69t^4\end{aligned} \tag{1.56}$$

$$\begin{aligned}F_5 \equiv \Omega = 125^\circ.044\,555\,01 - 6\,962\,890''.543\,1t + 7''.472\,2t^2 \\ + 0''.007\,702t^3 - 0''.000\,059\,39t^4\end{aligned} \tag{1.57}$$

这 5 个与太阳、月球位置有关的基本幅角 $F_k\,(k=1,\cdots,5)$，分别为月球的平近点角、太阳的平近点角、月球的平升交点角距、日月平角距和月球轨道升交点平黄经。$F_k\,(k=1,\cdots,5)$ 就是前面 IAU 1980 章动序列中出现的 5 个基本幅角 $\alpha_i\,(i=1,\cdots,5)$，见式（1.43）。

为了比较对应 IAU 1980 章动序列的前 20 项系数，同样列出 IAU 2000B 章动模型前 20 项系数 A_i, A_i', A_i'', A_i''', B_i, B_i', B_i'', B_i''' 的主要部分，见表 1.4。

表 1.4　IAU 2000B 章动序列前 20 项的主要部分

i	n_1	n_2	n_3	n_4	n_5	周期（天）	A_i （mas）	A_i' （mas）	B_i （mas）	B_i' （mas）
1	0	0	0	0	1	−6 798.383	−17 206.416 1	−17.466 6	9 205.233 1	0.908 6
2	0	0	2	−2	2	182.621	−1 317.090 6	−0.167 5	573.033 6	−0.301 5
3	0	0	2	0	2	13.661	−227.641 3	−0.023 4	97.845 9	−0.048 5
4	0	0	0	0	2	−3 399.192	207.455 4	0.020 7	−89.749 2	0.047 0
5	0	1	0	0	0	365.260	147.587 7	−0.363 3	7.3871	−0.018 4

（续表）

i	n_1	n_2	n_3	n_4	n_5	周期（天）	A_i (mas)	A_i' (mas)	B_i (mas)	B_i' (μασ)
6	0	1	2	−2	2	121.749	−51.682 1	0.122 6	22.438 6	−0.067 7
7	1	0	0	0	0	27.555	71.115 9	0.007 3	−0.675 0	0.000 0
8	0	0	2	0	1	13.633	−38.729 8	−0.036 7	20.072 8	0.001 8
9	1	0	2	0	2	9.133	−30.146 1	−0.003 6	12.902 5	−0.006 3
10	0	−1	2	−2	2	365.225	21.582 9	−0.049 4	−9.592 9	0.029 9
11	0	0	2	−2	1	177.844	12.822 7	0.013 7	−6.898 2	−0.000 9
12	−1	0	2	0	2	27.093	12.345 7	0.001 1	−5.331 1	0.003 2
13	−1	0	0	2	0	31.812	15.699 4	0.001 0	−0.123 5	0.000 0
14	1	0	0	0	1	27.667	6.311 0	0.006 3	−3.322 8	0.000 0
15	−1	0	0	0	1	−27.443	−5.797 6	−0.006 3	3.142 9	0.000 0
16	−1	0	2	2	2	9.557	−5.964 1	−0.001 1	2.554 3	−0.001 1
17	1	0	2	0	1	9.121	−5.161 3	−0.004 2	2.636 6	0.000 0
18	−2	0	2	0	1	1 305.479	4.589 3	0.005 0	−2.423 6	−0.001 0
19	0	0	0	2	0	14.765	6.338 4	0.001 1	−0.122 0	0.000 0
20	0	0	2	2	2	7.096	−3.857 1	−0.000 1	1.64 52	−0.001 1

2. 岁差矩阵 $P(t)$ 的计算

（1）传统的转换方式——三次旋转

计算公式为

$$P(t) = R_z(\zeta_A)R_y(-\theta_A)R_z(z_A) \tag{1.58}$$

其中，各旋转角的计算公式见式（1.48）。关于这种传统的转换方式，赤道岁差角都是基本参数和球面三角关系得到的导出量，其中 ζ_A 和 z_A 在接近 J2000 的时刻，对参考架偏差矩阵 $\boldsymbol{B}$ 非常敏感，从而导致它们采用多项式表达时精度明显降低。为此，IAU2000 规范中又推荐了另一种四次旋转的岁差矩阵。

（2）新的转换方式——四次旋转

计算公式为

$$P(t) = R_x(-\varepsilon_0)R_z(\psi_A)R_x(\omega_A)R_z(-\chi_A) \tag{1.59}$$

其中，后三个旋转角的计算公式为

$$\begin{aligned}\psi_A = {} & 5\,038''.481\,507t - 1''.079\,006\,9t^2 - 0''.001140\,45t^3 \\ & + 0''.000\,132\,851t^4 - 0''.000\,000\,095\,1t^5\end{aligned}$$

$$\omega_A = \varepsilon_0 - 0''.025\,754t + 0''.051\,262\,3t^2 - 0''.007\,725\,036t^3 - 0''.000\,000\,467t^4 + 0''.000\,000\,333\,7t^5$$

$$\chi_A = 10''.556\,403t - 2''.381\,429\,2t^2 - 0.001\,211\,97t^3 + 0''.000\,170\,663t^4 - 0''.000\,000\,056\,0t^5 \tag{1.60}$$

ε_0 的计算见式（1.63）。式（1.60）中 t 的意义同式（1.49）。

关于上述两种转换方式，在实际工作中可视具体情况（包括相应计算软件的应用背景和精度需求）选择，一般情况下，差别完全可以忽略。

3．章动矩阵 $N(t)$ 的计算

计算公式为

$$N(t) = R_x(-\varepsilon_A)R_z(\Delta\psi)R_x(\varepsilon_A + \Delta\varepsilon) = R_z(\Delta\mu)R_y(-\Delta\theta)R_x(\Delta\varepsilon) \tag{1.61}$$

其中，$\Delta\mu = \Delta\psi\cos\varepsilon_A$, $\Delta\theta = \Delta\psi\sin\varepsilon_A$，分别是赤经和赤纬章动，$\Delta\psi$ 是黄经章动，$\Delta\varepsilon$ 是交角章动，ε_A 为瞬时平赤道面与黄道面的交角，称为平黄赤交角，计算公式为

$$\varepsilon_A = \varepsilon_0 - 46''.836\,769t - 0.051\,27''t^2 + 0''.002\,003\,40t^3 - 0''.000\,000\,576t^4 - 0''.000\,000\,043\,4t^5 \tag{1.62}$$

$$\varepsilon_0 = 84\,381''.406 = 23^\circ 26' 21''.406 \tag{1.63}$$

ε_0 为历元（J2000.0）平黄赤交角。

4．地球自转矩阵 $R(t)$ 的计算

这与 **IAU 1980** 规范有差别，涉及时刻 t 的格林尼治恒星时 S_G 的计算。**IAU 2000** 规范中格林尼治真恒星时 *GST* 与地球自转角 *ERA* 有严格区别，见图 1.3。图中所画圆周即表示地心参考系中的中间赤道，E 为地球质心，γ 为春分点。

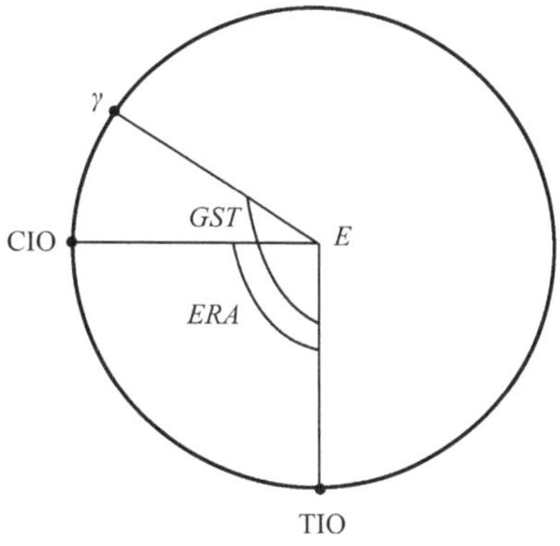

图 1.3 中间赤道示意图

在天球参考系中观察时，中间赤道与 CIO 固结，称为**天球中间赤道**，TIO 沿赤道逆时针方向运动，周期为 1 恒星日。在地球参考系中观察时，中间赤道与 TIO 固结，称为**地球中间赤道**，CIO 以同样周期沿赤道顺时针方向运动。这两种观察所反映的都是地球绕轴自转的运

动，CIO 和 TIO 之间的夹角是地球自转角度的度量，称为**地球自转角** ***ERA***（Earth Rotating Angle）。在此前提下，矩阵 $\boldsymbol{R}(t)$ 的计算公式变为

$$\begin{cases}\boldsymbol{R}(t)=\boldsymbol{R}_z(GST)\\ GST=GMST+EE\end{cases}\tag{1.64}$$

其中，$GMST$, EE 分别称为格林尼治平恒星时和二分差（Equation of The Equinoxes），计算公式为

$$\begin{aligned}GMST=\theta(UT1)&+0''.014\,506+4\,612''.156\,534t+1''.391\,581\,7t^2\\&-0''.000\,000\,44t^3-0''.000\,029\,956t^4-0.000\,000\,036\,8t^5\end{aligned}\tag{1.65}$$

$$EE=\Delta\psi\cos\varepsilon_A-\sum_k C_k\sin\alpha_k-0.000\,000\,87''t\sin\Omega\tag{1.66}$$

式（1.65）中的 $\theta(UT1)$ 为地球自转角 ***ERA***，是世界时 $UT1$ 的线型函数，计算公式为

$$\theta(UT1)=2\pi\left(0.779\,057\,273\,264\,0+1.002\,737\,811\,911\,354\,48\,d\right)\tag{1.67}$$

其中，d 为自标准历元 J2000.0 起算的世界时儒略日数（对应 $UT1$ 时刻），即

$$d=JD(UT1)-2\,451\,545.0\tag{1.68}$$

式（1.66）右端求和项的幅角和振幅列于表 1.5 中。

表 1.5　α_k, C_k 的值

k	α_k	C_k	k	α_k	C_k (μas)
1	Ω	−0″.002 640 73	7	$2F+\Omega$	−0″.000 001 98
2	2Ω	−0″.000 063 52	8	3Ω	+0″.000 001 72
3	$2F-2D+3\Omega$	−0″.000 011 75	9	$l'+\Omega$	+0″.000 001 41
4	$2F-2D+\Omega$	−0″.000 011 21	10	$l'-\Omega$	+0″.000 001 26
5	$2F-2D+2\Omega$	+0″.000 004 55	11	$l+\Omega$	+0″.000 000 63
6	$2F+3\Omega$	−0″.000 002 02	12	$l-\Omega$	+0″.000 000 63

表 1.5 中的角 α_i 与式（1.50）中的 α_i 同类型，其涉及的基本幅角 $F_k\left(F,D,\Omega\right)$ 可参见式（1.55）～式（1.57）。

与地球自转角不同，格林尼治真恒星时 GST 是从真春分点起量的，它与 ERA 的关系为

$$GST=\theta(UT1)-EO\tag{1.69}$$

其中，EO 称为**零点差**，与岁差、章动在中间赤道上的分量有关。根据 IAU 2006/2000A 岁差-章动模型，零点差的表达式（包含在 1975—2025 年之间，所有大于 0.5μas 的项）为

$$
\begin{aligned}
EO = & -0''.014\,506 - 4\,612''.156\,534t - 1''.391\,581\,7t^2 \\
& + 0''.000\,000\,44t^3 - \Delta\psi\cos\varepsilon_A + \sum\nolimits_k C_k \sin\alpha_k
\end{aligned} \tag{1.70}
$$

其中，t 是从 J2000.0 起算的儒略世纪数，参数 α_k 和振幅 C_k 见表 1.5。

5．极移矩阵 $W(t)$ 的计算

$$
\boldsymbol{W}(t) = \boldsymbol{R}_x\left(-y_p\right)\boldsymbol{R}_y\left(-x_p\right)\boldsymbol{R}_z(s') \tag{1.71}
$$

其中，x_p, y_p 是天球中间极 CIP 在地球参考系（ITRS）中的两个极移分量，s' 称为地球中间零点 TIO 的定位角，提供 TIO 在 CIP 赤道上的位置，是 x_p, y_p 的函数，即

$$
s'(t) = \left(1/2\right)\int_{t_0}^{t}\left(x_p\dot{y}_p - \dot{x}_p y_p\right)\mathrm{d}t \tag{1.72}
$$

$s'(t)$ 无法事先获得，但其量级很小，可以用下列线性公式作为其近似

$$
s'(t) = -\left(47'' \times 10^{-6}\right)t \tag{1.73}
$$

其中，t 的定义同前，即计算时刻距标准历元 J2000.0 的儒略世纪数。

1.2.4　IAU 1980 规范与 IAU 2000 规范之间的对应关系

上述的 IAU 2000.0 新规范与 IAU 1980 规范，除岁差章动等有关参数有较小差别外，地球坐标系与天球坐标系的定义及相关符号的采用也与老规范的习惯用法有所差别，下面主要厘清两者的相关计算公式之间的对应关系。

在 IAU 2000 规范中，天球参考系（Celestial Reference System，CRS）到地球参考系（Terrestrial Reference System，TRS）的转换关系为

$$
[ITRS] = \boldsymbol{W}(t)\boldsymbol{R}(t)\boldsymbol{M}(t)[GCRS] \tag{1.74}
$$

其中，$\boldsymbol{M}(t)$ 是岁差、章动矩阵，$\boldsymbol{R}(t)$ 是地球自转矩阵，$\boldsymbol{W}(t)$ 是极移矩阵。而在 IAU 1980 规范下的习惯用法，即卫星在地球参考系和天球参考系的位置矢量分别为 $\vec{\boldsymbol{R}}$ 和 $\vec{\boldsymbol{r}}$，则式（1.74）转换关系可类似地写成下列形式，即

$$
\begin{aligned}
\vec{R} &= (HG)\vec{r} \\
(HG) &= \boldsymbol{W}(t)\boldsymbol{R}(t)\boldsymbol{M}(t)
\end{aligned} \tag{1.75}
$$

应有如下的对应关系，即

$$
\boldsymbol{M}(t) = \boldsymbol{N}(t)\boldsymbol{P}(t) = (\boldsymbol{NR})(\boldsymbol{PR}) \tag{1.76}
$$

$$
\boldsymbol{P}(t) = (\boldsymbol{PR}) = \boldsymbol{R}_z(-z_A)\boldsymbol{R}_y(\theta_A)\boldsymbol{R}_z(-\zeta_A) \tag{1.77}
$$

$$
\begin{aligned}
\boldsymbol{N}(t) = (\boldsymbol{NR}) &= \boldsymbol{R}_x(-\Delta\varepsilon)\boldsymbol{R}_y(\Delta\theta)\boldsymbol{R}_z(-\Delta\mu) \\
&= \boldsymbol{R}_x\left(-(\varepsilon + \Delta\varepsilon)\right)\boldsymbol{R}_z(-\Delta\psi)\boldsymbol{R}_x(\varepsilon)
\end{aligned} \tag{1.78}
$$

$$R(t)=(ER)=R_z(S_G) \quad (1.79)$$

$$W(t)=(EP)=R_y(-x_p)R_x(-y_p) \quad (1.80)$$

根据上述公式的比较不难看出，关于岁差（按三次旋转考虑）、章动和地球自转（两个规范中的格林尼治恒星时 S_G 稍有差异）三个相关矩阵，除相应的参数有微小差别外，转换过程和计算公式完全相同，只有极移矩阵的表达形式有差别，按 **IAU 2000** 规范，极移矩阵 $\boldsymbol{W}(t)$ 应由式（1.71）表示，即

$$W(t)=R_x(-y_p)R_y(-x_p)R_z(s')$$

除增加一个微小的转动矩阵 $R_z(-s')$ 外，剩下两个转动矩阵 $R_y(x_p)R_x(y_p)$ 却与式（1.80）的转动次序相反。但因为极移量 x_p，y_p 很小，转动次序的改变，引起的差别应该比极移量更小，最终的转换（指地球参考系与天球参考系的转换）结果不会有明显差别，作者已通过实际算例得到证实。

不仅地球自转矩阵如此，对于 IAU 2000 与 IAU 1980 两个规范，在地球参考系与天球参考系的位置矢量 $\vec{R}$ 与 $\vec{r}$ 之间的完整转换中，亦无明显差别，在米级精度的前提下，新、老规范都可以用，而且对于章动序列只要取到前 20 项即可。在此处理下，两个规范计算的格林尼治恒星时与标准值（年历所载）之差都不超过 $0^s.001$，相应的位置量转换（包括 **IAU 2000** 新规范中的两种岁差矩阵的转换方法）之差确实都在米级以内。

1.3 月球坐标系统[1, 11~13]

就月球探测器的运动而言，将涉及四个月球坐标系，即历元月心天球坐标系、历元月心平赤道坐标系、月心黄道坐标系和月固坐标系。表 1.6 列出这些坐标系的坐标原点、参考平面（即 *XY* 平面）和 *X* 坐标轴方向。

表 1.6 常用的月球坐标系（或参考系）的定义

序号	坐标系（参考系）	坐标原点	参考平面	*X* 轴方向	备 注
1	历元月心天球坐标系	月心	J2000.0 地球平赤道	指向 J2000.0 地球平春分点	地球平春分点是平黄道与地球平赤道的交点（升交点）
2	历元月心平赤道坐标系	月心	J2000.0 月球平赤道	指向 J2000.0 月球平春分点	该平春分点由月球绕地运行轨道升交点的平黄经 Ω_m 确定

（续表）

序号	坐标系（参考系）	坐标原点	参考平面	X轴方向	备　注
3	月心黄道坐标系	月心	J2000.0 平黄道	指向 J2000.0 平春分点	
4	月固坐标系	月心	与自转轴方向垂直的月球赤道面	指向参考平面与过月面上 Sinus Medii 子午面的交线方向	x 轴即月球赤道面上指向地球的惯性主轴方向

1.3.1　四个月心坐标系的定义

与地球赤道面在空间的摆动类似，月球赤道面亦有此摆动现象，即物理天平动，它同样引起月心赤道坐标系的各种不同定义，这将涉及环月卫星运动的轨道确定和星下点（即卫星与月心连线在月球表面的交点）位置的确定。

1. 月心天球坐标系

这里所说的月心天球坐标系（见表 1.6），就可以简单地理解为仅仅将地心天球坐标系的坐标原点平移至月心，该坐标系的参考平面（即 XY 平面）和 X 坐标轴方向仍然是地心天球坐标系的选择，这便于地球坐标系统与月球坐标系统进行关联。对于其他大天体的天球坐标系也是这样引入的，详见本书附录 D，后面在火星坐标系统中会有进一步的阐述。

2. 月心平赤道坐标系：$O-xyz$

目前采用的即 J2000.0 月心平赤道坐标系，该坐标系的原点是月心，xy 坐标面就是 J2000.0 月球平赤道面，x 轴方向是该赤道面上的平春分点 $\bar{\gamma}$ 方向，这一方向由月球绕地运行轨道升交点的平黄经 Ω_m 确定，见图 1.4。与处理地球卫星轨道问题类似，这是处理环月探测器轨道问题中必须采用的坐标系，但为了区别上述 J2000.0 月心天球坐标系，称其为 J2000.0 月心平赤道坐标系，或简称 J2000.0 月心赤道坐标系。与地心天球坐标系类似，也是一个在一定意义下（即消除了坐标轴因月球赤道面摆动引起的转动）的月心“不变”的坐标系，它可以在同一个坐标系中来表达不同时刻的探测器轨道。同样，在该坐标系中，月球非球形部分的引力位也是变化的。

3．月心黄道坐标系：$O-x'y'z'$

该坐标系的原点O仍是月心，和地心黄道坐标系只是一个平移关系。$x'y'$坐标面是历元（J2000.0）时刻的黄道面，x'轴方向与上述天球坐标系（$O-xyz$）的指向一致，即该历元的平春分点方向。

4．月固坐标系：$O-XYZ$

坐标原点O是月心，而Z轴方向是月球的自转轴方向，XY坐标面即过月心并与自转轴方向垂直的月球赤道面，X轴指向月球上的“格林尼治” 子午线方向：基本平面（XY坐标面）与过月面上 Sinus Medii 子午面的交线方向，即月球赤道面上那一指向地球的惯性主轴方向。显然，在这种坐标系中，相应的月球引力位亦是确定的，各种月球引力场模型及其参考椭球体也都是在这种坐标系中给定的，它们同样应该是一个自洽系统。

1.3.2 月球物理天平动

1．两种物理天平动的表达形式

月球的物理天平动同样是一个定点转动问题。与地球自转的岁差章动类似，多年来的研究曾先后给出过多种有关物理天平动的理论，几乎都以物理天平动的经度分量、倾角分量和节点分量(τ,ρ,σ)的分析解来表达，这三个量就将月球的平赤道与真赤道以分析形式相联系。

对于平赤道，根据 Cassini 定律，月球轨道、黄道与月球平赤道交于一点$\bar{N}$。由于月球天平动的原因，月球真赤道将通过(τ,ρ,σ)三个量在空间与平赤道联系起来，见图 1.4。图中各量的关系如下，即

$$\begin{cases}\psi=\Omega_m\\ I=I_m\\ \varphi=L_m-\Omega_m+\pi\end{cases}\tag{1.81}$$

$$\begin{cases}\psi'=\Omega_m+\sigma\\ I'=I_m+\rho\\ \varphi'=L_m-\Omega_m+\pi+(\tau-\sigma)\end{cases}\tag{1.82}$$

其中，I_m，Ω_m，L_m分别为月球平黄赤交角、轨道升交点平黄经和月球平黄经。

美国喷气推进实验室（JPL）的数值历表（如 DE405）却以另一种形式表达了月球物理天平动，它是直接给出另三个欧拉角(Ω',i_s,Λ)每天的具体数值（见图 1.5），

可用于计算月球卫星在月固坐标系中的精确位置。

上述两种物理天平动的表达形式，可通过图 1.5 来表明它们之间的关系。图 1.5 中 x_b 是月固坐标系的 X 轴指向，即图 1.4 中的 ξ' 方向。三个欧拉角 (Ω', i_s, Λ) 在图中已表示清楚，不再加以说明，ε 是地球的平黄赤交角。

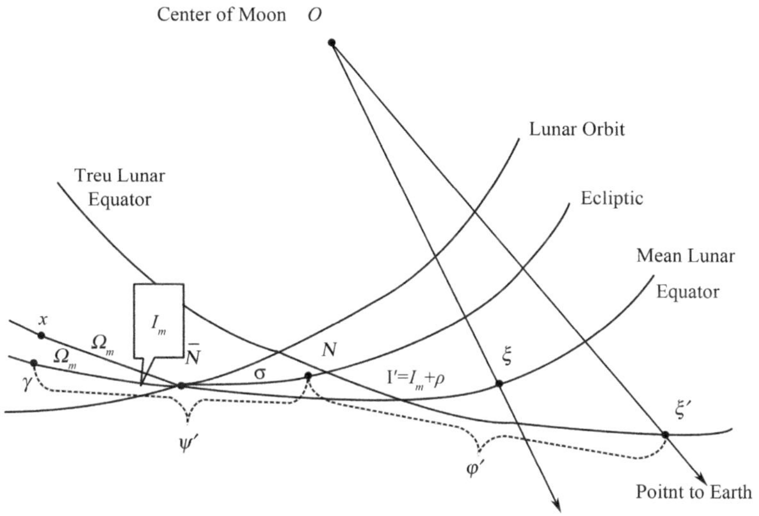

图 1.4　月球真赤道与月球平赤道之间的关系

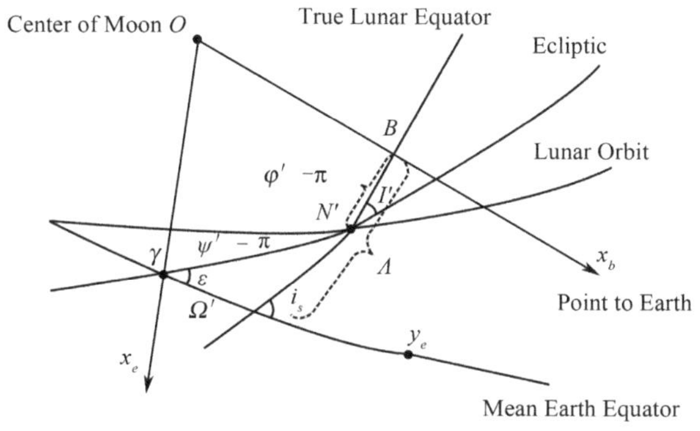

图 1.5　月心坐标系与物理天平动示意图

根据月球自转理论，给出的物理天平动三个参数 (τ, ρ, σ) 的分析表达式，类似于地球的章动序列，亦包含几百项，最大的周期项振幅超过 $100''$（100 角秒），但没有地球赤道摆动中的长周期项（即周期近 26 000 年的岁差项）。月球自转理论越来越精确，给出的分析表达式与 DE405 高精度数值历表也越来越接近，相差不到 $1''$。但若精度要求高，分析表达式取项则太多，不便于应用，而数值历表似乎简捷易用，但它不便于分析某些问题。在不同问题中可采用不同的表达形式：分析解 (τ,ρ,σ) 或数值历表 (Ω',i_s,Λ)。通过两者的比较证实：在涉及弧段不太长（1～2 天或更长些）的情况下，对于探测器定轨或预报，无论是采用数值法还是分析法，涉及物理天平动问题，均可用下面给出的 Eckhardt 分析解的前四项的简化表达式，具体参见式（1.83）。

2．两种物理天平动表达形式的比较

首先列出 Eckhardt 表达式 (τ,ρ,σ) 的前几项[12]，作为与数值历表 $(\Omega',,i_s,\Lambda)$ 的比对依据，形式如下，即

$$\begin{cases} \tau = 214''.170 + 90''.7\sin l' + 17''.0\sin(2l-2F) - 16''.8\sin l + 9''.9\sin(2l-2D) \\ \rho = \qquad -99''.1\cos l + 24''.6\cos(l-2F) - 10''.5\cos 2F - 80''.8\sin F \\ I\sigma = \qquad -101''.4\sin l - 24''.6\sin(l-2F) - 10''.1\sin 2F + 80''.8\cos F \end{cases} \tag{1.83}$$

式（1.83）中，τ 包含了自由项 $214''.170$；$I = 1^\circ.542\,461 = 5\,552''.86$，即式（1.81）中已出现过的月球的平黄赤交角；$l$，$l'$，$F$ 和 D 各为月球的平近点角、太阳的平近点角、月球的平升交点角距（即 $F = l + \omega_m$，ω_m 是月球轨道的近地点幅角）和日月平角距。它们的计算公式分别为

$$\begin{cases} l = 134^\circ.963\,396\,4 + 477\,198^\circ.867\,505\,5T \\ l' = 357^\circ.529\,109\,2 + 35\,999^\circ.050\,290\,9T \\ F = \ \ 93^\circ.272\,090\,62 + 483\,202^\circ.017\,457\,7T \\ D = 297^\circ.850\,195\,47 + 445\,267^\circ.111\,446\,9T \end{cases} \tag{1.84}$$

$$T = \frac{JD(t) - JD(\text{J2000.0})}{36\,525.0} \tag{1.85}$$

其中，角度 F 和 D 在前面地球坐标系涉及的计算公式中出现过，具体参见式（1.55）和（1.56）。

下面把 (τ,ρ,σ) 的分析表达式[见式（1.83）]与 DE405 数值历表值 (Ω',i_s,Λ) 通过坐标转换来进行比较。(Ω',i_s,Λ) 涉及月心天球坐标系（$O-x_e y_e z_e$），这里所说的月心天球坐标系中，$x_e y_e$ 坐标面即前面定义的 J2000 地球平赤道面，为了区别起见，在该坐标系中的坐标矢量记为 $\vec{r}_e$。月固坐标系（$O-XYZ$，即图 1.4 中的 $O-\xi'\eta'\zeta'$）中相应的坐标矢量记为 $\vec{R}$。对这两种坐标系，分别采用上述两种天平动表达形式（数值和分析）建立坐标转换关系，有

$$\vec{R}=(M_1)\vec{r}_e=(M_2)\vec{r}_e \tag{1.86}$$

其中两个转换关系分别由以下两式表达，即

$$(M_1)=R_z(\Lambda)R_x(i_s)R_z(\Omega') \tag{1.87}$$

$$\begin{aligned}(M_2)&=R_z(\varphi'-\pi)R_x(I')R_z(\psi'-\pi)R_x(\varepsilon)\\&=R_z(\varphi')R_x(-I')R_z(\psi')R_x(\varepsilon)\end{aligned} \tag{1.88}$$

式（1.88）第一行是按图 1.5 给出的，而第二行是按图 1.4 给出的，两者实为同一转换关系。式(1.87)和式(1.88)分别给出的两种转换矩阵之间的差别，取决于(τ,ρ,σ)取项的多少，如果像式（1.83）那样只取完整表达式中的前几个主项，将月球表面一点的空间坐标转换到月固坐标系中的位置，两种转换之差可达公里级，相应的转换矩阵元素的最大差别达到10^{-3}。

根据上述比较可知，直接采用分析解的简化表达式，在某些问题中是不能满足精度要求的。但在考虑物理天平动对环月探测器轨道的影响时，在一定精度要求的前提下，则无妨，因为它是通过非球形引力位（最大的J_2项仅为10^{-4}的量级）来体现的。定轨或预报中涉及轨道外推弧段为10^2时（对低轨探测器为 1～2 天的间隔），要保证 10 米级甚至米级精度，采用 Eckhardt 的前四项表达形式[见式（1.83）]是可以达到的。因此，具体采用哪一种转换关系应根据不同问题的具体要求而选择。

鉴于上述比较结果，要建立月球卫星轨道理论，了解轨道变化的规律，或直接反映月球卫星相对月心坐标系的几何状况，必须采用月心赤道坐标系，而不是月心地球赤道坐标系（即前面定义的 J2000 月心天球坐标系）。那么用(τ,ρ,σ)的分析表达式来建立历元月心平赤道坐标系（$O-xyz$）与月固坐标系（对应真赤道，$O-\xi'\eta'\zeta'$）之间的转换关系，显然是有必要的。而若要通过月心平赤道坐标系（$O-xyz$）与月心天球坐标系（$O-x_ey_ez_e$）之间的转换关系（即利用高精度的Ω',i_s,Λ值）来计算月球卫星在月固坐标系中的精确位置$\vec{R}$也很简单，有

$$\begin{cases}\vec{R}=(M_1)\vec{r}_e,\quad \vec{r}_e=(N)^{\mathrm{T}}\vec{r}\\(N)=R_z(-\Omega_m)R_x(-I_m)R_z(\Omega_m)R_x(\varepsilon)\end{cases} \tag{1.89}$$

$\vec{r}$是通过定轨或预报给出的月心平赤道坐标系中的月球卫星位置矢量。这里变换矩阵（N）并不涉及物理天平动的表达形式，转换的精度只取决于月球卫星定轨或预报的精度。

1.3.3 两类坐标系之间的转换关系

1. 月固坐标系（$O-XYZ$）与月心赤道坐标系（$O-xyz$）之间的转换

对于月球卫星的运动，要构造相应的轨道分析解，可以在历元月心平赤道坐标系中考虑问题。该坐标系的 xy 坐标面即 J2000.0 平赤道面，x 轴方向即相应的平春分点方向，由月球轨道升交点的平黄经 Ω_m 确定。在分析法定轨和数值法定轨及预报中均采用这种统一坐标系，只需要将相应的由物理天平动引起的坐标系附加摄动给出即可，而这种附加摄动并不复杂，作者已经具体给出，见《卫星轨道理论与应用》[10]一书的第 5 章。

分别记月心赤道坐标系（即历元月心平赤道坐标系，$O-xyz$）和月固坐标系（对应真赤道，$O-\xi'\eta'\zeta'$）中月球卫星的坐标矢量为 $\vec{r}(x,y,z)$ 和 $\vec{R}(X,Y,Z)$，两者之间的转换关系为

$$\begin{cases}\vec{r}=R_z(-\Omega_m)R_x(-I)R_z(-\sigma)R_x(I+\rho)R_z(-(\varphi+\tau-\sigma))\vec{R}=(A)\vec{R}\\ \vec{R}=R_z(\varphi+\tau-\sigma)R_x(-(I+\rho))R_z(\sigma)R_x(I)R_z(\Omega_m)\vec{r}=(A)^{\mathrm{T}}\vec{r}\end{cases}\tag{1.90}$$

其中，$R_z(-\Omega_m)$，$R_x(-I)$，$R_z(-\sigma)$，$R_x(I+\rho)$，$R_z(-(\varphi+\tau-\sigma))$ 是正交矩阵。

2. 月心天球坐标系与地心天球坐标系之间的转换

由于目前对月球探测器的测控都是由地面测控站来完成的，这就涉及历元地心天球坐标系，同时出现了历元月心天球坐标系和历元月心赤道坐标系。它们之间的转换，会涉及月球的地心坐标。这同样可由两种途径获得：一种是高精度的数值历表（如 JPL 的 DE 系列历表），另一种即精度较低的分析历表。在 J2000.0 地心黄道坐标系中月球的平均轨道根数 $\bar{\sigma}'$ 由下式表达，即

$$\begin{cases}\bar{a}=384\,747.981\text{km}\\ \bar{e}=0.054\,880\\ \bar{i}=J=5^\circ.129\,8\\ \bar{\Omega}=125^\circ.044\,6-1\,934^\circ.14\,t\\ \bar{\omega}=318^\circ.308\,7+6\,003^\circ.15\,t\\ \bar{M}=134^\circ.963\,4+13^\circ.065\,0\,d\end{cases}\tag{1.91}$$

式中，t 和 d 分别为由标准历元 J2000.0 起算的世纪数和儒略日，定义在前面已介绍过。由于其轨道摄动变化较大，最大的周期项振幅可达 2×10^{-2}，故式（1.92）的精度较低。至于在具体定轨工作中，对月球坐标采用高精度的数值历表还是简单的分析历表，这将取决于对定轨精度和计算效率的不同要求。

1.4　火星坐标系统[1, 14~15]

火星探测器轨道涉及的空间坐标系，分为既各自独立又有一定联系的两个系统：一是环火星轨道问题涉及的火心坐标系统，二是探测器从地球发射涉及的地心坐标系统。与月球坐标系统类似，有历元火心天球坐标系、历元火心平赤道坐标系、火心黄道坐标系和火固坐标系。表 1.7 列出这些坐标系的坐标原点、参考平面（即 *XY* 平面）和 *X* 坐标轴方向。

表 1.7　常用的火星坐标系（参考系）的定义

序号	坐标系（参考系）	坐标原点	参考平面	*X* 轴方向	备　注
1	历元火心天球坐标系	火心	J2000.0 地球平赤道	指向 J2000.0 平春分点	
2	历元火心平赤道坐标系	火心	J2000.0 火星平赤道	指向 J2000.0 火星平春分点	该平春分点由 J2000.0 地球平赤道与 J2000.0 火星平赤道的交点方向确定
3	火心黄道坐标系	火心	J2000.0 平黄道	指向 J2000.0 平春分点	
4	火固坐标系	火心	与自转轴方向垂直的火星赤道面	参考平面与火星本初子午面交线方向	火星本初子午面由式（1.92）和式（1.94）确定

1.4.1　四个火心坐标系的定义

对于环火星探测器轨道问题，主要涉及**历元（J2000.0）火心赤道坐标系**和**火固坐标系**。关于火固坐标系，与地固坐标系类似，同样与火星引力位及探测器星下点在火星表面的位置等量有关，因此，它也对应一定的火星引力场模型。

关于火星坐标系统，与月球坐标系统中相应坐标系的引入类似，同样涉及地心坐标系与火心坐标系的相互联系问题。考虑到实用性，这里引用 IAU 2000 天体（包括各大行星和月球等天体）定向模型[14,15]来确定基本坐标面，对火星而言，即火星定向模型，见图 1.6。在 IAU 2000 规范中分别定义了**历元（J2000.0）火心天球坐标系**和**火心赤道坐标系**，前者的基本坐标面（xy 坐标面）是 **J2000.0** 的地球平赤道面，第一方向（即 x 轴方向）仍就是相应的平春分点 γ 方向；而后者的基本坐标

面则是 **J2000.0** 的火星平赤道面，相应的第一方向即 IAU 2000 火星定向模型中的 J2000.0 地球平赤道与 J2000.0 火星平赤道的交点 Q 方向，该点就相当于火心赤道坐标系统中的“春分点”，见图 1.6。尽管这一模型没有考虑章动效应，但火星章动量较小（最大项的摆幅约 1″），对轨道的影响又无“累积”效应，对于一般问题无须考虑。既然不考虑章动，那么在下面的阐述中，除严格定义外，不再区分**真赤道面**和**平赤道面**，或称平赤道面，或简称赤道面。正是由于 IAU 2000 天体定向模型在相应天体的赤道面摆动上并没有详尽的考虑，如月球的物理天平动、火星自转轴的章动等，在 1.3 节月球坐标系统就未提及这一天体定向模型。

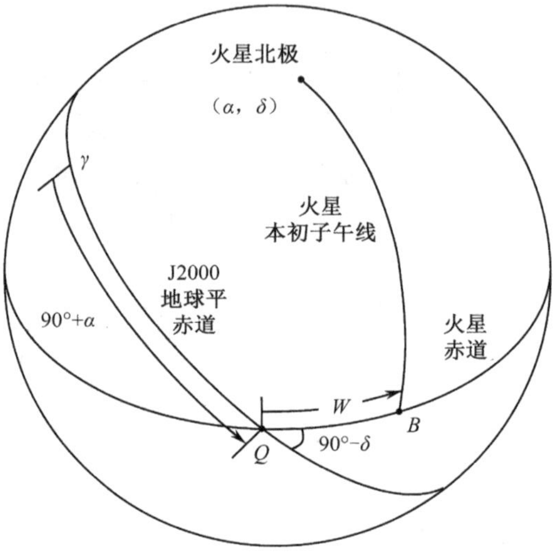

图 1.6　IAU 火星定向模型

IAU 2000 火星定向模型给出了因岁差原因火星平天极在火心天球坐标系中的赤经、赤纬计算公式为

$$\begin{cases}\alpha = 317.681\,43^\circ - 0.106\,1^\circ T \\ \delta = \ 52.886\,50^\circ - 0.060\,9^\circ T\end{cases} \tag{1.92}$$

T 即前面定义的自 J2000.0 起算的时刻 t 对应的儒略世纪数。式（1.92）表达的是类似地球平天极的长期（长周期）变化。对于 J2000.0 历元，有

$$\alpha_0 = 317.681\,43^\circ,\quad \delta_0 = 52.886\,50^\circ \tag{1.93}$$

此为火星历元平极在火心天球坐标系中的指向。

在上述定义下，火星自转角将由图 1.6 中的 W（$\widehat{QB}$ 弧）定义，即从 Q 点向东计量至 B 点（火星本初子午线方向，相当于火星上的格林尼治方向），可以将角度

W 看作火星上的格林尼治恒星时，由于没有考虑火星自转的章动效应，故不再区分真恒星时和平恒星时。IAU 2000 模型给出火星的自转矩阵, 即

$$\begin{cases} \boldsymbol{R}_{IAU}(t) = \boldsymbol{R}_z(W) \\ W = 176.630^\circ + 350.891\,982\,26^\circ d \end{cases} \tag{1.94}$$

d 为自 J2000.0 起算的儒略日。

上述选择容易与地球坐标系统相连，这对处理火星探测器的轨道问题（包括发射轨道和环火星运行轨道）及其他有关问题都很方便。同样，对于太阳系其他大天体的探测而言，亦可采用 IAU 2000 天体定向模型来处理类似问题，相关数据详见本书附录 D。

1.4.2　火星的岁差矩阵

根据式（1.92）表达的 IAU 2000 火星定向模型中火星平天极的变化规律，可以用图 1.7 来示意因岁差引起的火星平赤道面的变化状态。该图中的 α_0，δ_0 为历元 J2000.0 时火星平极的赤经、赤纬，其值由式（1.93）给出。

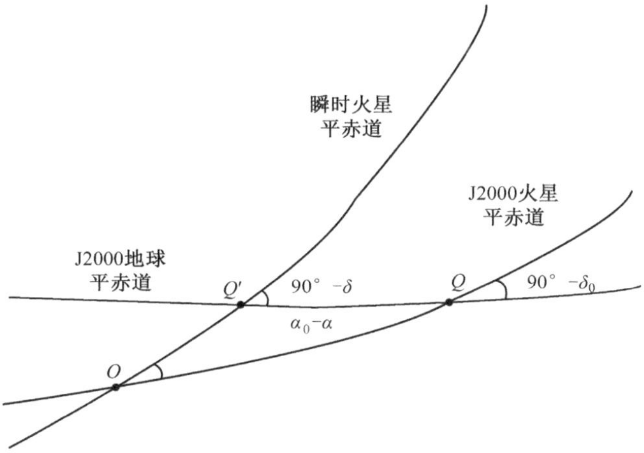

图 1.7　IAU2000 火星定向模型给出的火星平赤道变化示意图

图 1.7 表达了 J2000.0 地球平赤道与 J2000.0 火星平赤道及瞬时火星平赤道之间的空间几何关系，而 α，δ 则为 t 时刻瞬时火星平极的赤经、赤纬，由式（1.92）表示。在此示意下，图 1.7 中的 Q 和 Q' 为火星坐标系统中的历元平春分点和瞬时平春分点。若分别用 $\vec{r}$ 和 $\vec{r}'$ 记作历元平赤道坐标系（火心赤道坐标系）和瞬时平赤道坐标系中同一探测器的位置矢量，它们之间的转换关系为

$$\vec{r}' = (PR)\vec{r} \tag{1.95}$$

其中，坐标转换矩阵(PR)是火星的岁差矩阵，注意，该符号与地球的岁差矩阵相同，其具体形式为

$$\begin{aligned}(PR) &= R_x(90^\circ - \delta)R_z\left(-(\alpha_0 - \alpha)\right)R_x\left(-\left(90^\circ - \delta_0\right)\right) \\ &= R_x(90^\circ - \delta)R_z\left(\alpha - \alpha_0\right)R_x(\delta_0 - 90^\circ)\end{aligned} \tag{1.96}$$

1.4.3 火心赤道坐标系与火固坐标系之间的转换

对于环火星探测器轨道问题，显然要涉及火心赤道坐标系与火固坐标系之间的转换关系。按照通常习惯，探测器的空间位置矢量在上述火心赤道坐标系和火固坐标系中分别记作$\vec{r}$和$\vec{R}$，那么在不考虑火星地极移动和天极章动的前提下，两个坐标系之间的转换关系为

$$\vec{R} = (MP)\vec{r} \tag{1.97}$$

其中，坐标转换矩阵(MP)只包含两个旋转矩阵，有

$$(MP) = (MR)(PR) \tag{1.98}$$

这里的旋转矩阵(MR)为火星自转矩阵：$(MR) = R_{IAU}(t) = R_Z(W)$，见式（1.94）。

1.4.4 地心坐标系与火心坐标系之间的转换关系

涉及这两个系统之间坐标转换的物理量大致包含两类：探测器的位置和速度矢量、太阳与大行星的位置矢量。在建立转换关系中将要涉及地球和火星的日心黄道坐标矢量，记为$\vec{R}_E$，$\vec{R}_M$，对于高精度问题，可引用 JPL 历表（如 DE405），而对一般问题则可采用简单的分析历表。关于分析历表，可由相应的平均轨道给出，这里与地球的平均轨道根数一并列出。

地球在 J2000.0 日心黄道坐标系中的平均轨道根数$\bar{\sigma}$为

$$\begin{cases} \bar{a} = 1.000\,001\,02(\mathrm{AU}) \\ \bar{e} = 0.016\,708\,62 - 0.000\,042\,040T \\ \bar{i} = 0.^\circ0 \\ \bar{\Omega} = 0^\circ.0 \\ \bar{\varpi} = 102^\circ.937\,347 + 0^\circ.322\,562\,1T \\ \bar{M} = 357^\circ.529\,100 + 0^\circ.985\,600\,281\,69d \end{cases} \tag{1.99}$$

火星在 J2000.0 日心黄道坐标系中的平均轨道根数$\bar{\sigma}$为

$$\begin{cases} \bar{a} = 1.523\,679\,34(AU) \\ \bar{e} = 0.093\,400\,62 + 0.000\,090\,484T \\ \bar{i} = 1^\circ.849\,726 - 0^\circ.000\,601\,1T \\ \bar{\Omega} = 49^\circ.558\,093 + 0^\circ.772\,095\,6T \\ \bar{\omega} = 286^\circ.502\,141 + 1^\circ.068\,949T \\ \bar{M} = 19^\circ.373\,041 + 0^\circ.524\,020\,682\,19d \end{cases} \tag{1.100}$$

式（1.99）和式（1.100）中的 T 和 d 前面已定义过，即自 J2000.0 起算的时刻 t 对应的儒略世纪数和儒略日。由轨道根数转换成位置矢量和速度矢量的运算：$\sigma(a,e,i,\Omega,\omega,M) \Rightarrow \vec{R}(X,Y,Z,\dot{X},\dot{Y},\dot{Z})$ 是一个常识性的问题，这里不再具体列出。

在火星探测的轨道问题中，将会涉及地心坐标系与火心坐标系之间的两类转换关系，下面具体介绍。

1．探测器的地心坐标与火心坐标之间的转换

地固坐标系、地心天球坐标系、火固坐标系和火心赤道坐标系中探测器的位置矢量分别记为 $\vec{R}_e, \vec{r}_e, \vec{R}_m, \vec{r}_m$，速度矢量为 $\dot{\vec{R}}_e, \dot{\vec{r}}_e, \dot{\vec{R}}_m, \dot{\vec{r}}_m$，探测器在两个星固坐标系中的位置矢量 $\vec{R}_e, \vec{R}_m$ 不要与地球和火星的日心位置矢量 $\vec{R}_E$，$\vec{R}_M$ 相混淆。

具体需要的是探测器的位置矢量由地心坐标系到火心坐标系的转换：$\vec{R}_e \Rightarrow \vec{r}_e \Rightarrow \vec{r}_m \Rightarrow \vec{R}_m$，或其逆转换：$\vec{R}_m \Rightarrow \vec{r}_m \Rightarrow \vec{r}_e \Rightarrow \vec{R}_e$。

地心坐标系到火心坐标系的转换 $\vec{R}_e \Rightarrow \vec{r}_e \Rightarrow \vec{r}_m \Rightarrow \vec{R}_m$，按下列过程进行，即

$$\vec{r}_e = (\boldsymbol{HG})^{\mathrm{T}} \vec{R}_e \tag{1.101}$$

$$\vec{r}_e' = R_x(\varepsilon)\vec{r}_e \tag{1.102}$$

$$\vec{r}_m' = (\vec{r}_e' + \vec{R}_E) - \vec{R}_M \tag{1.103}$$

$$\vec{r}_m = (\boldsymbol{ME})\vec{r}_m' \tag{1.104}$$

$$\vec{R}_m = (\boldsymbol{MP})\vec{r}_m \tag{1.105}$$

$$(\boldsymbol{HG}) = (\boldsymbol{EP})(\boldsymbol{ER})(\boldsymbol{NR})(\boldsymbol{PR}) \tag{1.106}$$

$$(\boldsymbol{ME}) = R_x\left(\pi/2 - \delta_0\right)R_z\left(\pi/2 + \alpha_0\right)R_x(-\varepsilon) \tag{1.107}$$

$$(\boldsymbol{MP}) = (\boldsymbol{MR})(\boldsymbol{PR}) \tag{1.108}$$

其中，转换矩阵 $(\boldsymbol{HG})$ 为前面已给出的式（1.30），或式（1.75）；转换矩阵 $(\boldsymbol{ME})$ 中出现的 α_0，δ_0 由式（1.93）给出，即历元 J2000.0 时刻火星平天极在火心天球坐标系中的赤经、赤纬（见图 1.6），ε 是历元 J2000.0 时刻的平黄赤交角，由式（1.63）给出；而构成转换矩阵 $(\boldsymbol{MP})$ 的火星岁差矩阵 $(\boldsymbol{PR})$ 和自转矩阵 $(\boldsymbol{MR}) = \boldsymbol{R}_z(W)$，分

别见式（1.96）和式（1.94）。$\vec{R}_E$，$\vec{R}_M$ 前面已有说明，即日心黄道坐标系中的地球和火星的位置矢量。

火心坐标系到地心坐标系的转换 $\vec{R}_m \Rightarrow \vec{r}_m \Rightarrow \vec{r}_e \Rightarrow \vec{R}_e$，即上述转换的逆过程，按下列过程进行，即

$$\vec{r}_m = (MP)^{\mathrm{T}} \vec{R}_m \tag{1.109}$$

$$\vec{r}_m' = (ME)^{\mathrm{T}} \vec{r}_m \tag{1.110}$$

$$\vec{r}_e' = \vec{r}_m' + (\vec{r}_M - \vec{r}_E) \tag{1.111}$$

$$\vec{r}_e = R_x(-\varepsilon)\vec{r}_e' \tag{1.112}$$

$$\vec{R}_e = (HG)\vec{r}_e \tag{1.113}$$

其中涉及的转换矩阵均已在前面列出。

2. 太阳和地球的位置矢量涉及的坐标转换

在环火星轨道问题中会涉及太阳、大行星（以地球为代表）和火星的两颗自然卫星的摄动影响，这就需要提供这些天体在火心赤道坐标系中的位置矢量。关于火星的两颗自然卫星（Phobos 和 Deimos），其轨道本身就是在火心天球坐标系中建立的，无须再讨论。下面列出太阳和地球的位置矢量在火心赤道坐标系中的表达形式，该坐标系中太阳和地球的位置矢量分别记为 $\vec{r}_S$ 和 $\vec{r}_E$，有

$$\vec{r}_S = (ME)(-\vec{R}_M) \tag{1.114}$$

$$\vec{r}_E = (ME)(\vec{R}_E - \vec{R}_M) \tag{1.115}$$

关于探测器和各天体的速度矢量在不同坐标系之间的转换，不再具体列出，但要指明一点：由于岁差、章动等量的变率都很小，相应的转换矩阵均可当作常数矩阵处理，在速度矢量转换过程中只有地球和火星的自转矩阵需要考虑其变化，变化率为它们各自的自转角速度。

1.5 定轨问题和预报问题的提法

1.5.1 定轨问题的提法[16]

定轨，即轨道确定。一个最简单而直接的定义就是：根据对运动体（包括自然天体和各类航天器）的一列跟踪测量数据 $t_j, Y_j\ (j=1,2,\cdots,k)$，用相应的数学方法

确定其在某一历元t_0时刻的运行状态X_0。所谓t_0时刻的运行状态X_0，就是在选定的时空参考系中，运动体在t_0时刻的位置和速度$\vec{r}_0, \dot{\vec{r}}_0$，或该时刻的轨道根数$\sigma_0$，如果是环绕型的天体（如人造地球卫星），即六个椭圆根数$\sigma_0=\left(a_0,e_0,i_0,\Omega_0,\omega_0,M_0\right)^{\mathrm{T}}$。这 6 个椭圆根数的意义在前言中已说明，不再解释。关于历元t_0，通常在测量弧段对应的时间区间$\left[t_1,\cdots,t_k\right]$上或附近选取。

定轨在天体力学或航天器轨道力学中通常有两个概念：短弧意义下的初轨确定和长弧（在特殊条件下也可以是短弧）意义下的轨道改进（现称为精密定轨）。对于初轨确定，传统意义下的定轨模型是对应一个无摄运动的二体问题。初轨确定无论在航天任务中，还是在太阳系各种小天体（小行星、自然卫星、彗星等）的发现过程中，都是不可缺少的工作。初轨本身可在某些问题中直接引用，或为精密定轨提供初始信息（即初值）。对于精密定轨，定轨模型则对应一个“完整”的力学系统，若是环绕型运动体（大行星、小行星和卫星）的定轨问题则为受摄二体问题，否则就是一般$(n+1)$体问题（其中 1 就是待定轨的运动天体——航天器）。精密定轨是根据大量观测资料所作的轨道确定工作，提供各种天体（自然天体和人造天体）的精密轨道。关于精密定轨，传统的称谓为轨道改进，但由于可以在定轨的同时确定某些参数（与待定轨的运动体轨道有关的一些几何和物理参数），此时待确定的状态量X_0还包含这些参数，这就扩展了传统意义下单纯的轨道改进，故现称其为精密定轨——轨道确定与参数估计。另外，就精密定轨的原理和定轨的内容来看，尽管有改进轨道之意，但在定轨过程中必须提供的初始轨道$\vec{r}^*, \dot{\vec{r}}^*$或$\sigma^*$，仅仅起一个迭代初值的作用，它对应的时刻$t^*$与定轨历元时刻$t_0$并不需要一致，因此，轨道改进的称谓不如精密轨道确定（简称精密定轨）的称谓更恰当。

1.5.2 定轨问题的解决途径

用以定轨的测量数据对应一种观测量，例如测距量ρ，测速量$\dot{\rho}$，测角量α,δ（赤经、赤纬）和A,h（方位角和高度角）等。无论哪一类数据，习惯用符号Y表示，它们与定轨历元t_0时刻运动体的状态量X_0（指轨道量和待确定的某些几何、物理参数）有如下函数关系，即

$$\begin{aligned}Y&=Y(X,t)\\&=Y(X(t;\ t_0,X_0),t)\end{aligned}\tag{1.116}$$

此为测量方程，其中

$$X\left(t\right)=X(t;\ t_0,X_0)\tag{1.117}$$

实为运动体的状态转移方程，它是下列运动微分方程满足初始条件的解，即

$$\begin{cases} \dot{X} = F(X,t) \\ t_0, \ X(t_0) = X_0 \end{cases} \tag{1.118}$$

关于方程的右函数 $F(X,t)$，如果仅就轨道状态量而言（即不提待估参数），就可以理解为该运动体所承受的各种外力引起的加速度。因此，一个完整的定轨问题，应该包含两个条件：一个是针对定轨对象的测量几何条件，即式（1.116）；另一个是定轨对象运动所满足的动力学条件，即式（1.117），更确切地说就是需要提供上述运动微分方程的右函数 $F(X,t)$，这就涉及相应的动力学模型。

状态量 X 是 n 维，而一列观测量 $t_j, Y_j (j=1,2,\cdots,k)$ 是 $m \times k$ 维，$m \geqslant 1, m$ 是观测量的维数（测距量一次采样是 1 维，而测角量一次采样则是 2 维）。当 $(m \times k) \geqslant n$ 时，原则上方程组式（1.116）可解：由一列观测量 $t_j, Y_j (j=1,2,\cdots,k)$，给出历元 t_0 时刻的状态量 X_0。但实质上它可归结为一个隐函数 $\varPhi(t,Y;t_0,X_0)=0$ 的求解问题，这将涉及解的确定性和如何求解问题，因此必须注意如下两点。

（1）解的确定性问题（定轨条件），即是否能由上述一列观测量 $t_j, Y_j (j=1,2,\cdots,k)$ 唯一确定相应历元 t_0 时刻的状态量 X_0，亦称可观测性问题。例如卫星单站测距和测速，如果是短弧，将难以定轨，其具体的数学问题将在后面有关内容中阐明。

（2）如何求解问题，即在可定轨的前提下，上述定轨问题归结为一个多变元的非线性方程，无法直接求解，通常只能通过多变元迭代过程才能实现定轨。但对于短弧情况，只有测距和测速类型资料时必须采用一般的多变元迭代方法求解，测角资料则不然，即使考虑完整的力学系统，亦能通过一个特殊而简单的迭代过程实现定轨，这正是短弧初轨确定方法与建立在多变元迭代基础上的精密定轨方法的重大差别。

根据上述定轨的提法和原理来看，无论是自然天体的定轨，还是各类航天器的定轨，甚至是任何一个具有一定运动规律的运动体的“定轨”，都必须具备两个条件：一个以测量方程式(1.116)体现的几何条件；另一个即以运动微分方程式(1.118)体现的动力学条件。也就是说，定轨的确切含义就是动力学定轨，相应的定轨方法就是动力学方法，简称动力法定轨。对于航天器的定轨问题，在动力学模型的处理上会遇到各种困难，往往无法提供每种外力源的物理机制和数学模型，特别是那些表面力（大气、光压及相应的热辐射等）或一些随机因素，那么相应的式（1.118）的右函数 $F(X,t)$ 就无法完全确定。正是鉴于这一原因，在具体定轨方法上相继出现了一些改进，例如引进处理部分外力源的简化动力学模型，或直接采用硬件获得

某种外力源产生的加速度（获得表面力的加速度计的应用），甚至直接通过测量手段提供航天器运动过程中的位置、速度及加速度等，由此出现了相应的简化动力学方法和运动学方法（或称几何法）。但必须指出：这些在一定条件下的定轨方法只是动力学定轨方法的简化处理，简化的主要对象是动力学模型（用某种数学处理方法提供经验模型来替代，或采用加速度计的硬件处理直接提供某些外力作用引起的加速度等），而不会改变定轨的动力学基本原理，因此，这些简化方法并不是与动力学定轨方法“并列”的另类新方法。更重要的是就定轨的根本目的而言，还是要通过定轨确定相应的动力学模型，即式（1.118）的右函数 $F(X,t)$，否则确定的不是一条真实的轨道，而仅仅是运动体在跟踪弧段内的一种高精度拟合状态。例如，重力卫星采用加速度计避开地球大气等无法精确确定模型的障碍，达到提高地球引力场模型精度的目的，但它还是不能解决低轨卫星轨道外推的精度问题。

1.5.3　轨道预报问题的提法

航天器轨道运动的状态量 X 满足运动微分方程（1.118），即常微初值问题。

$$\begin{cases} \dot{X} = F(X,t) \\ t_0,\ X(t_0) = X_0 \end{cases}$$

轨道预报问题的核心就是给出该状态微分方程满足初始条件 $X(t_0) = X_0$ 的解，即

$$X(t) = X(t_0, X_0; t) \tag{1.119}$$

该表达形式可以是对应方程分析解的一个函数形式，也可以是对应方程数值解的一个离散形式。由 t 时刻的状态量 $X(t)$ 可换算出所需要的与航天器位置有关的各几何量。

由运动微分方程及其解的获得清楚地表明，制约航天器轨道预报精度有如下三个方面：

（1）状态微分方程（1.118）的右函数，即力模型的真实性。

（2）初始条件 X_0 的精度，这取决于前面所说的定轨的精度。

（3）求解方法能够达到的精度。

关于这三个方面，目前，计算方法完全可以达到高精度的要求，无论是理论方法还是实现计算的硬件条件，都不成问题。而前两个方面都与定轨不可分割，初始条件 X_0 的精度就是定轨精度，而力模型亦是由定轨确定的。因此，提高轨道预报精度的关键同样是外力因素的准确建模问题，这显然又归结为完满解决定轨问题。

参考文献

[1] 黄 珹，刘 林. 参考坐标系及航天应用. 北京：电子工业出版社，2015.

[2] 刘佳成，朱紫. 2000 年以来国际天文联合会（IAU）关于基本天文学的决议及其应用. 天文学进展，2014，30（4）：411-437.

[3] Gerard Petit, Brian Luzum. IERS Conventions 2010. IERS Conventions Center，2010.

[4] 夏一飞，黄天一. 球面天文学. 南京：南京大学出版社，1995.

[5] 刘林. 人造地球卫星轨道力学. 北京：高等教育出版社，1992.

[6] 刘林. 航天器轨道理论. 北京：国防工业出版社，2000.

[7] Kozai Y. Effect of Precession and Nutation on the Obital Elements of a Close Earth Satellite, Astron J, 1960, 65(10): 621-623.

[8] Lambeck Y. Precession, Nutation and the Choice of Reference System for Close Earth Satellite Orbits. Celest Mech, 1973, 7(2): 139-155.

[9] Kozai Y and Kinoshita H. Effects of Motion of the Equatorial Plane on the Obital Elements of an Earth Satellite. Celest Mech, 1973, 7(3): 356-366.

[10] 刘 林，汤靖师. 卫星轨道理论与应用. 北京：电子工业出版社，2015.

[11] 刘林，王歆. 月球探测航天器轨道力学. 北京：国防工业出版社，2006.

[12] Eckhardt D H. Theory of the Libration of the Moon. The Moon and the Planets, 1981, 25: 3-49.

[13] 刘林，侯锡云. 深空探测器轨道力学. 北京：电子工业出版社，2012.

[14] Archinal B A, A'Hearn M F, Bowell E, et al. Report of the IAU Working Group on Cartographic Coordinates and Rotational Elements: 2009. Celest Mech Dyn Astron, 2011, 109: 101-135.

[15] Seidelmann P K, Archinal B A, et al. A'Hearn M F, Report of the IAU/IAG Working Group on Cartographic Coordinates and Rotational Elements: 2006. Celest Mech Dyn Astron, 2007, 98: 155-180.

[16] Tapley B D, Schutz B E, Born G H. Statistical Orbit Determination. London: Academic Press, 2004.

第 2 章　航天器定轨理论基础

2.1　航天器运动的数学模型

第 1 章已针对太阳系探测中航天器的运动引进了相应的时空参考系，接着就需要了解各类航天器在运行过程中的受力状况，从而建立相应的数学模型。关于数学模型的建立，既要尽量符合真实的物理背景，又要有利于问题的解决，真正达到实际应用的目的。

既然是太阳系探测，那么首先就要了解各类航天器在太阳系中运行的力学环境。太阳系是一个十分复杂的力学系统，除了作为这一力学系统主天体存在的太阳外，还有 8 个大行星和数量众多的小行星及自然卫星、彗星和空间尘埃等。就目前来看，任何一个航天器的出现，除非碰撞发生，都不会改变太阳系中其他天体的运动状态。

如果将航天器和所有影响它的 n 个引力源（包括非引力源，如太阳辐射等）都处理成“质点”（暂且不考虑非质点引力或非引力的一些具体细节，因为这不会影响对问题的阐述），则形成一个 $(n+1)$ 体系统，数学上就构成一个 $(n+1)$ 体问题。本书所要论述的问题是：一个质量可忽略的航天器在另外 n 个运动状态完全确定的“天体引力”（确切地说为相应的外力源）作用下的运动，这一动力学问题就称为限制性 $(n+1)$ 体问题，它与一般 $(n+1)$ 体问题的提法和研究内容有重大区别。当 $n+1=3$ 时，就是天体力学（或轨道力学）中最著名的“限制性三体问题”。限制性问题与非限制性问题不是简单的名称差别，由于待研究的运动小天体的质量小到可以忽略，这将导致在数学处理方法上的重大差别。例如一般三体问题，除存在 10 个经典积分外，无其他动力学信息，而限制性三体问题则不然，除该系统中两个大天体的运动状态能完全确定外，又可给出另一个小天体特有的运动特征，这对研究自然小天体（如小行星），或各类航天器的运动，都是极其重要的。

根据太阳系演化至今的现状，大天体、小天体和航天器运动中的主要外力源至多有两个，即使探测质量较小的小行星也不例外，包括探测器从地球附近飞往目标小行星的全过程中（无论采用何种方式）。对于各大行星的运动，主要外力源只有一个，就是太阳，其他外力源都是摄动源（即小扰动）。小行星运动主要的外力源是太阳或一个大行星；自然卫星的运动，主要外力源是相应的大行星；人造地球卫星的运动，主要外力源是地球；远地卫星的运动（如月球探测器在转移轨道段的运动），主要外力源是地球和月球；深空探测器（探测大行星或自然卫星）的运动，主要外力源是太阳，或大行星，或目标行星及其自然卫星。除两个主要外力源外，其他力源（包括上述非质点引力和非引力等）均可处理成摄动源。因此，在现实的太阳系中，研究各类航天器的运动，就轨道力学而言，合理的数学模型只有两类：一类是环绕型航天器（即人造卫星）的轨道问题，主要外力源只有一个，即其环绕的中心天体，对应的是一个受摄二体问题；而另一类是非环绕型航天器（包括各种空间探测器）的轨道问题，主要外力源有一个或两个，对应的是一个受摄限制性三体问题。

事实上，在太阳系动力学的研究过程中，受摄二体问题和受摄限制性三体问题就是两个有效的数学模型，而若形式上采用限制性四体或五体问题模型，相应的三个或四个大天体的运动问题本身就未解决，这类看似更精确或吸引人的模型，却无助于问题的解决。因此，在现实的太阳系中，处理大小天体和各类航天器的轨道运动问题时，除上述受摄二体问题模型外，就是受摄限制性三体问题模型，更确切地说，应该是受摄圆形限制性三体问题模型。

2.1.1 受摄二体问题

该模型对应的$(n+1)$体问题中，主要外力源作为中心天体，相应的质量记为M，坐标系原点取在其质心上，对于这样一个受摄二体模型，可归结为下列运动微分方程——常微初值问题，即

$$\begin{cases}\ddot{\vec{r}}=-\dfrac{G(M+m)}{r^3}\vec{r}+\displaystyle\sum_{i=1}^{N}\vec{F}_i \\ t_0: \vec{r}(t_0)=\vec{r}_0,\quad \dot{\vec{r}}(t_0)=\dot{\vec{r}}_0\end{cases} \tag{2.1}$$

其中，G 是万有引力常数，m（$m=0$）是运动天体的质量，$\vec{F}_i$ 是应考虑的另外 $N=(n-1)$ 摄动源对应的摄动加速度，这里的 $\vec{r}=\vec{r}(x, y, z)$ 是运动天体在该坐标系中的位置矢量。

通常引用符号 μ 为

$$\mu=\mathrm{G}(M+m) \tag{2.2}$$

对于小天体（包括各种环绕型探测器），相应的质量可取 $m=0$，那么表达小天体运动问题的式（2.1）即变为

$$\begin{cases}\ddot{\vec{r}}=-\dfrac{\mu}{r^3}\vec{r}+\sum\limits_{i=1}^{N}\vec{F}_i \\ t_0：\vec{r}\left(t_0\right)=\vec{r}_0,\quad \dot{\vec{r}}\left(t_0\right)=\dot{\vec{r}}_0\end{cases} \tag{2.3}$$

其中，$\mu(\mu=GM)$ 是中心天体的引力常数。例如研究人造地球卫星的运动，中心天体是地球，常用的符号 $\mu(\mu=GE)$ 就是地心引力常数，其值为 $3.986\,03\times10^{14}\left(\mathrm{m}^3/\mathrm{s}^2\right)$。对于一个地球低轨卫星，如果在 300km 高的近圆轨道上运行，地球中心引力加速度 $\left(\mu/r^2\right)$ 约为 $9\mathrm{m/s}^2$，而自然存在的各种摄动加速度 $\vec{F}_i$ $\left(i=1,2,\cdots\right)$ 中最大的地球动力学扁率项的相对大小为 10^{-3}，运动方程（2.4）对应的就是一个典型的受摄二体问题，相应的运动轨道是一个缓慢变化的椭圆。如果该卫星有 1T 重，并同时存在持续的 100N 大小的机动力（这一卫星相当于一个机动平台），相应的机动加速度为 $0.1\mathrm{m/s}^2$，这仍可看作一种摄动力，其相对大小也仅达到 10^{-2}，比月球环绕地球运动受到太阳的引力摄动（2×10^{-2}）还小一些。对于这样一个空间机动平台的运动，采用受摄二体问题模型来研究它的运动规律仍然有效。

对应 $\left(n+1\right)=\left(1+1\right)$ 的二体问题，就不再区分一般二体问题与限制性二体问题，因为方程中的 μ=G$\left(M+m\right)$ 或 μ=GM 均为常数，方程（2.1）或方程（2.3）的求解及其解的动力性特征没有任何差别。因此，就简单地称为二体问题。

受摄二体问题可提供满足一定精度的分析解[1]，因此，对于环绕型航天器的定轨问题，既可以采用数值法，亦可采用分析法。数值法是由运动微分方程（2.3）的数值解提供状态转移方程，而分析法则可直接引用方程（2.3）中第 2 个式子的分析解提供的状态转移方程，即 1.5 节定轨问题提法中的式（1.117）为

$$X\left(t\right)=X(t;\ t_0,X_0) \tag{2.4}$$

2.1.2 受摄限制性三体问题

关于限制性三体问题，在本系列专著“航天器轨道力学理论与工程应用”第三本——《深空探测轨道理论与应用》（刘林，侯锡云著）中有详细阐述[2]。尽管其参考模型（圆形限制性三体问题）可以提供重要的动力学信息，在深空探测的轨道选择、目标轨道设计等方面起着重要作用，但直到目前为止还无法提供相应的分析解，因此，非环绕型的深空探测器的定轨问题，只能采用数值法解决，即直接由运动微分方程（2.3）的数值解提供状态转移方程及其相应的状态转移矩阵，详见第 5

章的相关内容。

从定轨角度来看，环绕型航天器与非环绕型航天器的定轨原理与方法并无原则差别，相应的动力学方程都是方程（2.3），其唯一的差别就是该方程的右函数中，除中心引力项 $-\dfrac{\mu}{r^3}\vec{r}$ 外，其他外力源的作用加速度项 $\sum_{i=1}^{N}\vec{F}_i$ 有所不同，对于环绕型航天器，该项相对中心引力项是小量，而对于非环绕型航天器并无此限制，仅此而已。

2.2 二体问题及其分析解

卫星（环绕型航天器）运动对应一个受摄力学系统，最常用的数学模型即受摄二体问题，二体问题是其基本参考模型，该模型的解就作为解决相应问题的基础。尽管在近代几本有关天体力学方法的基础著作和教材中[3~6]，对二体问题已有不同的介绍，但作为定轨的需求，对此基础问题仍需作些必要的阐述，并针对解决实际问题的具体情况，着重针对椭圆运动，给出常用关系式。

2.2.1 二体问题的六个积分

对于二体问题，两个天体 P_0 和 p 均作为质点对待，分别将该两天体的质量记为 M 和 m（对于卫星，可取 $m=0$），讨论天体 p 相对天体 P_0 的运动。此时可将运动方程，即式（2.1）改写为下列形式，即

$$\ddot{\vec{r}} = -\frac{G(M+m)}{r^2}\hat{r} \tag{2.5}$$

其中，$\hat{r}=\vec{r}/r$ 是中心天体 P_0 到运动天体 p 方向的单位矢量。相应的运动坐标系 $O-XYZ$（见图 2.1）的原点 O 在天体 P_0 上（注意：此时 P_0 是质点），但基本平面（XY 坐标面）可有多种选择。根据轨道力学问题的具体特点，对于人造地球卫星的运动问题，XY 平面与地球赤道面一致，而处理太阳系中大行星和小行星的运动问题，往往取日心黄道面作为 XY 平面，但在讨论自然卫星运动时（特别是离相应大行星较近的自然卫星），则与讨论人造地球卫星的运动有些相似，取各大行星的赤道面作为 XY 平面。至于 X 轴方向的确定，对于太阳系，无论是讨论行星运动，

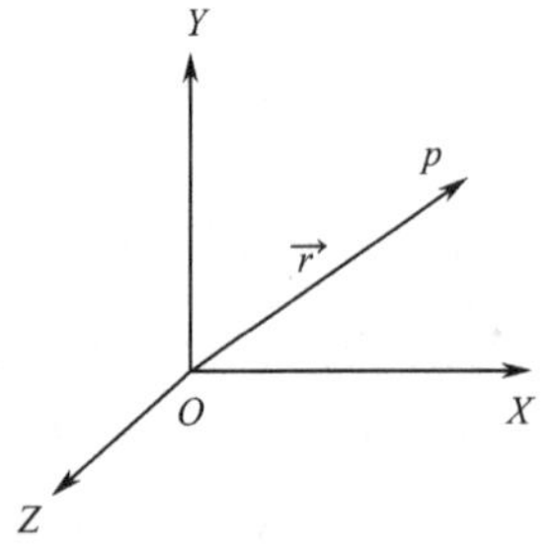

图 2.1　运动坐标系 $O-XYZ$

还是人造地球卫星的运动，几乎都是取春分点方向作为 X 轴方向，这在前面第 1 章中已有相应的阐述。

为了简便，常记

$$\mu = G(M+m) \tag{2.6}$$

方程（2.5）对应的是有心力问题，不仅是可积的（这里的可积是指上述微分方程的解可以写成求积形式），而且可以具体给出六个积分的完整表达式，并在给出六个积分的同时，指出相应常微分方程的特征，从而可以使读者重温常微分方程求解的基本方法。下面将作具体介绍。

1．动量矩积分（或称面积积分）

根据有心力的性质，可直接写出方程（2.5）的动量矩积分，由该方程亦容易推出该积分。若记 $\vec{h} = \vec{r} \times \dot{\vec{r}}$ 为面积速度矢量，则由方程（2.5）可得

$$\frac{\mathrm{d}\vec{h}}{\mathrm{d}t} = \frac{\mathrm{d}}{\mathrm{d}t}\left(\vec{r} \times \dot{\vec{r}}\right) = \vec{r} \times \ddot{\vec{r}} = 0$$

这表明 $\vec{h}$ 为一常矢量，天体 p 相对 P_0 的运动为一平面动。相应的动量矩积分可写成

$$\vec{h} = \vec{r} \times \dot{\vec{r}} = h\hat{R} \tag{2.7}$$

其中，$h = \left|\vec{r} \times \dot{\vec{r}}\right|$ 为面积速度常数，单位矢量 $\hat{R}$ 表示面积速度方向，它是天体运动平面的法向单位矢量。

如果用天体运动轨道来描述动量矩积分的几何意义，则可引用辅助天球（见图 2.2），图中大圆 AA' 和 BB' 分别表示基本平面（ XY 坐标面）和运动天体轨道在辅助天球上的投影，$\hat{R}$ 方向为轨道面法向，i 是卫星轨道面与基本平面的夹角，Ω 为轨道升交点方向 N（或称节点）的经度（或称赤经），从 X 方向起量。利用球面三角形的余弦公式（或用坐标旋转的方法），不难导出法向单位矢量 $\hat{R}$ 在坐标系 $O-XYZ$ 中的表达式为

$$\hat{R} = \frac{\vec{r} \times \dot{\vec{r}}}{h} = \begin{pmatrix} R_x \\ R_y \\ R_z \end{pmatrix} = \begin{pmatrix} \sin i \sin\Omega \\ -\sin i \cos\Omega \\ \cos i \end{pmatrix} \tag{2.8}$$

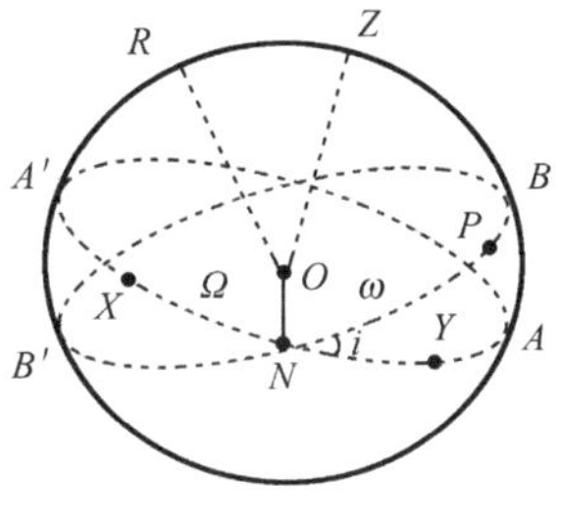

图 2.2　辅助天球

动量矩积分公式（2.7）包含了 h, i, Ω 三个积分常数，h 是面积速度的两倍，i, Ω 则确定了轨道平面的空间方向。

从公式（2.7）的推导过程不难看出，只要是有心力，即

$$\vec{F}=F(r,\lambda,\varphi)\vec{r} \tag{2.9}$$

必存在公式（2.7），并不要求如同方程（2.9）右端的 $F(r)\vec{r}$ 那种简单形式，λ,φ 是常用的球坐标的另两个分量，即经、纬度。

2．运动平面内的轨道积分和活力公式

既然是平面运动，而相应的平面已由 (i,Ω) 确定，那么，接着就可在这一确定的平面内讨论降阶后的方程。引入平面极坐标 (r,θ)，运动方程（2.5）的径向分量为

$$\ddot{r}-r\dot{\theta}^2=-\frac{\mu}{r^2} \tag{2.10}$$

而横向分量为

$$r\ddot{\theta}+2\dot{r}\dot{\theta}=\frac{1}{r}\frac{\mathrm{d}}{\mathrm{d}t}\left(r^2\dot{\theta}\right)=0$$

此方程给出一个积分

$$r^2\dot{\theta}=h \tag{2.11}$$

由空间极坐标（三个轴方向的单位矢量分别记作 $\hat{r},\hat{\theta},\hat{k}$，$\hat{k}$ 为前面的 $\hat{R}$）中 $\vec{r}$ 和 $\dot{\vec{r}}$ 的表达式为

$$\vec{r}=r\hat{r},\quad \dot{\vec{r}}=\dot{r}\hat{r}+r\dot{\theta}\hat{\theta} \tag{2.12}$$

可得

$$\vec{r}\times\dot{\vec{r}}=r^2\dot{\theta}\hat{k}=r^2\dot{\theta}\hat{R} \tag{2.13}$$

这表明公式（2.11）就是动量矩积分公式（2.7）的标量形式，或称面积积分。方程（2.10）和方程（2.11）构成了平面运动系统对应的三阶常微分方程，需要再寻找三个独立积分。

上述方程组的特点是不显含自变量 t，由常微分方程的基本知识可知，对于这类方程，通过分离自变量 t 的方法可使它降一阶，即能够首先讨论 r 对 θ 的变化规律。为此，记 $r'=\mathrm{d}r/\mathrm{d}\theta, r''=\mathrm{d}^2r/\mathrm{d}\theta^2$，由方程（2.7）得

$$\begin{cases}\dot{r}=\dfrac{\mathrm{d}r}{\mathrm{d}t}=\dfrac{\mathrm{d}r}{\mathrm{d}\theta}\dot{\theta}=\dfrac{h}{r^2}r' \\ \ddot{r}=\dfrac{\mathrm{d}\dot{r}}{\mathrm{d}t}=\dfrac{\mathrm{d}\dot{r}}{\mathrm{d}\theta}\dot{\theta}=\dfrac{h^2}{r^2}\left(-\dfrac{2}{r^3}r'^2+\dfrac{1}{r^2}r''\right)\end{cases} \tag{2.14}$$

将这一关系代入方程（2.10）,即可给出 r 对 θ 的二阶方程。但相应的方程仍不便于求解，如果在降阶的同时，再作变量变换，即

$$r=1/u \tag{2.15}$$

有

$$\dot{r}=-hu',\quad \ddot{r}=-h^2u^2u''$$

利用这一关系即可得到u对θ的一个二阶常系数线性方程为

$$u''+u=\frac{\mu}{h^2} \tag{2.16}$$

这显然是可积的。容易给出一轨道积分为

$$r=\frac{1}{u}=\frac{h^2/\mu}{1+e\cos(\theta-\omega)} \tag{2.17}$$

e和ω为两个新积分常数。这是一圆锥曲线，在一定条件下它表示椭圆，中心天体（即O点）在其一个焦点上，考虑到本书的内容，主要讨论椭圆运动，至于抛物线和双曲线轨道，实为非环绕型轨道，这里不再介绍，如有需要，读者可见参考文献[8]所提及的《航天器轨道理论》一书的第 2 章。对于椭圆，可令

$$p=a\left(1-e^2\right)=h^2/\mu \tag{2.18}$$

那么公式（2.11）和方程（2.17）又可写成

$$r^2\dot{\theta}=\sqrt{\mu p}=\sqrt{\mu a\left(1-e^2\right)} \tag{2.19}$$

$$r=\frac{a\left(1-e^2\right)}{1+e\cos(\theta-\omega)} \tag{2.20}$$

积分常数h由a代替，这里p是椭圆的半通径，a是半长径，e是偏心率，ω则称为运动天体过近星点P的幅角，因在P点方向$\theta=\omega$时，r达到最小值，故称P点方向为近星点方向。注意，近星点幅角ω和极坐标变量θ都是从节点N方向起量的，这在二体问题中无区别，当有摄动时，椭圆随时间变化，升交点方向也在变化，ω应从这变化的升交点方向起量，而极坐标变量θ却仍应从一个定义的不变方向起量，两者是有区别的。

将r=$r(\theta)$的关系代入方程（2.19），原则上可以给出最后一个与时间t有关的积分。这里暂时放一下，先导出椭圆运动的几个常用关系。由公式（2.19）和式（2.20），经简单的运算可得

$$v^2=\dot{r}^2+r^2\dot{\theta}^2=\mu\left(\frac{2}{r}-\frac{1}{a}\right) \tag{2.21}$$

此为活力公式。另外，既然是椭圆运动，那么运动天体的向径在一个周期T内扫过的面积就是椭圆的面积：$\pi a^2\sqrt{1-e^2}$，由此可知两倍的面积速度h为

$$h=\sqrt{\mu a\left(1-e^2\right)}=2\pi a^2\sqrt{\left(1-e^2\right)}\Big/T \tag{2.22}$$

整理后可得

$$\frac{a^3}{T^2}=\frac{\mu}{4\pi^2} \tag{2.23}$$

若引进平运动角速度$n=2\pi/T$，则式（2.23）又可写成

$$n^2a^3=\mu \tag{2.24}$$

这两个表达式就是万有引力定律导出的开普勒（Kepler）第三定律。

这里要说明一点：关于活力公式（2.21），与动量矩积分公式（2.7）的推导类似，也可直接由运动方程（2.5）两端点乘$\dot{\vec{r}}$获得，即

$$\dot{\vec{r}}\cdot\ddot{\vec{r}}=-\frac{\mu}{r^3}\vec{r}\cdot\dot{\vec{r}}, \qquad \frac{1}{2}\left(\dot{\vec{r}}^2\right)=\mu\frac{\mathrm{d}}{\mathrm{d}t}\left(\frac{1}{r}\right)$$

由此立即可得出一积分公式，即

$$v^2=\mu\left(\frac{2}{r}+C\right)$$

此即活力积分，实际上就是一般$N(N\geqslant 2)$体问题10个经典积分中的能量积分在上述二体相对运动中的转型。但从二体问题求解的角度寻找六个独立积分的过程来看，上述处理直至轨道积分公式（2.17），共给出五个独立积分，是为了进一步寻找10个经典积分以外的另两个独立积分，其中之一为轨道积分，尽管它对应二阶方程，与活力积分一共只有两个是独立的，故称式（2.21）为活力公式为宜。剩下一个独立积分必与自变量t（轨道运动的反映）有关。

为了运算方便，在寻找第六个积分时，不直接对方程（2.19）按$\mathrm{d}\theta/\mathrm{d}t$求解，而是利用式（2.21）按$\mathrm{d}r/\mathrm{d}t$积分，有

$$\dot{r}^2+\left(r\dot{\theta}\right)^2=\mu\left(\frac{2}{r}-\frac{1}{a}\right)$$

即

$$\dot{r}^2=\mu\left(\frac{2}{r}-\frac{1}{a}\right)-\mu\frac{p}{r^2}$$

通过式（2.24）消去μ，整理后得

$$n\mathrm{d}t=\frac{r\mathrm{d}r}{a\sqrt{a^2e^2-(a-r)^2}} \tag{2.25}$$

对于椭圆轨道，r的极大和极小值分别为

$$r_{\max}=a(1+e), \quad r_{\min}=a(1-e) \tag{2.26}$$

因此有$|a-r|\leqslant ae$，故可按下式引入辅助量E，即

$$a-r=ae\cos E$$

或写成

$$r = a(1 - e\cos E) \tag{2.27}$$

代入式（2.25）可得

$$n\mathrm{d}t = (1 - e\cos E)\mathrm{d}E$$

由此便可得出第六个积分，即

$$E - e\sin E = n(t - \tau) \tag{2.28}$$

这又称为开普勒方程，τ 是积分常数。当 $t = \tau$ 时，$E = 0$，相应的 $r = a(1-e) = r_{\min}$，故 τ 就是运动天体过近星点的时刻。

最后引进两个角度 f 和 M，定义为

$$f = \theta - \omega, \quad M = n(t - \tau) \tag{2.29}$$

f，M 和 E 是三个角度量，分别称为真近点角、平近点角和偏近点角，都是从近星点开始计量，E 的几何意义见图 2.3。

图 2.3 中 O 是椭圆焦点（也是坐标系原点），O' 是辅助圆的圆心。显然，在二体问题中，公式（2.7）可简化为下列形式，即

$$r^2 \dot{f} = h \tag{2.30}$$

上述六个独立积分常数实为描述天体运动轨道的一组独立参数，通常称为轨道根数，只要初始条件给定，它们就完全被确定。根数 a, e 是确定轨道大小和形状的参数；i, Ω 和 ω 是轨道平面和拱线（长半轴）的空间定向参数；而第六个根数 τ 通常是被三种近点角所代替，特别是平近点角 M 常被引用，三种近点角本身同时包含时间 t，而不是常数，随 t 而变化，故也被称为时间根数。特别要强调一点：上述六个轨道根数 $a, e, i, \Omega, \omega, M(f, E)$，也常被称为开普勒根数，这一称谓与天体力学发展的历史相关。

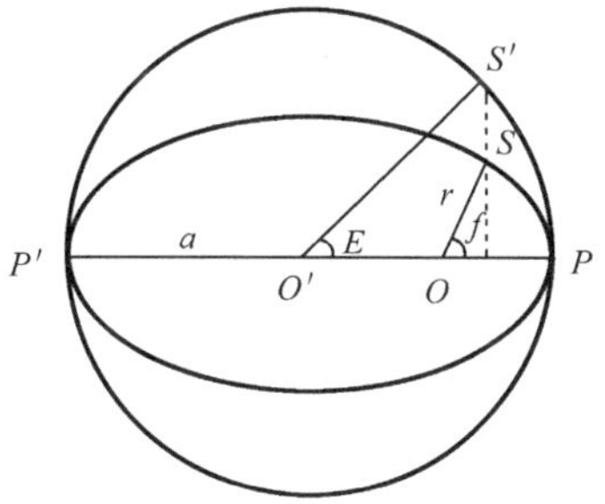

图 2.3　椭圆轨道和辅助圆

2.2.2　椭圆运动的基本关系式

上述六个积分已完全确定了二体问题意义下卫星的运动，但这六个积分的表达形式在某些实际问题的使用上多有不便，有必要在其基础上导出一些常用的关系式。下面将根据定轨工作的需要整理，所涉及的量不外乎六个轨道根数、时间 t、各种近点角、向径和速度等。

1．椭圆运动中各量之间的几何关系

首先从图 2.3 和开普勒方程（2.28）不难看出，三种近点角的象限关系很清楚，它们同时处在$[0,\pi]$或$[\pi,2\pi]$区间上，这是一个很重要的关系，它们之间的联系为

$$r=\frac{a\left(1-e^2\right)}{1+e\cos f}=a\left(1-e\cos E\right) \tag{2.31}$$

$$E-e\sin E=M \tag{2.32}$$

另外，根据椭圆的性质可知，图 2.3 中的$\overline{OO'}=ae$，于是有

$$r\cos f=a\left(\cos E-e\right) \tag{2.33}$$

由此可导出

$$r\sin f=a\sqrt{1-e^2}\sin E \tag{2.34}$$

$$\tan\frac{f}{2}=\sqrt{\frac{1+e}{1-e}}\tan\frac{E}{2} \tag{2.35}$$

2．位置矢量$\vec{r}$和速度矢量$\dot{\vec{r}}$的表达式

作为二阶方程（2.5）的完整解，应该有

$$\begin{cases}\vec{r}=\vec{r}\left(t;C_1,\cdots,C_6\right)\\ \dot{\vec{r}}=\dot{\vec{r}}\left(t;C_1,\cdots,C_6\right)\end{cases} \tag{2.36}$$

既然六个积分已得到，那么可以写出式(2.36)的具体形式。这里的积分常数$C_1,\cdots,C_6$是前面的六个轨道根数，其中C_6是τ，如果改用平近点角M，式（2.36）中的t将包含在M中。

显然有

$$\begin{aligned}\vec{r}&=r\hat{r}=r\cos f\hat{P}+r\sin f\hat{Q}\\&=a\left(\cos E-e\right)\hat{P}+a\sqrt{1-e^2}\sin E\hat{Q}\end{aligned} \tag{2.37}$$

其中，$\hat{P}$和$\hat{Q}$分别表示近星点和半通径方向的单位矢量。通过坐标旋转，很容易给出它们在直角坐标系$O-XYZ$中的表达式。若在以轨道面作为xy平面的直角坐标系中，x轴指向近星点方向，则相应的单位矢量$\hat{P}_0$有下列形式，即

$$\hat{P}_0=\begin{pmatrix}1\\0\\0\end{pmatrix} \tag{2.38}$$

于是$O-XYZ$坐标系中$\hat{P}$的表达式将由下列矩阵旋转得到

$$\hat{P} = R_z(-\Omega) R_x(-i) R_z(-\omega) \hat{P}_0 \tag{2.39}$$

其中三个旋转矩阵的形式为

$$R_z(-\omega) = \begin{pmatrix} \cos\omega & -\sin\omega & 0 \\ \sin\omega & \cos\omega & 0 \\ 0 & 0 & 1 \end{pmatrix} \tag{2.40}$$

$$R_x(-i) = \begin{pmatrix} 1 & 0 & 0 \\ 0 & \cos i & -\sin i \\ 0 & \sin i & \cos i \end{pmatrix} \tag{2.41}$$

$$R_z(-\Omega) = \begin{pmatrix} \cos\Omega & -\sin\Omega & 0 \\ \sin\Omega & \cos\Omega & 0 \\ 0 & 0 & 1 \end{pmatrix} \tag{2.42}$$

至于 $\hat{Q}$ 的表达式，只要将 $R_z(-\omega)$ 改为 $R_z(\alpha)$， $\alpha = -(\omega + 90^\circ)$ 即得。

为了某些应用的需要，下面将 $\hat{P}$ 和 $\hat{Q}$ 的具体表达式写出，即

$$\hat{P} = \begin{pmatrix} \cos\Omega\cos\omega - \sin\Omega\sin\omega\cos i \\ \sin\Omega\cos\omega + \cos\Omega\sin\omega\cos i \\ \sin\omega\sin i \end{pmatrix} \tag{2.43}$$

$$\hat{Q} = \begin{pmatrix} -\cos\Omega\sin\omega - \sin\Omega\cos\omega\cos i \\ \sin\Omega\sin\omega + \cos\Omega\cos\omega\cos i \\ \cos\omega\sin i \end{pmatrix} \tag{2.44}$$

关于 $\dot{\vec{r}}$，根据二体问题的性质，由 $\vec{r}$ 的表达式（2.37）可得

$$\dot{\vec{r}} = \frac{\partial \vec{r}}{\partial f}\frac{\mathrm{d}f}{\mathrm{d}t} = \frac{\partial \vec{r}}{\partial E}\frac{\mathrm{d}E}{\mathrm{d}t} \tag{2.45}$$

由公式（2.30）给出的 $\dot{f}$ 或由方程（2.32）给出的 E，可具体写出 $\dot{\vec{r}}$ 的表达式为

$$\begin{aligned} \dot{\vec{r}} &= -\sqrt{\frac{\mu}{p}}\left[\sin f\hat{P} - (\cos f + e)\hat{Q}\right] \\ &= -\frac{\sqrt{\mu a}}{r}\left[\sin E\hat{P} - \sqrt{1-e^2}\cos E\hat{Q}\right] \end{aligned} \tag{2.46}$$

2.3 受摄二体问题的小参数幂级数解

为了阐述内容的需要，将受摄二体问题运动方程（2.1）改写成

$$\ddot{\vec{r}} = \vec{F}_0(r) + \vec{F}_\varepsilon(\vec{r}, \dot{\vec{r}}, t; \varepsilon) \tag{2.47}$$

$$\vec{F}_0(\vec{r}) = -\frac{\mu}{r^2}\left(\frac{\vec{r}}{r}\right) \tag{2.48}$$

其中，$\mu = G(M+m)$，M和 m 为各中心天体和运动天体的质量，对于环绕型航天器这类小天体而言，m=0。$\vec{F}_\varepsilon$是摄动加速度，其形式由具体的摄动源所确定。以一般形式的运动方程（2.47）作为背景，讨论以其基本模型二体问题的积分常数（即轨道根数）的变化形式来表达相应的摄动运动方程。

2.3.1 摄动运动方程的建立与常数变易法的引用

首先考虑无摄运动（即二体问题），此时 $\vec{F}_\varepsilon = 0$，相应的运动方程为

$$\ddot{\vec{r}} = -\frac{\mu}{r^2}\left(\frac{\vec{r}}{r}\right) \tag{2.49}$$

前面 **2.2** 节已给出该问题的解，可归结为下列形式，即

$$\vec{r} = \vec{f}(c_1, c_2, \cdots c_6, t) \tag{2.50}$$

$$\dot{\vec{r}} = \vec{g}(c_1, c_2, \cdots c_6, t) \tag{2.51}$$

其中

$$\dot{\vec{r}} = \frac{\partial \vec{r}}{\partial t} = \frac{\partial \vec{f}}{\partial t} \tag{2.52}$$

六个积分常数$c_1, c_2, \cdots, c_6$为六个轨道根数，对于椭圆运动，即$a, e, i, \Omega, \omega, \tau$。

回到方程（2.47），$\vec{F}_\varepsilon \neq 0$，求解式（2.50）和式（2.51）当然不满足方程（2.47）。如果要使这一无摄运动解的形式仍满足受摄运动方程（2.47），则$c_1, c_2, \cdots, c_6$不再是常数，应为 t 的函数，这就是常微分方程求解中的常数变易法。根据这一原理导出的原积分常数$c_j\ (j = 1, 2, \cdots, 6)$所满足的微分方程，即为通常所指的“摄动运动方程”。其建立过程简述如下。

对式（2.50）t 求导数得

$$\frac{\mathrm{d}\vec{r}}{\mathrm{d}t}=\frac{\partial\vec{f}}{\partial t}+\sum_{j=1}^{6}\frac{\partial\vec{f}}{\partial c_j}\frac{\mathrm{d}c_j}{\mathrm{d}t} \tag{2.53}$$

由于要求式（2.51）亦满足受摄运动方程，故有

$$\frac{\mathrm{d}\vec{r}}{\mathrm{d}t}=\frac{\partial\vec{f}}{\partial t}=\vec{g}\left(c_1,\cdots,c_6;t\right) \tag{2.54}$$

此时再对 t 求一次导数，并让其满足受摄运动方程（2.47），即

$$\frac{\mathrm{d}^2\vec{r}}{\mathrm{d}t^2}=\frac{\partial\vec{g}}{\partial t}+\sum_{j=1}^{6}\frac{\partial\vec{g}}{\partial c_j}\frac{\mathrm{d}c_j}{\mathrm{d}t}=\vec{F}_0+\vec{F}_\varepsilon \tag{2.55}$$

而 $\partial\vec{g}/\partial t=\vec{F}_0$，由此可知，常数变易的两个条件应为

$$\begin{cases}\displaystyle\sum_{j=1}^{6}\frac{\partial\vec{f}}{\partial c_j}\frac{\mathrm{d}c_j}{\mathrm{d}t}=0\\ \displaystyle\sum_{j=1}^{6}\frac{\partial\vec{g}}{\partial c_j}\frac{\mathrm{d}c_j}{\mathrm{d}t}=\vec{F}_\varepsilon\end{cases} \tag{2.56}$$

这是关于 $\mathrm{d}c_j/\mathrm{d}t$ 所满足的线型代数方程组，其中系数 $\vec{f}\left(c_1,c_2,\cdots,c_6,t\right)$ 和 $\vec{g}\left(c_1,c_2,\cdots,c_6,t\right)$ 都是 c_j 和 t 的已知函数，其偏导数 $\partial\vec{f}/\partial c_j$ 和 $\partial\vec{g}/\partial c_j$ 均容易给出。原则上可由这一方程组导出 $\mathrm{d}c_j/\mathrm{d}t$ 的形式为

$$\frac{\mathrm{d}c_j}{\mathrm{d}t}=f\left(c_1,\cdots,c_6,t;\varepsilon\right),\quad j=1,2,\cdots,6 \tag{2.57}$$

此即所需要的摄动运动方程，具体推导细节无需在此阐明，下面将直接给出方程（2.57）的具体形式。

摄动运动方程有如下几种常用形式。

1. $\partial R/\partial\sigma$ 型

如果摄动源是保守力，如天体引力，则存在相应的梯度函数，称为摄动函数，常用符号 R 表示，即

$$\vec{F}_\varepsilon=\mathrm{grad}\left(R\right)=\left(\frac{\partial R}{\partial\vec{r}}\right)^{\mathrm{T}} \tag{2.58}$$

对存在 R 的情况，利用上述常数变易原理导出的方程（2.57），称为拉格朗日（Lagrange）型摄动运动方程，简称摄动运动方程，其具体形式，即

$$\begin{cases}\dfrac{\mathrm{d}a}{\mathrm{d}t}=\dfrac{2}{na}\dfrac{\partial R}{\partial M}\\ \dfrac{\mathrm{d}e}{\mathrm{d}t}=\dfrac{1-e^2}{na^2e}\dfrac{\partial R}{\partial M}-\dfrac{\sqrt{1-e^2}}{na^2e}\dfrac{\partial R}{\partial \omega}\\ \dfrac{\mathrm{d}i}{\mathrm{d}t}=\dfrac{1}{na^2\sqrt{1-e^2}\sin i}\left(\cos i\dfrac{\partial R}{\partial \omega}-\dfrac{\partial R}{\partial \Omega}\right)\\ \dfrac{\mathrm{d}\Omega}{\mathrm{d}t}=\dfrac{1}{na^2\sqrt{1-e^2}\sin i}\dfrac{\partial R}{\partial i}\\ \dfrac{\mathrm{d}\omega}{\mathrm{d}t}=\dfrac{\sqrt{1-e^2}}{na^2e}\dfrac{\partial R}{\partial e}-\cos i\dfrac{\mathrm{d}\Omega}{\mathrm{d}t}\\ \dfrac{\mathrm{d}M}{\mathrm{d}t}=n-\dfrac{1-e^2}{na^2e}\dfrac{\partial R}{\partial e}-\dfrac{2}{na}\dfrac{\partial R}{\partial a}\end{cases} \tag{2.59}$$

摄动运动方程（2.59）有一明显特点：在前三个方程的右端项中，只涉及 $\partial R/\partial(\Omega,\omega,M)$，而在后三个方程的右端项中却只涉及 $\partial R/\partial(a,e,i)$，具有一种“对称性”，这也是三个角变量 Ω,ω,M 与三个角动量 a,e,i 之间的差别，特别是角变量中的快变量 M，其变化的快慢主要由运动天体的平运动角速度 $n=\sqrt{\mu}a^{-3/2}$ 所确定。

在上述摄动运动方程的建立中，第六个根数没有选择运动天体过近星点的时刻 τ，亦未像某些天体力学书籍中选择 $M_0=-n\tau,\ n=\sqrt{\mu}a^{-3/2}$，而是选择了平近点角 M。其原因很简单，一是因为在受摄运动中，τ 和 M_0 都是变化的，已无实用意义，而平近点角 M 的意义仍是明确的，引用方便；二是因为 $M=n(t-\tau)$，它是两个根数 a 和 τ 的组合，在相应的摄动运动方程中出现的 $\partial R/\partial a$ 就不再涉及 R 中通过 M 隐含 a 的问题，此时 M 本身是独立的，这就不会引起考虑相应问题的麻烦。

2. (S,T,W) 和 (U,N,W) 型

在有些情况下，摄动力并非保守力，即便是保守力，亦可采用摄动加速度分量的形式来建立相应的摄动运动方程。通常是将 $\vec{F}_\varepsilon$ 分解成径向、横向和轨道面法向三个分量，依次记为 S,T,W；或分解成切向、主法向和次法向（即轨道面法向）三个分量，分别记为 U,N,W。这两种形式统称为高斯（Gauss）型摄动运动方程，具体形式分别如下。

（S,T,W）型具体形式为

$$\begin{cases}\dfrac{\mathrm{d}a}{\mathrm{d}t}=\dfrac{2}{n\sqrt{1-e^2}}\Big[Se\sin f+T\big(1+e\cos f\big)\Big]\\[2mm]\dfrac{\mathrm{d}e}{\mathrm{d}t}=\dfrac{\sqrt{1-e^2}}{na}\Big[S\sin f+T\big(\cos f+\cos E\big)\Big]\\[2mm]\dfrac{\mathrm{d}i}{\mathrm{d}t}=\dfrac{r\cos u}{na^2\sqrt{1-e^2}}W\\[2mm]\dfrac{\mathrm{d}\Omega}{\mathrm{d}t}=\dfrac{r\sin u}{na^2\sqrt{1-e^2}\sin i}W\\[2mm]\dfrac{\mathrm{d}\omega}{\mathrm{d}t}=\dfrac{\sqrt{1-e^2}}{nae}\left[-S\cos f+T\left(1+\dfrac{r}{p}\right)\sin f\right]-\cos i\dfrac{\mathrm{d}\Omega}{\mathrm{d}t}\\[2mm]\dfrac{\mathrm{d}M}{\mathrm{d}t}=n-\dfrac{1-e^2}{nae}\left[-S\left(\cos f-2e\dfrac{r}{p}\right)+T\left(1+\dfrac{r}{p}\right)\sin f\right]\end{cases}\tag{2.60}$$

其中，$u=f+\omega,\ p=a\left(1-e^2\right)$，$f$ 和 E 分别为真近点角和偏近点角。

（U,N,W）型具体形式为

$$\begin{cases}\dfrac{\mathrm{d}a}{\mathrm{d}t}=\dfrac{2}{n\sqrt{1-e^2}}\left(1+2e\cos f+e^2\right)^{1/2}U\\[2mm]\dfrac{\mathrm{d}e}{\mathrm{d}t}=\dfrac{\sqrt{1-e^2}}{na}\left(1+2e\cos f+e^2\right)^{-1/2}\left[2(\cos f+e)U-\left(\sqrt{1-e^2}\sin E\right)N\right]\\[2mm]\dfrac{\mathrm{d}\omega}{\mathrm{d}t}=\dfrac{\sqrt{1-e^2}}{nae}\left(1+2e\cos f+e^2\right)^{-1/2}\left[(2\sin f)U+(\cos E+e)N\right]-\cos i\dfrac{\mathrm{d}\Omega}{\mathrm{d}t}\\[2mm]\dfrac{\mathrm{d}M}{\mathrm{d}t}=n-\dfrac{1-e^2}{nae}\left(1+2e\cos f+e^2\right)^{-1/2}\left[\left(2\sin f+\dfrac{2e^2}{\sqrt{1-e^2}}\sin E\right)U+(\cos E-e)N\right]\end{cases}\tag{2.61}$$

$\dfrac{\mathrm{d}i}{\mathrm{d}t}$ 和 $\dfrac{\mathrm{d}e}{\mathrm{d}t}$ 与前面相同。

关于 S,T,W 三分量如何给出，这要根据具体摄动源的状况而定。如果不易直接给出，那么当摄动力是保守力，并已知摄动函数 R 的形式，则可由下列关系式给出 S,T,W，即

$$S=\frac{\partial R}{\partial r},\quad T=\frac{1}{r}\frac{\partial R}{\partial\theta}=\frac{1}{r}\frac{\partial R}{\partial u},\quad W=\frac{\partial R}{\partial z}=\frac{1}{r\sin u}\frac{\partial R}{\partial i}\tag{2.62}$$

如果 $\vec{F}_\varepsilon$ 的直角坐标分量 $\vec{F}_{1x},\vec{F}_{1y},\vec{F}_{1z}$ 容易给出，则可由下列转换关系，即

$$\begin{pmatrix} S \\ T \\ W \end{pmatrix} = (\boldsymbol{ZH}) \begin{pmatrix} \vec{F}_{1x} \\ \vec{F}_{1y} \\ \vec{F}_{1z} \end{pmatrix} \tag{2.63}$$

导出 S,T,W，转换矩阵 $(\boldsymbol{ZH})$ 由三次旋转构成：$(\boldsymbol{ZH}) = \boldsymbol{R}_z(u)\boldsymbol{R}_x(i)\boldsymbol{R}_z(\Omega)$，就是前面的逆变换，其具体形式为

$$(\boldsymbol{ZH}) = \boldsymbol{R}_z(u)\boldsymbol{R}_x(i)\boldsymbol{R}_z(\Omega) = \begin{pmatrix} l_1 & m_1 & n_1 \\ l_2 & m_2 & n_2 \\ l_3 & m_3 & n_3 \end{pmatrix}$$

$$= \begin{pmatrix} \cos u\cos\Omega + \sin u(-\sin\Omega\cos i) & \cos u\sin\Omega + \sin u(\cos\Omega\cos i) & \sin u\sin i \\ -\sin u\cos\Omega + \cos u(-\sin\Omega\cos i) & -\sin u\sin\Omega + \cos u(\cos\Omega\cos i) & \cos u\sin i \\ \sin\Omega\sin i & -\cos\Omega\sin i & \cos i \end{pmatrix} \tag{2.64}$$

于是，由 $\vec{F}_\varepsilon$ 到 (S,T,W) 的转换公式即可写成

$$S = \vec{F}_\varepsilon \cdot \hat{r}, \quad T = \vec{F}_\varepsilon \cdot \hat{t}, \quad W = \vec{F}_\varepsilon \cdot \hat{w} \tag{2.65}$$

其中，$\hat{r}, \hat{t}, \hat{w}$ 分别为径向、横向和轨道面法向单位矢量，有

$$\hat{r} = \begin{pmatrix} \cos u(\cos\Omega) + \sin u(-\cos i\sin\Omega) \\ \cos u(\sin\Omega) + \sin u(\cos i\cos\Omega) \\ \sin u(\sin i) \end{pmatrix} = \cos u\hat{P}^* + \sin u\hat{Q}^* \tag{2.66}$$

$$\hat{t} = -\sin uP^* + \cos u\hat{Q}^* \tag{2.67}$$

$$\hat{w} = \begin{pmatrix} \sin i\sin\Omega \\ -\sin i\cos\Omega \\ \cos i \end{pmatrix} = \hat{P}^* \times \hat{Q}^* \tag{2.68}$$

这里的 $\hat{P}^*$ 和 $\hat{Q}^*$ 与第 2 章中的 $\hat{P}$ 和 $\hat{Q}$ 方向不同，其表达式为

$$\hat{P}^* = \begin{pmatrix} \cos\Omega \\ \sin\Omega \\ 0 \end{pmatrix}, \quad \hat{Q}^* = \begin{pmatrix} -\cos i\sin\Omega \\ \cos i\cos\Omega \\ \sin i \end{pmatrix} \tag{2.69}$$

(S,T) 与 (U,N) 之间的转换关系为[5,6]

$$\begin{cases} S = \dfrac{e\sin f}{\sqrt{1+2e\cos f+e^2}}U - \dfrac{1+e\cos f}{\sqrt{1+2e\cos f+e^2}}N \\ T = \dfrac{1+e\cos f}{\sqrt{1+2e\cos f+e^2}}U + \dfrac{e\sin f}{\sqrt{1+2e\cos f+e^2}}N \end{cases} \tag{2.70}$$

因此，方程（2.61）很容易由方程（2.60）导出。

2.3.2 摄动运动方程的奇点与处理方法

从摄动运动方程(2.59)可以看出，$\frac{\mathrm{d}\omega}{\mathrm{d}t}$和$\frac{\mathrm{d}M}{\mathrm{d}t}$的右端含有因子$\frac{1}{e}$，而$\frac{\mathrm{d}\Omega}{\mathrm{d}t}$和$\frac{\mathrm{d}\omega}{\mathrm{d}t}$的右端含有$\frac{1}{\sin i}$，因此，$e=0$和$\sin i=0$（即$i=0$或$180^\circ$）是摄动运动方程的奇点。它将在后面几章给出的摄动解中反映出来，当$e\approx 0$，$i\approx 0$或180°时，解就将失效，但是，相应的运动仍然是正常的，例如近圆轨道显然是存在的。这一小e、小i问题的产生，是由于相应的基本变量的选择不当引起的。因为当$e=0$时，ω不确定，与之有关的M也随之不确定；而当$e=0$或180°时，Ω不确定，与之有关的ω亦随之不确定。这种变量的选择不当，在上述方程中必然要反映出来，只要对相应变量的选择加以修改，即可消除上述奇点。

1. 适合任意偏心率（$0\leqslant e<1$）的摄动运动方程

引进下述变量

$$a,\ i,\ \Omega,\ \ \xi=e\cos\omega,\ \ \eta=e\sin\omega,\ \ \lambda=M+\omega \tag{2.71}$$

对e=0而言是一组无奇点变量，显然，当e=0时，ξ,η,λ均是有意义的。

按公式（2.71）和下列关系

$$\begin{cases}\dfrac{\mathrm{d}\xi}{\mathrm{d}t}=\cos\omega\dfrac{\mathrm{d}e}{\mathrm{d}t}-e\sin\omega\dfrac{\mathrm{d}\omega}{\mathrm{d}t}\\ \dfrac{\mathrm{d}\eta}{\mathrm{d}t}=\sin\omega\dfrac{\mathrm{d}e}{\mathrm{d}t}+e\cos\omega\dfrac{\mathrm{d}\omega}{\mathrm{d}t}\\ \dfrac{\mathrm{d}\lambda}{\mathrm{d}t}=\dfrac{\mathrm{d}M}{\mathrm{d}t}+\dfrac{\mathrm{d}\omega}{\mathrm{d}t}\end{cases} \tag{2.72}$$

即可利用原方程（2.59）导出以新变量表达的无奇点摄动运动方程，具体形式略。

2. 适用于任意偏心率（$0\leqslant e<1$）和倾角（$0\leqslant i<180^\circ$）的摄动运动方程

下述变量

$$a,\ \ e,\ \ h=\sin\frac{i}{2}\cos\Omega,\ \ k=\sin\frac{i}{2}\sin\Omega,\ \ \tilde{\omega}=\omega+\Omega,\ \ M \tag{2.73}$$

对$i=0$而言是一组无奇点变量，显然，当$i=0$时，$h,k,\tilde{\omega}$是有意义的。一般不会出现$i=180^\circ$的情况，而同时出现$e=0$和$i=0$的情况是有的，为此引进下述无奇点变量，即

$$\begin{cases} a, \quad h = \sin\dfrac{i}{2}\cos\Omega, \quad k = \sin\dfrac{i}{2}\sin\Omega \\ \xi = e\cos\tilde{\omega}, \quad \eta = e\sin\tilde{\omega}, \quad \lambda = M + \tilde{\omega} \end{cases} \tag{2.74}$$

$$\tilde{\omega} = \omega + \Omega \tag{2.75}$$

2.3.3 小参数幂级数解的构造——摄动法

1. 小参数方程

经常数变易法的处理，原受摄运动方程，即

$$\ddot{\vec{r}} = \vec{F}_0 + \vec{F}_\varepsilon$$

的求解问题已转化为相应的摄动运动方程，即

$$\frac{\mathrm{d}\sigma}{\mathrm{d}t} = f_\varepsilon(\sigma, t, \varepsilon) \tag{2.76}$$

的求解问题。这里σ表示一 6 维矢量，6 个分量即瞬时轨道根数，或 2.3.2 小节引进的无奇点变量。右函数f_ε则是 6 维矢量函数，有

$$\left|(f_\varepsilon)_i\right| = O(\varepsilon) \ll 1, \quad i = 1, 2, \cdots, 6 \tag{2.77}$$

原受摄运动问题的解将由两部分组成，即

$$\vec{r} = \vec{r}(\sigma, t), \quad \dot{\vec{r}} = \dot{\vec{r}}(\sigma, t) \tag{2.78}$$

$$\sigma(t) = \sigma(\sigma_0, t_0; t, \varepsilon), \quad \sigma(t_0) = \sigma_0 \tag{2.79}$$

其中，$\vec{r}$和$\dot{\vec{r}}$的表达式是已知的，即第 **2.2** 节中的式（2.37）和式（2.46），它们对应于一个瞬时椭圆，σ_0为t_0时刻椭圆根数或相应变量的初值。剩下的问题是如何求解小参数方程（2.76），得出摄动解$\sigma(t)$。

尽管方程（2.76）是复杂的非线性方程组，但其右端为小量（对应小参数ε），给出相应的小参数幂级数解并不困难，已有成熟的方法，即摄动法。为了让读者深入了解摄动法的原理，以便在采用分析法定轨中可以正确地引用相关结果，有必要在天体力学基础上对小参数幂级数解的存在性以及如何构造相应级数解的基本过程作一简要阐述。

2. 小参数幂级数解的存在性

这是常微分方程分析理论中的一个基本问题。与天体力学密切相关的一个基本定理，即邦加雷（Poincare）定理，叙述如下。

设小参数方程为

$$\frac{\mathrm{d}x_i}{\mathrm{d}t} = X_i\left(x_1, x_2, \cdots, x_n, t; \varepsilon\right), \quad i = 1, 2, \cdots, n \tag{2.80}$$

的右函数 X_i 当 $0 \leqslant t \leqslant t_1$ 时，对 t 连续且可展为 x 及 ε 的收敛幂级数，则此方程组的解 $x_i = f_i(t, \varepsilon)$，当 $0 \leqslant t \leqslant t_1$，$\varepsilon$ 充分小时，可展为小参数 ε 的收敛幂级数，M 满足下列条件，即

$$\frac{\alpha\varepsilon}{\left(1+\alpha\varepsilon\right)^2}\exp\left(n\alpha M t_1\right) < \frac{1}{4} \tag{2.81}$$

式中，M 是右函数 X_i 在所讨论区间上的最大值，α 是与变量 x_i 有关的实数。

这一收敛条件可看成相应幂级数解的收敛范围，对于运动天体而言，可理解为该级数解在天体运动弧段 s 满足下列条件时是有意义的，即

$$s \sim \frac{1}{\varepsilon} \tag{2.82}$$

这里改用弧段 s，是因为 t 涉及不同的时间尺度和运动速度的快慢，无“统一”的实际意义，这将会从后面几章的内容中看清。显然，摄动小参数 ε 愈小，幂级数解的收敛区间就愈大，这是容易理解的。在收敛区间内，可具体构造相应的幂级数解，这样构造的幂级数解虽然只能反映运动天体在局部时域的运动特征，但已能解决航天器运动的轨道问题。

3．小参数幂级数解的形式

为了使定轨方法和相应的软件适用各种轨道状态，通常都是采用消除各类奇点的拟平均根数法给出的相应的摄动分析解[1,6~8]，有如下形式，即

$$\sigma(t) = \bar{\sigma}(t) + \sigma_s^{(1)}(t) + \cdots \tag{2.83}$$

$\bar{\sigma}(t)$ 是仅消除短周期项的拟平均根数，定义为

$$\begin{cases} \bar{\sigma}(t) = \bar{\sigma}_0 + (\delta\bar{n}_0 + \sigma_1 + \sigma_2 + \cdots)(t - t_0) + \Delta\sigma_l^{(1)}(t) + \cdots \\ \Delta\sigma_l^{(k)} = \sigma_l^{(k)}(t) - \sigma_l^{(k)}(t_0), \quad k = 1, 2, \cdots \end{cases} \tag{2.84}$$

$$\bar{\sigma}_0 = \sigma_0 - \left[\sigma_s^{(1)}(t_0) + \cdots\right] \tag{2.85}$$

$$\begin{cases} \bar{n}_0 = \bar{a}_0^{-3/2} \\ \delta = (0 \quad 0 \quad 0 \quad 0 \quad 0 \quad 1)^{\mathrm{T}} \end{cases} \tag{2.86}$$

关于大气阻力摄动和光压摄动中有关地影的处理等问题，将在后面第 7 章采用分析法定轨提供相应的分析解时再作必要的说明。

2.4 限制性(*n*+1)体问题的处理方法

前面 2.2 和 2.3 两节是环绕型航天器定轨的理论基础，即相应的数学模型和解的存在状况，为构建定轨方法和计算软件提供理论依据，这一节将针对非环绕型航天器的定轨问题对相应的数学模型作必要的处理。

2.1 节中已指出：在现实的太阳系中，非环绕型航天器（包括各种深空探测器）的运行过程中，主要外力源有一个或两个，无法确定具体采用哪一类数学模型，而且即使可以考虑成具有两个主要外力源的数学模型——受摄限制性三体问题，从定轨方法来看，也没有实用价值，因为该模型不存在定轨所需要的分析解，仍然需要采用数值法才能解决问题。既然如此，那么就采用一般限制性$(n+1)$体问题模型，相应的运动归结为下列运动微分方程——常微初值问题，即

$$\begin{cases}\ddot{\vec{r}}=-\dfrac{\mu}{r^3}\vec{r}+\displaystyle\sum_{i=1}^{n}\vec{F}_i\\ t_0:\ \vec{r}(t_0)=\vec{r}_0,\quad \dot{\vec{r}}(t_0)=\dot{\vec{r}}_0\end{cases}\tag{2.87}$$

其中，$\mu=GM$ 是选定的中心天体的引力常数，坐标系的原点为在此中心天体的质心。所有其他外力源引起的加速度 $\vec{F}_i$ $(i=1,2,\cdots,n)$，其大小不受任何限制。

尽管方程（2.87）对了解天体的运动特征，或寻找相应的求解方法，并无直接采用的价值，但这种表达方式在定轨问题的处理上却是不可少的，它不受特定运动类型的限制，有一种普适性。

参考文献

[1] 刘 林，汤靖师. 卫星轨道理论与应用. 北京：电子工业出版社，2015.

[2] 刘 林，侯锡云. 深空探测轨道理论与应用. 北京：电子工业出版社，2015.

[3] Smart W M. Celestial Mechanics. University of Glasgow, 1953.

[4] Bruwer D and Clemence G M. Method of Celestial Mechanics. New York: Academics Press, 1961.（2nd impr. New York: Academic Press, 1985.）
（刘林，丁华.天体力学方法. 北京：科学出版社，1986.）

[5] 易照华. 天体力学基础. 南京：南京大学出版社，1994.

[6] 刘林. 天体力学方法. 南京：南京大学出版社，1998.

[7] 刘林. 人造地球卫星轨道力学. 北京：高等教育出版社，1992.

[8] 刘林. 航天器轨道理论. 北京：国防工业出版社，2000.

第 3 章　轨道测量技术与误差处理

要确定航天器的轨道，一般需要通过航天测控网对航天器进行轨道测量。我国首颗人造地球卫星发射以来，至今已逐步建立了比较完备的陆、海、天基测控网，有力地保障了空间探测活动的开展。我国是世界上第 3 个拥有自主卫星导航系统的国家。目前我国的卫星导航系统已具备覆盖亚太大部分地区的服务能力，且进一步向全球导航系统拓展，预期在 2020 年左右，形成全球覆盖。此外，我国已经部署了 3 颗地球静止轨道的中继卫星，大大提升了对中、低轨道航天器的测控支持覆盖，初步构成了由我国自主的天基测控网。本章主要针对我国航天测控网的测量技术进行简单描述，并介绍测量数据的处理方法。

3.1　地面无线电测量技术

无线电测量系统的发展可以追溯至二战时期，当时为了跟踪、测量火箭及飞机等，出现了简易的多普勒测速定位系统和 S 频段圆锥扫描自动跟踪雷达。20 世纪 50 年代，单脉冲精密跟踪测量雷达、精密干涉仪研制成功，60 年代出现了相控阵雷达与统一 S 频段（USB）系统。早期的测控系统对空间飞行试验任务进行跟踪测轨、遥测与遥控的设备是相互分离的，因此又称为分离式测控系统。分离式测控系统体积庞大、集成度低，不利于测控任务的实施。美国在 1958 年建立的载人航天测控网也属于分离式测控系统，该系统采用多种频段的设备，导致飞船上的设备复杂、负荷大、兼容性不强。针对这些问题，美国喷气推进实验室在 20 世纪 60 年代初开展了统一测控系统的研究，提出了统一 S 频段系统的概念，使其测控系统在 1966 年发生阶段性的飞跃。

相比于早期的分离式测控系统，USB 系统具有以下显著的特点：（1）采用统一的载波，将跟踪测轨、遥测、遥控、电视语音信号通过多个副载波形式调制在主载波上，用频分实现测控与通信的统一，避免了多个分离式设备带来的兼容性问题，简化了地面设备的操作与维护；（2）载波使用 S 频段，有利于提高测量精度，满足多个副载波调制带宽的要求；（3）采用伪随机码测距技术，解决了远距离测量的模糊度问题。USB 测量技术的诸多优点使其迅速在空间测控领域得到了广泛使用。1979 年，世界无线电管理会议决定以 S 频段作为空间业务频段，以促进 USB 技术的发展。后来 USB 技术被进一步纳入国际空间数据咨询委员会标准，为国际大多数航天国家所接受[1]。

VLBI 是 20 世纪 60 年代后期发展起来的射电干涉技术，是一种重要的射电天文技术。它采用无线电干涉法，将多个距离数百乃至数千千米长度基线两端的口径相对较小的射电望远镜合成为巨大的综合孔径望远镜，其最大等效直径为望远镜之间的最大基线长度。VLBI 通过延长基线和提高观测频率可获得极高的空间分辨率和基线测量精度。VLBI 是目前角分辨率最高的天文观测技术，可获取优于亚毫角秒量级的极高分辨率。

3.1.1　我国地基测控系统的建设

我国在 20 世纪 60 年代建立了最初的航天测控系统，包括卫星测控中心与 7 个测控站，实现了从无至有的突破，完成了我国第一颗人造地球卫星——“东方红一号”的跟踪测轨任务。中国航天测控网的概念在 20 世纪 70 年代提出，根据当时我国国情，专家提出测控网的建设需要满足测控设备布局适应多场区、多射向、多弹道飞行试验特点和不同发射倾角、不同运行轨道卫星测控要求，最终在已有的测控、通信能力的基础上，逐步建成一个布局合理、适应性强的航天测控网。20 世纪 90 年代初，为适应载人航天任务的特殊需求，我国开始建设新一代航天测控网，逐步建立了陆、海基统一 S 频段测控网[2]。

我国陆基测控网由分布于国内外的数十个测控站组成，采用的跟踪测量设备主要包括光学测量系统、脉冲雷达测量系统、连续波干涉仪测量系统和统一 S 频段测控系统。陆基测控网对空间目标的观测包括距离测量、距离变率测量及角度测量。海基测控网由多艘远洋测量船构成，目前服役的有 4 艘测量船。测量船采用的跟踪测量设备主要为统一 S 频段测控系统，包括距离、距离变率及角度测量等观测类型。不同于陆基测量信息，测量船所测量的被测目标是在动态条件下完成的，设备的位置与姿态处于不断变化中，必须在测量设备跟踪被测目标的同时，对船的位置与姿态进行同步测量，测量数据的使用需要进行船位与船姿的修正。受限于目前的测控现状和境外布站的局限，测量船在未来一段时期内仍将发挥不可替代的作用。

随着探月工程的逐步深入，我国将不断加快深空测控网的建设步伐。我国深空测控网将由 3 个深空测控站和 1 个深空探测任务中心组成。按照计划，我国深空网在 2012 年初步建成 2 个国内站，2016 年完成国外站部分的建设。2 个国内站中喀什站天线口径为 35 米，具备 S/X 频段的测控能力；佳木斯站测控天线口径为 66 米，具备 S、X 和 Ka 三个频段功能的测控能力。同时，我国将在南美建设第三个拥有大口径天线的深空测控站。值得指出的是，2012 年，我国深空测控站在测试阶段就进行了“嫦娥二号”小行星探测试验的测控任务，为小行星的飞越、拍照成像提供了有力的支持。这三个深空测控站构成的三站联网的深空探测网，将用于支持我国将来的载人登月、火星探测和其他深空探测任务。

中国科学院建有的 VLBI 网（CVN）主要用于天文测量，该测控网包括上海天马（65m）、北京（50m）、昆明（40m）、乌鲁木齐（25m）4 个测站和位于上海的数据处理中心。该测控网组网工作时相当于综合口径为 3000 多千米的巨大望远镜，具有极高的角分辨率。在我国探月工程中，VLBI 网与中国航天测控网共同配合完成了月球卫星的测定轨工作[3]。

3.1.2　基本测量原理

1．距离测量

距离测量是指利用无线电波在空间以恒速、直线传播的特性的测量方式，测量航天器与测站之间的相对距离。连续波雷达测距通过一定形式的测距信号对发射载波进行调制，并发射上行载波，卫星应答机接收并锁住上行载波，并转发返回至地面测站，地面接收机将调制的测距信号与发射信号进行时间差或是相位差比较，提取距离信息。测距信号通常包括 3 种：侧音信号、伪随机码信号和音码混合信号。

根据通信系统的上行链路和下行链路的结构和类型可以将台站对航天器的跟踪划分为单程、双程和三程模式。单程模式是星载晶振产生下行信号，由地面台站接收跟踪信号，这种模式只有下行链路；双程模式是由地面台站向探测器发射上行信号，星上转发器接收上行信号，并产生一个相干的下行信号，由地面台站接收；三程模式与双程模式相类似，只是双程上行发射站与下行接收站相同，而三程的接收站与发射站不同。这三种模式中，双程模式是一种闭环跟踪模式，而单程和三程模式是开环跟踪模式，其通信链路两端开放[4]。图 3.1 为单程与三程跟踪模式示意图。在三程测量模式下，上行站与下行站之间的钟差将直接引入测量中，因此站间时间的同步是测控实施中需要解决的一个重要问题。

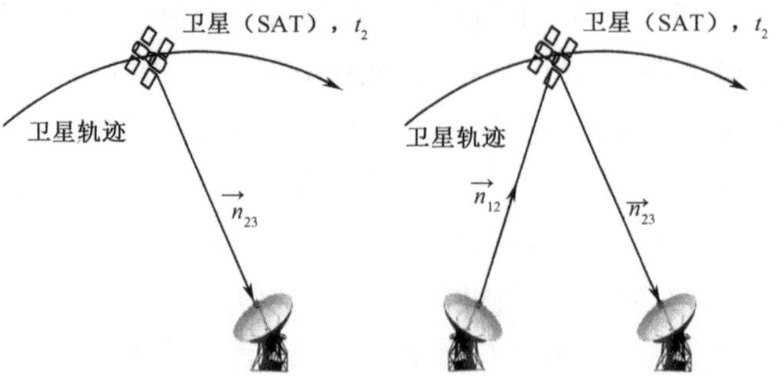

图 3.1　单程与三程跟踪模式示意图

侧音测距是指从地面测站发射一组纯音信号（通常为正弦波），依次对上行载波进行调相，经上行调制后的纯音分布在载波的两侧，将其发射至航天器。星载应答机将接收到的上行侧音信号转发回地面测站。地面测站对接收到的信号进行调相解调恢复出侧音信号后，通过比较上行侧音信号与恢复出来的侧音信号之间的相位差，可计算出反映航天器与地面测站的距离信息。图 3.2 为测音测距原理示意图。侧音测距具有测距精度高、捕获时间短和设备简单的优点，其缺点是需要多次进行模糊度解算，因而侧音测距通常应用于近地航天器的测轨跟踪。

伪随机码测距利用伪随机码信号的自相关特性进行测距测量，采用伪随机码容易获得长周期特性，使无模糊距离增大，可以避免多次解距离模糊的复杂问题，且保密性和抗干扰性得以增强，同时调制载波后尚可以和多种信号同时占用一个射频带宽。基本原理为：测站码产生器生成伪随机码，一组发送至码移位寄存器进行寄存，并产生“1”信号，距离计数器开始计数，另一组调制至载波信号发射至目标，经应答机转发由地面站接收，恢复并经过相关处理使得本地码与接收码完全同步，在接收端产生一个与发送码完全相同而相对于发送码有一定延迟的本地码。通过比较本地码与移位寄存器中的发送码状态，产生收全“1”关门信号，使距离计数器关门，测量时延值即可转换为距离测量量。

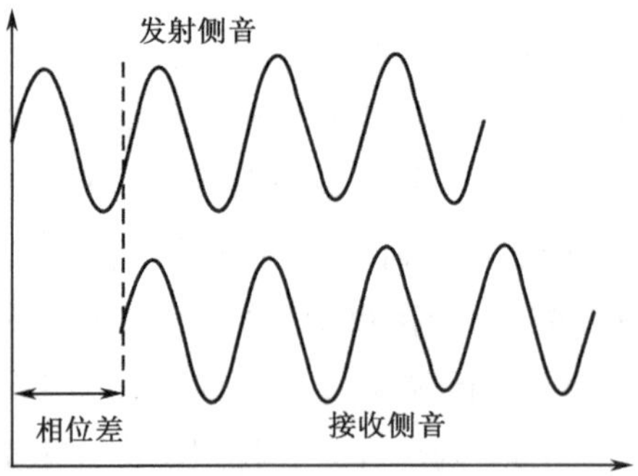

图 3.2　侧音测距原理示意图

音码混合测距过程为：由地面测控终端产生一组伪随机码序列，并调制到载波发送至卫星上，卫星接收到这一伪随机码序列，用伪码的时钟产生一系列同步的测距音（即测距音的零相位对应于伪码的开始位置，在一个码周期内有多个整测距音周期），这些测距音通过相位调制发送到地面，经相位延迟锁定后通过测距音/伪码相位比较器得出测距音与最初发送的伪码的相位差或时延，进而得出所测距离。

影响测距测量精度的因素有多方面的，如设备热噪声、不稳定的频率源、设备零值的校准、设备终端分辨率及介质传播过程中引入的误差（介质传播的影响可以通过模型参数进行标校，这将在本章 **3.6** 节进行详细阐述。）这些因素对测距的影响主要分为系统性偏差与随机噪声。

2．多普勒测量

通常多普勒测量直接测量的是频率，但是轨道计算中通常转换为视向速度（或是距离变化率）。根据测量模式的不同，多普勒测量同样可以分为单向、双向及三向测量。单向测速系统一般由航天器上的信标机和地面接收设备组成。星载高稳频率振荡器产生下行信号，由地面测站接收，地面测站接收到的信号相对于标称下行发射信号(以地面站高稳频率振荡器为参考)的频率差为多普勒频移。受星载条件的制约，星载频率振荡器的体积及温控能力均会受到影响，因而其稳定度一直不高，直接影响了单向多普勒测量的精度。但是单向多普勒测量简化了地面操作，随着航天级高稳定晶体振荡器生产能力的提高和成本的降低，单向多普勒测量将会得到广泛应用[5]。

影响多普勒测量的因素也是多方面的：晶振不稳定性是一个基本误差源，频率的不稳定直接影响视向速度的精度；由测量设备引起的多普勒测量误差，主要来源于信号经过接收机和发射子系统及航天器应答机传输路径中的热噪声和不稳定性。为了减小测量设备的影响，深空测速系统一般采用载波相位计数测量法[6]。

3．VLBI 测量技术

VLBI 测量的基本原理：两个射电望远镜同时接收同一电磁波源发出的电磁波，对记录的数据通过相关处理得到此电磁波到达两个望远镜的相位差，从相位差中求出到达两个观测站的时间差（简称时延）。

图 3.3 为 VLBI 跟踪原理示意图。VLBI 以高稳定的氢原子钟信号作为独立频率标准，各观测站的射电望远镜接收无线电信号，将其变换为基频信号后，进行数字化采样，并记录或传输。相关处理机是 VLBI 的数据预处理核心设备，主要完成数据的格式转换、时间同步、延时补偿、FFT 运算、复数交差相乘累加、长期累加，

最后输出计算结果，供后处理使用。

在传统的 VLBI 技术中，观测站获得的海量数字化数据先记录在磁带上，再传送到数据处理中心的相关处理机进行事后相关处理。随着网络传输技术的进步，记录的数据可以通过网络进行准实时传输，准实时处理获取精确时延测量值。

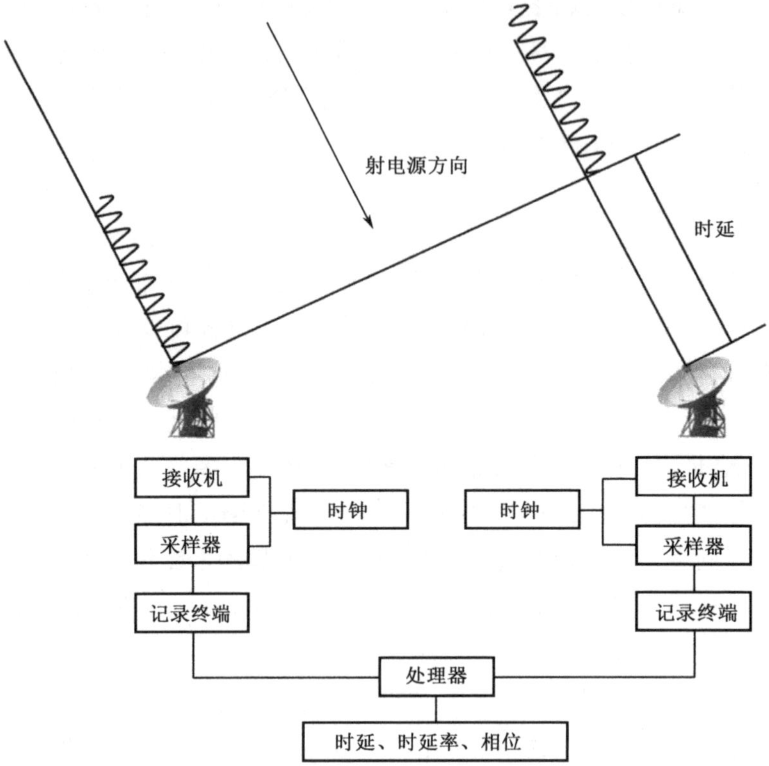

图 3.3　VLBI 跟踪原理示意图

3.2　光学测量技术

光学测量技术早期采用的是照相方法，至 20 世纪 90 年代后期逐步被光学 CCD 技术所取代。CCD 技术使仪器性能在观测星、跟踪效率和测量精度等方面得到了大幅的提升，使得光学跟踪技术有了飞跃的发展。利用光学手段对空间目标进行跟踪，光照条件是首要问题。空间目标自身不会发光，因而需要被太阳照亮，光电望远镜再通过接收目标反射的可见光（或红外）进行测量。光电观测的主要弱点是不能全天候观测，目标在阴影中无法观测，测站在白天也不能观测。目前在光照条件下也可采用一些新的技术进行观测，主要技术包括利用滤光片技术消减白天的背景或者采用背景辐射较小的红外波段。但是采用这些技术手段对目标等会有很大的限制，因而通常对空间目标观测不在白天开展。

光学望远镜主要由望远镜机架、镜筒、探测器、控制采集设备及数据记录设备等构成。实施跟踪时，望远镜计算机系统根据预报位置计算引导数据，引导望远镜驱动系统跟踪目标，采集 CCD 图像，采集码盘数据和时标，一并给出轴系定位结果。对于天文定位系统，在处理 CCD 图像时，还必须给出背景恒星位置，通过目标与定标星的相对位置和星表位置，给出目标的赤经、赤纬。

不同光学望远镜所获取的观测数据类型也是不同的，地平式轴系定位系统获取的是方位角、仰角，而天文定位系统获取的则是赤经、赤纬观测量。

望远镜的跟踪能力与 CCD 图像的信噪比密切相关，提高跟踪能力的方法主要包括：①扩大望远镜的有效口径；②延长曝光时间；③提升图像处理能力。

3.3　激光测距技术

卫星激光测距（SLR）始于 1964 年 NASA 的 Beacon-B 卫星的跟踪试验，随后激光测距技术不断发展，测量精度得到了大幅提升（从早期数米的精度水平提升至目前几个毫米的水平），并且越来越多的卫星安装有激光反射镜进行激光测卫，国际已经有超过 40 个激光测控站用于开展卫星激光测距。激光测距技术发展至今经历了近 50 个年头，除通常的激光测卫外，还应用于测月。激光测距资料的积累对天文地球动力学、地月科学、月球物理学和引力理论等诸多学科的研究有着重要的价值。

光在真空中的传播速度是恒定的，通过测量激光发射与接收时刻的差异即可精确测量两者之间的距离，称为激光测距。根据激光传播时间测量方式的不同，激光测距可以分为相位激光测距和脉冲激光测距两种方式。相位激光测距仪是用无线电频段的频率，对激光束进行幅度调制并测定调制光往返一次所产生的相位延迟，再根据调制光的波长，换算此相位延迟所代表的距离。但是，实际测量中，相位变化的整周期数无法确定，因此存在模糊度问题。脉冲激光测距的原理是：测距仪发出激光束，经测量目标发射后再由测距仪接收，简言之，脉冲测距通过记录激光的往返光行时实现测距测量。激光脉冲的往返传播时间由距离计数器测量。距离计数器的开门信号为激光主波采样信号，对应的关门信号为激光回波信号。激光脉冲往返传播时间可根据距离计数器在开门、关门信号之间的计数值求得。脉冲激光测量的典型波长为 532nm，当激光脉冲通过望远镜发出并被反射镜反射，最终由望远镜接收反射脉冲，高速光电探测器可以在 20ps 的时间精度内进行计数，折合为单程精度约为 3mm。

图 3.4 为相位激光测距的基本原理图，本质是测量激光发射与接收时刻的相位差，再通过波长将相差转换为距离，最后结合模糊度，获取激光往返的距离。相位式激光测距仪一般应用在精密测距中，其精度一般可达毫米量级。

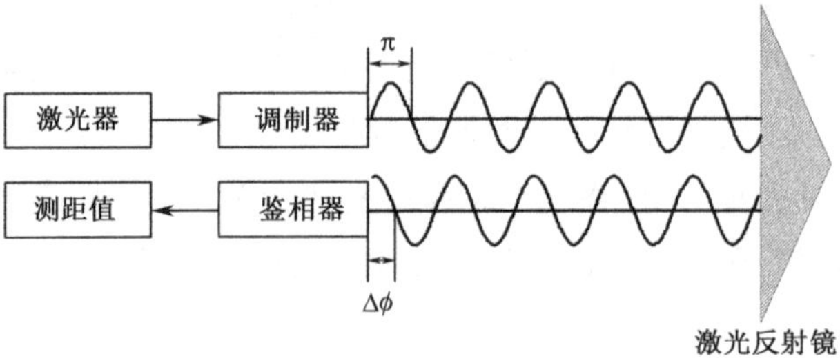

图 3.4　相位激光测距原理图

在 SLR 测量中，为了减少散射引入的误差，通常使用标准点数据(Normal Point Data)，就是对一定时间范围内的多个测距值进行平均，这使得 SLR 的均方根差（RMS）值降低约 4 倍。

影响激光测距精度的误差因素有：脉冲式激光测距测量的是往返光行时，与计数器的时间分辨率相关，如果计数器的计时误差为$\Delta\tau$，那么其测量误差为$c\cdot\Delta\tau$；激光脉冲前沿具有一定的宽度，计数器开关触发点的位置变化也将引入测距误差，不同触发方式引入的误差也不同；由于激光脉冲在空间传播过程的衰减与畸变，导致接收到光脉冲与发射的光脉冲在幅度和形状上不一致，给严格确定脉冲到达时刻带来困难，由此引起的误差称为漂移误差；光波穿过大气层时，大气折射也将影响其传输的路径，从而引入误差。

3.4　天基测量技术

利用海、陆基测量系统对航天器进行测控存在先天的不足，无法很好地解决中、低轨航天器的高覆盖问题。前苏联自 20 世纪 60 年代起，利用其辽阔的领土，先后设立了 7 个大的测控站，并建立了一支庞大的海基测量船队，但对载人飞船的测控覆盖率仅能达到 25%左右。美国在 20 世纪 60 年代，发展了 20 多个测控站组成的地基测控网，并建立了海基测量船队与天基测量飞机，此外还在海外大范围设立测控站以解决测控通信的覆盖率问题。在载人航天飞行试验任务的准备中，美国耗费了近 6 亿美元建立载人航天测控通信系统，然而在“阿波罗”任务的实施中，其在最好条件下也仅能实现约 30%的测控覆盖。

如何解决中、低轨航天器的测控覆盖问题一直是各航天大国寻求解决的问题。1964 年，美国科学家麦卡恩提出了利用地球静止轨道卫星的转发功能进行测控的新概念。设想将测控站由地面挪至空间，自上而下俯视中、低轨航天器，从而提高航天器的覆盖率，这种思想开创了测控的新纪元。1966 年，美国哥达德航天中心与喷气推进实验室就“跟踪与数据中继卫星系统”(TDRSS)方案进行了初步研究，1973 年完成了相关技术设计，并于 1974 年开展了相关试验星的发射。1984 年 4 月 4 日，美国发射了 TDRS-1 卫星，这标志着一个新的测控时代的开始。中继卫星系统的主要用户是中低轨的各类航天器，尤其是要求有高轨道覆盖率的载人航天器和高数据传送用户星。

在天基测控系统中，除中继卫星系统外，美国与俄罗斯还相继利用了近 20 年的时间，建立了各自的全球卫星定位系统，我国的北斗导航卫星系统也处于建设中，预期 2020 年实现全球导航。

3.4.1　中继卫星系统

中继卫星系统以其较高的地面覆盖率，可转发地基测站对中低轨航天器的跟踪测控信号，并可对中、低轨航天器发回地面的数据、图像、话音等信息进行实时连续中继的优势，逐渐成为越来越重要的航天测控技术。自 20 世纪 80 年代以来，以美国为代表的诸多国家竞相发展以中继卫星为核心的航天通信测控网。

1. 中继卫星的发展与特点

美国的跟踪与数据中继卫星系统分为军用与民用两类。军用系统称为卫星数据系统（SDS），从 20 世纪 70 年代开始建设，目前已经发展至第 3 代，是美国军事空间信息网的一个重要组成部分，但是相关的公开资料较少；民用系统即常说的 TDRSS，使用 TDRS 卫星。美国第一代 TDRS 卫星上有两个单通道天线、一个 S 频段多址相控天线、一个 2m 的 Ka 频段天线、一个 S 频段圆锥天线，以及用于商业通信的一个 C 频段天线和一个 0.6m 的 K 频段天线。2002 年，美国发射了第二代的 TDRS-H、I、J 共 3 颗卫星，现在共有 9 颗 TDRS 卫星在轨工作。第二代 TDRS 卫星在外形上与第一代卫星的结构基本类似，但功能上有所改进，例如大大增强了 S 频段多址能力，增加了 Ka 频段高速率数据业务，增加了卫星自主操作能力，提高了下行链路的质量，增强了地面终端站，增加了第二代 TDRSS 地面终端站与关岛远方终端站（见图 3.5）。TDRSS 系统具有多颗卫星配置的特征，提供了强大的相互备用及通信扩容功能。

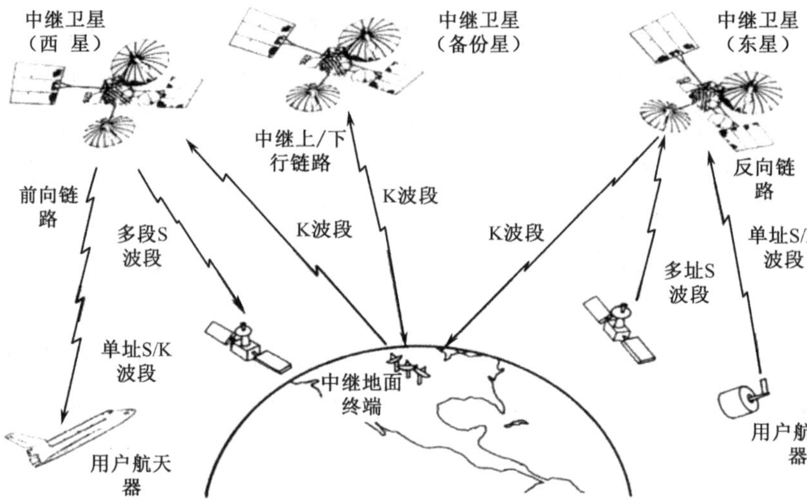

图 3.5 美国 TDRSS 概貌（NASA: http://history.nasa.gov/SP-4012/vol3/p428a.htm）

欧洲航天局（欧空局）1989 年计划发展数据中继卫星，但在 1992 年由于航天规划的调整该计划一度终止。1993 年，国际空间站的发展出现了变化，欧空局决定恢复中继卫星计划，计划名称是数据中继卫星（DRS）。欧空局分别于 1999 年与 2003 年发射了 2 颗中继卫星，采用了可同时在 S 与 Ka 频段的相控阵天线，多址阵元前向链路为 24 个，反向链路为 48 个。根据需要，DRS 可以实现三种轨道间的链路配置：（1）两条 S 频段轨道间链路和一条光学轨道间链路；（2）一条 S 频段轨道间链路，一条 Ka 频段轨道间链路和一条光学轨道间链路；（3）两条 Ka 频段轨道间链路和一条光学轨道间链路。DRS 系统中，从地面到卫星馈电链路的所有信号均通过星上固定的馈电链路天线（EFLA）和可控的馈电链路天线（SFLA）接收，在 DRS 卫星和该卫星覆盖视场内一点建立双向点波束，并允许和欧洲区域以外的国家实现射频连通。利用 DRS 系统的 S 频段或 Ka 频段的星间链路可进行距离和距离变化率的测量。

2008 年以来，我国已经成功部署 3 颗同步轨道的中继卫星，已初步构成了自主的天基中继测控网，极大提升了中、低轨道卫星的测控覆盖率。“天链一号”作为我国首个中继卫星系统，由中国空间技术研究院为主研制，主要为中国神舟载人飞船及后续载人航天器提供数据中继和测控服务。首颗中继卫星“天链一号”01 星采用东方红三号卫星平台，于 2008 年 4 月 15 日在西昌卫星发射中心搭载长征三号丙运载火箭成功发射，并于 5 月 1 日成功定位于东经 77° 的赤道上空，同年 12 月 4 日卫星测试完毕正式交付使用。01 星设计寿命为 6 年，主要应用于我国载人航天工程，同时为中、低轨遥感卫星提供数据中继服务。2011 年 7 月 11 日，“天链一号”02 星成功发射并定位于东经 176.8° 。2012 年 7 月 25 日，“天链一号”03 星成功发射，标志中国正式建成第一代中继卫星系统。受限于 GEO 轨道的获取，我国的中继卫星系统无法实现全球连续低空空域的覆盖。

我国的第二代数据中继卫星系统正处于积极论证阶段，将使用东方红四号平台，装有 S/Ka 双馈源抛物面天线、S 频段相控阵多址天线，可能使用激光通信单元用于超高速率的星间通信。

2. 中继卫星系统的基本原理

中继卫星系统是为航天器与地基测控站之间提供实时轨道测控与数据中继服务的系统，一般位于地球静止轨道。由于地球静止轨道卫星对低轨航天器具有较高的测控覆盖性，中继卫星跟踪系统可以对近地航天器提供持续的跟踪与通信支持服务。中继卫星系统克服了地基测控站对中、低轨卫星单次跟踪弧段短、可跟踪圈次少、测站使用率低等缺点，因此受到各航天大国的重视。

典型的中继卫星系统采用地球静止轨道卫星、一个地面终端站（或者多个互为备份）和用户航天器上的转发器。中继卫星系统作为数据中继时，中、低轨用户航天器经星间链路将遥测数据、探测数据、语音等信息发送至中继卫星，中继卫星接收后，经变频将其发送至地面终端站，并进行解调与解码处理。中继卫星系统作为跟踪测量系统时，首先需要明确用户航天器的轨道信息，然后从地面终端站发出上行伪码测距信号，经前向链路通过中继卫星到达用户航天器，用户航天器再进行相关处理并转发，沿反向链路回到地面终端站，由伪码相关技术可以测到“地面站—中继卫星—用户航天器—中继卫星—地面站”的四程距离或是距离变率信息。

图 3.6 为中继卫星测量系统跟踪示意图，其中 τ_1,τ_2 表示前向链路，τ_3,τ_4 表示返向链路。从中继卫星系统的测量原理可知，利用中继系统测量用户航天器的距

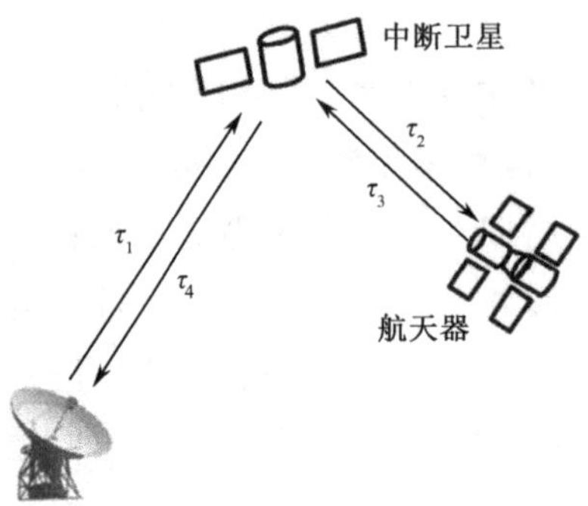

图 3.6 中继卫星测量系统示意图

离或是距离变率信息，必须精确已知中继卫星的轨道信息，从而通过光行时迭代计算获取理论计算值。

国外中继卫星跟踪系统总的测量精度与地基测量系统基本一致，美国和法国合作的 T/P 卫星任务中，中继卫星的双程距离标准偏差约为 2m。利用中继卫星跟踪数据确定低轨航天器轨道还受中继卫星本身轨道精度的制约，因中继卫星的轨道误差将直接进入观测量中。

3.4.2 导航卫星系统

导航卫星系统是 20 世纪的一项重大科技成就，使导航定位领域产生了巨大变革，具有划时代的意义。我国正在建设的北斗导航系统也将提供类似于 GPS 系统的定位服务，在可见卫星数不小于 4 颗时，它对可见卫星的信号进行测量，获取伪距或载波相位数据，用户根据测量量可解算出三维位置，实现导航与精密定位。

1. 各国导航系统的发展

目前全球卫星导航系统包括美国的 GPS 系统、俄罗斯的 GLONASS 系统、在建的欧洲 Galileo 系统。

最早的导航卫星系统为美国的“子午仪”（Transit）系统。该系统于 1964 年 7 月投入使用，到 20 世纪 90 年代被 GPS 系统取代。GPS 系统由分布于 6 个轨道面的 24 颗卫星组成，相邻轨道面的升交点角距相差 30°，卫星运行在平均高度 20 200km 的轨道上。GPS 系统的地面监测站全球分布，可以实现全弧段跟踪。GPS 提供的测量信息包括伪距和载波相位，可以为用户提供三维位置、速度和精确的时间信息。目前伪距测量的实时单点定位精度约为 10m，事后处理精度可达 3～5m，基于载波相位的相对定位精度更高。

GLONASS 系统是由前苏联于 1996 年初建成，由 24 颗卫星组成，均匀分布在 3 个轨道平面上，卫星的轨道高度为 19 100km，轨道倾角为 64.8°。表 3.1 给出了早期 GPS 与 GLONASS 的基本情况比较。

表 3.1 GPS 与 GLONASS 的基本情况比较

比较项	基本信息	GPS	GLONASS
卫星星座	轨道平面	6	3
	轨道倾角	55°	64.8°
	轨道高度	20 200km	19 100km
	轨道周期	11^h58^m	11^h15^m
导航信号结构	载波频率	1 575.42MHz 1 227.60MHz	1 602+0.562 5k MHz 1 246+0.437 5k MHz
	测距信号	伪随机噪声码	伪随机噪声码
	测距码格式	GOLD 码	m 序列
	星历数据	开普勒根数	地心直角坐标
	D 码码率	50b/s	50b/s
	C/A 码码率	1.023MHz	0.511MHz
参考系	时间	GPST	UTC（SU）
	坐标系	WGS-84	PZ-90

2. 北斗导航系统的发展

中国的“北斗一号”双星导航系统于 2000 年建成，属于全天候、快速、实时的区域定位系统，其基本任务是在中国大陆及周边区域为用户提供快速定位、短报文通信、授时服务。

北斗导航系统二期建设目标是在 2020 年左右建成全球导航系统，以供军民两用。建成的导航系统预期包括 5 颗地球静止轨道卫星和 30 颗非地球静止轨道卫星。系统建成后民用设计精度为：伪距定位精度 10m，速度测量精度 0.2m/s，授时精度 50ns。

3. 导航卫星定位的基本原理

卫星导航系统通常由 3 部分组成：导航星座、地面监控系统及用户接收设备。导航星座作为信号发射与导航电文的载体，必须接收存储导航信息，接收监控中的控制命令，通过星载原子钟提供精确时间标准，星载计算机还必须完成必要的数据处理工作。地面监控系统需要完成卫星的跟踪测量，计算卫星星历及时钟差，并将星历、时钟差及导航电文注入给导航星座。用户接收设备主要完成导航卫星无线电信号的接收，接收导航电文，基于数据处理软件完成定位工作。

以 GPS 为例，卫星导航是让用户通过接收机测量多颗卫星至接收机的信号时延，同时接收包含导航卫星位置信息的导航电文，通过数据处理软件计算用户的位置。通常卫星导航采用单向测距体制，每一颗 GPS 卫星都向地球发射高稳定的载波信号，载波被调制了两种伪随机码和导航信息。用户接收机接收卫星发射的载波信号，信号接收与发射时刻的差异就是信号传播的延迟。由于 GPS 卫星都有高稳定原子钟，可以认为各导航星之间时间是同步的，而 GPS 用户机与卫星的时钟并不是同步的，因而所测的时延值还包括两者时钟的差异，因而测得的距离称为伪距。实际在定位计算中需要对接收机与导航系统时间之间的偏差进行标校，通常作为 1 个参数进行解算，这就使得需要同时观测 4 颗以上的卫星完成导航。

3.5 航天器观测量的归算

3.5.1 光行时计算

本书中的光行时若无特别说明，则特指单向光行时，即无线电信号从探测器发射到地面站被接收这一段时间，其严格的定义为

$$\Delta\tau = t\left(\tau_{\mathrm{R}}\right) - t\left(\tau_{\mathrm{S}}\right) \tag{3.1}$$

其中，$\Delta\tau$ 为光行时，$t\left(\tau_{\mathrm{R}}\right)$ 为信号接收时刻的接收点处的原时，$t\left(\tau_{\mathrm{S}}\right)$ 为信号发送时刻的发射点处的原时。

对于深空探测器，须采用质心动力学时，可将单向光行时改写为

$$\Delta\tau = \Delta t\left(TDB\right) - \left[TDB_{\mathrm{R}} - t\left(\tau_{\mathrm{R}}\right)\right] + \left[TDB_{\mathrm{S}} - t\left(\tau_{\mathrm{S}}\right)\right] \tag{3.2}$$

其中，$TDB_{\mathrm{S}}, TDB_{\mathrm{R}}$ 分别为信号发射与接收时刻对应的 TDB 时间，$\Delta t\left(TDB\right) = TDB_{\mathrm{R}} - TDB_{\mathrm{S}}$，为信号收发时刻的 TDB 时差，$\left[TDB_{\mathrm{R}} - t\left(\tau_{\mathrm{R}}\right)\right]$ 对应接收时刻 TDB 与测站原时的变换，$\left[TDB_{\mathrm{S}} - t\left(\tau_{\mathrm{S}}\right)\right]$ 对应信号发射时刻 TDB 与探测器处原时的变换，这两处时间转换的精度要求很高，一般需要 ns 级的精度。

$\Delta t\left(TDB\right) = TDB_{\mathrm{R}} - TDB_{\mathrm{S}}$ 可以根据以下步骤计算得到。

（1）将 $t\left(\tau_{\mathrm{R}}\right)$ 转化为对应的地球时 TT_{R}。

（2）将 TT_{R} 转化为 TDB_{R}，并将测站坐标转换到 BCRS 中，记为 $\vec{r}_{\mathrm{R}}\left(TDB_{\mathrm{R}}\right)$，$\dot{\vec{r}}_{\mathrm{R}}\left(TDB_{\mathrm{R}}\right)$。

（3）计算信号发射时刻 TDB_{S}。首次迭代取 $TDB_{\mathrm{S}} = TDB_{\mathrm{R}}$，否则取 $TDB_{\mathrm{S}} = TDB_{\mathrm{R}} - \dfrac{\rho}{c}$，$\rho$ 为上次迭代计算得到的信号传播路径。

（4）计算 TDB_s 时刻探测器在 BCRS 中的位置速度 $\vec{r}_{s/c}(TDB_S),\dot{\vec{r}}_{s/c}(TDB_S)$。

（5）计算信号传播路径距离，$\rho=\left|\vec{r}_{s/c}(TDB_S)-\vec{r}_R(TDB_R)\right|+RLT$，其中 RLT 为相对论光行时，可根据下式计算[7,8]

$$RLT_B=\frac{(1+\gamma)\mu_S}{c^2}\ln\left[\frac{r_1^S+r_2^S+r_{12}^S+\frac{(1+\gamma)\mu_S}{c^2}}{r_1^S+r_2^S-r_{12}^S+\frac{(1+\gamma)\mu_S}{c^2}}\right]+\sum_B\frac{(1+\gamma)\mu_B}{c^2}\ln\left[\frac{r_1^B+r_2^B+r_{12}^B}{r_1^B+r_2^B-r_{12}^B}\right] \tag{3.3}$$

式中，μ_S 为太阳引力常数，μ_B 为行星、外行星系统或月球的引力常数，角标 S 表示太阳，B 表示行星系统或月球。r_1，r_2 分别为传播路径起始点与终点距各引力天体质心的直线距离，r_{12} 为两点之间的直线距离。

（6）若本次计算的 ρ 与前一次计算的 ρ 之间的差异大于 0.1m（这是目前常用值，但可视具体状态调整此值），则重复步骤（3）～（5）；否则，$\Delta t(TDB)=TDB_R-TDB_S$。

公式（3.2）中的 $\left[TDB_R-t(\tau_R)\right]$，$\left[TDB_S-t(\tau_S)\right]$ 一般不直接计算，而是通过差分途径实现。

根据前面的分析，若忽略相对论的影响，有

$$\Delta\tau=\Delta t(TDB)=TDB_R-TDB_S \tag{3.4}$$

式（3.4）中，信号接收时刻 TDB_R 是确定的，与航天器状态参数 $\bar{x}$ 无关，而发射时刻和相应的探测器位置都是状态参数 $\bar{x}$ 的函数。因此，单向光行时对状态参数 $\bar{x}$ 的偏导数计算为

$$\begin{aligned}\frac{\partial\Delta\tau}{\partial\bar{x}}&=-\frac{\partial TDB_S}{\partial\bar{x}}\\&=\left[\frac{\vec{r}_{s/c}(TDB_S)-\vec{r}_R(TDB_R)}{c\rho}\right]^T\times\left[\frac{\partial\vec{r}_{s/c}(TDB_S)}{\partial\bar{x}}-\frac{\partial\vec{r}_R(TDB_R)}{\partial\bar{x}}+\dot{\vec{r}}_{s/c}(TDB_S)\frac{\partial t(TDB_S)}{\partial\bar{x}}\right]\end{aligned} \tag{3.5}$$

若令

$$\dot{\rho}=\frac{\left[\vec{r}_{s/c}(TDB_S)-\vec{r}_R(TDB_R)\right]\cdot\dot{\vec{r}}_{s/c}(TDB_S)}{\rho} \tag{3.6}$$

代入式（3.5），并整理后有

$$\begin{aligned}\frac{\partial\Delta\tau}{\partial\bar{x}}&=-\frac{\partial TDB_S}{\partial\bar{x}}\\&=\left[\frac{\vec{r}_{s/c}(TDB_S)-\vec{r}_R(TDB_R)}{\rho(c+\dot{\rho})}\right]^T\times\left[\frac{\partial\vec{r}(TDB_S)}{\partial\bar{x}}-\frac{\partial\vec{r}_R(TDB_R)}{\partial\bar{x}}\right]\end{aligned} \tag{3.7}$$

在精度要求不高的条件下，式（3.7）可以进一步简化为

$$\begin{aligned}\frac{\partial \Delta\tau}{\partial \vec{x}} &= -\frac{\partial TDB_{\mathrm{S}}}{\partial \vec{x}} \\ &= \left[\frac{\vec{r}_{\mathrm{s/c}}\left(TDB_{\mathrm{S}}\right)-\vec{r}_{\mathrm{R}}\left(TDB_{\mathrm{R}}\right)}{\rho c}\right]^{\mathrm{T}} \times \left[\frac{\partial \vec{r}_{\mathrm{s/c}}\left(TDB_{\mathrm{S}}\right)}{\partial \vec{x}}-\frac{\partial \vec{r}_{\mathrm{R}}\left(TDB_{\mathrm{R}}\right)}{\partial \vec{x}}\right]\end{aligned} \tag{3.8}$$

上述偏导数的计算，与观测量的归算并无关系，但在某些定轨工作中可能涉及，这里顺便给出。后面其他观测量的归算中也有类似情况，不再说明。

对于地球卫星，计算步骤与前面的描述类似，但是不需要考虑 *TDB* 与 *TT* 的转换关系，直接采用 *TT* 进行计算，相对论光行时只需要考虑地球引起的信号路径弯曲即可[9]，有

$$RLT_{\mathrm{E}} = \frac{(1+\gamma)\mu_{\mathrm{E}}}{c^2}\ln\left[\frac{r_1^{\mathrm{E}}+r_2^{\mathrm{E}}+r_{12}^{\mathrm{E}}}{r_1^{\mathrm{E}}+r_2^{\mathrm{E}}-r_{12}^{\mathrm{E}}}\right] \tag{3.9}$$

式中，μ_{E} 为地球引力常数，角标 E 表示地球。

式（3.9）对时间的导数为

$$\frac{\mathrm{d}}{\mathrm{d}t}RLT_{\mathrm{E}} = \left(\frac{1+\gamma}{c^2}\right)\mu_{\mathrm{E}}\left(\frac{\dot{r}_1^{\mathrm{E}}+\dot{r}_2^{\mathrm{E}}+\dot{r}_{12}^{\mathrm{E}}}{r_1^{\mathrm{E}}+r_2^{\mathrm{E}}+r_{12}^{\mathrm{E}}}-\frac{\dot{r}_1^{\mathrm{E}}+\dot{r}_2^{\mathrm{E}}-\dot{r}_{12}^{\mathrm{E}}}{r_1^{\mathrm{E}}+r_2^{\mathrm{E}}-r_{12}^{\mathrm{E}}}\right) \tag{3.10}$$

3.5.2 测距型资料

测距型资料测量的是测站与航天器之间的相对距离关系，严格来讲是测站天线相位中心与星载天线相位中心的距离。实际上，测距描述的测站处信号接收与发射的地面测站时间之差，有

$$\rho_{13} = c\cdot\left(\tau_3-\tau_1\right) \tag{3.11}$$

式（3.11）也可以标识为距离的关系，即

$$\begin{aligned}\rho &= \rho_{\mathrm{up}}+\rho_{\mathrm{dn}}+c\cdot\left[\left(TT_3-TDB_3\right)-\left(TT_1-TDB_1\right)\right] \\ &= \left|\vec{r}_{\mathrm{s/c}}\left(t_{\mathrm{V}}\right)-\vec{r}_{\mathrm{sta}}\left(t_{\mathrm{T}}\right)\right|+RLT_{\mathrm{up}}+\left|\vec{r}_{\mathrm{s/c}}\left(t_{\mathrm{V}}\right)-\vec{r}_{\mathrm{sta}}\left(t_{\mathrm{R}}\right)\right|+RLT_{\mathrm{dn}} \\ &\quad +c\cdot\left[\left(TT_3-TDB_3\right)-\left(TT_1-TDB_1\right)\right]\end{aligned} \tag{3.12}$$

式中，$\vec{r}_{\mathrm{sta}}(t_{\mathrm{T}})$ 为测站在信号发射时刻 t_{T} 的位置矢量，$\vec{r}_{\mathrm{s/c}}(t_{\mathrm{V}})$ 为航天器应答机接收信号时刻 t_{V} 航天器的位置矢量，$\vec{r}_{\mathrm{sta}}(t_{\mathrm{R}})$ 为测站在接收到信号时刻 t_{R} 的位置矢量。具体计算采用 3.5.1 节中步骤。式中为了表述方便，默认以下标 1 表示信号上行站，2 表示航天器转发信号，3 标识信号下行站。

忽略时间系统差异的影响，其观测偏导数可以表示为

$$\frac{\partial \rho_{13}}{\partial \vec{r}} = \frac{\partial \rho_{\text{up}}}{\partial \vec{r}} + \frac{\partial \rho_{\text{dn}}}{\partial \vec{r}} \tag{3.13}$$

3.5.3　测速型资料

积分多普勒的观测量是地面站接收信号频率相对标准发射频率的偏移量 f_{D}，通过测量一个积分周期内的周计数得到，即

$$f_{\text{D}} = f_{\text{R}} - f_0 = \frac{N_{\text{C}}}{\Delta T} \tag{3.14}$$

其中，f_{R} 表示接收端接收信号频率，f_0 表示地面接收站本振频率，N_{C} 为一个积分周期内的周计数，ΔT 为一个积分周期。

地面接收站的一个积分周期（ΔT）内累积的多普勒周计数（N_{C}）的变化可以推导出多普勒观测量。对于给定的地面测站，连续的多普勒观测有连续的积分周期。

对于 N_{C}，有

$$\begin{aligned} N_{\text{C}} &= \int_{t_{\text{R,s}}}^{t_{\text{R,e}}} \left(f_{\text{R}} - f_0\right)\text{d}t = f_{\text{R}}\Delta T - f_0\Delta T \\ &= M\int_{t_{\text{S,s}}}^{t_{\text{S,e}}} f_{\text{S}}\text{d}\tau - f_0\Delta T \\ &= Mf_{\text{S}}\Delta\tau_{\text{S}} - f_0\Delta T \end{aligned} \tag{3.15}$$

其中，f_{S} 为地面发射站的上行信号频率，f_0 为地面接收站的本振频率，小写的下标 s,e 表示积分起始和结束，大写下标 S 表示地面发射站，t 表示地面测站时间，$\Delta\tau_{\text{S}}$ 为地面发射站对应积分结束和积分开始的测站时间隔，不考虑跳秒影响，则有

$$\begin{aligned} \Delta\tau_{\text{S}} &= UTC_{\text{S,e}} - UTC_{\text{S,s}} \\ &= \Delta T - \frac{1}{c}\left[\rho\left(t_{\text{e}}\right) - \rho\left(t_{\text{s}}\right)\right] \end{aligned} \tag{3.16}$$

式中，$\rho\left(t_{\text{e}}\right)$ 为积分结束光行时，$\rho\left(t_{\text{s}}\right)$ 为积分开始光行时。

进一步写出接收频率与发射频率的关系为

$$\frac{f_{\text{R}}}{f_{\text{S}}} = M\frac{\Delta\tau_{\text{S}}}{\Delta T} \tag{3.17}$$

频率和多普勒测速的关系为

$$\begin{aligned} \dot{\rho} &= \left(1 - \frac{f_{\text{R}}}{Mf_{\text{S}}}\right)\cdot c \\ &= \left(1 - \frac{\Delta\tau_{\text{S}}}{\Delta T}\right)\cdot c \end{aligned} \tag{3.18}$$

1．积分多普勒的测量模型

根据公式（3.18），积分多普勒可以用展开成距离的形式表示为

$$\dot{\rho}=\frac{\rho\left(t_{\mathrm{e}}\right)-\rho\left(t_{\mathrm{s}}\right)}{\Delta T} \tag{3.19}$$

式中，$\rho\left(t_{\mathrm{s}}\right),\rho\left(t_{\mathrm{e}}\right)$表示积分开始时刻$t_{\mathrm{s}}$与积分结束时刻$t_{\mathrm{e}}$对应距离测量量，$\Delta T$满足$\Delta T=t_{\mathrm{e}}-t_{\mathrm{s}}$。

相应的观测偏导数为

$$\frac{\partial\dot{\rho}}{\partial\vec{r}_{\mathrm{s/c}}}=\frac{1}{\Delta T}\left(\frac{\partial\rho\left(t_{\mathrm{e}}\right)}{\partial\vec{r}_{\mathrm{s/c}}}-\frac{\partial\rho\left(t_{\mathrm{s}}\right)}{\partial\vec{r}_{\mathrm{s/c}}}\right) \tag{3.20}$$

2．瞬时多普勒的测量模型

当积分周期非常小时，可以采用瞬时多普勒的测量模型。瞬时多普勒的测量模型可以通过距离模型对时间求导得到，即

$$\begin{aligned}\dot{\rho}=&\frac{\left(\vec{r}_{\mathrm{s/c}}\left(t_{\mathrm{V}}\right)-\vec{r}_{\mathrm{sta}}\left(t_{\mathrm{T}}\right)\right)\cdot\left(\dot{\vec{r}}_{\mathrm{s/c}}\left(t_{\mathrm{V}}\right)-\dot{\vec{r}}_{\mathrm{sta}}\left(t_{\mathrm{T}}\right)\right)}{\rho_{\mathrm{up}}}\\&+\frac{\left(\vec{r}_{\mathrm{s/c}}\left(t_{\mathrm{V}}\right)-\vec{r}_{\mathrm{sta}}\left(t_{\mathrm{R}}\right)\right)\cdot\left(\dot{\vec{r}}_{\mathrm{s/c}}\left(t_{\mathrm{V}}\right)-\dot{\vec{r}}_{\mathrm{sta}}\left(t_{\mathrm{R}}\right)\right)}{\rho_{\mathrm{dn}}}\end{aligned} \tag{3.21}$$

相应的观测偏导数为

$$\frac{\partial\dot{\rho}}{\partial\vec{r}_{\mathrm{s/c}}\left(t_{\mathrm{V}}\right)}=\frac{\dot{\vec{r}}_{\mathrm{s/c}}\left(t_{\mathrm{V}}\right)-\dot{\vec{r}}_{\mathrm{sta}}\left(t_{\mathrm{T}}\right)}{\rho_{\mathrm{up}}}+\frac{\dot{\vec{r}}_{\mathrm{s/c}}\left(t_{V}\right)-\dot{\vec{r}}_{\mathrm{sta}}\left(t_{\mathrm{R}}\right)}{\rho_{\mathrm{dn}}} \tag{3.22}$$

3.5.4 测角型资料

典型的测角型资料包括方位、俯仰角与赤经、赤纬，本节对这两类角度测量进行描述。

1．方位角、俯仰角

方位角、俯仰角示意图如图 3.7 所示。

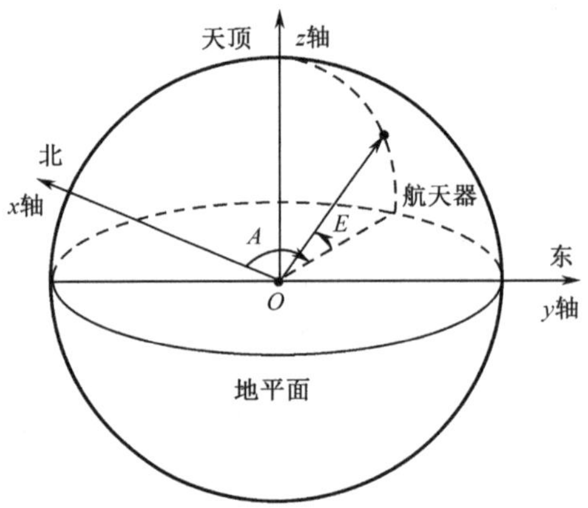

图 3.7 方位角、俯仰角示意图

方位角A为当地切平面内从正北顺时针起量至航天器在该平面内投影的角度，

则

$$A=\begin{cases}\arctan\left(\dfrac{y_{tp}}{x_{tp}}\right), & x_{tp}\geqslant 0\\ \arctan\left(\dfrac{y_{tp}}{x_{tp}}\right)+\pi, & x_{tp}<0\end{cases} \tag{3.23}$$

俯仰角 E 是测站-航天器矢量与当地切平面的夹角，则

$$E=\arctan\left(\frac{z_{tp}}{\sqrt{x_{tp}^2+y_{tp}^2}}\right) \tag{3.24}$$

其中，x_{tp},y_{tp},z_{tp} 为航天器在测站地平坐标系内的位置矢量。注意，这里的俯仰角 E，就是 1.1.3 小节中所定义的测站地平坐标系中的地平高度 h，考虑到不同领域的习惯称谓，本书保留两种符号。

方位角在测站地平坐标系中对航天器状态的偏导数为

$$\frac{\partial A}{\partial \vec{r}_{tp}}=\frac{x_{tp}^2}{x_{tp}^2+y_{tp}^2}\left(-\frac{y_{tp}}{x_{tp}^2},\frac{1}{y_{tp}},0\right) \tag{3.25}$$

$$\frac{\partial A}{\partial \dot{\vec{r}}_{tp}}=0 \tag{3.26}$$

式中，$\vec{r}_{tp}$ 为测站坐标系中航天器位置矢量。

方位角在天球坐标系下对卫星状态的偏导数为

$$\frac{\partial A}{\partial \vec{r}}=\left(\frac{\partial A}{\partial \vec{r}_{tp}}\right)\frac{\partial \vec{r}_{tp}}{\partial \vec{r}_{b}}\frac{\partial \vec{r}_{b}}{\partial \vec{r}} \tag{3.27}$$

$$\left(\frac{\partial \vec{r}_{tp}}{\partial \vec{r}_{b}}\frac{\partial \vec{r}_{b}}{\partial \vec{r}}\right)=(\boldsymbol{M})(\boldsymbol{HG}) \tag{3.28}$$

这里，$\vec{r}_b$，$\vec{r}$ 分别为地固坐标系和天球坐标系下航天器的位置向量。$(\boldsymbol{M})$ 为地固坐标系至测站地平坐标系的转换矩阵，$(\boldsymbol{HG})$ 为天球坐标至地固坐标系的转换矩阵，具体转换细节见 1.1 节和 1.2 节。

俯仰角在测站坐标系中对位置矢量的偏导数为

$$\frac{\partial E}{\partial \vec{r}_{tp}}=\frac{1}{\sqrt{x_{tp}^2+y_{tp}^2}\left(x_{tp}^2+y_{tp}^2+z_{tp}^2\right)}\left(-x_{tp}\cdot z_{tp},-y_{tp}\cdot z_{tp},x_{tp}^2+y_{tp}^2\right) \tag{3.29}$$

$$\frac{\partial E}{\partial \dot{\vec{r}}_{tp}}=0 \tag{3.30}$$

在天球参考系下对卫星状态的偏导数为

$$\frac{\partial E}{\partial \vec{r}}=\left(\frac{\partial \vec{r}_{\mathrm{tp}}}{\partial \vec{r}_{\mathrm{b}}}\frac{\partial \vec{r}_{\mathrm{b}}}{\partial \vec{r}}\right)^{\mathrm{T}}\frac{\partial E}{\vec{r}_{\mathrm{tp}}} \tag{3.31}$$

2．赤经、赤纬

赤经、赤纬示意图如图 3.8 所示。

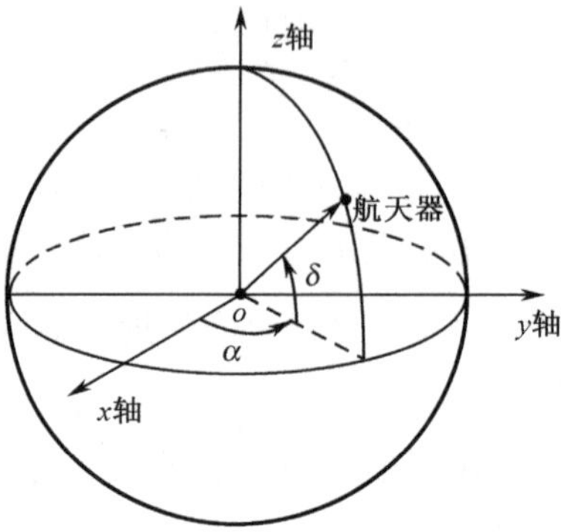

图 3.8　赤经、赤纬示意图

赤经、赤纬观测类型有站心与地心之分，通常会归算到地心，其测量方程为

$$\begin{cases}\alpha=\begin{cases}\arctan\left(\dfrac{y}{x}\right), x\geqslant 0\\ \arctan\left(\dfrac{y}{x}\right)+\pi, x<0\end{cases}\\ \delta=\arctan\left(\dfrac{z}{\sqrt{x^2+y^2}}\right)\end{cases} \tag{3.32}$$

式中，(x,y,z) 分别标识航天器在天球参考系中的坐标分量。

相应的观测偏导数为

$$\begin{cases}\dfrac{\partial\alpha}{\partial(x,y,z)}=\dfrac{x^2}{x^2+y^2}\left(-\dfrac{y}{x^2},\dfrac{1}{x},0\right)\\ \dfrac{\partial\delta}{\partial(x,y,z)}=\dfrac{1}{\sqrt{x^2+y^2}\left(x^2+y^2+z^2\right)}\left(-xz,-yz,x^2+y^2\right)\end{cases} \tag{3.33}$$

3.5.5　点位型资料

点位型资料为星载导航接收机下传的定位结果，不同的导航系统获取的定位结果采用了不同的坐标系，如 GPS 采用的是 WGS84 参考系，北斗导航系统采用的是 CGCS2000 参考系，为了便于阐明资料处理问题，这里统称为地固坐标系。但是必须说明一点：目前国际地球参考系是符合于 WGS84 地球重力场模型的，相应的天球坐标系与地球坐标系（包括测站地平坐标系）之间的转换关系是在此前提下建立的，只有在不影响问题精度的前提下可以不考虑相应的微小差别。

点位型资料通过坐标转换可转换为地心天球参考系的航天器位置矢量。其观测方程可以简单表示为

$$\vec{r}_{\mathrm{bf}} = (HG)\vec{r} \tag{3.34}$$

相应的观测偏导数为

$$\frac{\partial \vec{r}_{\mathrm{bf}}}{\partial \vec{r}} = (HG) \tag{3.35}$$

3.5.6　干涉测量型资料

本书中的干涉测量型资料是指差分单程距离（DOR）。该测量的物理意义是：地面两个测站同时接收到航天器在不同时刻发射的下行信号，测量的是下行信号时间差。差分单程多普勒（DOD）是 DOR 测量在时间上的差分。

DOR 给出的是两测站同时接收到的探测器信号光行时之差（见图 3.9），即

$$\mathrm{DOR} = \Delta\tau_2(t) - \Delta\tau_1(t)$$

$\Delta\tau_1,\Delta\tau_2$ 分别为两测站接收到探测器信号光行时，上式可写为

$$\begin{aligned}\mathrm{DOR} &= \Delta t_2(TDB) - \Delta t_1(TDB) \\ &\quad -\Delta(TDB - TAI)_{12} + \Delta(TDB_{\mathrm{s/c}} - \tau_{\mathrm{s/c}})_{12} + \delta\tau_0\end{aligned} \tag{3.36}$$

式中，$\Delta t_1(TDB),\Delta t_2(TDB)$ 分别为 t 时刻两测站接收到的探测器发射信号的光行时方程解，$\Delta(TDB - TAI)_{12}$ 为测站 1 和测站 2 处 $TDB - TAI$ 值的差

$$\Delta(TDB_{\mathrm{s/c}} - \tau_{\mathrm{s/c}})_{12} = (TDB_{\mathrm{s/c}} - \tau_{\mathrm{s/c}})_2 - (TDB_{\mathrm{s/c}} - \tau_{\mathrm{s/c}})_1 \tag{3.37}$$

其中，$(TDB_{\mathrm{s/c}} - \tau_{\mathrm{s/c}})_1$ 为站 1 接收到的信号在航天器上发出时刻的 TDB 与星上原时之差，$(TDB_{\mathrm{s/c}} - \tau_{\mathrm{s/c}})_2$ 为站 2 接收到的信号在航天器上发出时刻的 TDB 与星上原时之差，$TDB_{\mathrm{s/c}}$ 表示信号

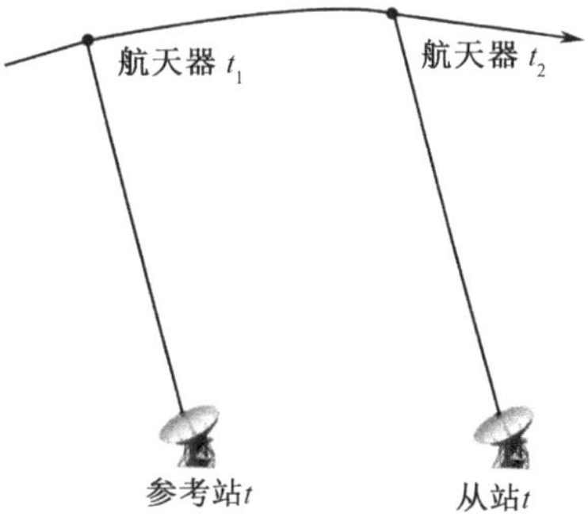

图 3.9　DOR 测量

从航天器上发出时对应的 TDB 时刻，$\tau_{s/c}$ 为信号发出时刻的星上原时；$\delta\tau_0$ 为两测站时钟的相对同步误差。

DOR 观测方程可以进一步表示为

$$\begin{aligned}DOR=&\frac{\rho_2-\rho_1}{c}+\left(RLT_2-RLT_1\right)-\Delta\left(TDB-TAI\right)_{12}\\&+\Delta\left(TDB_{s/c}-\tau_{s/c}\right)_{12}+\delta\tau_0+\delta\tau\end{aligned}\tag{3.38}$$

式中，ρ_1 和 ρ_2 分别为探测器到测站 1 和 2 的几何距离，RLT_1 和 RLT_2 分别为相对论效应引起的信号到测站 1 和 2 的光行时量，$\delta\tau$ 为观测其他系统误差（如传播媒介、通道延迟等的影响）。

DOR 对位置偏导数为

$$\frac{\partial DOR}{\partial\vec{r}}=\frac{1}{c}\left(\frac{\partial\rho_2}{\partial\vec{r}}-\frac{\partial\rho_1}{\partial\vec{r}}\right)\tag{3.39}$$

对速度偏导数为

$$\frac{\partial DOR}{\partial\dot{\vec{r}}}=\begin{bmatrix}0&0&0\end{bmatrix}\tag{3.40}$$

3.6 传播媒介误差的修正

地球表面被一层稠密的大气所包围，大气成分主要由气体分子、电子和离子组成，这些物质对电磁波传播会产生明显的影响。在行星际空间还存在等离子区，太阳附近还有日冕等离子区，它们也对电磁波传播产生影响。从航天器发出的信号传播至地面测站需要穿过大气层或是等离子区，导致信号传播路径与传播速度发生变化，使得测量中引入了传播媒介误差。根据对电磁波传播影响原理的差异，一般可将大气层分为对流层和电离层。

3.6.1 对流层的影响与修正

对流层几乎全部由中性大气构成，中性大气对无线电波引起的传播延迟称为对流层延迟。频率低于 30GHz 的电磁波折射与频率无关，其相折射率与群折射率相等，且折射率与大气的压强、温度和湿度密切相关。

关于大气折射理论的研究始于 16 世纪末，到 19 世纪 60 年代才发展起来并得到了多数学者认可。大气折射理论认为光线传播途径上各点的折射值，与这些点的大气折射率的变化率和光线的入射角有关，总的折射量通过传播途径全程积分得到。

由于对流层作用很强，且大气的压强、温度和湿度等因素变化复杂，所以对于大气折射率的变化及其影响目前尚难以准确地模型化。一般是将对流层延迟分为干（或流体静力学）延迟和湿延迟两部分。干延迟主要由干性大气（主要是 N_2 与 O_2）折射引起，干延迟约占总对流层延迟的 90%，可结合大气压使用先验模型较为精确地计算。

1. 无线电测量技术的对流层修正模型

无线电信号穿过对流层时总的对流层可以表示为

$$D_{\mathrm{L}} = m_{\mathrm{h}}(e)D_{\mathrm{hz}} + m_{\mathrm{w}}(e)D_{\mathrm{wz}} \tag{3.41}$$

其中，D_{hz} 与 D_{wz} 分别为天顶方向的干延迟与湿延迟，m_{h} 与 m_{w} 分别为干延迟与湿延迟映射函数，e 为真空中目标视方向高度角。在天顶方向，对流层折射可以使电磁波传播路径差达 2.3m。映射函数的作用是将天顶延迟投影到实际的观测高度角处，当高度角低于 10° 时对流层延迟可达 20m。对流层延迟与测站的海拔高度、航天器高度角及信号传播路径上的气象条件密切相关，随着情况的不同会有显著的变化。干分量所产生的延迟会随着季节与地理位置的变化而变化 80%～100%。根据文献[10]，干分量部分产生的天顶延迟可以很好地用 Davis 改进的 Saastamoinen 模型[11]描述，修正精度达到几毫米。具体形式为

$$D_{\mathrm{hz}} = \frac{\left[(0.002\,276\,8 \pm 0.000\,000\,5)\right]P_0}{f_{\mathrm{s}}(\phi, H)} \tag{3.42}$$

式中，P_0 为天线参考点大气压，单位为毫巴（hPa）。

$$f_{\mathrm{s}}(\phi, H) = 1 - 0.002\,66\cos(2\phi) - 0.000\,000\,28H \tag{3.43}$$

式中，ϕ 为测站大地纬度，H 为测站大地高度，单位为 m。

湿分量延迟与沿视线方向的水蒸气密度成正比，而且密度值极其不稳定，基于本地数据的湿对流层静态分量模型，在天顶方向精度只有 4cm 左右。湿分量修正虽然经过多年发展，但是目前并没有特别有效的方法。因此对于亚分米的精度需求，必须通过估值解算完成。

Hopfield 模型[12]提供的湿分量天顶延迟为

$$D_{\mathrm{wz}} = 0.074\,651\,2\frac{e_{\mathrm{s}}(h_{\mathrm{w}} - H)}{T^2} \tag{3.44}$$

$$e_{\mathrm{s}} = U \cdot \exp\left(-37.246\,5 + 0.213\,166T - 0.000\,256\,908T^2\right) \tag{3.45}$$

式中，h_{w} 为湿天顶高度，通常取 11 000m，H 为测站大地高度（m），e_{s} 为地面水

气压（hPa），T 为绝对温度（K），U 为地面相对湿度。

提高对流层修正精度有两种方法：用 GPS 校准和用水汽辐射计校准。用 GPS 校准，总天顶延迟可精确到 1cm 以上（相当于对流层折射延迟的 1.25%），转换为路径上的延迟后，测量误差被放大 $\frac{1}{\sin(E)}$，这样 10°仰角时的精度在 6cm 量级。更准确的校准，特别是在低仰角上，需要利用水汽辐射计准确测定电磁波传播路径上的水汽积累量，以便精确地计算大气湿分量的改正项，进而将低仰角的改正精度提高到 1.5～3cm。

干分量与湿分量通用的高精度映射函数形式为

$$m_{\mathrm{h,w}}(e)=\frac{1+\dfrac{a}{1+\dfrac{b}{1+c}}}{\sin e+\dfrac{a}{\sin e+\dfrac{b}{\sin e+c}}} \tag{3.46}$$

VMF1（Vienna Mapping Function）通过射线瞄迹法，使用数值大气模型（NWM）中 3°以上的数据确定了 b 与 c 系数，而 a 系数则在网站（http://ggosatm.hg.tuwien.ac.at/DELAY）发布，时间分辨率为 6 小时，涵盖了大多数的 IGS 站点。对于高精度的应用，推荐使用 VMF1 模型。在精度要求稍低时，可以使用全球映射函数（Global Mapping Function, GMF），这是一个经验映射函数，其输入参数仅为测站经度、纬度、高度及年积日。GMF 易于使用，上述网站同时提供了标准程序。

2. 光学测量技术的对流层修正模型

对于光学测量，对流层的影响可以分为干分量与非干分量两部分，Mendes 与 Pavlis 导出了天顶延迟的封闭表达式为

$$d_{\mathrm{atm}}^{z}=d_{\mathrm{h}}^{z}+d_{\mathrm{nh}}^{z} \tag{3.47}$$

$$d_{\mathrm{h}}^{z}=0.002\,416\,579\frac{f_{\mathrm{h}}(\lambda)}{f_{\mathrm{s}}(\phi,H)}P_{\mathrm{s}} \tag{3.48}$$

$$f_{\mathrm{h}}(\lambda)=10^{-2}\times\left[k_1^*\frac{k_0+\sigma^2}{\left(k_0-\sigma^2\right)^2}+k_3^*\frac{k_2+\sigma^2}{\left(k_2-\sigma^2\right)^2}\right]C_{\mathrm{CO_2}} \tag{3.49}$$

式中，$k_0=238.018\,5\mu\mathrm{m}^{-2}$，$k_2=57.362\mu\mathrm{m}^{-2}$，$k_1^*=19\,990.975\mu\mathrm{m}^{-2}$，$k_3^*=579.551\,74\mu\mathrm{m}^{-2}$，$\sigma=\frac{1}{\lambda}$，$\lambda$ 表示波长，单位为μm（微米），$C_{\mathrm{CO_2}}=1+0.534\times10^{-6}\left(x_{\mathrm{c}}-450\right)$，$x_{\mathrm{c}}$ 为

二氧化碳含量（ppm）。

对于非干分量部分，则有

$$d_{\mathrm{nh}}^{z}=10^{-4}\left(5.316 f_{\mathrm{nh}}(\lambda)-3.759 f_{\mathrm{h}}(\lambda)\right) \frac{e_{\mathrm{s}}}{f_{\mathrm{s}}(\phi, H)} \tag{3.50}$$

e_{s} 为表面水汽压，$f_{\mathrm{nh}}(\lambda)=0.003\,101\left(\omega_{0}+3 \omega_{1} \sigma^{2}+5 \omega_{2} \sigma^{4}+7 \omega_{3} \sigma^{6}\right)$，其中，$\omega_{0}=295.235$，$\omega_{2}=-0.032\,380 \mu \mathrm{m}^{4}$，$\omega_{3}=0.004\,028 \mu \mathrm{m}^{6}$。

对流层对光学测距测量总的影响为

$$d_{\mathrm{atm}}=d_{\mathrm{atm}}^{z} \cdot m(e) \tag{3.51}$$

$$m(e)=\frac{1+\dfrac{a}{1+\dfrac{b}{1+c}}}{\sin e+\dfrac{a}{\sin e+\dfrac{b}{\sin e+c}}} \tag{3.52}$$

3.6.2 电离层的影响与修正

受太阳紫外线、X 射线辐射及高能粒子的影响，地球高层大气中的气体分子会部分电离，产生自由电子和正负离子，形成等离子区域，也就是电离层。电离层主要分布于地球大气层的顶部，约在地面向上 60～2000km 的范围。电离层会反射、折射、散射和吸收电磁波信号，导致电磁波信号的延迟及相位、振幅的不规则变化等。当电磁波穿过电离层时，电离层使得电磁波相位传播速度（相速度）加快，而波内能量传播速度（群速度）变慢，该影响就称为电离层延迟。

电离层延迟的程度主要取决于电磁波传播路径上的总电子数与电磁波的频率。电磁波传播路径中所包含的总电子数称为总电子含量 *TEC*（Total Electron Content），有

$$TEC=\int_{s'} N_{\mathrm{e}} \mathrm{d} s \tag{3.53}$$

式中，N_{e} 表示电子密度，s' 为电磁波传播路径。*TEC* 的单位为 “电子数/米 ²”，采用该单位时 *TEC* 的数值非常大，不方便使用，通常采用“10^{16} 个电子/米 ²” 作为 *TEC* 的单位，及 *TECU*（Total Electron Content Unit）。

由公式（3.53）可知，电离层电子密度 N_{e} 是计算电离层延迟的关键，N_{e} 与以下因素有关：地理位置、地方时、太阳及其他天体的辐射强度和季节等。因此，电离层对电波的延迟除与频率和路径（主要是仰角和高度）有关外，也与上述因素有

密切关系。大量实测资料表明，白天电离层对S频段信号的影响在天顶方向接近1～5m，最大可达10多米。夜晚的影响比白天通常要小一个数量级；冬季的影响比夏季大一倍；太阳活动高峰年的影响比太阳活动低峰年大4倍；低仰角是天顶方向的几倍。

由于目前无法从理论上彻底厘清总电子含量 *TEC* 与各种影响因素之间准确的函数关系式，所以电离层延迟改正一般用建立经验公式或利用双频改正的方法。

1. 模型改正法

电离层模型及其改正经验公式一般是根据全球或区域各观测站长期积累的大量观测资料拟合出来的，其反映的是电离层长时间内的全球或区域平均状况。利用这些模型来估计某一时刻、某一地点电离层延迟的精度均不够理想，其误差为实际延迟量的20%～40%。

常见的电离层模型有IRI模型、Bent模型、Klobuchar模型[13~15]。本节主要介绍利用格网模型进行电离层延迟计算。图 3.10 为穿刺点示意图，假设整个电离层中的自由电子在高度为 h 的一个单层上（电离层延迟对该高度并不是特别敏感，），h 一般取值为 350～450km，将卫星信号传播路径与单层的交点称为穿刺点。该穿刺点处单层电子浓度直接影响电离层延迟的计算。

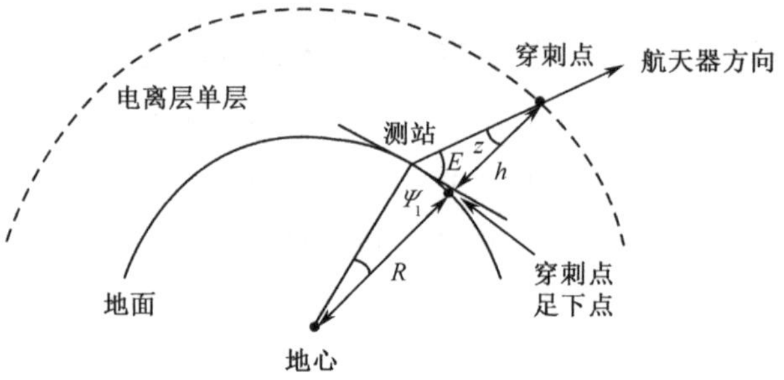

图 3.10　穿刺点示意图

（1）计算倾斜因子 F

航天器在测站视线方向与电离层单层面的交点称为穿刺点，标记为 I'，其与地心连线在地球表面的交点称为穿刺点足下点，标记为 I。计算电离层延迟时，先计算电离层天顶延迟，即从穿刺点至穿刺点足下点的延迟，而实际电波的传播路径由航天器至测站，因而需要再映射至视线方向，这两个方向之间的夹角记为 z，倾斜因子与该夹角的关系为 $F = \sec z$。

$$z = \arcsin\left(\frac{R\cos E}{R+h}\right) \tag{3.54}$$

式中，R 为测站地心距，h 为穿刺点高度，E 为航天器高度角。

（2）计算测站与穿刺点足下点在地心的张角 Ψ_I

其公式为

$$\Psi_I = 90^\circ - E - z \tag{3.55}$$

（3）计算穿刺点足下点的经纬度

如图 3.11 所示，穿刺点足下点经纬度可以表示为

$$\begin{cases} \varphi_I = \arcsin\left(\sin\varphi\cos\psi_I + \cos\varphi\sin\psi_I\cos A\right) \\ \lambda_I = \lambda + \arcsin\left(\dfrac{\sin\varphi_I\sin A}{\cos\varphi_I}\right) \end{cases} \tag{3.56}$$

其中，λ 和 φ 为测站的大地经纬度，A 为航天器方位角。

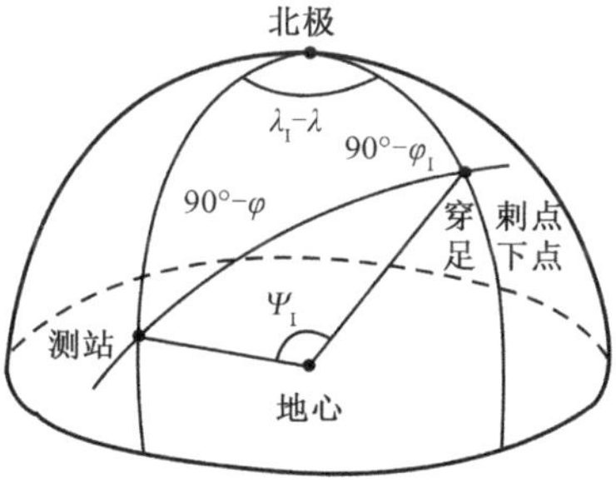

图 3.11　星下点方位角

（4）计算穿刺点足下点的地方时 t_I

其公式为

$$t_I = UTC + \frac{t_I}{15} \tag{3.57}$$

$t_I \in [0\text{h}, 24\text{h})$，式中，$UTC, t_I$ 都以小时为单位。

（5）计算穿刺点电子浓度含量

全球电子浓度图提供的电子浓度为格网或是谐系数。对于格网可以插值计算，在穿刺点足下点找相邻的 4 个节点（见图 3.12），对应的电子浓度为

$$V = \sum_{i=1}^{4} W_i V_i \tag{3.58}$$

式中

$$W_1 = W(x, y)$$
$$W_2 = W(1-x, y)$$
$$W_3 = W(1-x, 1-y)$$
$$W_4 = W(x, 1-y)$$
$$W(x, y) = x^2 y^2 (9 - 6x - 6y + 4xy)$$

x, y 为穿刺点坐标的函数，$x = \dfrac{\lambda - \lambda_1}{\lambda_2 - \lambda_1}, y = \dfrac{\varphi - \varphi_1}{\varphi_2 - \varphi_1}$。

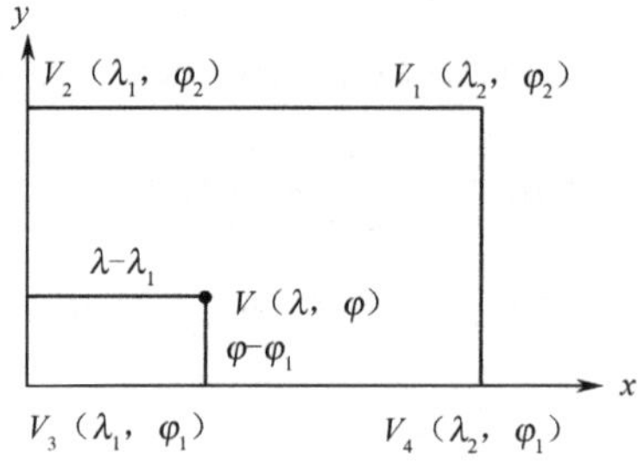

图 3.12　格网插值算法

（6）计算电离层延迟

其公式为

$$\rho_{\text{iono}} = 0.4028 \frac{V(\lambda, \varphi)}{f^2} F \tag{3.59}$$

电离层延迟的单位为 m，式中 f 为跟踪频率，单位为 GHz.。

2. 双频改正法

如果航天器的跟踪测量采用双频信号，则可以通过双频观测量的综合处理直接求出电离层改正量。双频改正法的原理如下。

设航天器发射两个频率的载波信号，由于两种不同频率的信号沿同一路径传播，两者具有相同的 *TEC*。首先写出用相路径表示的几何距离观测方程为

$$\rho = \rho' + \frac{A_1}{f^2} + \frac{A_2/2}{f^3} + \frac{A_3/3}{f^4} \tag{3.60}$$

其中，ρ 为几何距离，ρ' 为相路径，$A_1 = 0.402\,8\text{TECU}$。对于两个频率（$f_1, f_2$），忽略高阶项，则有

$$\begin{cases} \rho = \rho_1' + \dfrac{A_1}{f_1^2} \\ \rho = \rho_2' + \dfrac{A_1}{f_2^2} \end{cases} \tag{3.61}$$

解方程组得到

$$\begin{cases} \rho = \dfrac{f_1^2}{f_1^2 - f_2^2}\rho_1' - \dfrac{f_2^2}{f_1^2 - f_2^2}\rho_2' \\ A_1 = \dfrac{f_1^2 f_2^2}{f_1^2 - f_2^2}(\rho_1' - \rho_2') \end{cases} \tag{3.62}$$

由于用不同频率测距时，除电离层延迟不同外，其他误差均相同，故 ρ_1' 和 ρ_2' 相减后，这些误差皆可消去，因而 A_1 中只有噪声影响。设 ρ_1'，ρ_2' 的观测噪声分别为 m_1 和 m_2，则 f_1 频率信号电离层延迟的噪声为

$$\begin{cases} \rho = \dfrac{f_1^2}{f_1^2 - f_2^2}\rho_1' - \dfrac{f_2^2}{f_1^2 - f_2^2}\rho_2' \\ A_1 = \dfrac{f_1^2 f_2^2}{f_1^2 - f_2^2}(\rho_1' - \rho_2') \end{cases} \tag{3.63}$$

利用双频改正法，可以将电离层改正精度提高到几个厘米的量级。若要进一步提高对流层和电离层改正的精度，通常的一个做法是：对模型改正后的残余误差在精密定轨时将分段解算的天顶延迟参数予以进一步消除。这里不再具体讨论。

3.7　其他测量误差的修正

在航天器跟踪中，除传播介质对信号传播产生影响外，测量设备本身总会存在一定的系统性偏差，如果不加以修正，这种误差则会严重影响测量数据的精度。通常根据引起各类系统误差的变化规律和产生机理，可以建立相应的数学模型加以修正。

3.7.1　时标偏差的影响与修正

对测量数据处理时，通常需要在统一的时空参考系中完成，而各设备实际测量中均按自身的时间系统进行采样与记录，这些采样时刻之间会存在一定的同步误差。时间偏差主要由测量设备时钟同步偏差以及数据记录过程中的精度损失导致，这里统称为时标偏差。

时间同步精度包括授时精度与守时精度。授时精度取决于授时方法和授时设备自身精度，守时精度取决于测站频率标准稳定度。时标偏差引起的测量误差通常与目标的运动特性、误差传播规律以及测量体制相关，无法通过通用模型进行描述。

数据时标偏差误差可通过多项式近似计算，即

$$\Delta\tau(t)=a_0+a_1(t-t_0)+a_2(t-t_0)^2 \tag{3.64}$$

其中，t_0 表示参考历元，系数 a_0,a_1,a_2 可通过设备标校数据拟合得到。

对于测距、测速观测类型，该误差可以通过下式进行很好的修正，即

$$\begin{cases}\Delta\rho(t)=\dot{\rho}\Delta\tau(t)\\ \Delta\dot{\rho}(t)=\ddot{\rho}\Delta\tau(t)\end{cases} \tag{3.65}$$

其中，$\dot{\rho}$ 为航天器相对测站的视向速度，近似取为测速值，$\ddot{\rho}$ 为视向加速度。

对近地航天器，视向速度一般在正负几千米/秒的范围内变化，视向加速度在几十米/秒 ^{2}（m/s^2）的范围内变化。因此，如果数据时标精度为毫秒（ms）级，则将引入米级的测距计算误差和厘米/秒（cm/s）量级的测速计算误差。

如果不能事先得到各测站观测数据时标偏差 $\Delta\tau(t)$，则可在定轨处理中予以解算或者在事后残差分析中确定。

3.7.2 天线相位中心的修正

由于观测量理论计算值为直接计算航天器质心与测站站址的相对关系，而测量值为航天器与测站相位中心之间的相对关系，而站址位置与测站天线相位中心、星上天线相位中心与航天器质心并不完全重合，这就使得测量值与理论计算值不完全一致。因此，在数据处理中需要对观测数据进行相位中心的修正。相位中心修正包括测站天线的相位中心相对站址的偏差修正与航天器天线相对质心位置的修正。

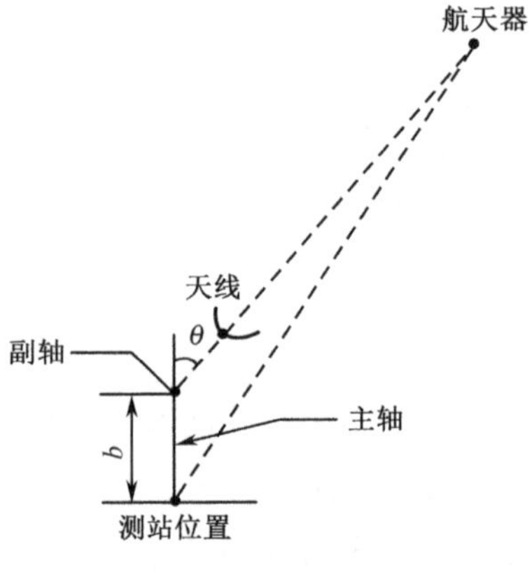

图 3.13　测站天线相位中心修正

1. 测站相位中心的修正

测站跟踪天线的主轴与副轴通常呈正交状态，但是不相交，标记天线主轴与副轴之间的距离为轴偏 b。当天线跟踪航天器时，由于存在轴偏，主轴旋转时，副轴也会相对地球发生运动。图 3.13 描述了地面测站跟踪航天器的示意图，天

线主轴是纸面所在的平面，副轴垂直于纸面，副轴与主轴存在一个垂直偏差 b。

通常测量航天器的往返光行时是在天线副轴进行发射和接收校准的，因而天线修正具有以下的通用形式，即

$$\Delta\rho_{\mathrm{TTC}} = -b\cos\theta \tag{3.66}$$

式中，θ 为航天器视线方向夹角。

2．航天器相位中心修正

一般航天器上转发天线的相位中心可以事先根据天线安装的位置，在星体坐标系中给出，记为 $\Delta\vec{r}_{\mathrm{PC}}$，当航天器上天运行后，需要根据航天器当时的姿态，将相位中心位置通过坐标转换计算出在地心天球参考系中的坐标分量，即

$$\Delta\vec{r}_{\mathrm{PCI}} = \boldsymbol{T}_{\mathrm{M2I}}\Delta\vec{r}_{\mathrm{PC}} \tag{3.67}$$

式中，$\boldsymbol{T}_{\mathrm{M2I}}$ 为机械坐标系至地心天球参考系系的转换矩阵。机械坐标系原点位于星箭对接框中心，x 轴与航天器飞行方向相同，y 轴为轨道面法向的负方向，z 轴指向地心。

根据两坐标系的定义得到，有

$$T_{\mathrm{M2I}}=M_{\mathrm{O2I}}M_{\mathrm{M2O}} \tag{3.68}$$

这里，$\boldsymbol{M}_{\mathrm{M2O}}$ 为从机械坐标系到轨道坐标系（即 RTN 地心轨道平面坐标系）的坐标转换矩阵，为

$$\boldsymbol{M}_{\mathrm{M2O}} = \boldsymbol{R}_x\left(-\psi\right)\boldsymbol{R}_y\left(-\theta\right)\boldsymbol{R}_x\left(-\phi\right) \tag{3.69}$$

其中，ϕ 为航天器姿态的滚动角，θ 为俯仰角，ψ 为偏航角，$\boldsymbol{R}_x,\boldsymbol{R}_y$ 分别表示绕 x 轴、y 轴旋转某个角度（例如 θ）的旋转矩阵，有

$$\boldsymbol{R}_x\left(\theta\right)=\begin{bmatrix}1 & 0 & 0\\ 0 & \cos\theta & \sin\theta\\ 0 & -\sin\theta & \cos\theta\end{bmatrix} \tag{3.70}$$

$$\boldsymbol{R}_y\left(\theta\right)=\begin{bmatrix}\cos\theta & 0 & -\sin\theta\\ 0 & 1 & 0\\ \sin\theta & 0 & \cos\theta\end{bmatrix} \tag{3.71}$$

$\boldsymbol{M}_{\mathrm{M2I}}$ 为轨道坐标系到地心天球参考系的转换矩阵，有

$$\begin{cases}\boldsymbol{M}_{\mathrm{O2I}} = \left[\hat{e}_1 \quad \hat{e}_2 \quad \hat{e}_3\right]\\ \hat{e}_1 = \hat{e}_2\times\hat{e}_3,\quad \hat{e}_2 = \dfrac{\dot{\vec{r}}\times\vec{r}}{\left|\dot{\vec{r}}\times\vec{r}\right|},\quad \hat{e}_3 = -\dfrac{\vec{r}}{r}\end{cases} \tag{3.72}$$

得到航天器相位中心在地心天球参考系中的位置分量后，可以计算航天器天线的相位中心对测距计算值的修正为

$$\Delta\rho_{\text{sat}} = \left|\vec{r} + \Delta\vec{r}_{\text{PCI}} - \vec{R}\right| \approx \frac{\left(\vec{r} - \vec{R}\right) \cdot \Delta\vec{r}_{PCI}}{\rho} \tag{3.73}$$

3.7.3 通道时延及时钟同步

通道时延包括星上的通道时延和测站信号通道时延，包括从测站天线馈源接收电磁波信号至数据采集记录的时间，星上通道延迟会受空间环境影响，延迟量有一定变化。在短时间内（1 个跟踪弧段内）可以近似认为是一常值，根据事先测得的相关数据进行修正，也可在定轨时进行估值解算。

测站通道延迟通常在每次跟踪前后的标校以获取精确的通道延迟值，其标定精度可达 10ps；星上通道延迟可以在卫星发射前进行标定，也就是常说的转发延迟，但是由于受空间环境影响比较明显，星上通道延迟通常无法完全扣除。残余通道延迟量对测距及多普勒测量的影响为

$$\Delta\rho = c\Delta\tau \tag{3.74}$$

$$\Delta\dot{\rho} = c\Delta\dot{\tau} \tag{3.75}$$

式中，c 为光速，$\Delta\tau$ 为残余通道时延，$\Delta\dot{\tau}$ 为残余通道时延变化率。

时钟同步也称为“对钟”，同步各站点的时钟最直观的方法就是搬钟，选用一个标准钟作搬钟，使各地的钟均与标准钟对准。时钟同步并不意味着各时钟完全与统一的时钟基准对齐，只需知道各时钟与系统标准时钟的偏差（钟差）及比对后相对标准钟的漂移率（钟漂）。20 世纪 90 年代 NASA 利用戈尔德斯顿深空站 DSS13 和 DSS15 建立了连线测量系统，通过光纤实现了时钟的同步。GPS 共视比对是当前采用较为普遍的同步技术，采用 GPS 接收机共同跟踪同一颗卫星信号，得到两地时钟之差实现时间同步，并采用时差法计算得到被测原子频标相对于参考标准的准确度等主要参数。

GPS 共视法基本原理如下。设 A 地点的钟时间为 t_{A}，B 地点的钟时间为 t_{B}，GPS 时间为 t_{GPS}。两地 GPS 接收机同时接收同一颗 GPS 卫星信号，接收机输出代表 GPS 时间的秒脉冲，送至接收机内置的时间间隔计数器，与本地原子钟输出的秒脉冲比较，得到本地时刻 t_{A} 与 t_{GPS} 差 Δt_{AGPS}，在 B 地得到 t_{B} 与 t_{GPS} 的差 Δt_{BGPS}。B 地数据通过通信网传到 A 地计算机中，两式相减可得两地原子钟的钟差，即

$$\begin{aligned}\Delta t_{AB} &= \Delta t_{AGPS} - \Delta t_{BGPS} \\ &= \left[t_A - \left(t_{GPS} + \tau_A\right)\right] - \left[t_B - \left(t_{GPS} + \tau_B\right)\right]\end{aligned} \tag{3.76}$$

式中，τ_A 与 τ_B 分别为 GPS 信号传播路径延迟。

3.7.4 航天器自旋的修正

航天器通常采用三轴稳定或自旋来维持姿态的稳定。对于自旋航天器，自旋会对无线电测量数据产生影响，主要体现在两个方面：一个影响只与卫星自旋周期相关，与天线的安装位置无关，称之为 Marini 效应[16,17]，影响多普勒测速；另一个影响是卫星的自旋导致星载天线绕着相位中心旋转，引起跟踪站与星载天线的距离变化。

Marini 修正公式为

$$\left|\delta\dot{\rho}\right| \approx \frac{\left|1 \pm 1/k\right|}{2}\lambda_t f_s \tag{3.77}$$

该式表示第一类效应对多普勒测量的影响，对于固定的自旋周期，该修正是一个常值。式中 $\delta\dot{\rho}$ 表示自旋对多普勒观测数据的影响，k 表示星上转发比，λ_t 表示上行信号的波长，f_s 表示卫星的自旋频率。

图 3.14 为测站对自旋卫星的跟踪示意图。$\vec{r}_S$ 为由测站指向卫星质心的矢量，$\vec{r}_s'$ 为由测站指向星载天线的位置矢量，$+x$ 表示卫星自转轴，$\vec{r}_b$ 为卫星质心指向天线的矢量，φ 为 $\vec{r}_S$ 与 $\vec{r}_s'$ 的夹角，$\vec{\omega}$ 表示自旋角速度矢量。

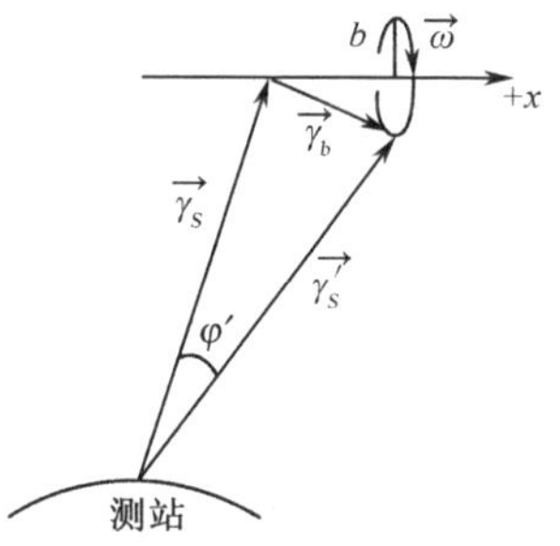

图 3.14　自旋航天器跟踪示意图

略去推导过程，自旋对于多普勒测量的影响可以表示为

$$\delta\dot{\rho} = \omega b \sin\left(\theta(t)\right)\sin\left(\omega t + \phi_0\right) \tag{3.78}$$

其中，$\theta(t)$ 表示 $\vec{r}_s$ 与自旋轴的夹角，ϕ_0 表示初始相位。

参考文献

[1] 陈宜元. 卫星无线电测控技术. 北京: 国防工业出版社, 2007.

[2] 于志坚. 航天测控系统工程. 北京: 国防工业出版社, 2008.

[3] 朱仁杰, 张秀忠, 项英 等. 我国探月工程 VLBI 相关处理机简介. 天文学进展. 2008, 26（1）:

62-72.

[4] Jian N C, Shang K, Zhang S J, et al.A Digital Open-Loop Doppler Processing Prototype for Deep-space Navigation. Sci China Ser G, 2009, 39（10）: 1849-1857.

[5] Ichikawa T, et al. The Study of Delta VLBI and Doppler Navigation for Interplanetary Spacecraft. Advances in the Space Research. 1999, 23（4）:739-746.

[6] Moyer T D. Formulation for Observed and Computed Values of Deep Space Network Data Tyes for Navigation. John Wiley & Sons Inc, 2003.

[7] Petit G, Luzum B. IERS Conventions （2010）. IERS Technical Note No. 36. Paderborn: Bonifatius Gmbh, 2010: 1-179.

[8] SOFFEL M, KLIONER A S, PETIT G, et al. The IAU 2000 Resolutions for Astrometry, Celestial Mechanics, and Metrology in the Relativistic Framework: Explanatory Supplement. The Astronomical Journal, 2003, 126（1）: 2687-2706.

[9] Huang C. Relativistic Effects for Near-Earth Satellite Orbit Determination. Celestial Mechanics and Dynamical Astronomy, 1990, 48:167-185.

[10] PETIT G, LUZUM B. IERS Conventions（2010）, IERS Technical Note No. 36[R]. Paderborn: Bonifatius GmbH, 2010: 132-150.

[11] SAASTAMOINEN J. Atmospheric Correction for the Troposphere and Stratosphere in Radio Ranging of Satellites[J]. The Use of Artificial Satellites for Geodesy, Geophysical Monograph Series, 1972, 15: 247-251.

[12] HOPFIELD H S. Two-quartic Tropospheric Refractivity Profile for Correcting Satellite Data[J]. Journal of Geophysical Research, 1969, 74（18）: 4487-4499.

[13] Klobuchar J A. Ionospheric effects on GPS. World, 1991, 2（4）: 48-51.

[14] Bilitza. IRI: An International Rawer Initiative. Advances in Space Research, 1995, 15（2）: 7-10.

[15] Sparks L, Komjathy A, Mannucci A J. Sudden Ionospheric Delay Decorrelation and Its Impact on the Wide Area Augmentation System（WAAS）. Radio Sci. 2004, 39: 1-13.

[16] MARINI J W. The Effect of Satellite Spin on Two-way Doppler Rang-rate Measurements. IEEE Transactions on Aerospace and Electronic SYST, 1971, 7（2）: 316-320.

[17] BOLLJAHN J T. Effects of Satellite Spin on Ground-received Signal. IRE Transactions on Antennas and Propagation, 1958, 6（3）: 260-267.

第4章　初轨确定

对于短弧情况，只有测距和测速类型资料必须采用一般的多变元迭代方法求解，测角等类型的资料则不然，即使考虑完整的力学系统，亦能通过一个特殊而简单的迭代过程实现定轨，这正是短弧初轨确定方法与建立在多变元迭代基础上的精密定轨方法的重大差别。本章将全面介绍短弧初轨确定的方法。

4.1　初轨确定问题的简单回顾

关于初轨确定，在天体力学发展的几百年历史中，就出现过测角型资料的多种定轨方法，就其实质而言可以归纳为 Laplace 型和 Gauss 型两类方法[1~11]。Laplace 型方法的核心是利用多次测量数据，在二体问题意义下，确定某一定轨历元 t_0 时刻运动天体的坐标和速度矢量：$\vec{r}_0, \dot{\vec{r}}_0$。而 Gauss 型方法的要点却是利用二体问题的基本关系确定两个时刻 t_1, t_2 运动天体的坐标矢量：$\vec{r}_1, \vec{r}_2$。在目前的测量技术、计算条件和相应定轨精度要求的现实背景下，没有必要去追寻在二体问题意义下的初轨确定方法特有的原理，也没有必要拘泥于定轨方法的具体细节，重要的是考虑方法的简洁特点。Laplace 型方法具有简洁的特点：确定某一定轨历元时刻运动天体的坐标和速度矢量 $t_0 : \vec{r}_0, \dot{\vec{r}}_0$，事实上，$\vec{r}_0, \dot{\vec{r}}_0$ 就是 t_0 时刻的轨道。

在目前的计算条件下，Laplace 型方法更显得简洁且有效。通常所说的 Laplace 型初轨计算方法，是指在二体问题意义下的初轨确定。随着人造地球卫星测量精度的提高（例如测角精度可达角秒量级等）和深空探测任务的需求，将会遇到各类目标轨道的初轨确定问题和不同的精度要求，因此，有必要对传统方法进行适当的改进，使初轨确定方法适用于非二体问题状态。如地球卫星的初轨确定中，考虑地球扁率和第三体引力等主要摄动影响，发射月球探测器的奔月飞行段，既不是单一的二体问题，也不是一个简单的受摄二体问题。下面就结合 Laplace 型初轨计算方法给出其推广形式，并以此阐明在无任何初始信息前提下（这在空间目标监测中是不可避免的，因为大多是非合作目标）的短弧确定初轨的特殊迭代过程，显示其与多变元迭代的根本区别。考虑到初轨确定的发展历史，及在 Laplace 型定轨方法的基础上进行的推广，不妨称推广后的方法为广义 Laplace 方法[12~14]。

4.2 短弧初轨确定的基本原理

这一节先阐述推广方法的基本原理，下面几节再针对两类（环绕型和非环绕型）航天器和相应的测量资料的类型介绍具体的定轨方法，并附有实测资料的定轨效果检验。

对于定轨问题，基本物理量有三个：长度、质量和时间。任何一种计算单位系统或是习惯的用法，总是离不开对这三个单位的选择。以地球卫星为例，从公式表达、量级分析等多方面考虑，建议作如下选择，即长度单位$[L]$，质量单位$[M]$和时间单位$[T]$分别取为

$$\begin{cases} [L] = a_e \\ [M] = E \\ [T] = (a_e^3 / GE)^{1/2} \end{cases} \tag{4.1}$$

其中，a_e是地球参考椭球体的赤道半径，E是地球质量。对于 WGS84 系统，有

$$\begin{cases} a_e = 6\,378.137(\text{km}) \\ GE = 398\,600.441\,8(\text{km}^3/\text{s}^2) \\ [T] = 13^{\text{m}}.446\,852\,063\,738\,202 \end{cases}$$

相应的地球形状扁率为$\varepsilon = 0.003\,352\,81$，动力学扁率为$J_2 = 1.082\,629\,989 \times 10^{-3}$。

在此计算单位中，引力常数$G = 1$和地心引力常数$\mu = GE = 1$，这对于低轨卫星显得更为合适，因为此时卫星的坐标矢量和速度矢量的大小均为 1 的量级，即小参数ε的零阶量$O(\varepsilon^0)$，这样的计算单位选择，显然便于量级分析。不妨称上述计算单位的选择为单位的归一化（或标准化），相应的计算单位就称为归一化单位。

根据定轨问题的提法，初轨确定涉及两类方程：对应几何关系的测量方程和对应动力学关系的状态（微分）方程。下面针对初轨确定的特点，分别阐明这两个定轨条件的构建，特别是区别于精密定轨的动力学条件的选择，即如何提供不再局限于二体问题意义下的状态转移方程。

4.2.1 几何条件——测量几何关系

首先选取空间坐标系 *O-xyz*，以人造地球卫星为例，该坐标系为历元（J2000）地心天球坐标系，对应 J2000 的地球平赤道面和平春分点。考虑到实际问题的精度状况，这里无须再拘泥于参考系严格定义的细节。

关于测量几何，在所选取的坐标系中，测量几何满足如下关系，即

$$\vec{r} = \vec{\rho} + \vec{R} \tag{4.2}$$

其中，$\vec{r}$ 是航天器的位置矢量，$\vec{\rho}$ 是测站对该航天器的观测矢量，对于测角资料而言，即 $\vec{\rho}(\rho,\alpha,\delta)$ 或 $\vec{\rho}(\rho,A,h)$，其中测角量 (α,δ) 或 (A,h) 即赤经、赤纬或方位角、高度角。在坐标系 $O-xyz$ 中，$\vec{\rho}$ 可写成

$$\vec{\rho} = \rho\hat{L}, \quad \hat{L} = (\lambda,\mu,\nu)^{\mathrm{T}} \tag{4.3}$$

符号 T 为转置，笛卡儿坐标分量 (λ,μ,ν) 可由测角量 (α,δ) 或 (A,h) 经简单的坐标系转换给出。测站坐标矢量 $\vec{R}$ 是确定的，有

$$\vec{R} = (X_e,Y_e,Z_e)^{\mathrm{T}} \tag{4.4}$$

$\vec{R}$ 应与航天器的位置矢量处于同一坐标系。

事实上，上述测量几何关系就对应第 1 章定轨问题提法中方程（1.116）的形式：$Y = Y(X,t)$，即观测量 Y 与状态量 X 的关系。例如测距量 ρ 对应的关系式为

$$\rho = \left|\vec{r} - \vec{R}\right| \tag{4.5}$$

其中，ρ 和 $\vec{r}$ 就分别为观测量 Y 和状态量 X 。

4.2.2 动力学条件——航天器运动方程

在坐标系 *O-xyz* 中，航天器相对中心天体（质心）的运动微分方程即

$$\begin{cases} \ddot{\vec{r}} = -\dfrac{GM}{r^3}\vec{r} + \overrightarrow{F_\varepsilon}(\vec{r},\dot{\vec{r}},t;\varepsilon) \\ t_0 : \vec{r}_0 = \vec{r}(t_0), \quad \dot{\vec{r}}_0 = \dot{\vec{r}}(t_0) \end{cases} \tag{4.6}$$

其中，GM 是中心天体的引力常数，对于地球就是常用符号 GE ，即地心引力常数。$\vec{F}_\varepsilon$ 是形式上的“摄动”加速度，不管是什么类型和量级的大小，只要能写出相应外力因素的数学模型即可。对于这一力学模型，初轨计算给出的将是历元 t_0 时刻航天器的瞬时轨道。

运动微分方程（4.6）满足初始条件的解，即

$$\begin{cases} \vec{r} = \vec{r}(t;t_0,\vec{r}_0,\dot{\vec{r}}_0,) \\ \dot{\vec{r}} = \dot{\vec{r}}(t;t_0,\vec{r}_0,\dot{\vec{r}}_0,) \end{cases} \tag{4.7}$$

对应第 1 章定轨问题提法中方程（1.117）的形式：$X(t)=X(t;t_0,X_0)$，即状态转移方程，其中状态量 X，即

$$X=\begin{pmatrix}\vec{r}\\ \dot{\vec{r}}\end{pmatrix} \tag{4.8}$$

4.2.3 初轨确定基本方程的构成

无论是初轨确定还是精密定轨，单纯从数学角度来看，就是要将测量几何关系与相应的动力学条件（定轨目标所遵循的动力学规律：状态转移方程）相联系，构成一个包含观测量 Y 和状态量 X 的函数关系，即

$$\begin{gathered}\Phi(t_j,Y_j,X_j\left(t_j;t_0,X_0\right))=\Phi(t_j,Y_j;t_0,X_0)=0\\ j=1,2,\cdots,k\end{gathered} \tag{4.9}$$

由此确定 t_0 时刻的状态量 X_0，即解方程（4.9）得到

$$X_0=\psi(t_0;t_1,t_2,\cdots,t_k;Y_1,Y_2,\cdots,Y_k) \tag{4.10}$$

但实质上，它归结为隐函数 $\Phi(t,Y;t_0,X_0)=0$ 的求解问题。

即使对于受摄二体问题模型，无论是分析解（小参数幂级数解）还是数值解，对应的状态转移方程（4.7）都将使得函数关系式（4.9）变得极其复杂。对于精密定轨问题，方程（4.9）对应一个相当复杂的非线性方程组，没有简单方法可解，必须采用迭代法才有可能获得所需要的解。因此，定轨计算又涉及多变元迭代问题，这就必须提供满足一定“条件”的初始信息。而初轨确定问题的实际背景往往无法提供这种初始信息，因此不可能引用精密定轨的处理途径，需要另辟蹊径。

关于初轨确定，即使采用无摄运动模型，若简单地引用二体问题的分析解对应的状态转移方程（4.7），则相应的函数关系式（4.9）仍然很复杂，而且还通过 Kepler 方程引入超越函数关系。在过去 200 多年初轨确定问题的发展过程中，就是针对这一点，避开直接按上述“正规途径”去解复杂方程 $\Phi(t,Y;t_0,X_0)=0$，而是引用二体问题的一些特殊关系式和相应的特殊处理过程，建立了各种初轨计算方法，例如 Laplace 型或 Gauss 型方法，或在这两种方法的基础上组合成的混合型方法。

作者在比较各种不同方法的基础上，针对当今的几种测量手段和计算条件，对 Laplace 型方法作了相应的改进，既突破了二体问题模型的框架，又特别强化了非合作目标的实际背景，即在没有任何轨道初始信息的前提下构建初轨确定方法。测量采样的基本特征是短弧，具体地说弧段 $s=n\Delta t<1$，初轨确定中“短弧”的特定含义由此而来。对于地球卫星而言弧段短于 1/3 圈，相当于一个低轨卫星（周期

约 90min）运行短于 30min，定轨历元时刻 t_0 取该采样时间段的中点，这样就保证了引用测量资料时，最大弧段满足 $s_N = n(t_N - t_0) < 1$ 的要求。在此前提下，采用的动力学条件，既不是运动微分方程的数值解，亦不是分析形式的小参数幂级数解，也不是二体问题的任何一个积分或与其有关的某一函数关系，而是状态微分方程的另一类型的幂级数解，即时间间隔 $\Delta t = t - t_0$ 的幂级数解（以下简称时间幂级数解），在短弧意义下它同样包含了轨道的完整信息。以此建立初轨确定的基本方程应该是恰当而有效的，这可把求解非线性代数方程（4.9）转为通过求解一个简单的线性代数方程组获得所需要的结果 t_0：$\vec{r}_0, \dot{\vec{r}}_0$。

只要运动微分方程（4.6）的右函数（轨道类型不限）满足一定条件，其通过初始条件的解存在，且可展成时间间隔 $\Delta t = t - t_0$ 的幂级数，即

$$\vec{r}(t) = \vec{r}_0 + \vec{r}_0^{(1)}\Delta t + \frac{1}{2!}\vec{r}_0^{(2)}\Delta t^2 + \cdots + \frac{1}{k!}\vec{r}_0^{(k)}\Delta t^k + \cdots \tag{4.11}$$

其中，$\vec{r}_0^{(k)}$ 为 $\vec{r}(t)$ 对 t 的 k 阶导数在 t_0 点的取值，即

$$\vec{r}_0^{(k)} = \left(\frac{\mathrm{d}^k\vec{r}}{\mathrm{d}t^k}\right)_{t=t_0} \tag{4.12}$$

要给出级数解公式（4.11）满足初始条件的具体形式，就要计算各阶导数 $\vec{r}^{(k)}$ 在 t_0 处的值 $\vec{r}_0^{(k)}$。已有 $\vec{r}_0^{(1)} = \dot{\vec{r}}_0$，而二阶以上导数值 $\vec{r}_0^{(k)} (k \geqslant 2)$ 均可根据运动微分方程(4.6)，由 $\vec{r}_0$ 和 $\dot{\vec{r}}_0$ 构成，即

$$\vec{r}_0^{(k)} = \vec{r}_0^{(k)}(t_0, \vec{r}_0, \dot{\vec{r}}_0), \quad k \geqslant 2 \tag{4.13}$$

那么，相应的级数解公式（4.11）可以整理成下列形式，即

$$\vec{r}(t) = F^*(\vec{r}_0, \dot{\vec{r}}_0, \Delta t)\vec{r}_0 + G^*(\vec{r}_0, \dot{\vec{r}}, \Delta t)\dot{\vec{r}}_0 \tag{4.14}$$

对于二体问题，表达式可简化为

$$\vec{r}(t) = F(\vec{r}_0, \dot{\vec{r}}_0, \Delta t)\vec{r}_0 + G(\vec{r}_0, \dot{\vec{r}}, \Delta t)\dot{\vec{r}}_0 \tag{4.15}$$

对于 $\vec{r}(t)$ 的三个分量 $x(t), y(t), z(t)$，F 和 G 各具有同一形式，为一数量函数。而对于非二体问题，通常相应的 F^* 和 G^* 对于三个分量 x, y, z 各具有不同形式。就考虑中心天体扁率摄动的卫星运动而言，F^* 和 G^* 的 x, y 分量相同。

注意，式（4.15）表面上关于 $\vec{r}_0, \dot{\vec{r}}_0$ 呈线性关系，因 F^* 和 G^* 本身也与 $\vec{r}_0, \dot{\vec{r}}_0$ 有关，这里暂不写出 F^* 和 G^* 的具体形式，但在初轨确定中，这两个极其重要的量有一个共同特征，即

$$F^* = 1 + O(s^2), \quad G^* = \Delta t\left[1 + O(s^2)\right] \tag{4.16}$$

其中，$\Delta t = t - t_0$，s 是时间间隔 $\Delta t = t - t_0$ 对应的运动弧段。对于短弧初轨确定问题，有 $|s| < 1$。因此，即使对跟踪目标的轨道一无所知，亦可以采用

$$F^{*(0)}=1,\quad G^{*(0)}=\tau \tag{4.17}$$

作为迭代初值，通过迭代过程来获得满足精度要求的系数 F^* 和 G^*，在此意义下，式（4.17）实际上就是一个极好的初始信息。问题是这样的迭代过程能否完成，这是一个有效定轨方法的关键点，而短弧前提下的初轨确定正好符合相应的要求，从而可避开一个多变元迭代过程，而又无须了解定轨目标的任何初始信息。因此，航天器运动方程（4.6）的时间幂级数解公式（4.14）或式（4.15），在短弧意义下，就是一个构建初轨确定基本方程的“全局”性动力学条件，该条件可以将初轨确定的数学问题归结为一个关于 $t_0;\vec{r}_0,\dot{\vec{r}}_0$ 的线性代数方程，在当今计算条件下求解非常简便。

上述时间间隔 Δt 的幂级数解，对跟踪目标的轨道类型没有限制，椭圆与双曲线轨道均可，二体问题与非二体问题都适用，即使对非合作目标无任何初始信息，亦可定轨。下面几节将针对目前已有的跟踪测量手段，具体介绍定轨基本方程的构成及其相应的定轨算法。

4.3 环绕型航天器运动的时间幂级数解

前面4.2节已表明，只要运动微分方程（4.6）的右函数（轨道类型不限）符合一定条件，其满足初始条件的解即存在，且可展成时间间隔 $\Delta t=t-t_0$ 的幂级数，即式（4.11）为

$$\vec{r}(t)=\vec{r}_0+\vec{r}_0^{(1)}\Delta t+\frac{1}{2!}\vec{r}_0^{(2)}\Delta t^2+\cdots+\frac{1}{k!}\vec{r}_0^{(k)}\Delta t^k+\cdots$$

其中，$\vec{r}_0^{(k)}$ 可由 $\vec{r}_0$ 和 $\dot{\vec{r}}_0$ 构成，形式上为式（4.13），即

$$\vec{r}_0^{(k)}=\vec{r}_0^{(k)}(t_0,\vec{r}_0,\dot{\vec{r}}_0),\quad k\geqslant 2$$

下面就地球卫星在非球形引力位中的扁率摄动和第三体引力摄动下的运动状态，写出其具体表达式，相应的两种摄动加速度为

$$\vec{F}_\varepsilon=\left(\frac{3J_2}{2}\right)\left[\left(5\frac{z^2}{r^7}-\frac{1}{r^5}\right)\vec{r}-\left(\frac{2z}{r^5}\right)\hat{k}\right]-\mu'\left(\frac{\vec{\Delta}}{\Delta^3}+\frac{\vec{r}'}{r'^3}\right) \tag{4.18}$$

为了便于量级分析和公式表达，这里已采用本节一开始提出的无量纲化的计算单位，相应的地心引力常数 $\mu=GE=1$，$\mu'=GM'/GE$，M' 是第三体（日、月）的质量。式（4.18）中的 J_2 为地球的动力学扁率，其他有关量定义如下，即

$$\hat{k}=(0\quad 0\quad 1)^{\mathrm{T}},\quad \vec{\Delta}=\vec{r}-\vec{r}' \tag{4.19}$$

$\vec{r}'$ 为第三体的位置矢量。

略去推导过程，直接给出形如式（4.14）的时间幂级数解为

$$\begin{cases} x = F(\vec{r}_0, \dot{\vec{r}}_0, \Delta t)x_0 + G(\vec{r}_0, \dot{\vec{r}}_0, \Delta t)\dot{x}_0 \\ y = F(\vec{r}_0, \dot{\vec{r}}_0, \Delta t)y_0 + G(\vec{r}_0, \dot{\vec{r}}_0, \Delta t)\dot{y}_0 \\ z = F_z(\vec{r}_0, \dot{\vec{r}}_0, \Delta t)z_0 + G_z(\vec{r}_0, \dot{\vec{r}}_0, \Delta t)\dot{z}_0 \end{cases} \tag{4.20}$$

其中，F^*, G^* 的 x, y 分量 F, G 相同，而 z 分量在该方程中则记作 F_z, G_z。若记 $\tau = \Delta t$，则上述时间幂级数解中的系数 F, G 和 F_z, G_z 按 τ 的幂形成的级数展开为

$$\begin{aligned} F = 1 &+ \frac{\tau^2}{2}\left[-u^3 + \left(\frac{3J_2}{2}\right)(5u_7 z_0^2 - u_5) - \mu' u_3'\right] \\ &+ \frac{\tau^3}{6}\left[(3u_5\sigma) + \left(\frac{3J_2}{2}\right)(5(u_7 - 7u_9 z_0^2)\sigma + 10u_7 z_0 \dot{z}_0)\right] \\ &+ \frac{\tau^4}{24}\left[u_5(3v_0^2 - 2u_1 - 15u_2\sigma^2) + \left(\frac{3J_2}{2}\right)(6u_8(4u_2 z_0^2 - 1) - 5u_7(7u_2 z_0^2 - 1)v_0^2\right. \\ &\left. + 10u_7\dot{z}_0^2 + 35u_9(9u_2 z_0^2 - 1)\sigma^2 - 140u_9\sigma z_0 \dot{z}_0) + u_3(\mu' u_{3'})\right] \\ &+ \frac{\tau^5}{120}u_7[15\sigma(-3v_0^2 + 2u_1 + 7u_2\sigma^2)] + O(\tau^6) \end{aligned} \tag{4.21}$$

$$\begin{aligned} G = \tau &+ \frac{\tau^3}{6}\left[-u_3 + \left(\frac{3J_2}{2}\right)(5u_7 z_0^2 - u_5) - \mu' u_{3'}\right] \\ &+ \frac{\tau^4}{24}\left[6u_5\sigma + \left(\frac{3J_2}{2}\right)(20u_7 z_0 \dot{z}_0 - 10u_7(7u_2 z_0^2 - 1)\sigma)\right] \\ &+ \frac{\tau^5}{120}u_5[9v_0^2 - 8u_1 - 45u_2\sigma^2] + O(\tau^6) \end{aligned} \tag{4.22}$$

$$F_z = F + \left(\frac{3J_2}{2}\right)\left[\frac{\tau^2}{2}(-2u_5) + \frac{\tau^3}{6}(10u_7\sigma) + \frac{\tau^4}{24}u_7(10v_0^2 - 6u_1 - 70u_2\sigma^2)\right] \tag{4.23}$$

$$G_z = G + \left(\frac{3J_2}{2}\right)\left[\frac{\tau^3}{2}(-2u_5) + \frac{\tau^4}{24}(20u_7\sigma)\right] \tag{4.24}$$

其中

$$\left.\begin{aligned} &u_n = 1/r_0^n, \quad \sigma = \vec{r}_0 \cdot \dot{\vec{r}}_0, \quad v_0^2 = \dot{\vec{r}}_0 \cdot \dot{\vec{r}}_0 \\ &u_n' = 1/r_0'^n, \quad r_0' = |\vec{r}_0'| \end{aligned}\right\} \tag{4.25}$$

注意，公式（4.21）～（4.25）中的$\sigma=O(e)$是小量，不要与通常表达轨道根数所采用的符号σ相混淆，e 是轨道偏心率。上面对第三体引力摄动部分作了简化，因地球卫星不会近距离接近第三体（对其他目标天体的环绕型探测器而言亦如此），对摄动加速度表达式（4.18）中的最后一部分已处理成$-\mu'(\vec{r}/r_0'^3)$，$\vec{r}_0'$ 是第三体位置

矢量 $\vec{r}'$ 在历元 t_0 时刻的值，即 $\vec{r}_0' = \vec{r}'(t_0)$ 。即使对于深空探测器近距离接近探测目标天体，不作上述简化处理，同样可以给出系数 F,G 和 F_z,G_z 的相应表达式，例如发射的月球探测器在奔月过程中，将逐渐接近月球，对式（4.18）中的月球引力加速度项不能再作如上简化处理，同样可以构造 F^*,G^* 的表达式，详见后面 4.5 节。

对于其他类型的运动，只要给出相应的数学模型，就可以导出相应的 F^* 和 G^* 的表达式，因为运动微分方程是已解出高阶导数（这里是 $\ddot{\vec{r}}$ ）的表达式，方程右端仅出现 $\vec{r},\dot{\vec{r}}$ ，高阶导数 $\vec{r}_0^{(k)}(k \geqslant 2)$ 总是可以用 $\vec{r}_0$ 和 $\dot{\vec{r}}_0$ 来表达的。

4.4　几类常规测量资料的初轨确定算法

这一节将考虑空间测量中的常规采样资料：测角量赤经、赤纬 (α,δ) 或方位角、高度角 (A,h) ，测距、测角量 (ρ,A,h) 及空间点位资料 (x,y,z) 等，定轨方法即引用上述时间幂级数解作为动力学条件，构建一个直接求解选定历元 t_0 时刻的位置矢量和速度矢量 $\left(\vec{r}_0,\ \dot{\vec{r}}_0\right)$ 的定轨方程。

4.4.1　测角型资料的初轨确定算法

以人造地球卫星的初轨确定为例，在 J2000 地心天球坐标系 $O\text{-}xyz$ 中考虑相应问题。尽管地球卫星运动对应的是受摄二体问题，但下面要介绍的方法并不受其制约，请读者注意方法的细节。

1．几何条件——测量几何关系

在所选取的坐标系中（见图 4.1），跟踪站 A（严格而言，应该是测量设备采样“中心”）与被跟踪卫星 S 之间满足下列测量几何关系，即

$$\vec{r} = \vec{\rho} + \vec{R} \tag{4.26}$$

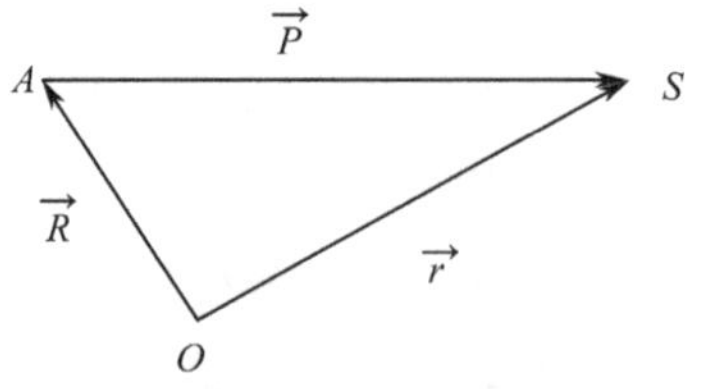

图 4.1　坐标原点 O、测站 A、卫星 S 的几何关系

其中，$\vec{r}$ 是卫星的位置矢量，$\vec{\rho}$ 是跟踪站对卫星的观测矢量，而这里的 $\vec{R}$ 是跟踪站 A 的位置矢量。对于测角资料而言，即 $\vec{\rho}(\rho,\alpha,\delta)$ 或 $\vec{\rho}(\rho,A,h)$，直接测得的是 (α,δ) 或 (A,h)，在坐标系 $O\text{-}xyz$ 中，$\vec{\rho}$ 可写成下列形式，即

$$\vec{\rho}=\rho\hat{L},\quad \hat{L}=(\lambda,\mu,\nu)^{\mathrm{T}} \tag{4.27}$$

符号 T 为转置，笛卡儿坐标分量 (λ,μ,ν) 可由测角量 (α,δ) 或 (A,h) 经坐标系转换得出。对于测角量 (α,δ)，通常采样获得的 (α,δ) 与上述选取的坐标系 $O-xyz$ 是对应的，因此有

$$\hat{L}=\begin{pmatrix}\lambda\\ \mu\\ \nu\end{pmatrix}=\begin{pmatrix}\cos\delta\cos\alpha\\ \cos\delta\sin\alpha\\ \sin\delta\end{pmatrix} \tag{4.28}$$

而 (A,h) 资料对应的是瞬时地平坐标系，其中高度角 h 即第 3 章中提到的俯仰角 E，于是有

$$\hat{L}=\begin{pmatrix}\lambda\\ \mu\\ \nu\end{pmatrix}=(\boldsymbol{GR})^{\mathrm{T}}(\boldsymbol{ZR})\begin{pmatrix}\cos h\cos A\\ -\cos h\sin A\\ \sin h\end{pmatrix} \tag{4.29}$$

其中，$(\boldsymbol{GR})$ 是岁差、章动矩阵，如果采用真赤道坐标系，它就是单位阵。而 $(\boldsymbol{ZR})$ 是地平坐标系与赤道坐标系之间的转换矩阵，见第 1 章中的式（1.18），有

$$(\boldsymbol{ZR})=R_z(\pi-S)R_y\left(\pi/2-\varphi\right) \tag{4.30}$$

其中，S 和 φ 分别为跟踪站的地方恒星时和大地纬度。跟踪站的位置矢量 $\vec{R}$ 记作

$$\vec{R}=(X_e,Y_e,Z_e)^{\mathrm{T}} \tag{4.31}$$

该位置矢量不能直接引用相应地固坐标系中数值，亦应在所选取的 J2000 地心天球坐标系中给出，同样涉及岁差、章动还有地球自转和地极移动的坐标转换，见第 1 章中的式（1.29）及其涉及的转换矩阵。

2. 动力学条件——卫星运动方程

仅由上述几何关系是不能定轨的，必须了解测量几何关系式（4.26）中的 $\vec{r}$ 所对应的动力学背景，这就是定轨中的动力学条件。在坐标系 $O\text{-}xyz$ 中，卫星相对地心的运动方程为

$$\begin{cases}\ddot{\vec{r}}=-\dfrac{\mu}{r^3}\vec{r}+\vec{F}_\varepsilon(\vec{r},\dot{\vec{r}},t;\varepsilon)\\ t_0:\vec{r}_0=\vec{r}(t_0),\quad \dot{\vec{r}}_0=\dot{\vec{r}}(t_0)\end{cases} \tag{4.32}$$

对地球卫星而言，其中常用符号 $\mu=GE$，即地心引力常数，在上述无量纲化的计

算单位中 $\mu = GE = 1$。摄动加速度 $\vec{F}_\varepsilon$ 对应各种摄动因素，可以是保守力效应，亦可以是耗散效应，只要能写出相应力学因素的数学模型即可。下面将采用该运动方程满足初始条件的时间幂级数解作为动力学条件，构建一个直接求解历元 t_0 时刻的位置矢量和速度矢量 $\left(\vec{r}_0,\ \dot{\vec{r}}_0\right)$ 的定轨方程。

3．定轨的基本方程

对于受摄情况，若考虑中心天体地球的扁率摄动和第三体引力摄动，相应的时间幂级数解就是式（4.20）。以此解代入测量几何关系式（4.26）中，即得

$$\hat{L} \times (F^* \vec{r}_0 + G^* \dot{\vec{r}}_0) = \hat{L} \times \vec{R} \tag{4.33}$$

对于一次测角采样资料，式（4.33）对应的三个分量只有两个是独立的，至少需要三次采样才能定轨，给出定轨历元 t_0 时刻的 $\vec{r}_0(x_0, y_0, z_0)$ 和 $\dot{\vec{r}}_0(\dot{x}_0, \dot{y}_0, \dot{z}_0)$。直接引用 4.3 节给出的形如式（4.20）的时间幂级数解，代入式（4.33）即可得到

$$\begin{cases} (F\nu)x_0 - (F_z\lambda)z_0 + (G\nu)\dot{x}_0 - (G_z\lambda)\dot{z}_0 = (\nu X_e - \lambda Z_e) \\ (F\nu)y_0 - (F_z\mu)z_0 + (G\nu)\dot{y}_0 - (G_z\mu)\dot{z}_0 = (\nu Y_e - \mu Z_e) \\ (F\mu)x_0 - (F\lambda)y_0 + (G\mu)\dot{x}_0 - (G\lambda)\dot{y}_0 = (\mu X_e - \lambda Y_e) \end{cases} \tag{4.34}$$

其中，F^*, G^* 的 x, y 分量相同，在方程（4.34）中为 F, G，而 z 分量在该方程中为 F_z, G_z。具体表达式见式（4.21）～（4.25），这就是测角量定轨的基本方程。该方程一次测量采样形成的三个分量表达式只有两个是独立的，即可由其中任意两个组成第三个。但考虑到测量采样的随机性，不宜人为地消去其中任何一个分量表达式，三个均保留不仅不会影响该问题在多资料情况下的求解过程，而且可以充分吸取统计信息，有利于改善定轨精度。

这里要注意：形式上，不能出现 $\hat{L} \times \vec{R} \approx 0$ 的几何状态，否则方程组（4.34）只有零解。该观测采样的几何状态无须再作解释，通常地面测控系统是不会出现这种情况的，特别是低轨卫星。

4．初轨确定的计算流程

方程组（4.34）关于 $\vec{r}_0(x_0, y_0, z_0)$ 和 $\dot{\vec{r}}_0(\dot{x}_0, \dot{y}_0, \dot{z}_0)$ 只是一个形式上的线性代数方程组，具体求解方法就是前面提到的需要通过一个迭代过程来完成，下面具体介绍。

由一列测角资料：$t_j;(\alpha_j, \delta_j)$ 或 (A_j, h_j)，$j = 1, 2, \cdots, k$，$k \geqslant 3$，即可由基本方程组（4.34）进行定轨，给出定轨历元 t_0 时刻的 $\vec{r}_0$，$\dot{\vec{r}}_0$，$t \in \left(t_1, t_k\right)$。方程组（4.34）是关于 $\vec{r}_0$ 和 $\dot{\vec{r}}_0$ 的形式上的线性代数方程组，根据 F, G 和 F_z, G_z 的特点，有

$$\begin{cases} F = 1 + O(s^2), \quad G = \tau\left[1 + O(s^2)\right] \\ F_z = 1 + O(s^2), \quad G_z = \tau\left[1 + O(s^2)\right] \end{cases} \tag{4.35}$$

在$|s|<1$的前提下，选择如下，即

$$F^{(0)} = 1, \quad G^{(0)} = \tau, \quad F_z^{(0)} = F^{(0)}, \quad G_z^{(0)} = G^{(0)} \tag{4.36}$$

作迭代初值，按方程组（4.34）和F,G,F_z,G_z的公式（4.21）～（4.25）进行迭代，直到满足定轨精度要求为止，得出结果$t_0,\vec{r}_0,\dot{\vec{r}}_0$。而由$(\vec{r}_0,\dot{\vec{r}}_0)$即可根据其与轨道根数的转换关系，最终获得历元$t_0$时刻的轨道根数。

这里有两点需要说明：

（1）关于线性方程组（4.34）的求解问题。对于测角资料，尽管只要三次采样就可定轨，但通常都是尽量利用多资料定轨。这就涉及条件状态，即k次采样数据，提供$k \times m$个条件，测角资料$m=2$，对应基本方程的个数是$k \times 3$，往往有$k \times 3 \gg n$的状态，这里$n=6$是轨道量的维数。为了充分发挥多资料的作用，就需要选择相应的最优估计方法来求解定轨基本方程（4.34）。但由于短弧测量的状况，不可能也不必要采用过于复杂的估计方法，通常采用的就是等权（实为不加权）的最小二乘估计，更进一步的就是在估算过程中增加一个野值剔除环节。

（2）关于上述迭代终止的控制“标准”问题。此即控制参数和相应控制精度的确定问题，这可根据测量采样的精度和定轨弧段的状态来做出选择。如可根据每迭代一次前后参数F,G,F_z,G_z的差别大小$\Delta F,\Delta G,\Delta F_z,\Delta G_z$做出选择，或根据每迭代一次前后的轨道量$\vec{r}_0,\dot{\vec{r}}_0$的差别大小$\left|\Delta\vec{r}_0\right|,\left|\Delta\dot{\vec{r}}_0\right|$做出选择，或根据每迭代一次前后的某一关键性根数（如轨道半长径a）的差别大小Δa做出选择等。

由上述定轨原理和过程可以看出，尽管同样是复杂函数关系的迭代计算，但并不涉及表面上的多变元问题，而是一个简单的迭代计算，对初始信息要求不高，即使对非合作目标的轨道一无所知，亦可定轨。如果同时有测距资料或点位资料等，则采用上述方法的定轨过程会更简单，具体见下面的有关内容。

4.4.2　(ρ,A,h)资料的初轨确定算法

有一类跟踪测量手段可以同时进行卫星距离和方位的信息采集，即给出(ρ,A,h)资料，而其中距离量ρ的精度往往高于方位量(A,h)的精度。但是，在短弧前提下，直接采用距离量ρ无法简单确定初轨，只能用来“改善”方位量(A,h)的精度状况，那么可利用同步性（或内插）获得采样时刻卫星的位置量$\vec{r}=\vec{r}(x,y,z)$，有

$$\vec{r} = \vec{\rho} + \vec{R} \tag{4.37}$$

其中，$\vec{\rho}$ 即前面已提到过的跟踪站对卫星的观测矢量，对于测角量(A,h)，在坐标系 $O\text{-}xyz$ 中，有

$$\vec{\rho} = \rho \hat{L} \tag{4.38}$$

$$\hat{L} = \begin{pmatrix} \lambda \\ \mu \\ \nu \end{pmatrix} = (GR)^{\mathrm{T}}(ZR)\begin{pmatrix} \cos h \cos A \\ -\cos h \sin A \\ \sin h \end{pmatrix} \tag{4.39}$$

这就是 4.4.1 小节的（4.29）式，其中(GR)和(ZR)为两个转换矩阵，不再重复说明。

对于上述(ρ, A, h)资料的处理，其初轨确定算法就归结为下列线性代数方程的求解，即

$$\begin{cases} Fx_0 + G\dot{x}_0 = (\rho\lambda + X_e) \\ Fy_0 + G\dot{y}_0 = (\rho\mu + Y_e) \\ F_z z_0 + G_z \dot{z}_0 = (\rho\nu + Z_e) \end{cases} \tag{4.40}$$

其中，F, G, F_z, G_z 的具体表达式为前面的式（4.21）～（4.24）。定轨的具体算法与前面的测角资料定轨基本相同，计算过程更简单。

对于初轨确定而言，这种借助高精度测距量 ρ “改善”方位量(A,h)的精度措施，既利用了测角量的确定性，又利用了测距量的高精度，应该能改善短弧定初轨的效果。这可通过实测资料的定轨来检验，具体检验结果将在下面与导航定位资料定轨一并列出。

4.4.3 导航定位资料的初轨确定问题

1．初轨确定算法

导航定位资料有两种类型：一类是卫星导航系统（如美国的 GPS 系统、我国的北斗系统等），给出的是目标的空间位置：$\vec{r} = \vec{r}(x, y, z)$；另一类天文导航（或某种测量手段），提供的是卫星的地心赤经、赤纬(α, δ)。对于前者，相应的定轨基本方程可由时间幂级数解公式（4.20）直接表示为

$$\begin{cases} Fx_0 + G\dot{x}_0 = x \\ Fy_0 + G\dot{y}_0 = y \\ F_z z_0 + G_z \dot{z}_0 = z \end{cases} \tag{4.41}$$

其中，F, G, F_z, G_z 的具体表达式为前面的式（4.21）～（4.25）。定轨过程与测角量(α, δ)或(A,h)的定轨过程没有原则性差别，只是更简单而已，而且原则上两次

定位资料即可定轨。对于后者，则与前面由跟踪站提供的站心赤经、赤纬(α,δ)的定轨方法有所区别，见下面介绍。

2．实测资料的定轨检验

定轨目标是低轨卫星，但涉及的弧段较短，大气影响不足以对定轨结果起作用，在初轨确定中，同时考虑地球非球形引力位的主要摄动项J_2的影响即可，该力模型足以逼近真实情况，能保证检验的可靠性。计算中F, G, F_z, G_z 的表达可简化，即舍去式（4.21）～（4.24）中的第三体引力摄动项。

采用某地面测站的一段 USB 测量资料(ρ,A,h)，其中角度量(A,h)的精度较低，测量误差达到0.5 角分的量级，而距离量ρ的测量误差在 10～20m 的状态。在同一测量弧段内还有相应的 GPS 定位资料，该定位资料尽管并未经过精确处理，在空间三个方向的位置精度仅为 15m（注意，这是位置精度，它不同于距离量的精度），但足以用来检验上述初轨确定的精度状况及方法的有效性。

定轨历元t_0（UTC）：2005 年 10 月 12 日 17 时 21 分 16.0 秒，定轨结果参见表 4.1。

表 4.1　短弧初轨确定效果验证结果

方法	a (km)	e	i (°)	Ω(°)	ω (°)	M(°)	$M+\omega$(°)
A	6 780.020	0.009 768	42.419 75	23.608 52	34.551 00	353.531 14	28.082 15
B	6 716.103	0.001 210	42.427 71	23.556 81	92.567 57	295.550 09	28.117 66
C	6 716.374	0.001 269	42.433 79	23.563 49	89.098 79	299.017 09	28.115 89
D	6 716.365	0.001 265	42.433 65	23.563 29	89.003 56	299.112 40	28.115 98

表 4.1 中列出四种方法 A，B，C，D 的定轨结果，分别对应(A,h)资料定初轨、(ρ,A,h)资料定初轨、GPS 资料定初轨和 GPS 资料精密定轨。三种定初轨的弧段均为 336s 的短弧，而 GPS 资料精密定轨的弧段为 1 天，其定轨精度与资料精度相符，相应的卫星位置均方根差（RMS）为 20m，这可用来检验上述短弧定初轨的精度状况。

从表 4.1 定轨结果的数据比较不难看出

（1）短弧定轨中，采样数据的误差会严重地影响轨道精度，特别是轨道半长径和偏心率。这从轨道运动的特点是不难理解的，而从定轨的基本方程也容易看出这一规律，见定轨基本方程（4.34）、（4.40）和（4.41），方程中速度量$\dot{\vec{r}}_0(\dot{x}_0,\dot{y}_0,\dot{z}_0)$的系数$G$, G_z 明显比位置量$\vec{r}_0(x_0,y_0,z_0)$的系数F, F_z 小，那么速度量解的误差显然要比位置量解的误差大，而速度误差大就直接反映在轨道的大小和形状上，即轨道半长径 a 和偏心率 e 的精度较低。

（2）相对测角量而言，距离量 ρ 的较高精度改善了单一的低精度测角量的定轨精度。对此结果，利用国内某激光测量站的光学实测资料（激光测距 ρ 和光学测角 A,h ）进行定轨，也得到了同样的改善效果。

（3）在精度较高的 GPS 定位资料初轨确定中，又考虑了会明显影响定轨精度的地球扁率摄动，因此相应的初轨精度确实较高，与 1 天长弧段的精密定轨结果很接近，见表 4.1 中方法 C 和 D 两栏的结果。如果不考虑地球扁率摄动，定轨结果会明显变差（具体结果不再列出），这就失去了高精度资料的作用，同时表明：在当今测量精度提高的前提下，将二体问题意义下的初轨确定方法推广到适用于非二体问题显得十分必要。

4.4.4 小结

根据上面几类测量资料的短弧初轨确定结果，不难看出：本章介绍的环绕型航天器初轨确定方法是简洁有效的，不仅可适用于受摄运动，而且不需要任何初始信息即可定轨。在适当长的弧段和一定资料精度的前提下，可获得较好的初轨，特别是同时引用测距资料，明显改善单一测角资料的定轨精度。另外，若有较高精度的定位资料（如 GPS 导航数据）和对主要摄动影响的考虑，即使在短弧情况下，亦可提供精度较高的初轨，这是十分有意义的。

4.5 非环绕型航天器的初轨确定方法

就以月球探测为例，探测器的运动，从地球发射到最终进入月球引力范围，基本上可以分为三个运行段，各对应不同的轨道，即近地段的环绕轨道、过渡段的转移轨道和到达月球引力范围后以月球作为主要引力天体的运行轨道。在这一全过程中，对于单纯的定轨而言，其动力学条件就可采用第 2 章中提出的一种普适性数学模型：一般限制性 $(n+1)$ 体问题模型，相应的运动归结为下列运动微分方程——常微初值问题，即

$$\begin{cases} \ddot{\vec{r}} = -\dfrac{\mu}{r^3}\vec{r} + \sum\limits_{i=1}^{n}\vec{F}_i \\ t_0:\ \vec{r}(t_0)=\vec{r}_0,\quad \dot{\vec{r}}(t_0)=\dot{\vec{r}}_0 \end{cases} \tag{4.42}$$

其中，$\mu = GM$，是选定的中心天体的引力常数，坐标系的原点在此中心天体的质心。对于上述月球探测器而言，中心天体就是地球（这里实为质量集中在地心的质点），所有其他外力源（包含地球非质点部分）引起的加速度 $\vec{F}_i\ (i=1,2,\cdots,n)$ 的大小不受任何限制，对全程轨道无须考虑其具体类型。

在 J2000 地心天球坐标系 O-xyz 中考虑上述月球探测的初轨确定，并采用如下归一化单位，即

$$\begin{cases} [M] = E \ \text{（地球质量）} \\ [L] = D \ \text{（地月之间的平均距离）} \\ [T] = (D^3 / GE)^{1/2} \approx 4^{\mathrm{d}}.348\,4 \end{cases} \tag{4.43}$$

其中，E 和 D 各为地球质量和地月之间的平均距离。

4.5.1　定轨的基本方程

1．几何条件——测量几何关系

在所选取的坐标系中（见图 4.2），跟踪站 A（严格而言，应该是测量设备采样位置）与被跟踪的探测器 P 之间满足下列测量几何关系，即

$$\vec{r} = \vec{\rho} + \vec{R} \tag{4.44}$$

其中，$\vec{r}$ 是探测器的位置矢量，$\vec{R} = (X_e, Y_e, Z_e)^T$ 是跟踪站的位置矢量，$\vec{\rho}$ 是跟踪站对探测器的观测矢量。对于测角资料而言，在坐标系 O-xyz 中 $\vec{\rho}$ 可写成下列形式，即

$$\vec{\rho} = \rho \hat{L}, \quad \hat{L} = (\lambda, \mu, \nu)^{\mathrm{T}} \tag{4.45}$$

符号 T 为转置，笛卡儿坐标分量(λ,μ,ν)可由测角量(α,δ)或(A,h)得出。

探测器 p 和大天体 P_j 之间的几何关系如图 4.3 所示，其中 E 即地球（实为图 4.2 中的坐标原点地心 O），$P_j\ (j=1,2,\cdots)$ 为应该考虑的对探测器有影响的大天体，

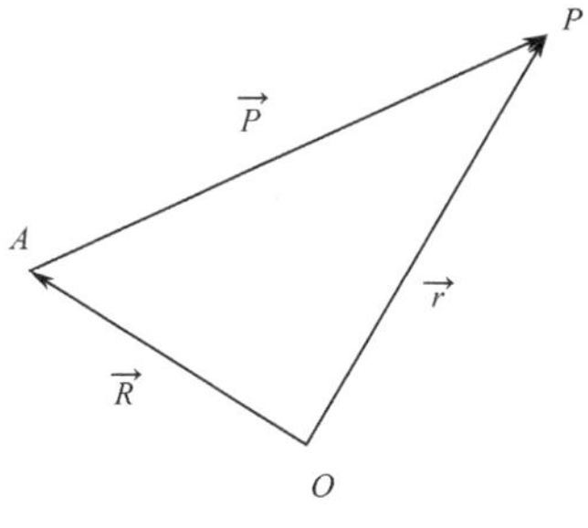

图 4.2　地球、测站与探测器的几何关系

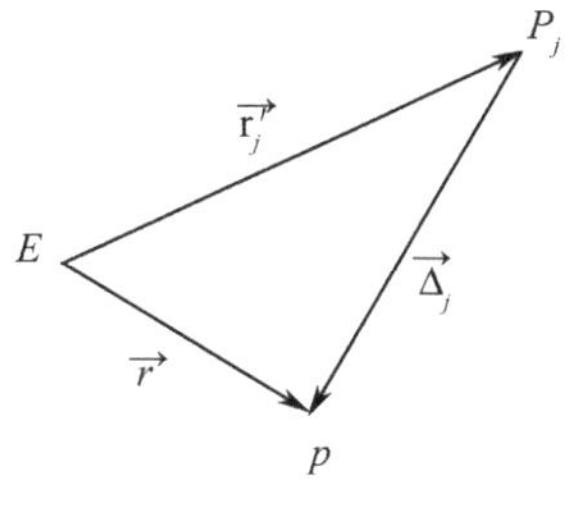

图 4.3　探测器和大天体的几何关系

对月球探测器而言，就该考虑月球和太阳的引力作用，相应的矢量$\vec{\Delta}_j$由下式表达，即

$$\vec{\Delta}_j = \vec{r} - \vec{r}_j' \tag{4.46}$$

大天体的坐标矢量$\vec{r}_j'$，可由其星历（分析或数值历表）经必要的坐标转换至所选择的 J2000 地心天球坐标系 $O\text{-}xyz$ 获得。

2. 动力学条件——探测器的运动方程

在所选择的坐标系中，同时考虑地球扁率项(J_2)和第三体（日、月）引力作用，探测器的运动对应下列运动微分方程——常微初值问题，即

$$\begin{cases} \ddot{\vec{r}} = -\dfrac{\vec{r}}{r^3} + A_2\left(\dfrac{5z^2}{r^7} - \dfrac{1}{r^5}\right)\vec{r} - A_2\dfrac{2z}{r^5}\hat{k} - \sum\limits_{j=1}^{2}\mu_j'\left(\dfrac{\vec{\Delta}_j}{\Delta^3{}_j} + \dfrac{\vec{r}_j'}{r_j'^{\,3}}\right) \\ t = t_0：\vec{r} = \vec{r}_0,\ \dot{\vec{r}} = \dot{\vec{r}}_0 \end{cases} \tag{4.47}$$

其中，$A_2 = 3J_2 a_e{}^2/2$，$\hat{k} = (0,0,1)^{\mathrm{T}}$，是 z 方向的单位矢量，a_e是无量纲的地球参考椭球体赤道半径，$\mu_j' = \left(m_j'/E\right)$，$m_j'(j=1,2)$分别为月球和太阳质量，其他各量前面已有说明。

4.2 节已表明，只要运动方程（4.47）的右函数（轨道类型不限）满足一定条件，其满足初始条件的解即存在，且可展成时间间隔$\Delta t = t - t_0$的幂级数，同式（4.11），即

$$\vec{r}(t) = \vec{r}_0 + \vec{r}_0^{(1)}\Delta t + \frac{1}{2!}\vec{r}_0^{(2)}\Delta t^2 + \cdots + \frac{1}{k!}\vec{r}_0^{(k)}\Delta t^k + \cdots$$

其中，$\vec{r}_0^{(k)}$可由$\vec{r}_0$和$\dot{\vec{r}}_0$构成：$\vec{r}_0^{(k)} = \vec{r}_0^{(k)}(t_0,\vec{r}_0,\dot{\vec{r}}_0)$，$k \geqslant 2$，不管运动是哪种类型，最终可归结为关于$\vec{r}_0,\dot{\vec{r}}_0$的形式上的线性关系，即

$$\vec{r}(t) = F^*(\vec{r}_0,\dot{\vec{r}}_0,\Delta t)\vec{r}_0 + G^*(\vec{r}_0,\dot{\vec{r}},\Delta t)\dot{\vec{r}}_0 \tag{4.48}$$

对于非二体问题，相应的F^*和G^*对于三个分量x, y, z具有不同的形式，下面就方程（4.47）给出F^*和G^*的具体表达形式。

3. F^*, G^*的表达式

略去推导过程，直接写出级数解式（4.48）及其相应系数F^*和G^*的表达形式如下，即

$$\begin{cases} x = Fx_0 + G\dot{x}_0 + F'x_0' + G'\dot{x}_0', \\ y = Fy_0 + G\dot{y}_0 + F'y_0' + G'\dot{y}_0', \\ z = F_z z_0 + G_z\dot{z}_0 + F'z_0' + G'\dot{z}_0', \end{cases} \quad \begin{cases} \dot{x} = F_d x_0 + G_d\dot{x}_0 + F_d'x_0' + G_d'\dot{x}_0' \\ \dot{y} = F_d y_0 + G_d\dot{y}_0 + F_d'y_0' + G_d'\dot{y}_0' \\ \dot{z} = F_{dz} z_0 + G_{dz}\dot{z}_0 + F_d'z_0' + G_d'\dot{z}_0' \end{cases} \tag{4.49}$$

其中

$$\begin{cases} F = 1 + (\tau^2/2) f_2 + (\tau^3/6) f_3 + (\tau^4/24) f_4 + (\tau^5/120) f_5 + (\tau^6/720) f_6 + O(\tau^7) \\ F_z = F + A_2\left[(\tau^2/2)(-2u_5) + (\tau^3/6)(10u_7\sigma) + (\tau^4/24)(10u_7V_0{}^2 - 6u_8 - 70u_9\sigma^2)\right] \\ G = \tau + (\tau^3/6) g_3 + (\tau^4/24) g_4 + (\tau^5/120) g_5 + (\tau^6/720) g_6 + O(\tau^7) \\ G_z = G + A_2\left[(\tau^3/6)(-2u_5) + (\tau^4/24)(20u_7\sigma)\right] \\ F' = \mu'\left[(\tau^2/2) f_2' + (\tau^3/6) f_3' + (\tau^4/24) f_4' + O(\tau^5)\right] \\ G' = \mu'\left[(\tau^3/6) g_3' + (\tau^4/24) g_4' + O(\tau^5)\right] \end{cases} \tag{4.50}$$

$$\begin{cases} F_d = \tau f_2 + (\tau^2/2) f_3 + (\tau^3/6) f_4 + (\tau^4/24) f_5 + (\tau^5/120) f_6 + O(\tau^6) \\ F_{d\,z} = F_d + A_2\left[\tau(-2u_5) + (\tau^2/2)(10u_7\sigma) + (\tau^3/6)(10u_7V_0{}^2 - 6u_8 - 70u_9\sigma^2)\right] \\ G_d = 1 + (\tau^2/2) g_3 + (\tau^3/6) g_4 + (\tau^4/24) g_5 + (\tau^5/120) g_6 + O(\tau^6) \\ G_{d\,z} = G_d + A_2\left[(\tau^2/2)(-2u_5) + (\tau^3/6)(20u_7\sigma)\right] \\ F_d' = \mu'\left[\tau f_2' + (\tau^2/2) f_3' + (\tau^3/6) f_4' + O(\tau^4)\right] \\ G_d' = \mu'\left[(\tau^2/2) g_3' + (\tau^3/6) g_4' + O(\tau^4)\right] \end{cases} \tag{4.51}$$

上述式（4.50）和（4.51）中有关量的表达式如下，即

$$\begin{cases} f_2 = -u_3 + A_2u_5\left(5z_0{}^2u_2 - 1\right) - \mu'u_3' \\ f_3 = 3\sigma u_5 + A_2u_7\left(5\sigma\left(1 - 7z_0{}^2u_2\right) + 10z_0\dot{z}_0\right) + \mu'(3u_5'\sigma') \\ f_4 = u_5\left(3V_0{}^2 - 2u_1 - 15\sigma^2u_2\right) + A_2\left[6u_8\left(4z_0{}^2u_2 - 1\right) - 5u_7V_0{}^2\left(7z_0{}^2u_2 - 1\right)\right. \\ \quad \left. +35u_9\sigma^2\left(9z_0{}^2u_2 - 1\right) + 10u_7\dot{z}^2 - 140u_9\sigma z_0\dot{z}_0\right] \\ \quad +\mu'\left[-u_3u_3' + 3u_5'\left(V_0'^2 - u_3\alpha\right) + 3u_5\left(u_3' - u1_3\right)\alpha_1 - 15u_7'\sigma'^2 - \mu'(2u_6')\right] \\ f_5 = 15u_7\sigma\left[2u_1 - 3V_0{}^2 + 7u_2\sigma^2\right] \\ f_6 = u_7\left[u_2\sigma^2\left(630V_0{}^2 - 420u_1 - 945u_2\sigma^2\right) - \left(22u_2 - 66u_1V_0{}^2 + 45V_0{}^4\right)\right] \end{cases} \tag{4.52}$$

$$\begin{cases} g_3 = f_2 \\ g_4 = 2f_3 \\ g_5 = u_5\left[9V_0{}^2 - 8u_1 - 45u_2\sigma^2\right] \\ g_6 = 30u_7\sigma\left[5u_1 - 6V_0{}^2 + 14u_2\sigma^2\right] \end{cases} \tag{4.53}$$

$$\begin{cases} f_2' = u_3' - u1_3 \\ f_3' = 3\left(u1_5\sigma_1 - u_5'\sigma'\right) \\ f_4' = u_3\left(u1_3 - u_3'\right) + 15\left(u_7'\sigma'^2 - u1_7\sigma_1^{\ 2}\right) - 3u_5'\left(V_0'^2 - u_3\alpha\right) + 3u1_5V_1^2 + 2\mu'\left(u_6' - u1_6\right) \end{cases} \tag{4.54}$$

$$g_3' = f_2', \quad g_4' = 2f_3' \tag{4.55}$$

上述各式中出现的有关量由下列各式定义，即

$$\begin{cases} u_n = 1/r_0^{\ n}, \ \sigma = \vec{r}_0 \cdot \dot{\vec{r}}_0, \quad V_0^{\ 2} = \dot{\vec{r}}_0^{\ 2} \\ u_n' = 1/\Delta_0^{\ n}, \ \sigma' = \vec{\Delta}_0 \cdot \dot{\vec{\Delta}}_0, \ V_0'^2 = \dot{\vec{\Delta}}_0^{\ 2}, \ \alpha = \vec{r}_0 \cdot \vec{\Delta}_0 \\ u1_n = 1/r_0'^{\ n}, \ \sigma_1 = \vec{r}_0' \cdot \dot{\vec{r}}_0', \quad V_1^{\ 2} = \dot{\vec{r}}_0'^2, \quad \alpha_1 = \vec{r}_0 \cdot \vec{r}_0' \\ \vec{\Delta}_0 = \vec{r}_0 - \vec{r}_0', \ \dot{\vec{\Delta}}_0 = \dot{\vec{r}}_0 - \dot{\vec{r}}_0' \end{cases} \tag{4.56}$$

这里的 $\vec{r}_0'$ 和 $\dot{\vec{r}}_0'$ 为第三体对应的 $\vec{r}_j'$，$\dot{\vec{r}}_j'$ 在 t_0 时刻的取值。

4．定轨的基本方程[14,15]

为了体现一般性，对于上述月球探测器的初轨确定问题就采用测角资料 (α,δ) 来体现，对应的定轨基本方程为

$$\begin{cases} (F\nu)x_0 - (F_z\lambda)z_0 + (G\nu)\dot{x}_0 - (G_z\lambda)\dot{z}_0 = (\nu X_e - \lambda Z_e) - \Delta_1(\vec{r}_0', \dot{\vec{r}}_0') \\ (F\nu)y_0 - (F_z\mu)z_0 + (G\nu)\dot{y}_0 - (G_z\mu)\dot{z}_0 = (\nu Y_e - \mu Z_e) - \Delta_2(\vec{r}_0', \dot{\vec{r}}_0') \\ (F\mu)x_0 - (F\lambda)y_0 + (G\mu)\dot{x}_0 - (G\lambda)\dot{y}_0 = (\mu X_e - \lambda Y_e) - \Delta_3(\vec{r}_0', \dot{\vec{r}}_0') \end{cases} \tag{4.57}$$

其中

$$\begin{cases} \Delta_1(\vec{r}_0', \dot{\vec{r}}_0') = (F'\nu)x_0' - (F'\lambda)z_0' + (G'\nu)\dot{x}_0' - (G'\lambda)\dot{z}_0' \\ \Delta_2(\vec{r}_0', \dot{\vec{r}}_0') = (F'\nu)y_0' - (F'\mu)z_0' + (G'\nu)\dot{y}_0' - (G'\mu)\dot{z}_0' \\ \Delta_3(\vec{r}_0', \dot{\vec{r}}_0') = (F'\mu)x_0' - (F'\lambda)y_0' + (G'\mu)\dot{x}_0' - (G'\lambda)\dot{y}_0' \end{cases} \tag{4.58}$$

如果在测角采样的同时取得测距数据 ρ，即可获得点位资料 $\vec{r}(x,y,z) = \vec{\rho} + \vec{R}$，那么相应的基本方程（4.57）则变为

$$\begin{cases} Fx_0 + G\dot{x}_0 = x - (F'x_0' + G'\dot{x}_0') \\ Fy_0 + G\dot{y}_0 = y - (F'y_0' + G'\dot{y}_0') \\ F_z z_0 + G_z\dot{z}_0 = z - (F'z_0' + G'\dot{z}_0') \end{cases} \tag{4.59}$$

4.5.2　定轨的计算流程

定轨中同样采用多资料策略，定轨过程与地球卫星初轨确定过程没有差别，即仍可在无任何初始信息的前提下，对基本方程（4.57）或（4.59）进行迭代求解，

而迭代初值选取为

$$\begin{cases} F^{(0)}=1, & F_z^{(0)}=1, & F'^{(0)}=0 \\ G^{(0)}=\tau, & G_z^{(0)}=\tau, & G'^{(0)}=0 \end{cases} \tag{4.60}$$

迭代终止的控制“标准”同样根据测量采样的精度和定轨弧段的状态来做出选择。确定历元 t_0 时刻对应的 $\vec{r}_0$ 和 $\dot{\vec{r}}_0$ 后即可转换成轨道根数，其状态可能仍旧是椭圆，亦或已转化为双曲线。

4.5.3 测角资料初轨确定的算例

下面给出一组算例作为上述定轨方法有效性的数值验证。选取初始时刻 T_0 为 2008 年 1 月 10 日零时（UTC），月球探测器的轨道根数为

$$a=160\,450.0\text{ km}, \quad e=0.958\,865\,69, \quad i=9^\circ.0$$

$$\Omega=328^\circ.0, \quad \omega=212^\circ.0, \quad M=0^\circ.0$$

计算中所涉及的单位即同式（4.43）所列出的归一化单位。以测角资料为例，模拟一组观测资料进行定轨（每组包含 50 个观测资料，时间间隔为 1 分钟，即持续 50 分钟），测站（设在地球上）的地心坐标选用（6 372.412 4km，118°.820 916，31°.893 611），定轨结果参见表 4.2。表中 t_0 为定轨历元，是自上述初始时刻 T_0 起算后的时刻。资料遍及定轨历元 t_0 前后 25min。表中 A 为完整力模型外推至定轨历元时刻的结果，作为标准轨道，B 为模拟资料未加误差，采用二体问题模型的定轨结果，C 为采用完整力模型，模拟资料只有约 10^{-8} 的微小误差的定轨结果，D 为模拟资料加约为 10^{-6} 误差的定轨结果。这里所说的 10^{-8} 和 10^{-6}，均为弧度单位（相对地心）。

表 4.2 短弧初轨确定效果验证结果

t_0 (min)	模型	a(km)	e	i(°)	Ω(°)	ω(°)	$M+\tilde{\omega}$(°)
700	A	156 772.885	0.957 927 4	8.975 21	327.886 53	212.168 23	20 4.52 762
	B	156 995.190	0.958 214 0	8.957 50	327.853 95	212.177 80	20 4.38 883
	C	156 772.805	0.957 927 2	8.975 22	327.886 55	212.168 23	20 4.52 770
	D	156 774.451	0.957 861 8	8.979 96	327.895 56	212.168 58	20 4.55 371

根据数值验证的结果来看，由于式（4.48）表达的时间幂级数解本身具有较高的精度，这样的精度显然适用于探测器在过渡段的短弧定轨。当探测器离地球较远时，例如算例中，探测器离地球已达到 20 个地球赤道半径，此时月球引力摄动的影响显著，其摄动量级已明显超过 10^{-4}，若用二体问题模型定轨，则误差较大，模

拟计算结果 B 证实了这一点，必须同时考虑月球的影响。所给方法适用于测角、测距＋测角型的点位测量资料（或真正的点位测量资料），但测量弧段不宜过短（视测量状况而定），否则短弧定轨本身的特征将使定轨的结果失真，特别是对轨道半长径 a 的影响。该方法在探测器发射过程中的转移段可为地面测控系统提供一种短弧确定初轨的手段。

最后要说明的是：本节所给出的初轨确定算例，尽管探测器已远离地球，但还仍处于环绕地球运行的大椭圆轨道状态，但定轨方法中所设定的条件并未受环绕型轨道的限制，既不是二体问题模型，亦未受限于受摄即二体问题模型，关键之处是动力学条件——时间幂级数解式（4.48）的形成。

4.6 天基网初轨确定问题

4.6.1 天基测量资料的初轨确定问题

仍采用地心天球坐标系 $O\text{-}xyz$，在此坐标系中，测量满足的几何关系为

$$\vec{\rho} = \vec{r} - \vec{R} \tag{4.61}$$

这一几何关系仍可由图 4.1 描述，其中 $\vec{r}$ 是待定轨航天器的位置矢量，$\vec{\rho}$ 是观测矢量，但这里的测站 A 实为天基平台（确切地说应是天基星对目标星观测采样对应的“基准点”），$\vec{R}$ 为天基平台的位置矢量。

以天基测角型资料 (α,δ) 为例，$\vec{\rho}$ 和 $\vec{r}$ 各满足测量方程和相应的动力学规律，即

$$\vec{\rho} = \rho\hat{L},\quad \hat{L} = \begin{pmatrix} \lambda \\ \mu \\ \nu \end{pmatrix} = \begin{pmatrix} \cos\delta\cos\alpha \\ \cos\delta\sin\alpha \\ \sin\delta \end{pmatrix} \tag{4.62}$$

$$\vec{r} = \vec{r}(\sigma) \tag{4.63}$$

式（4.63）中的 σ 是待定轨航天器的轨道根数，其轨道类型不限。在同一空间坐标系中，测站坐标矢量 $\vec{R}$ 则由天基星的轨道给出，仍可像地面跟踪站那样，记作

$$\vec{R} = (X_e, Y_e, Z_e)^{\mathrm{T}} \tag{4.64}$$

是否能由测量资料 (α,δ) 定出轨道量 σ，这就是可观测性问题。而测角资料 (α,δ) 属于可观测类型，只要没有几何上的缺陷，原则上就可通过三次观测定出轨道。天基站满足上述条件，可以定轨。

1．初轨计算的基本方程

定轨的动力学条件仍采用形如式（4.14）表达的时间幂级数解，即

$$\vec{r}(t)=F^{*}\left(\vec{r}_0,\dot{\vec{r}}_0,\Delta t\right)\vec{r}_0+G^{*}\left(\vec{r}_0,\dot{\vec{r}}_0,\Delta t\right)\dot{\vec{r}}_0 \tag{4.65}$$

其中，F^* 和 G^* 的具体形式取决于动力学背景。若形式上记作

$$F^*=\begin{pmatrix}F_x\\F_y\\F_z\end{pmatrix},\quad G^*=\begin{pmatrix}G_x\\G_y\\G_z\end{pmatrix} \tag{4.66}$$

相应的定轨基本方程形同式（4.34），即

$$\begin{cases}\left(F_x\nu\right)x_0-\left(F_z\lambda\right)z_0+\left(G_x\nu\right)\dot{x}_0-\left(G_z\lambda\right)\dot{z}_0=\left(\nu X_e-\lambda Z_e\right)\\\left(F_y\nu\right)y_0-\left(F_z\mu\right)z_0+\left(G_y\nu\right)\dot{y}_0-\left(G_z\mu\right)\dot{z}_0=\left(\nu Y_e-\mu Z_e\right)\\\left(F_x\mu\right)x_0-\left(F_y\lambda\right)y_0+\left(G_x\mu\right)\dot{x}_0-\left(G_y\lambda\right)\dot{y}_0=\left(\mu X_e-\lambda Y_e\right)\end{cases} \tag{4.67}$$

其中不同的是测站坐标(X,Y,Z)，它是由天基卫星轨道的星历给出。

如果天基测量提供的是定位资料$\vec{r}=\vec{r}(x,y,z)$，那么定轨更简单，相应的定轨基本方程形同式（4.41），即

$$\begin{cases}F_x x_0+G_x\dot{x}_0=x\\F_y y_0+G_y\dot{y}_0=y\\F_z z_0+G_z\dot{z}_0=z\end{cases} \tag{4.68}$$

其中，$F_x, G_x, \cdots, F_z, G_z$ 的表达式根据具体动力学背景确定。

2．测角资料(α,δ)定初轨的算例

由一列测角采样资料：t_j；(α_j,δ_j)，$j=1,2,\cdots,k$，若$k\geqslant 3$，即可由基本方程（4.67）进行定轨，给出定轨历元t_0时的$\vec{r}_0,\dot{\vec{r}}_0$，$t_0\in(t_1,t_k)$。具体求解的迭代过程与地面跟踪站的定轨过程类似。

天基平台是一颗近圆太阳同步轨道卫星，目标星是一颗地球同步轨道（GEO）卫星，生成模拟资料采用的“真”轨道如下。

历元为　$UTC=2\,454\,101.572\,916\,666$　或　2007/01/01 01: 45: 0.0

$$a=42\,241.212\,2,\qquad e=0.000\,002\,10,\qquad i=0.000\,018$$

$$\Omega=350.635\,953,\qquad \omega=213.580436,\qquad M=13.033\,569$$

$$M+\omega+\Omega=217.249\,957$$

生成的模拟资料弧段对应的时间长度为 3.5h，约为1/7圈，是一短弧段。生成模拟资料后，让资料(α_j,δ_j)取5″的随机差，定轨结果如下。

$$a = 42\,250.632\,3, \qquad e = 0.000\,175\,21, \qquad i = 0.000\,173$$
$$\Omega = 348.960\,379, \qquad \omega = 230.252\,322, \qquad M = 358.037\,628$$
$$M + \omega + \Omega = 217.250\,329$$

结果精度为10^{-4}，而设定的资料随机差是2.5×10^{-5}，这与短弧（1/7 圈）定轨的特征相符，误差增大主要反映在轨道半长径 a 和偏心率 e 上。

4.6.2 存在问题

这里有一点需要注意：当目标星与天基星的轨道相近时，在短弧情况下，$F\approx1,\ G\approx\tau$，会出现迭代收敛到天基星轨道上的现象，这可从定轨的基本方程（4.67）看出，该现象在地面跟踪定轨中不会出现。关于这一状态，需要补充“条件”，这里不再讨论。

就定轨的基本原理而言，无论是初轨确定和精密定轨之间，还是长弧定轨与短弧定轨之间，两者并无实质性差别，问题是具体实现的定轨过程和相应的方法有重大差别，这是由于两者之间的要求和定轨前提的重大差异所至，本章已作了详尽的阐述。这里再次强调：初轨确定有它特定的条件限制，即往往是在没有任何初始信息（或称先验信息）的前提下确定相应空间目标的运行轨道，必须采用区别于精密定轨的特殊迭代方式，而后者却涉及对初始信息有一定要求的多变元迭代，下面各章将论述精密定轨。

参考文献

[1] Plummer H C. An Introductory Treatise on Dynamical Astronomy. Cambridge at the University Press, 1918.

[2] Smart W M. Celestial Mechanics. University of Glasgow, 1953.

[3] Taff L G. On Initial Orbit Determination. Astro J, 1984, 89（12）: 1426-1428.

[4] Taff L G. Celestial Mechanics. New York: John Wiley & Sons, 1985.

[5] Brouwer D. Clemennce G M. Methods of Celestial Mechanics. 2nd impr. New York: Academic Press, 1985.

[6] Morton B G and Taff L G. A New Method of Initial Orbit Determination. Celest Mech, 1986, 39（2）:181~190.

[7] Danby J M A. Fundamentals of Celestial Mechanics. Richmond: Willmann-Bell, 1989.

[8] Battin R H. Introduction to the Mathematics and Methods of Astrodynamics. AIAA Education

Series. Reston: American Institute of Aeronautics and Astronautics Inc, 1999.

[9] Beutler G. Methods of Celestial Mechanics. Heideberg: Springer-Verlag Berlin, 2005.

[10] 刘林，人造地球卫星轨道力学，北京：高等教育出版社，1992.

[11] 刘林，航天器轨道理论，北京：国防工业出版社，2000.

[12] Liu Lin. Wang Xin. A Method of Orbit Computation Taking Into Account the Earth's Oblateness. Chin Astron Astrophs, 2003, 27（3）:335~339.

[13] 刘林，王建峰. 关于初轨计算. 飞行器测控学报，2004, 23（3）:41-50.

[14] 刘林， 张巍. 关于各种类型数据的初轨计算方法. 飞行器测控学报，2009，28（3）：70-76.

[15] 刘林，王歆. 月球探测器轨道力学. 北京：国防工业出版社，2006.

第5章　精密定轨的一般理论

定轨计算实际是利用含有误差的测量数据，结合航天器受到的各种外力作用，获取航天器状态的最佳估值。本书1.5节已对定轨问题的基本提法和含义作了简单阐述。关于精密定轨，传统的叫法为轨道改进，由于可以在航天器定轨的同时确定一些与轨道相关的动力学或测量上的物理参数和几何参数，对传统意义下单纯轨道改进的内容有了扩展，现称为精密定轨——轨道确定与参数估计。定轨计算一般采用基于线性估计技术的统计算法，因此也称为统计定轨。在1.5节中，根据定轨的提法和基本原理概括性地提出：航天器的定轨，必须具备跟踪测量的几何条件和支配其运动的动力学条件（直接联系到所处的力学环境和相应的受力模型），确定的轨道不仅是航天器在跟踪测量弧段内的一条拟合“曲线”（严格而言应该是六维向空间的状态），而且要能预测它的“将来”，即在一定外延弧段内的运动状态。这意味着，定轨的确切含义就是动力学定轨，相应的定轨方法就是动力学方法，简称动力法定轨。

由于在动力学模型的处理上会遇到各种困难，往往无法提供每种外力源的物理机制和数学模型，特别是那些表面力（大气、光压及相应的热辐射等）或一些随机因素，其相应的动力学条件就无法完全确定。正是由于这一原因，在具体定轨方法上相继出现了一些改进：引进处理部分无法直接模型化外力源的简化动力学模型（实为半经验模型），或直接采用硬件获得某种外力源产生的加速度（如测量表面力加速度的加速计的引用），甚至直接通过测量手段提供航天器运动过程中的位置、速度及加速度等。这些都是**动力法定轨**的一些简化处理。但是，除某些具体问题的应用（如地球重力场模型确定中加速度计的应用等）外，定轨的最终目的还是要全面解决动力学模型问题（即使是获取半经验模型），否则就不能解决航天器的轨道预报问题，而达到一定精度要求的轨道预报，又恰恰是衡量定轨精度高低的一个重要标志。

在精密定轨方法方面，目前国际上有一些优秀的精密定轨计算软件，如哥达德航天飞行中心的地球动力学分析软件包（GEODYN）、Texas 大学空间研究中心

（CSR）开发的多星定轨程序（MSODP）和 Texas 大学统计分析轨道处理软件（UTOPIA）等，这些软件均采用完整的动力学定轨方法[1~3]。随着 GPS 等全球连续跟踪技术的出现，航天器定轨的几何条件得到极大改善，于是，在某些新的硬件条件（如加速度计等）同时具备的条件下，可以在动力学条件的处理上做一些改进，丰富精密定轨的方法。除 GPS 系统着重解决辐射压半经验模型（简称光压模型）的 GAMIT 软件[4,5]外，还相继出现了一些简化处理方法[6~8]，由于基本原理不变，这些方法具体的处理细节不再介绍。为了让读者对精密定轨有一个清晰的概念，下面结合完整的动力学定轨原理，阐明精密定轨的一般理论。

5.1　精密定轨的数学原理

5.1.1　精密定轨基本方程的建立

本书 1.5 节中已提到在精密定轨中，习惯用符号 X 和 Y 分别表示状态量和观测量。状态量 X 包括航天器的轨道量和待估参数。关于轨道量，通常都是用航天器的位置矢量 $\vec{r}$ 和速度矢量 $\dot{\vec{r}}$ 表示，如果是环绕型探测器，亦可用轨道根数表示，记作 σ，它是一个六维矢量。待估参数则记作 β，亦作为一个多维矢量处理。于是状态量可表示为

$$X=\begin{pmatrix}\vec{r}\\ \dot{\vec{r}}\\ \beta\end{pmatrix} \quad 或 \quad X=\begin{pmatrix}\sigma\\ \beta\end{pmatrix} \tag{5.1}$$

注意，这里的轨道量 σ 不要与第 4 章中式（4.25）和式（4.56）中有关量的定义相混淆。$\vec{r}$ 和 $\dot{\vec{r}}$ 是航天器在所采用坐标系中的位置矢量和速度矢量，而同一坐标系中的 6 个轨道根数 σ 常采用 Kepler 根数或无奇点根数表示，$\vec{r},\dot{\vec{r}}$ 和 σ 是等价的，两者之间的选择视具体问题和定轨方法而定。待估参数 β 包括影响航天器轨道的各力学因素中的有关物理参数、测站坐标的几何参数及卫星的星体参数等有待改进的部分，那些认为可靠的各物理和几何参数将作为确定的常数不在其内。状态量 X 是 n 维列矢量，$n \geqslant 6$。就目前的测量技术而言，观测量 Y 包括光学或射电测角资料[赤道坐标（α,δ）或地平坐标（A,h）]、雷达和激光测距资料 ρ、多普勒测速资料 $\dot{\rho}$ 及天基测量的点位资料 $\vec{r}(x,y,z)$ 等。只要与卫星运动有关的量均可作为观测量，而且观测站可以是地基站，亦可以是天基站，这两种观测站分别对应不同的运动性质。

观测量Y是m维列矢量，$m \geqslant 1$。

观测量Y与航天器的状态量X（指轨道量和待估参数）有如下函数关系，即

$$Y = Y(X,t) \tag{5.2}$$

此即测量方程，其中观测时刻t的状态量$X(t)$满足下列状态、微分方程——常微初值问题，即

$$\begin{cases} \dot{X} = F(X,t) \\ t_0, \quad X(t_0) = X_0 \end{cases} \tag{5.3}$$

上式相应的解为状态方程，即

$$X(t) = X(t_0, X_0; t) \tag{5.4}$$

这一解可以是分析形式，即由分析方法求解常微初值问题方程（5.3）获得，亦可以是离散形式，即由数值方法求解常微初值问题方程（5.3）给出。两者的表达形式都较为复杂，均为非线性函数，很难直接而简单地给出相应的状态转移矩阵$\Phi(t_0,t)$，即

$$\boldsymbol{\Phi}(t_0,t) = \left(\frac{\partial X}{\partial X_0}\right) \tag{5.5}$$

这是一个$(n \times n)$维方阵。状态转移矩阵$\Phi(t_0,t)$的建立，是动力学定轨中的一个重要环节，它将一列观测量$t_j, Y_j (j = 1,2 \cdots, k)$从动力学角度联系起来，从而可得出历元$t_0$时刻待定轨航天器的状态量$X_0$，使得确切意义下的定轨明确区别于测量资料的简单拟合计算（几何法定轨）。

根据测量方程，每次跟踪测量采样，得出如下关系，即

$$Y_O = H(X,t) + V \tag{5.6}$$

式中，Y_O即观测量的测量值，H是相应观测量的理论值，V是测量误差。在精密定轨中，原则上要求V只含随机差，理论上要求它是白噪声。关于测量系统差，只要建立相应的模型V，即可记入测量方程（5.6）的右端。

由于待估状态量X_0（对应历元t_0）的真值无法得到（这正是待估的原因），因此相应的$X(t)$亦无法获得其真值。若将待估状态量X_0的近似值定义为状态量的参考值，记作X_0^*，相应的$X(t)$记为X_0^*，有

$$X^*(t) = X(t_0, X_0^*; t) \tag{5.7}$$

可将上述测量关系公式（5.6）在参考状态量X_0^*处进行展开，丢弃高次项$O({x_0}^2)$，即线性化，从而给出精密定轨的基本方程（亦称条件方程）为

$$y = \tilde{\boldsymbol{B}} x_0 + V \tag{5.8}$$

其中

$$y = Y_O - Y_C \tag{5.9}$$

$$Y_C = H(X^*, t) \tag{5.10}$$

$$x_0 = X_0 - X_0^* \tag{5.11}$$

$$\tilde{\boldsymbol{B}} = \left(\left(\frac{\partial Y}{\partial X} \right) \left(\frac{\partial X}{\partial X_0} \right) \right)_{X^*} \tag{5.12}$$

Y_C 就是观测量的理论计算值，y 称为残差，x_0 即待估状态量 X_0 的改正值，$\tilde{\boldsymbol{B}}$ 矩阵中的 $\left(\frac{\partial Y}{\partial X}\right)$ 是测量矩阵 H_X，而 $\left(\frac{\partial X}{\partial X_0}\right)$ 即前面所说的状态转移矩阵 $\varPhi(t_0, t)$，见式（5.5）。

航天器精密定轨即在上述线性化基础上进行，以迭代方式解决线性化带来的问题。迭代过程中由大量观测采样数据 $Y_j(j = 1, \cdots, k)$ 求解条件方程（5.8），给出待估状态量 X_0 的改正值 $\hat{x}_{0/k}$，从而给出历元 t_0 时刻达到精度要求的状态量 $X_0 = \hat{X}_{0/k}$，则

$$\hat{X}_{0/k} = X_0^* + \hat{x}_{0/k} \tag{5.13}$$

$\hat{x}_{0/k}$ 和 $\hat{X}_{0/k}$ 表示采用某种最优估计方法求解条件方程（5.8）获得的在某种意义下的最优解（或称最优估值），下标 k 表示引用了 k 次采样数据。

事实上，上述定轨过程是一个迭代过程，即第一次由初始信息 $X_0^* = \hat{X}_0^{(0)}$ 给出 $\hat{X}_{0/k}$ 后基本上是达不到精度要求的，可由它作为 X_0 的近似值再重复前面的计算过程（即迭代过程），直到满足精度要求为止，故定轨结果由下列迭代过程提供，即

$$\hat{X}_{0/k}^{(i)} = X_{0/k}^{(i-1)} + \hat{x}_{0/k}^{(i)}, \quad i = 1, 2, \cdots$$

式中，$\hat{X}_{0/k}^{(i-1)}$（$i = 1$ 时对应 $\hat{X}_0^{(0)}$）即作为每次迭代计算的参考值 X_0^*，迭代收敛的判据将根据残差 y 的某种组合形式的大小来设定。这种迭代过程是逐渐减小测量方程线性化引起的截断误差的常用手段，根据这一迭代过程可知：最后的改正量 x_0 是较小的，因此，条件方程（5.8）中对 $\tilde{\boldsymbol{B}}$ 矩阵的要求并不像对观测量理论计算值 Y_C 的要求那么高，后者原则上要求达到观测量采样数据 Y_O 的精度，而 $\tilde{\boldsymbol{B}}$ 矩阵的计算可作适当简化，其简化的实质是对状态转移矩阵 $\varPhi$ 的计算而言，因为测量矩阵 $\boldsymbol{H}_X$ 往往是可以精确给出的，这在后面的相关章节中会论述。

5.1.2　决定精密定轨精度的几个环节

从精密定轨的基本方程（5.8）的特征及其必须通过迭代获得定轨解的过程不难看出，制约定轨精度的主要环节有如下。

1. 观测量采样值 Y_O 的精度

这取决于第 3 章所提到的测量设备硬件的水平，以及相应的资料处理过程中的误差修正结果。因为航天器运行的真实轨道是“无法”知道的，只能由跟踪测量采样信息（不是轨道）来体现，因此可以说采样值 Y_O 的精度是制约定轨精度的前提，也可以认为定轨精度达到采样值的精度是最理想的结果。

2. 观测量理论计算值 Y_C 的精度

这归结为对状态微分方程（5.3）的求解，其精度取决于求解常微分方程的数学方法及该方程右函数 $F(X,t)$ 的精度，而 $F(X,t)$ 精度的高低正是航天器运行环节所对应的力学模型真实性程度的反映。求解常微分方程的数学方法并不会带来麻烦，可以说，在跟踪测量精度一定的前提下，对航天器运行所处的力学环境模型化的精确程度，是决定定轨精度高低的重要环节，同时也是制约轨道预报精度高低的关键。这在低轨和高轨地球卫星的定轨和预报中已有充分体现，前者和后者分别是大气模型和光压模型问题的反映，它既涉及大气和光压的物理机制和数学模型，又涉及航天器自身的几何形状和表面物理性能。

3. $\tilde{B}$ 矩阵的计算，特别是其中的状态转移矩阵 $\boldsymbol{\Phi}$ 的计算

尽管它的计算也涉及对状态微分方程（5.3）的求解，但对它的要求已无须像对观测量理论计算值 Y_C 的要求那么高，可以进行适当简化，因为其作用仅仅是提供迭代过程中获取改正量 x_0 的系数，此系数只会影响迭代收敛的快慢，而一般不会影响收敛结果的精度。作者曾在多个定轨软件（包括高精度定轨和一般精度定轨）上作过试算，在某种简化的前提下，迭代次数的增加通常只有 1 次。关于简化的内容，不仅是力模型，具体的计算方法也可以简化，如在数值法定轨中，同样可采用简化的分析表达式提供状态转移矩阵 $\boldsymbol{\Phi}$，而不会影响定轨精度，参考文献[9]所提及一书中给出了在高精度定轨软件中所作的比对，证实了对状态转移矩阵 $\boldsymbol{\Phi}$ 的模型和计算方法同时简化的效果。

5.2 定轨求解涉及的数学方法

根据上述精密定轨的数学原理可以看出，定轨计算主要包括两大部分：

（1）条件方程（5.8）的构成。

（2）条件方程（5.8）的具体求解。

关于条件方程（5.8）的构成，将涉及如下几个量的计算：

① 提供定轨所采用的测量数据 Y_O，这是定轨过程中首先要做的观测资料的数据处理工作，其内容在前面第 3 章中有相应的论述。

② 提供定轨中对应测量数据的理论计算值 Y_C，这涉及航天器运动对应的常微分方程的求解。

③ $\tilde{B}$ 矩阵的计算，这涉及与轨道有关的一些微分运算。

上述条件方程（5.8）构造过程中的各种运算，虽然都有成熟的数学方法，但它的计算背景却涉及航天器运动的轨道力学，必须具备相应的轨道力学知识，特别是状态微分方程（5.3）的求解，这也是定轨过程中最主要、计算量最大的部分，其实质就是航天器轨道的外推计算。关于轨道外推，是航天器轨道预报中的主要部分，其计算方法通常有两类，即分析方法和数值方法（相应的定轨方法亦称为分析法定轨和数值法定轨）。这些内容将在后面第 6～10 章中分别作详细介绍。

关于条件方程（5.8）的具体求解，则是另一类在多资料（资料的维数是 $m\times k,\ m\geqslant 1$）的前提下，具体求解条件方程（5.8）的估计方法。通常状态下，该方程中待估量 x_0 的维数远远低于定轨中采用资料的维数，即 $n\gg m\times k$，这涉及最优估计方法，但就数学方法而言，它与轨道力学并无直接关系，相关内容将在本章后面 3 节中介绍。至于多变元迭代需要满足一定条件的迭代初值问题，同样是定轨中要考虑的一个环节，但这是一个对运动轨道的初始信息的要求，而不是单纯的计算方法问题。该要求在合作目标的定轨中容易解决，而在非合作目标的定轨中必须加以重视，这往往需要采用短弧初轨确定的方法提供必要的迭代初值，相关内容详见前面的第 4 章。

5.3　估值理论及常用的几种最优估计方法

定轨的条件方程（5.8）是一线性代数方程组。测量采样 k 次，相应方程组的维数是 $(m\times k)$，通常采样量较大，$(m\times k)\gg n$，n 是待估状态量的维数。因此，如何充分利用采样数据的统计特性，给出待估状态量 X_0 的最优估值亦是精密定轨中的一个重要环节。有关最优估计理论的基本原理，可见参考文献[10～13]，本节将对其作简单介绍。

估计理论实际上是根据状态方程和测量方程，按概率统计和优化的原理对系统的状态或参数作出估计。对一个连续动态系统，其 t 时刻的状态由多维矢量 $X(t)$ 表示。描述状态 $X(t)$ 演变的方程通常受到系统误差的影响，同样描述观测量 $Y(t)$ 与状态量 $X(t)$ 关系的测量方程也不可避免地受到测量噪声的影响。这个系统可用数学形式描述为

$$\begin{cases} \dot{X} = F(X,t) + Q \\ Y = H(X,t) + V \end{cases} \tag{5.14}$$

式中，Y 实为观测量的测量值，Q 和 V 分别为动态系统模型误差和测量噪声。一般地，$F(X,t)$ 和 $H(X,t)$ 都是复杂的非线性函数。如果上述动态系统是航天器在各种力因素作用下的运动过程，那么该过程就是精密定轨，给出的状态估计是航天器的状态矢量，如 $(\vec{r},\dot{\vec{r}};\beta)$ 或 (σ,β)，其中 β 可以是参与估计的力模型涉及的物理参数或航天器本体的星体参数等。

所谓最优估计，是指在某一估计准则条件下对上述动态系统求得的最优估计值。如果换了一个估计准则，这一估计就不一定是最优的。实践中，根据经验和不同的需要，人们提出了多种估计准则：最小方差准则、极大似然准则、极大验后准则、线性最小方差准则及最小二乘准则等。对应每一种准则都分别有相应的估计方法，例如最小方差估计、极大似然估计，极大验后估计、线性最小方差估计及最小二乘估计方法等。

事实上，观测量 Y 对应的是动态测量中的随机量。航天器精密定轨中的估计问题可归结为：有一随机观测（矢量）序列 $Y_1,Y_2,\cdots,Y_k$，要给出非随机或随机（矢）量 X（航天器轨道量及相关的待估参数）的估计。通常将 X 的估计写为 $\hat{X}$，显然，$\hat{X}$ 是随机序列 $Y_1,Y_2,\cdots,Y_k$ 的函数，由于 $Y_j(1\leqslant j\leqslant k)$ 是随机量，$\hat{X}$ 亦是随机量，一般可以表示为

$$\hat{X}_k = g(Y_1,Y_2,\cdots,Y_k) \tag{5.15}$$

式中，$\hat{X}_k$ 的下标 k 表示依据 k 个观测量的估计。不同的函数 g 将给出不同的估计，如何衡量一个估计值的优劣？下面将在介绍常用的几种估计方法中逐一说明。

1．一致估计

定义 1：如果序列 $\{\hat{X}_k\}$ 随机收敛到 X，则称 $\hat{X}_k$ 为 X 的一致估计。其含义是，对任何 $\varepsilon>0$，有

$$\lim_{k\to\infty} P(|\hat{X}_k - X| > \varepsilon) = 0 \tag{5.16}$$

式中，P 为概率函数。这表明，如果 $\hat{X}_k$ 是 X 的一致估计，则当样本 Y_k 的数量 k 充

分大时，估计 $\hat{X}_k$ 在其真值 X 的附近。

2．无偏估计

如果随机序列 $Y_1,Y_2,\cdots,Y_k$ 有 N 个重复独立取样，设第 n 次取样为 $Y_1^{(n)},Y_2^{(n)},\cdots,Y_k^{(n)}$，用第 n 次取样求得的 X 的估计值记作 $\hat{X}_k^{(n)}$。很自然，将要求

$$\frac{1}{N}\sum_{n=1}^{N}\hat{X}_k^{(n)}$$

当 N 充分大时，趋于 X 的均值。具有这种性质的估计，就是无偏估计，可作如下定义。

定义 2：如果关系式

$$E\hat{X}_k = EX \tag{5.17}$$

成立，则称 $\hat{X}_k$ 为 X 的无偏估计，这里 $E\hat{X}_k$ 表示随机量 $\hat{X}_k$ 的数学期望，即平均值。如果关系式

$$\lim_{k\to\infty} E\hat{X}_k = EX \tag{5.18}$$

成立，则称 $\hat{X}_k$ 为 X 的渐近无偏估计。

无偏性将保证估计 $\hat{X}$ 在真值 X 的附近摆动，但没有指明这种摆动幅度的大小。下面将要介绍的最小方差估计将保证这种摆动幅度的平均值达到极小。

3．最小方差估计

定义 3：如果估计误差 $\hat{X}-X$ 的方差达到极小，即

$$\mathrm{Var}(\hat{X}-X)=E(\hat{X}-X)(\hat{X}-X)^{\mathrm{T}}=\min \tag{5.19}$$

则称 $\hat{X}$ 为 X 的最小方差估计。这里 T 表示转置，而 min 是对一切可能的估计 $\hat{X}$ 而言。

无偏最小方差估计通常又称为均方意义下的最优估计，它既保证估计 $\hat{X}$ 在真值 X 的附近摆动，又保证这种摆动幅度的平均值达到极小。这里的最优估计，是指在一切线性[$g(Y_1,Y_2,\cdots,Y_k)$ 是 $Y_1,Y_2,\cdots,Y_k$ 的线性函数]和非线性无偏估计中使方差达到极小的一种估计。

4．线性无偏最小方差估计

无偏最小方差估计未必是线性的，因此这里要介绍的线性无偏最小方差估计，一般不是均方意义下的最优估计。

所谓线性估计，是指 X 的估计 $\hat{X}$ 为观测量 Y 的线性函数，一般形式如下，即

$$\hat{X} = AY + C \tag{5.20}$$

考虑X为n维随机矢量，Y为m维随机矢量，A则为$n\times m$维矩阵，C为n维非随机矢量。引进线性估计是由于在很多实际应用中将会涉及。

5．最小二乘估计

最小二乘估计是一种古典的估计方法，该方法早在 200 多年前高斯（Gauss, 1809）的天体定轨（即轨道改进）问题中就已采用，随着最优估计理论的发展，古典最小二乘估计也被赋予了新的内容。古典最小二乘估计只是残差平方和达极小意义下的一种估计，从最优估计的观点来看，它是一个线性无偏估计，但一般来说，它不是线性无偏最小方差估计，只有在赋予最优加权的前提下，它才是线性无偏最小方差估计。这种取最优加权的最小二乘估计通常又称为马尔可夫（Markov）估计。

（1）古典最小二乘估计

考虑下列线性系统，即

$$\begin{cases} X_l = \boldsymbol{\Phi}_{l,0} X_0 \\ Y_l = \boldsymbol{H}_l X_l + \boldsymbol{V}_l \end{cases} \quad (l = 1, 2, \cdots, k) \tag{5.21}$$

其中，观测序列$Y_1, Y_2, \cdots, Y_k$对应时间序列$t_1, t_2, \cdots, t_k$，X_0对应时刻t_0，$t_0 \epsilon [t_1, t_k]$，这一系统中状态量X的动态方程和观测量Y的测量方程均为线性的。X为非随机矢量（n维），$\boldsymbol{\Phi}_{l,0}$是$n\times n$维的状态转移矩阵。观测量Y是m维随机矢量，$\boldsymbol{H}_l$为$m\times n$维测量矩阵。$\boldsymbol{V}_l$为测量噪声，假定均值为零，且方差矩阵为

$$\begin{cases} E\boldsymbol{V}_l\boldsymbol{V}_l^{\mathrm{T}} = \boldsymbol{R}_l & (\boldsymbol{R}_l > 0) \\ E\boldsymbol{V}_l\boldsymbol{V}_s^{\mathrm{T}} = 0 & (l \neq s) \end{cases} \tag{5.22}$$

由观测序列$Y_1, Y_2, \cdots, Y_k$获得的X_0的最小二乘估计$X_{0/k}$，它使残差平方和达到极小。残差平方和记作U，即

$$U = \sum_{l=1}^{k} (Y_l - \boldsymbol{H}_l \boldsymbol{\Phi}_{l,0} \hat{X}_{0/k})^{\mathrm{T}} (Y_l - \boldsymbol{H}_l \boldsymbol{\Phi}_{l,0} \hat{X}_{0/k}) \tag{5.23}$$

要求其达到极小：$U = \min$，应满足

$$\frac{\partial U}{\partial \hat{X}_{0/k}} = -2\sum_{l=1}^{k} \boldsymbol{\Phi}_{l,0}^{\mathrm{T}} \boldsymbol{H}_l^{\mathrm{T}} (Y_l - \boldsymbol{H}_l \boldsymbol{\Phi}_{l,0} \hat{X}_{0/k}) = 0$$

因此得

$$\left(\sum_{l=1}^{k} \boldsymbol{\Phi}_{l,0}^{\mathrm{T}} \boldsymbol{H}_l^{\mathrm{T}} \boldsymbol{H}_l \boldsymbol{\Phi}_{l,0} \right) \hat{X}_{0/k} = \sum_{l=1}^{k} \left(\boldsymbol{\Phi}_{l,0}^{\mathrm{T}} \boldsymbol{H}_l^{\mathrm{T}} \right) Y_l \tag{5.24}$$

方程（5.24）通常称为法化方程（Normal Equation），简称法方程，而矩阵

$$\sum_{l=1}^{k}(H_l\boldsymbol{\Phi}_{l,0})^{\mathrm{T}}(H_l\boldsymbol{\Phi}_{l,0}) \tag{5.25}$$

就称为法化矩阵。

方程（5.24）是关于 n 维矢量 $\hat{X}_{0/k}$ 的线性方程组，能唯一确定其解的充要条件是 $(n\times n)$ 维法化矩阵，即式（5.25）是正定的，亦即要求矩阵 $(H_l\boldsymbol{\Phi}_{l,0})$ 是满秩的。这一要求就是通常所说的可观测性，即可由观测序列 $Y_1,Y_2,\cdots,Y_k$ 唯一确定线性系统，即式（5.21）在时刻 t_0 的状态 X_0。其解为

$$\hat{X}_{0/k}=\left(\sum_{l=1}^{k}\boldsymbol{\Phi}_{l,0}^{\mathrm{T}}H_l^{\mathrm{T}}H_l\boldsymbol{\Phi}_{l,0}\right)^{-1}\left(\sum_{l=1}^{k}\boldsymbol{\Phi}_{l,0}^{\mathrm{T}}H_l^{\mathrm{T}}Y_l\right) \tag{5.26}$$

不难证明上述古典最小二乘估计 $\hat{X}_{0/k}$ 是 X_0 的无偏估计，有

$$E\hat{X}_{0/k}=\left(\sum_{l=1}^{k}\boldsymbol{\Phi}_{l,0}^{\mathrm{T}}H_l^{\mathrm{T}}H_l\boldsymbol{\Phi}_{l,0}\right)^{-1}\left(\sum_{l=1}^{k}\boldsymbol{\Phi}_{l,0}^{\mathrm{T}}H_l^{\mathrm{T}}EY_l\right)$$

而

$$EY_l=E(H_lX_l+V_l)=H_lX_l+EV_l=H_l\boldsymbol{\Phi}_{l,0}X_0$$

代入上式得

$$E\hat{X}_{0/k}=\left(\sum_{l=1}^{k}\boldsymbol{\Phi}_{l,0}^{\mathrm{T}}H_l^{\mathrm{T}}H_l\boldsymbol{\Phi}_{l,0}\right)^{-1}\left(\sum_{l=1}^{k}\boldsymbol{\Phi}_{l,0}^{\mathrm{T}}H_l^{\mathrm{T}}H_l\boldsymbol{\Phi}_{l,0}\right)X_0=X_0 \tag{5.27}$$

由此可知，古典最小二乘是线性无偏估计，保证了估计 $\hat{X}_0$ 在真值 X_0 附近摆动，并使估计的残差平方和 U 达极小。

显然，古典最小二乘估计没有充分利用大量随机采样数据的统计特性，这是受限于当时的实际背景。随着测量技术的提高和最优估计理论的发展，古典最小二乘估计也被赋予了新的内容，如最优加权的考虑，下面将介绍。

（2）加权最小二乘估计

考虑随机采样数据具有不同的精度，假定一测量序列 $Y_1,Y_2,\cdots,Y_k$，相应地有权矩阵序列 $\boldsymbol{W}_1,\boldsymbol{W}_2,\cdots,\boldsymbol{W}_k$，皆为正定矩阵。加权残差平方和为

$$U=\sum_{l=1}^{k}(Y_l-H_l\boldsymbol{\Phi}_{l,0}\hat{X}_{0/k})^{\mathrm{T}}\boldsymbol{W}_l(Y_l-H_l\boldsymbol{\Phi}_{l,0}\hat{X}_{0/k}) \tag{5.28}$$

由 $\dfrac{\partial U}{\partial \hat{X}_{0/k}}=0$，得

$$\left(\sum_{l=1}^{k}\boldsymbol{\Phi}_{l,0}^{\mathrm{T}}H_l^{\mathrm{T}}\boldsymbol{W}_lH_l\boldsymbol{\Phi}_{l,0}\right)\hat{X}_{0/k}=\sum_{l=1}^{k}\left(\boldsymbol{\Phi}_{l,0}^{\mathrm{T}}H_l^{\mathrm{T}}\right)\boldsymbol{W}_lY_l \tag{5.29}$$

这就是加权法方程，由此可得加权最小二乘估计 $\hat{X}_{0/k}$ 的计算公式为

$$\hat{X}_{0/k}=\left(\sum_{l=1}^{k}\boldsymbol{\Phi}_{l,0}^{\mathrm{T}}\boldsymbol{H}_{l}^{\mathrm{T}}\boldsymbol{W}_{l}\boldsymbol{H}_{l}\boldsymbol{\Phi}_{l,0}\right)^{-1}\left(\sum_{l=1}^{k}\boldsymbol{\Phi}_{l,0}^{\mathrm{T}}\boldsymbol{H}_{l}^{\mathrm{T}}\boldsymbol{W}_{l}Y_{l}\right) \tag{5.30}$$

可以证明加权最小二乘估计 $\hat{X}_{0/k}$ 也是无偏估计，即

$$E\hat{X}_{0/k}=X_0$$

由此可给出估计误差为

$$\begin{aligned}\hat{X}_{0/k}-X_0&=\hat{X}_{0/k}-E\hat{X}_{0/k}\\&=\left(\sum_{l=1}^{k}\boldsymbol{\Phi}_{l,0}^{\mathrm{T}}\boldsymbol{H}_{l}^{\mathrm{T}}\boldsymbol{W}_{l}\boldsymbol{H}_{l}\boldsymbol{\Phi}_{l,0}\right)^{-1}\left(\sum_{l=1}^{k}\boldsymbol{\Phi}_{l,0}^{\mathrm{T}}\boldsymbol{H}_{l}^{\mathrm{T}}\boldsymbol{W}_{l}\boldsymbol{V}_{l}\right)\end{aligned}$$

相应的误差方差矩阵为

$$\begin{aligned}\mathrm{Var}(\hat{X}_{0/k}-X_0)=&\left(\sum_{l=1}^{k}\boldsymbol{\Phi}_{l,0}^{\mathrm{T}}\boldsymbol{H}_{l}^{\mathrm{T}}\boldsymbol{W}_{l}\boldsymbol{H}_{l}\boldsymbol{\Phi}_{l,0}\right)^{-1}\times\\&\left(\sum_{l=1}^{k}\boldsymbol{\Phi}_{l,0}^{\mathrm{T}}\boldsymbol{H}_{l}^{\mathrm{T}}\boldsymbol{W}_{l}\boldsymbol{R}_{l}\boldsymbol{W}_{l}\boldsymbol{H}_{l}\boldsymbol{\Phi}_{l,0}\right)\left(\sum_{l=1}^{k}\boldsymbol{\Phi}_{l,0}^{\mathrm{T}}\boldsymbol{H}_{l}^{\mathrm{T}}\boldsymbol{W}_{l}\boldsymbol{H}_{l}\boldsymbol{\Phi}_{l,0}\right)^{-1}\end{aligned} \tag{5.31}$$

其中用到$\boldsymbol{V}_l$ 的性质[（见式（5.22））和$\boldsymbol{W}_l=\boldsymbol{W}_l^{\mathrm{T}}$。不难证明，当权矩阵$\boldsymbol{W}_l$取$\boldsymbol{R}_l^{-1}$时，上述方差达极小。这里证明从略，详细过程可阅读参考文献[12]提及一书中的第14 章。

当取最优加权，即

$$\boldsymbol{W}_l=\boldsymbol{R}_l^{-1} \tag{5.32}$$

时，有如下估计结果，即

$$\hat{X}_{0/k}=\left(\sum_{l=1}^{k}\boldsymbol{\Phi}_{l,0}^{\mathrm{T}}\boldsymbol{H}_{l}^{\mathrm{T}}\boldsymbol{R}_{l}^{-1}\boldsymbol{H}_{l}\boldsymbol{\Phi}_{l,0}\right)^{-1}\left(\sum_{l=1}^{k}\boldsymbol{\Phi}_{l,0}^{\mathrm{T}}\boldsymbol{H}_{l}^{\mathrm{T}}\boldsymbol{R}_{l}^{-1}Y_{l}\right) \tag{5.33}$$

相应的估计误差方差阵$\mathrm{Var}(\hat{X}_{0/k}-X_0)$记作$\boldsymbol{P}_{0/k}$，由下式表示，即

$$\boldsymbol{P}_{0/k}=\left(\sum_{l=1}^{k}\boldsymbol{\Phi}_{l,0}^{\mathrm{T}}\boldsymbol{H}_{l}^{\mathrm{T}}\boldsymbol{R}_{l}^{-1}\boldsymbol{H}_{l}\boldsymbol{\Phi}_{l,0}\right)^{-1} \tag{5.34}$$

这一估计是线性无偏方差达极小意义下的最优估计，这在当代精密定轨等工作中常被引用。但是，由于观测序列$\{Y_k\}$很难达到式（5.32）的要求，因此权矩阵$\boldsymbol{W}_l$的选择实际上会受到限制，在航天器精密定轨中往往会以其他选择来代替。

5.4 估值算法——批处理算法与序贯处理算法

这里主要针对定轨中采用的最小二乘估计介绍两种算法：批处理算法和递推算法。

5.4.1　批处理算法

批处理算法是最小二乘估计的经典算法，即 5.3 节阐述的观测序列 $Y_1,Y_2,\cdots,Y_k$ 的所有采样值同时参与估计过程，给出 t_0 时刻状态量 X_0 的估计值 $\hat{X}_{0/k}$。采用这种算法有其历史原因，即过去天文观测所取得的资料不多，也不需要“快速”给出结果。而当今应用背景已大不相同，不仅观测数据量大，还需要快速给出结果，这就在上述最小二乘估计算法中发展了下面要介绍的递推算法。递推算法避免大量的数据存储，又可快速获得估计值。

若将一个观测序列的全部数据改写成 $Y_1,Y_2,\cdots,Y_k,Y_{k+1},\cdots Y_{k+s}$，批处理算法就是整批数据参加解算，由加权最小二乘公式（5.30）给出全部观测数据的最优估计，即

$$\hat{X}_{k/k+s}=\left(\sum_{l=1}^{k+s}\boldsymbol{\Phi}_{l,k}^{\mathrm{T}}\boldsymbol{H}_l^{\mathrm{T}}\boldsymbol{W}_l\boldsymbol{H}_l\boldsymbol{\Phi}_{l,k}\right)^{-1}\left(\sum_{l=1}^{k+s}\boldsymbol{\Phi}_{l,k}^{\mathrm{T}}\boldsymbol{H}_l^{\mathrm{T}}\boldsymbol{W}_lY_l\right) \tag{5.35}$$

下标 $k/k+s$ 中 k 表示状态量 $\hat{X}$ 对应的时刻 t_k，$k+s$ 表示使用了 $k+s$ 组数据进行的最优估计。k 可以随意选取 1 至 $k+s$ 中的任意数值，相应的时刻 t_k 代替了式（5.30）中的估计历元 t_0，这种表达方式是为了引入下面的递推算法。图 5.1 为批处理算法的流程。

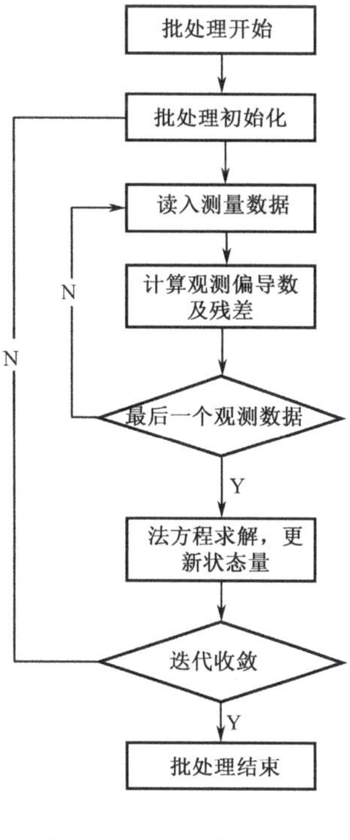

图 5.1　批处理算法的流程

5.4.2　递推算法与序贯处理算法

最小二乘的递推算法可用下述过程说明：将观测序列 $Y_1,Y_2,\cdots,Y_k,Y_{k+1},Y_{k+2},\cdots,Y_{k+s}$ 分成两批（亦可分成多批），首先由 $Y_1,Y_2,\cdots,Y_k$ 获得 X_k 的最小二乘估计 $\hat{X}_{k/k}$，然后丢掉这一批观测量，再利用估计 $\hat{X}_{k/k}$ 和后一批观测量 $Y_{k+1},Y_{k+2},\cdots,Y_{k+s}$ 求得状态 X_{k+s} 的最小二乘估计 $\hat{X}_{k+s/k+s}$，这不同于批处理算法中将 $k+s$ 个观测量作为一批处理而获得 $\hat{X}_{0/k+s}$（这里 X_0 对应的 t_0 即 t_{k+s}）的过程。

按上述最小二乘估计公式（5.33）和（5.34）得出

$$\hat{X}_{k+s/k+s}=\left(\sum_{l=1}^{k+s}\boldsymbol{\Phi}_{l,k+s}^{\mathrm{T}}\boldsymbol{H}_l^{\mathrm{T}}\boldsymbol{W}_l\boldsymbol{H}_l\boldsymbol{\Phi}_{l,k+s}\right)^{-1}\left(\sum_{l=1}^{k+s}\boldsymbol{\Phi}_{l,k+s}^{\mathrm{T}}\boldsymbol{H}_l^{\mathrm{T}}\boldsymbol{W}_lY_l\right) \tag{5.36}$$

$$\boldsymbol{P}_{k+s/k+s}=\left(\sum_{l=1}^{k+s}\boldsymbol{\Phi}_{l,k+s}^{\mathrm{T}}\boldsymbol{H}_l^{\mathrm{T}}\boldsymbol{W}_l\boldsymbol{H}_l\boldsymbol{\Phi}_{l,k+s}\right)^{-1} \tag{5.37}$$

若令

$$\hat{X}_{k+s/k}=\boldsymbol{\Phi}_{k+s,k}\hat{X}_{k/k} \tag{5.38}$$

$$\boldsymbol{P}_{k+s/k}=\boldsymbol{\Phi}_{k+s,k}\boldsymbol{P}_{k/k}\boldsymbol{\Phi}_{k+s,k}^{\mathrm{T}} \tag{5.39}$$

并利用$\boldsymbol{\Phi}_{k+s,k}^{-1}=\boldsymbol{\Phi}_{k,k+s}$，则得出如下结果，即

$$\begin{aligned}\hat{X}_{k+s/k+s}=&\left(\boldsymbol{P}_{k+s/k}^{-1}+\sum_{l=k+1}^{k+s}\boldsymbol{\Phi}_{l,k+s}^{\mathrm{T}}\boldsymbol{H}_l^{\mathrm{T}}\boldsymbol{W}_l\boldsymbol{H}_l\boldsymbol{\Phi}_{l,k+s}\right)^{-1}\\&\times\left(\boldsymbol{P}_{k+1/k}^{-1}\hat{X}_{k+s/k}+\sum_{l=k+1}^{k+s}\boldsymbol{\Phi}_{l,k+s}^{\mathrm{T}}\boldsymbol{H}_l^{\mathrm{T}}\boldsymbol{W}_lY_l\right)\end{aligned} \tag{5.40}$$

$$\boldsymbol{P}_{k+s/k+s}=\left(\boldsymbol{P}_{k+s/k}^{-1}+\sum_{l=k+1}^{k+s}\boldsymbol{\Phi}_{l,k+s}^{\mathrm{T}}\boldsymbol{H}_l^{\mathrm{T}}\boldsymbol{W}_l\boldsymbol{H}_l\boldsymbol{\Phi}_{l,k+s}\right)^{-1} \tag{5.41}$$

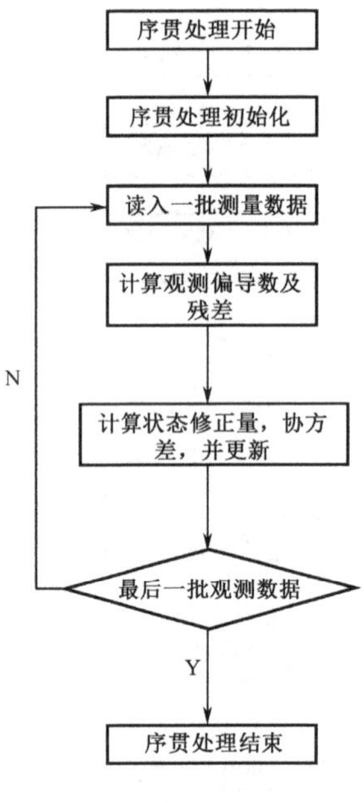

图 5.2　序贯处理流程

式（5.38）～（5.41）就构成了最小二乘估计得递推公式，可以称$\hat{X}_{k+s/k}$为预估值，$\boldsymbol{P}_{k+s/k}$即预估值误差方差阵。显然，上述分批不限于两批，对线性系统而言，这种由式(5.38)～(5.41)的分批递推给出的最小二乘估计$\hat{X}_{k+s/k+s}$与由前面批处理给出的估计结果是等价的。

序贯处理[14]可以用下述过程进行说明：将观测历元时刻$t_1,t_2,\cdots,t_k,t_{k+1},\cdots,t_{k+s}$对应的观测数据$Y_1,Y_2,\cdots,Y_k,Y_{k+1},\cdots,Y_{k+s}$分为两批，首先由$Y_1,Y_2,\cdots,Y_k$获得$X$的最优估计，然后丢掉这批观测数据，再利用估计值与后一批数据$Y_{k+1},Y_{k+2},\cdots,Y_{k+s}$求得新的最优估计，这不同于批处理算法中将$k+s$个观测数据一并处理获得最优估计的过程。简单地说，序贯处理就是利用之前获取的估计信息与最新的观测数据再进行一次估计，其处理流程见图 5.2。

假设已知利用$Y_1,Y_2,\cdots,Y_k$的估值$\hat{X}_k$和协方差矩阵$\hat{\boldsymbol{P}}_k$，则再结合$Y_{k+1},\cdots,Y_{k+s}$获取t_{k+s}时刻的状态量为

$$\begin{cases}\hat{X}_{k+s}=\bar{X}_{k+s}+\boldsymbol{K}_{k+s}(Y_{k+s}-\boldsymbol{H}_{k+s}\bar{X}_{k+s})\\ \hat{\boldsymbol{P}}_{k+s}=(I-\boldsymbol{K}_{k+s}\boldsymbol{H}_{k+s})\bar{\boldsymbol{P}}_{k+s}\end{cases} \tag{5.42}$$

其中

$$\begin{cases}\boldsymbol{K}_{k+s}=\bar{\boldsymbol{P}}_{k+s}\boldsymbol{H}_{k+s}^{\mathrm{T}}(\boldsymbol{H}_{k+s}\bar{\boldsymbol{P}}_{k+s}\boldsymbol{H}_{k+s}^{\mathrm{T}}+\boldsymbol{W}_{k+s}^{-1})^{-1}\\ \bar{X}_{k+s}=\boldsymbol{\Phi}_{k+s,k}\hat{X}_{k}\\ \bar{\boldsymbol{P}}_{k+s}=\boldsymbol{\Phi}_{k+s,k}\bar{\boldsymbol{P}}_{k}\boldsymbol{\Phi}_{k+s,k}^{\mathrm{T}}\end{cases} \tag{5.43}$$

公式（5.42）与（5.43）构成了序贯处理的递推公式，$\bar{X}_{k+s}$ 为预报值，$\bar{\boldsymbol{P}}_{k+s}$ 为预报协方差阵。根据上述方法，可以将观测时间序列分为若干批次，每次处理一批数据，处理后丢掉该批数据，并递推去处理下一批数据。

式中，s 表示新批次观测数据的个数，其值可以任意选取，当取值 $s=1$ 时，就可以构成类似于卡尔曼（Kalman）滤波的逐步递推公式。

5.4.3　具有先验值的最小二乘估计

一般的最小二乘估计是没有状态量 X_0 的先验值的（或称先验估计），这是最小二乘估计与卡尔曼滤波的一个重要区别。但是，利用上一段最小二乘递推算法，同样可导出具有先验估计条件下的最小二乘估计公式。

除有一测量序列 $Y_1,Y_2,\cdots,Y_k$ 外，对 t_0 时刻的状态量 X_0 还有一个先验估计值 $\hat{X}_{0/0}$，并知道 $\hat{X}_{0/0}$ 的估计误差方差阵 $\boldsymbol{P}_{0/0}$（又称 $\boldsymbol{P}_{0/0}^{-1}$ 为先验权）。在此情况下，由式（5.40）～（5.43）不难得出具有先验估计的最小二乘估计，计算公式如下，即

$$\hat{X}_{k/0}=\boldsymbol{\Phi}_{k,0}\hat{X}_{0/0} \tag{5.44}$$

$$\boldsymbol{P}_{k/0}=\boldsymbol{\Phi}_{k,0}\boldsymbol{P}_{0/0}\boldsymbol{\Phi}_{k,0}^{\mathrm{T}} \tag{5.45}$$

$$\hat{X}_{k/k}=\left(\boldsymbol{P}_{k/0}^{-1}+\sum_{l=1}^{k}\boldsymbol{\Phi}_{l,k}^{\mathrm{T}}\boldsymbol{H}_l^{\mathrm{T}}\boldsymbol{R}_l^{-1}\boldsymbol{H}_l\boldsymbol{\Phi}_{l,k}\right)^{-1}\left(\boldsymbol{P}_{k/0}^{-1}\hat{X}_{k/0}+\sum_{l=1}^{k}\boldsymbol{\Phi}_{l,k}^{\mathrm{T}}\boldsymbol{H}_l^{\mathrm{T}}\boldsymbol{R}_l^{-1}Y_l\right) \tag{5.46}$$

$$\boldsymbol{P}_{k/k}=\left(\boldsymbol{P}_{k/0}^{-1}+\sum_{l=1}^{k}\boldsymbol{\Phi}_{l,k}^{\mathrm{T}}\boldsymbol{H}_l^{\mathrm{T}}\boldsymbol{R}_l^{-1}\boldsymbol{H}_l\boldsymbol{\Phi}_{l,k}\right)^{-1} \tag{5.47}$$

或

$$\hat{X}_{0/k}=\left(\boldsymbol{P}_{0/0}^{-1}+\sum_{l=1}^{k}\boldsymbol{\Phi}_{l,0}^{\mathrm{T}}\boldsymbol{H}_l^{\mathrm{T}}\boldsymbol{R}_l^{-1}\boldsymbol{H}_l\boldsymbol{\Phi}_{l,0}\right)^{-1}\left(\boldsymbol{P}_{0/0}^{-1}\hat{X}_{0/0}+\sum_{l=1}^{k}\boldsymbol{\Phi}_{l,0}^{\mathrm{T}}\boldsymbol{H}_l^{\mathrm{T}}\boldsymbol{R}_l^{-1}Y_l\right) \tag{5.48}$$

$$\boldsymbol{P}_{0/k}=\left(\boldsymbol{P}_{0/0}^{-1}+\sum_{l=1}^{k}\boldsymbol{\Phi}_{l,0}^{\mathrm{T}}\boldsymbol{H}_l^{\mathrm{T}}\boldsymbol{R}_l^{-1}\boldsymbol{H}_l\boldsymbol{\Phi}_{l,0}\right)^{-1} \tag{5.49}$$

其中，$\hat{X}_{k/0}$ 就可看作初始预估值，$\boldsymbol{P}_{k/0}$ 为其预报误差方差阵。

本节所介绍的最小二乘估计方法，已在航天器精密定轨中得到了广泛的应用，特别在事后处理中，批处理算法成为主要算法，而在某些实时处理中，常采用由递推算法派生出的序贯估计算法。

5.5 待估参数与考察参数

航天器精密定轨计算是利用航天器测轨数据，对航天器的初始状态参数（轨道参数与动力学参数、运动学参数）进行改进的过程。所有的待估状态参数构成一组状态量，记为X，这是一个n维矢量，通常$n \geqslant 6$。状态量也可以表示为

$$X = \begin{bmatrix} \vec{r} \\ \dot{\vec{r}} \\ \vec{p}_s \\ \vec{p}_o \end{bmatrix}$$

式中，$\vec{p}_s$为卫星运动模型参数矢量，$\vec{p}_o$为观测模型参数矢量。

根据不同参数在定轨计算中的采用，参数又可分为 3 类：常值参数，这类参数被认为是确定的，不包含任何误差，在定轨计算中作为常数对待；待估参数，此类参数被认为存在误差，并在定轨计算中参与解算；考察参数，此类参数存在误差，但在定轨计算中不进行解算，只参与分析该参数的误差对其他参数的影响。

这 3 类参数并非固定不变，不同场合下可以相互转换。比如光压系数C_R，在定轨计算中作为常值参数时，直接采用先验值，不予解算；作为待估参数时，在定轨计算中对先验值进行改进；作为考察参数时，在定轨计算中不予解算，但是引入其先验协方差信息，待估参数的协方差考虑该先验协方差信息。

参考文献

[1] Cappellari J O, Velez C E, Fuchs A J. Mathematical Theory of Goddard Trajectory Determination System, 1976.

[2] Mccarthy J J, Rowton S, Moore D, et al. GEODYN II System Description. NASA, 1993, 1.

[3] Oliver M, Eberhard G. Satellite Orbits, Models, Methods, and Applications. Berlin Springer, 2000.

[4] Henry F F, Thomas E G. Solar Force Model of Block IIR Global Positioning System Satellites. Journal of Spacecraft and Rockets, 1996,33（6）:863-866.

[5] Pringer T A, Beutler G, Rothacher M A New Solar Radiation Pressure Model for GPS. Advanced

in Space Research, 1999, 23（4）:673-676.

[6] Visser P N, Ijssel J V D. Aiming at a 1-cm Orbit for Low Earth Orbiters: Reduced-dynamic and Kinematic Precise Orbit Determination. Space Science Reviews, 2003, 108: 27-36.

[7] Jayles C, Costs M. Ten Centimeter Orbits in Real-time Onboard of a Satellite, DORIS-DIODE Current Status. Acta Astron, 2004, 54（5）: 315-323.

[8] Jerome R V. Fifty Years of Orbit Determination: Development of Modern Astrodynamics Methods. Johns Hopkins APL Technical Digest, 2007, 27（3）: 239-252.

[9] 刘林，张强，廖新浩. 人卫精密定轨中的算法问题，中国科学（A），1998，28（9）:848-856. Liu Lin, Zhang Qiang, Liao Xinhao. Problem of Algorithm in Precision Orbit Determination. Science in China （Series A）, 1999，42（5）:552-560.

[10] 贾沛璋, 朱征桃. 最优估计及应用. 北京: 科学出版社, 1984.

[11] 贾沛璋. 误差分析与数据处理. 北京: 国防工业出版社, 1992.

[12] 刘林. 人造地球卫星轨道力学. 北京：高等教育出版社，1992.

[13] Tapley B D, Schutz B E, Born G H. Statistical Orbit Determination. London: Academic Press, 2004.

[14] Tapley B D, Peters J G. A Sequential Estimation Algorithm Using a Continuous UDUT Covariance Factorization. J Guid Cont, 1980, 3（4）: 326-331.

第 6 章　运动微分方程中的右函数及其偏导数

航天器在飞行过程中会受到各种各样的外力作用。总体而言，航天器受到的作用力可以分为：保守力和非保守力[1~3]。保守力包括太阳、月球及大行星等天体的质点引力和非质点引力，无蚀情况下的太阳辐射压力等，而非保守力则包括大气阻力（耗散力），有蚀情况下的太阳辐射压及航天器的姿轨控、卸载作用力等。航天器受到的作用力也可分为：体力和表面力两大类，前者与航天器的表面形状无关，如天体的质点引力等，而后者则与承受力的表面形状有直接关系，如大气阻力和太阳辐射压力等。

航天器的运动微分方程采用第 2 章给出的普遍适用形式，对应一般限制性 $(n+1)$ 体问题模型，其中 1 即航天器，有 n 个外力源，相应的运动归结为下列运动微分方程——常微初值问题，即

$$\begin{cases} \ddot{\vec{r}} = \vec{F}_0 + \sum\limits_{i=2}^{n} \vec{F}_i, \\ \vec{F}_0 = -\dfrac{\mu}{r^3}\vec{r}, \\ t_0: \vec{r}(t_0) = \vec{r}_0, \quad \dot{\vec{r}}(t_0) = \dot{\vec{r}}_0 \end{cases} \tag{6.1}$$

其中，$\vec{r},\dot{\vec{r}}$ 即航天器在所选定坐标系中的位置矢量和速度矢量，方程右函数 $\vec{F}_0$ 和 $\vec{F}_i$ 是所有外力作用产生的加速度，$\vec{F}_0$ 是中心引力加速度，即对应上述 n 个外力源的 $\vec{F}_1$，为了突出其特定地位，改记作 $\vec{F}_0$，$\mu = G(M+m) = GM$，它是被选定的中心天体的引力常数，坐标系的原点即在此中心天体的质心，所有其他外力源引起的加速度 $\vec{F}_i$ $(i=2,3,\cdots,n)$ 的大小不受任何限制。对地球卫星而言，坐标系的原点即地球质心，相应的坐标系就是 J2000.0 地心天球坐标系，在此力学背景下，外力源引起的加速度 $\vec{F}_i$ $(i=2,3,\cdots,n)$ 的大小，相对地球中心引力加速度 $\vec{F}_0$ 的大小则均为小量。

针对当今空间探测中航天器所承受的外力状况，本章将分别考虑 8 类外力作

用：中心天体引力、第三体引力、天体非球形引力、天体潮汐形变效应、太阳辐射压、大气阻力、后牛顿效应和姿轨控推力。只有在上述运动微分方程（6.1）正确建立后，才能提供精密定轨基本方程（5.8）中所需要的观测量的理论计算值 Y_C（进而给出残差 y）和待估状态量 X_0 迭代改正的系数矩阵 $\tilde{\boldsymbol{B}}$，无论是数值法定轨还是分析法定轨，均是如此。

为表达方便，将上述 8 类外力作用产生的加速度依次记作 $\vec{F}_0,\vec{F}_2,\cdots,\vec{F}_8$，下面分别给出这 8 类外力加速度及其相应偏导数的数学表达式。

6.1 中心天体引力加速度

这里的中心天体是作为一个等密度球体处理的，对航天器的作用等价于质点引力作用，相应的引力加速度即式（6.1）中的 $\vec{F}_0$。

中心天体引力加速度对航天器位置矢量、速度矢量的偏导数为

$$\frac{\partial \vec{F}_0}{\partial \vec{r}} = -G\left(M+m\right)\frac{\partial}{\partial \vec{r}}\left(\frac{\vec{r}}{r^3}\right) \tag{6.2}$$

$$\frac{\partial}{\partial \vec{r}}\left(\frac{\vec{r}}{r^3}\right) = \frac{1}{r^3}\left(I_{3\times3} - \frac{3}{r^2}\begin{bmatrix} x^2 & xy & xz \\ xy & y^2 & yz \\ xz & yz & z^2 \end{bmatrix}\right) \tag{6.3}$$

$$\frac{\partial \vec{F}_0}{\partial \dot{\vec{r}}} = 0 \tag{6.4}$$

式（6.3）中的 $I_{3\times3}$ 是 (3×3) 阶单位对角阵。

中心天体引力加速度对引力常数 GM 的偏导数为

$$\frac{\partial \vec{F}_0}{\partial (GM)} = -\frac{\vec{r}}{r^3} \tag{6.5}$$

6.2 第三体引力加速度

除中心天体之外，影响航天器运动的其他天体称为第三体，其作为质点产生的引力加速度称为第三体引力加速度。中心天体、航天器与第三体的相对位置如图 6.1 所示，据此，在中心天体坐标系中，第三体作用于航天器的引力加速度 $\vec{F}_2$ 为

$$\vec{F}_2(m') = -Gm'\left(\frac{\vec{\Delta}}{\Delta^3} + \frac{\vec{r}'}{r'^3}\right) \tag{6.6}$$

式中，m'为第三体质量，$\vec{r}'$为第三体相对中心天体的位置矢量，$\vec{\Delta}$为航天器相对第三体的位置矢量，即$\vec{\Delta} = \vec{r} - \vec{r}'$。

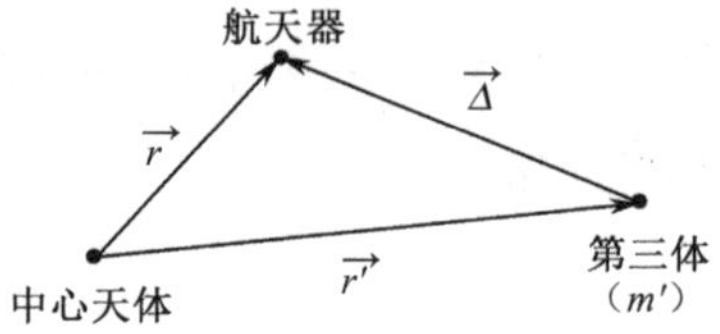

图 6.1　航天器与第三体的相对位置

第三体引力加速度对位置矢量、速度矢量的偏导数为

$$\frac{\partial \vec{F}_2}{\partial \vec{r}} = \frac{Gm'}{\Delta^3}\begin{bmatrix} \frac{3\Delta_x^2}{\Delta^2}-1 & \frac{3\Delta_x\Delta_y}{\Delta^2} & \frac{3\Delta_x\Delta_z}{\Delta^2} \\ \frac{3\Delta_x\Delta_y}{\Delta^2} & \frac{3\Delta_y^2}{\Delta^2}-1 & \frac{3\Delta_y\Delta_z}{\Delta^2} \\ \frac{3\Delta_x\Delta_z}{\Delta^2} & \frac{3\Delta_y\Delta_z}{\Delta^2} & \frac{3\Delta_z^2}{\Delta^2}-1 \end{bmatrix} \tag{6.7}$$

$$\frac{\partial \vec{F}_2}{\partial \dot{\vec{r}}} = 0 \tag{6.8}$$

式中，$\Delta_x, \Delta_y, \Delta_z$为$\vec{\Delta}$的分量，$\Delta = \left(\vec{\Delta}\cdot\vec{\Delta}\right)^{1/2}$。

第三体引力加速度对第三体引力常数的偏导数为

$$\frac{\partial \vec{F}_2}{\partial (Gm')} = -\left(\frac{\vec{\Delta}}{\Delta^3} + \frac{\vec{r}'}{r'^3}\right) \tag{6.9}$$

6.3　天体非球形引力加速度

太阳系中，自然天体都不是正球体，且质量分布亦不均匀，其对航天器的引力作用不能简单地作为质点引力来考虑。尽管如此，任一天体对航天器的引力显然是保守力，存在相应的引力位，记作V，在其引力场中，一个试验质点（这里即指航天器）所承受的引力加速度可由引力位V的梯度表示，即

$$\vec{F}\left(\vec{R}\right)=\operatorname{grad}V\left(\vec{R}\right)=\left(\frac{\partial V}{\partial \vec{R}}\right)^{\mathrm{T}} \tag{6.10}$$

式中，$\vec{R}=\vec{R}\left(X,Y,Z\right)$，是试验质点在该星体坐标系中的位置矢量，$V\left(\vec{R}\right)$是引力位在试验质点处的值。

关于星体坐标系，即星固坐标系，若引力天体是地球，就是地固坐标系，其标准名称为国际地球参考系，见前面 1.2 节介绍，同样有月固坐标系、火固坐标系等[1,2]。

6.3.1　引力位$V\left(\vec{R}\right)$的具体表达式

要给出非球形引力加速度，首先就要给出相应的非球形引力位$V(\vec{R})$的具体表达式。为了使其不失一般性，下面就以地球为例阐明引力位函数$V(\vec{R})$的表达式，它同样适用于太阳系其他大行星甚至小行星。事实上，这种位函数的构建方法和具体表达形式，人们并不陌生，本书没有必要再去重复这些细节，只作一些必要的阐明。若有进一步的需求，可见本章参考文献[2～4]及相应的位势理论书籍。

将地球分解成若干小体积元，每个体积元小到可看成一个质点 p，质量记为 $\mathrm{d}M$，其地心位置矢量记为$\vec{\rho}\left(\xi,\eta,\zeta\right)$，于是有

$$V\left(\vec{R}\right)=\iiint\frac{G\mathrm{d}M}{R'} \tag{6.11}$$

这一积分是对整个地球进行的。其中 R' 是地球外试验质点 p 到地球内小体积元 $\mathrm{d}M$ 的距离，有

$$\begin{aligned}R'^2&=\left(X-\xi\right)^2+\left(Y-\eta\right)^2+\left(Z-\zeta\right)^2\\&=R^2+\rho^2-2R\rho\cos\psi\end{aligned} \tag{6.12}$$

$$\cos\psi=\left(\frac{\vec{R}}{R}\right)\cdot\left(\frac{\vec{\rho}}{\rho}\right)=\frac{1}{R\rho}\left(X\xi+Y\eta+Z\zeta\right) \tag{6.13}$$

ψ 为试验质点 p 与体积元 $\mathrm{d}M$ 对地心的张角。由于 $\rho<R$，有下列展开式，即

$$\begin{aligned}\frac{1}{R'}&=\left(R^2+\rho^2-2R\rho\cos\psi\right)^{-1/2}\\&=\frac{1}{R}\sum_{l=0}^{\infty}\left(\frac{\rho}{R}\right)^l P_l\left(\cos\psi\right)\end{aligned} \tag{6.14}$$

其中，$P_l\left(\cos\psi\right)$为$\cos\psi$ 的 l 阶勒让德（Legendre）多项式，有 $P_0\left(\cos\psi\right)=1$。将该表达式代入式（6.11），得

$$V(\vec{R})=\iiint\frac{G}{R}\left[1+\sum_{l=1}^{\infty}\left(\frac{\rho}{R}\right)^{l}P_l(\cos\psi)\right]\mathrm{d}M \tag{6.15}$$

对于试验质点 p 和体积元 $\mathrm{d}M$ 的地心位置矢量 $\vec{R}=\vec{R}(X,Y,Z)$ 和 $\vec{\rho}(\xi,\eta,\zeta)$，在地固坐标系中，其直角坐标与相应的球坐标关系如下，即

$$\vec{R}=\begin{pmatrix}X\\Y\\Z\end{pmatrix}=\begin{pmatrix}R\cos\varphi\cos\lambda\\R\cos\varphi\sin\lambda\\R\sin\varphi\end{pmatrix} \tag{6.16}$$

$$\vec{\rho}=\begin{pmatrix}\xi\\\eta\\\zeta\end{pmatrix}=\begin{pmatrix}\rho\cos\varphi'\cos\lambda'\\\rho\cos\varphi'\sin\lambda'\\\rho\sin\varphi'\end{pmatrix} \tag{6.17}$$

其中，(φ,λ) 和 (φ',λ') 分别为地固坐标系中试验质点和体积元的地心纬度和经度。于是由球面三角关系可得出

$$\cos\psi=\sin\varphi\sin\varphi'+\cos\varphi\cos\varphi'\cos(\lambda-\lambda') \tag{6.18}$$

勒让德多项式 $P_l(\cos\psi)$ 又可展为下列形式（读者可参阅有关特殊函数之类书籍），即

$$\begin{aligned}P_l(\cos\psi)=\sum_{m=0}^{l}2^{\delta}\frac{(l-m)!}{(l+m)!}\big[&P_{lm}(\sin\varphi)\cos m\lambda P_{lm}(\sin\varphi')\cos m\lambda'\\&+P_{lm}(\sin\varphi)\sin m\lambda P_{lm}(\sin\varphi')\sin m\lambda'\big]\end{aligned} \tag{6.19}$$

$$\delta=\begin{cases}0, & m=0\\1, & m\neq 0\end{cases} \tag{6.20}$$

其中，$P_{lm}(\sin\varphi)$ 是 $\sin\varphi$ 的缔合勒让德多项式，当 $m=0$ 时即退化为一般的勒让德多项式 $P_l(\sin\varphi)$，关于这两种多项式的具体表达式和计算方法将在下面 **6.3.3** 节中介绍。

将 $P_l(\cos\psi)$ 的展开式代入式（6.15），得出

$$\begin{aligned}V(\vec{R})=\frac{GM}{R}\Bigg\{&\iiint\frac{\mathrm{d}M}{M}+\frac{1}{M}\iiint\sum_{l=1}^{\infty}\left(\frac{\rho}{R}\right)^{l}\sum_{m=0}^{l}P_{lm}(\sin\varphi)\left(2^{\delta}\frac{(l-m)!}{(l+m)!}\right)\\&\times\left[P_{lm}(\sin\varphi')\cos m\lambda'\cos m\lambda+P_{lm}(\sin\varphi')\sin m\lambda'\sin m\lambda\right]\mathrm{d}M\Bigg\}\end{aligned} \tag{6.21}$$

若记

$$\begin{cases}C_{lm}=2^{\delta}\dfrac{(l-m)!}{(l+m)!}\left(\dfrac{1}{Ma_e^{\,l}}\right)\iiint\rho^{l}P_{lm}(\sin\varphi')\cos m\lambda'\mathrm{d}M\\[2ex]S_{lm}=2^{\delta}\dfrac{(l-m)!}{(l+m)!}\left(\dfrac{1}{Ma_e^{\,l}}\right)\iiint\rho^{l}P_{lm}(\sin\varphi')\sin m\lambda'\mathrm{d}M\end{cases} \tag{6.22}$$

则式（6.21）变为

$$V\left(\vec{R}\right)=\frac{GM}{R}\left\{1+\sum_{l=1}^{\infty}\sum_{m=0}^{l}\left(\frac{a_e}{R}\right)^l P_{lm}\left(\sin\varphi\right)\left[C_{lm}\cos m\lambda+S_{lm}\sin m\lambda\right]\right\} \tag{6.23}$$

这里引进了两个常数 M 和 a_e，前者为天体的总质量，对地球而言，即符号 E，后者是地球参考椭球体的赤道半径。

系数 C_{lm},S_{lm} 是无法直接由积分表达式（6.22）得出的，因地球的形状和密度分布没有具体表达形式（其他天体亦如此），这组引力位系数实际上是通过卫星和地面大地测量综合平差给出的，在给出这些引力位系数的同时，也给出了一个相应的地球参考椭球体，包括地心引力常数 GE，赤道半径 a_e 和形状扁率 f 等。如果该引力场模型作为地球参考系（即地固坐标系）的依据，那么该参考椭球体中心（当作"地心"）即作为与其关联的地固坐标系的坐标原点，其 Z 轴方向就指向地球中间极 TIP（见 1.2 节）。

式（6.23）即地球引力场位函数的一般表达形式，尽管这种采用球谐函数作为展开项系数的级数收敛较慢，但迄今为止，还没有更好的形式可以代替，对于太阳系的大行星而言，它是一个常用的表达形式，甚至对于某些形状稍微规则的那些小行星，也能适用。该表达式中第一部分对应一球形天体，而后面第二部分级数求和中的各项即非球形修正项，对球形修正的大小，就反映了形状的不规则性和内部质量分布的不均匀性，这些均由两组系数 C_{lm} 和 S_{lm} 的数值来体现。

在式（6.23）中的引力位函数中，$P_{lm}\left(\sin\varphi\right)$ 的值对不同的 l 和 m 相差会很大，相应的谐系数也因此而有较大的起伏，这不仅不能清楚地表明非球形部分对密度均匀球体的偏离程度，而且也给数值计算带来不便。为了避免这种情况，常采用归一化的球函数 $\overline{P}_{lm}\left(\sin\varphi\right)$ 代替 $P_{lm}\left(\sin\varphi\right)$，定义为

$$\overline{P}_{lm}\left(\sin\varphi\right)=P_{lm}\left(\sin\varphi\right)/N_{lm} \tag{6.24}$$

$$N_{lm}=\left[\frac{(l+m)!}{(1+\delta)(2l+1)(l-m)!}\right]^{1/2} \tag{6.25}$$

其中，δ 的意义同前，见式（6.20）。未归一化的球函数 $P_{lm}\left(\sin\varphi\right)$ 的模为

$$\left[P_{lm}\left(\sin\varphi\right)\right]=\left[(2-\delta)\frac{2\pi(l+m)!}{(2l+1)(l-m)!}\right]^{1/2} \tag{6.26}$$

而归一化的球函数 $\overline{P}_{lm}\left(\sin\varphi\right)$ 的模则为

$$\left[\overline{P}_{lm}\left(\sin\varphi\right)\right]=\sqrt{4\pi},\quad m=0,1,2,\cdots,l \tag{6.27}$$

这表明归一化球函数的值不存在大的起伏，相应的归一化的谐系数 $\bar{C}_{lm}$ 和 $\bar{S}_{lm}$ 也因此不再出现较大的起伏，除非相应的天体质量分布极不均匀。在此定义下，归一化的地球引力位函数可写成

$$V(\vec{R})=\frac{\mu}{R}\{1+\sum_{l=1}^{\infty}\sum_{m=0}^{l}\left(\frac{a_e}{R}\right)^l \bar{P}_{lm}(\sin\varphi)\left[\bar{C}_{lm}\cos m\lambda+\bar{S}_{lm}\sin m\lambda\right]\} \tag{6.28}$$

$$\begin{cases}\bar{C}_{lm}=C_{lm}\cdot N_{lm}\\ \bar{S}_{lm}=S_{lm}\cdot N_{lm}\end{cases} \tag{6.29}$$

也可将带谐项（对应 $m=0$，$\bar{P}_{l,0}=\bar{P}_l$）与田谐项分开，即

$$\begin{aligned}V(\vec{R})=\frac{\mu}{R}\Bigg\{&1+\sum_{l=1}^{\infty}\bar{C}_l\left(\frac{a_e}{R}\right)^l \bar{P}_l(\sin\varphi)\\ &+\sum_{l=1}^{\infty}\sum_{m=1}^{l}\left(\frac{a_e}{R}\right)^l \bar{P}_{lm}(\sin\varphi)\left[\bar{C}_{lm}\cos m\lambda+\bar{S}_{lm}\sin m\lambda\right]\Bigg\}\end{aligned} \tag{6.30}$$

其中，$\mu=GM$。对于地球而言，归一化后的谐系数，除 $\bar{C}_2=\bar{C}_{2,0}$ 的量级接近10^{-3}外，其余各系数 $\bar{C}_{lm}$ 和 $\bar{S}_{lm}$ 的量级为$10^{-6}\sim10^{-7}$，或更小些。这表明地球基本上是旋转扁球体，太阳系中的各大行星亦如此。扁的程度取决于自转角速度的快慢，相应的 $\bar{C}_2$ 值就是其定量的体现。

对地球而言，由于引力场模型精度的不断提高，相应的参考椭球体中心也就愈来愈接近地球质心，表征地球质心坐标的一阶球谐系数 $\bar{C}_{1,m}$ 和 $\bar{S}_{1,m}$ 就愈接近零。事实上，目前的一些高精度地球引力场模型提供的引力位系数 $\bar{C}_{1,m}$ 和 $\bar{S}_{1,m}$ 就是如此，例如与国际地球参考系相关联的 WGS84 模型，其 $\bar{C}_{1,0}$，$\bar{C}_{1,1}$ 和 $\bar{S}_{1,1}$ 值均置 0.00000000E-00。那么，相应的地球引力位函数式（6.28）中对 l 的求和就从 2 起始，这是常用形式，即

$$V(\vec{R})=\frac{\mu}{R}\left\{1+\sum_{l=2}^{\infty}\sum_{m=0}^{l}\left(\frac{a_e}{R}\right)^l \bar{P}_{lm}(\sin\varphi)\left[\bar{C}_{lm}\cos m\lambda+\bar{S}_{lm}\sin m\lambda\right]\right\} \tag{6.31}$$

该形式又可分为两个部分，即作为等密度球体（相当于质点）的零阶部分和对其修正的非球形部分，分别记作 V_0 和 ΔV，表达形式如下，即

$$V_0(\vec{R})=V_0(R)=\frac{\mu}{R} \tag{6.32}$$

$$\Delta V(\vec{R})=\frac{\mu}{R}\left\{\sum_{l=2}^{\infty}\bar{C}_l\left(\frac{a_e}{R}\right)^l \bar{P}_l(\sin\varphi)+\sum_{l=1}^{\infty}\sum_{m=1}^{l}\left(\frac{a_e}{R}\right)^l\left[\bar{C}_{lm}\cos m\lambda+\bar{S}_{lm}\sin m\lambda\right]\right\} \tag{6.33}$$

6.3.2　非球形引力加速度 $\vec{F}_3(\vec{r})$ 的表达式

以地球为例，在地心天球坐标系中，有

$$\begin{aligned}\vec{F}_3(\vec{r})&=\left(\frac{\partial\Delta V}{\partial\vec{r}}\right)^{\mathrm{T}}=\left(\left(\frac{\partial\Delta V}{\partial\vec{R}}\right)\left(\frac{\partial\vec{R}}{\partial\vec{r}}\right)\right)^{\mathrm{T}}\\&=\left(\frac{\partial\vec{R}}{\partial\vec{r}}\right)^{\mathrm{T}}\left(\frac{\partial\Delta V}{\partial\vec{R}}\right)^{\mathrm{T}}=(\boldsymbol{HG})^{\mathrm{T}}\vec{F}(\Delta V)\end{aligned}\tag{6.34}$$

式中，$(\boldsymbol{HG})$ 就是前面 1.2 节中介绍的地固坐标系与地心天球坐标系之间的转换矩阵，而 $\vec{F}(\Delta V)=\left(\dfrac{\partial\Delta V}{\partial\vec{R}}\right)^{\mathrm{T}}$ 是地球非球形引力位在地固坐标系中给出的引力加速度矢量，注意，有 $R=r$。对于其他天体,亦有上述类似的转换关系。

6.3.3　地固坐标系中非球形引力加速度矢量 $\vec{F}(\Delta V)=\mathrm{grad}(\Delta V)$ 的计算

在地固坐标系下，航天器承受的非球形引力加速度 $\vec{F}(\Delta V)$ 为

$$\vec{F}(\Delta V)=\left(\frac{\partial\Delta V}{\partial\vec{R}}\right)^{T}=(\boldsymbol{STC})\begin{pmatrix}\dfrac{\partial\Delta V}{\partial R}\\\dfrac{\partial\sum V}{\partial\varphi}\\\dfrac{\partial\Delta V}{\partial\lambda}\end{pmatrix}\tag{6.35}$$

式中，$(\boldsymbol{STC})$ 是地固坐标系中球坐标分量与直角坐标分量的转换矩阵，即

$$(\boldsymbol{STC})=\frac{\partial(r,\varphi,\lambda)}{\partial(X,Y,Z)}\tag{6.36}$$

由直角坐标与球坐标的关系式（6.16）可以解出

$$\begin{cases}\sin\varphi=\dfrac{Z}{R}, & \cos\varphi=\dfrac{\sqrt{X^2+Y^2}}{R}\\\sin\lambda=\dfrac{Y}{\sqrt{X^2+Y^2}}, & \cos\lambda=\dfrac{X}{\sqrt{X^2+Y^2}}\end{cases}\tag{6.37}$$

由此即可得出转换矩阵 $(\boldsymbol{STC})$ 的具体表达式为

$$(\boldsymbol{STC})=\begin{bmatrix}\cos\varphi\cos\lambda & -\dfrac{1}{R}\sin\varphi\cos\lambda & -\dfrac{\sin\lambda}{\sqrt{X^2+Y^2}}\\ \cos\varphi\sin\lambda & \dfrac{1}{R}\sin\varphi\sin\lambda & \dfrac{\cos\lambda}{\sqrt{X^2+Y^2}}\\ \sin\varphi & \dfrac{1}{R}\cos\varphi & 0\end{bmatrix} \tag{6.38}$$

由式（6.33），非球形引力位函数对球坐标分量的偏导数可以写为

$$\begin{cases}\dfrac{\partial\Delta V}{\partial R}=-\dfrac{\mu}{R^2}\left[\sum\limits_{l=2}^{\infty}(l+1)\bar{c}_{l,0}\left(\dfrac{a_e}{R}\right)^l\bar{P}_l(\sin\varphi)+\sum\limits_{l=2}^{\infty}\sum\limits_{m=1}^{l}(l+1)\bar{P}_{lm}(\sin\varphi)T_{lm}\right]\\ \dfrac{\partial\Delta V}{\partial\varphi}=\dfrac{\mu}{R}\left[\sum\limits_{l=2}^{\infty}\bar{c}_{l,0}\left(\dfrac{a_e}{R}\right)^n\dfrac{\partial\bar{P}_l(\sin\varphi)}{\partial\varphi}+\sum\limits_{l=2}^{\infty}\sum\limits_{m=1}^{l}\dfrac{\partial\bar{P}_{lm}(\sin\varphi)}{\partial\varphi}T_{lm}\right]\\ \dfrac{\partial\Sigma V}{\partial\lambda}=\dfrac{\mu}{R}\sum\limits_{l=2}^{\infty}\sum\limits_{m=1}^{l}\bar{P}_{lm}(\sin\varphi)\dfrac{\partial T_{lm}}{\partial\lambda}\end{cases} \tag{6.39}$$

式中

$$\begin{cases}T_{lm}=\left(\dfrac{a_e}{R}\right)^l\left[\bar{C}_{lm}\cos(m\lambda)+\bar{S}_{lm}\sin(m\lambda)\right]\\ \dfrac{\partial T_{lm}}{\partial\lambda}=m\left(\dfrac{a_e}{R}\right)^n\left[\bar{S}_{lm}\cos(m\lambda)-\bar{C}_{lm}\sin(m\lambda)\right]\end{cases} \tag{6.40}$$

上述各式中涉及的勒让德多项式 $\bar{P}_l(\sin\varphi)$ 和缔合勒让德多项式 $\bar{P}_{lm}(\sin\varphi)$ 及其偏导数的计算，有多种方法，可以根据具体的应用背景去选择。下面仅给出一种参考形式，如有需要，读者可参阅本章参考文献[4，5]或有关的特殊函数书籍。

勒让德多项式的偏导数递推公式为

$$\begin{cases}\dfrac{\partial\bar{P}_{-1}(\sin\varphi)}{\partial\varphi}=0\\ \dfrac{\partial\bar{P}_0(\sin\varphi)}{\partial\varphi}=0\\ \dfrac{\partial\bar{P}_l(\sin\varphi)}{\partial\varphi}=\dfrac{\sqrt{4l^2-1}}{l}\sin\varphi\dfrac{\partial\bar{P}_{l-1}(\sin\varphi)}{\partial\varphi}-\dfrac{l-1}{l}\sqrt{\dfrac{2l+1}{2l-3}}\dfrac{\partial\bar{P}_{l-2}(\sin\varphi)}{\partial\varphi}\\ \qquad+\dfrac{\sqrt{4l^2-1}}{l}\cos\varphi\bar{P}_{l-1}(\sin\varphi)\end{cases} \tag{6.41}$$

缔合勒让德多项式的偏导数递推公式为

$$\begin{cases}\dfrac{\partial\bar{P}_{1,1}(\sin\varphi)}{\partial\varphi}=-\sqrt{3}\sin\varphi\\\dfrac{\partial\bar{P}_{l,l}(\sin\varphi)}{\partial\varphi}=-l\sqrt{\dfrac{2l+1}{2l}}\sin\varphi\bar{P}_{l-1,l-1}(\sin\varphi)\\\dfrac{\partial\bar{P}_{l+1,l}(\sin\varphi)}{\partial\varphi}=\sqrt{2l+3}\left[\sin\varphi\dfrac{\partial\bar{P}_{l,l}(\sin\varphi)}{\partial\varphi}+\cos\varphi\bar{P}_{l,l}(\sin\varphi)\right]\\\dfrac{\partial\bar{P}_{l,m}(\sin\varphi)}{\partial\varphi}=\sqrt{\dfrac{4l^2-1}{l^2-m^2}}\left[\sin\varphi\dfrac{\partial\bar{P}_{l-1,m}(\sin\varphi)}{\partial\varphi}+\cos\varphi\bar{P}_{l-1,m}(\sin\varphi)\right]\\\qquad-\sqrt{\dfrac{(2l+1)\left[(l-1)^2-m^2\right]}{(2l-3)l^2-m^2}}\dfrac{\partial\bar{P}_{l-2,m}(\sin\varphi)}{\partial\varphi}\end{cases}\tag{6.42}$$

6.3.4 非球形引力加速度 $\vec{F}_3(\vec{r})$ 对位置矢量、速度矢量的偏导数

仍以地球为例，非球形引力位加速度对航天器位置的偏导数为

$$\frac{\partial\vec{F}_3}{\partial\vec{r}}=\frac{\partial}{\partial\vec{r}}\left((\boldsymbol{HG})^{\mathrm{T}}\vec{F}(\Delta V)\right)=(\boldsymbol{HG})^{\mathrm{T}}\left(\frac{\partial\vec{F}(\Delta V)}{\partial\vec{R}}\right)(\boldsymbol{HG})\tag{6.43}$$

其中

$$\left(\frac{\partial\vec{F}(\Delta V)}{\partial\vec{R}}\right)=\frac{\partial}{\partial\vec{R}}\begin{pmatrix}\dfrac{\partial\Delta V}{\partial X}\\\dfrac{\partial\Delta V}{\partial Y}\\\dfrac{\partial\Delta V}{\partial Z}\end{pmatrix}=\begin{pmatrix}\dfrac{\partial^2\Delta V}{\partial X^2}&\dfrac{\partial^2\Delta V}{\partial X\partial Y}&\dfrac{\partial^2\Delta V}{\partial X\partial Z}\\\dfrac{\partial^2\Delta V}{\partial Y\partial X}&\dfrac{\partial^2\Delta V}{\partial Y^2}&\dfrac{\partial^2\Delta V}{\partial Y\partial Z}\\\dfrac{\partial^2\Delta V}{\partial Z\partial X}&\dfrac{\partial^2\Delta V}{\partial Z\partial Y}&\dfrac{\partial^2\Delta V}{\partial Z^2}\end{pmatrix}\tag{6.44}$$

式中，X,Y,Z 为航天器在星体坐标系下的坐标分量。

非球形引力加速度对速度的偏导数为

$$\frac{\partial\vec{F}_3}{\partial\dot{\vec{r}}}=0\tag{6.45}$$

6.3.5 关于采用球谐函数表达非球形引力位的一点注解

上述采用球谐函数表达的非球形引力位函数，在太阳系中是普遍适用的，特别是大天体（大行星和月球等），即使一些形状较规则的小行星亦如此。但有些小行

星的形状很不规则，特别是近距离探测这类小行星时会遇到困难，即采用球谐函数展开式去逼近很难达到精度要求，这是一个新问题，本书不再介绍，读者如有需要，可见本章参考文献[6]所提及一书的第 10 章。

6.4 天体潮汐形变效应

自然天体并非严格的刚体，实为弹性体，其自转的不均匀性会引起自转形变[7]，外部第三体的引力作用又会引起潮汐形变。对于地球而言，主要是潮汐形变，其他大天体也基本如此。这种潮汐形变同样会对航天器的运动产生影响。

6.4.1 潮汐形变效应简介

就地球来看，自转形变相对潮汐形变很小，在航天器的一般定轨问题中无须考虑。而潮汐形变主要表现为固体潮和海潮，但在一般定轨工作中不加区分，通常是对其作综合处理。潮汐形变的结果就是导致天体的形状和质量分布发生变化，表现为天体引力位的球谐函数展开式中的系数 $\bar{C}_{lm},\bar{S}_{lm}$ 发生变化，该效应归结为增加一个附加引力位 ΔV（确切地说应是引潮位 ΔV）。早期，日本天文学家古在由秀在处理人造地球卫星的轨道问题中曾采用过如下形式[8.9]，即

$$\Delta V=\frac{GE}{r}\left(\frac{m'}{E}\right)\sum_{l=2}^{\infty}k_l\left(\frac{a_e}{r}\right)^l\left(\frac{a_e}{r'}\right)^{l+1}P_l\left(\cos\psi^*\right) \tag{6.46}$$

式中，E 和 a_e 即地球的质量和参考椭球体赤道半径，m' 是第三体（日、月）质量，r 和 r' 为地球外部一试验质点（人造地球卫星）和第三体的地心向径，ψ^* 是卫星方向与潮峰方向之间的地心张角。式（6.46）中的另一系数量 k_l 称为 l 阶 Love 数，它是英国地球物理学家 A. E. Love 于 1909 年提出的，名称由此而来。该系数是调节引潮位的理论（即流体静力平衡理论）模型与真实地球潮汐形变之间差别的一种参数，2 阶 Love 数 k_2 的数值接近 0.30[10]。

可将式（6.46）表达的引潮位用引力位系数 C_{lm} 和 S_{lm} 的变 1 化来表达，略去推导过程，直接给出下列结果，即

$$\Delta V=\frac{GE}{r}\sum_{l=2}^{\infty}\sum_{m=0}^{l}\left(\frac{a_e}{r}\right)^l\bar{P}_{lm}\left(\sin\varphi\right)\left[\Delta\bar{C}_{lm}\cos m\lambda+\Delta\bar{S}_{lm}\sin m\lambda\right] \tag{6.47}$$

$$\begin{cases}\Delta\bar{C}_{lm}=\dfrac{k_l}{2l+1}\left(\dfrac{m'}{E}\right)\left(\dfrac{a_e}{r'}\right)^{l+1}\bar{P}_{lm}(\sin\varphi')\cos m\lambda^* \\ \Delta\bar{S}_{lm}=\dfrac{k_l}{2l+1}\left(\dfrac{m'}{E}\right)\left(\dfrac{a_e}{r'}\right)^{l+1}\bar{P}_{lm}(\sin\varphi')\sin m\lambda^*\end{cases} \tag{6.48}$$

该式中的 λ^* 定义如下

$$\lambda^*=\lambda'+\nu \tag{6.49}$$

式中，角度 ν 是期汐滞后现象对应的延迟角，即潮峰方向不是当时的日、月方向，而向东偏离了一个角度 ν。λ,φ 和 λ',φ' 各表示卫星和日、月在地固坐标系中的经纬度，但由于 λ 和 λ' 实际上在引潮位 ΔV 中是以（$\lambda-\lambda'$）形式出现的，如果不考虑岁差章动和极移，则对于 λ,φ 和 λ',φ' 而言，地心天球坐标系与地固坐标系已无区别，λ 和 λ' 也就不必明确写成 λ_G 和 λ'_G（即相对地固坐标系中的格林尼治子午线方向）。不过，对于严格的表达式，仍应对上述与坐标系有关的各种量理解为对应地固坐标系。

6.4.2　潮汐形变效应的主项（$l=2$）对航天器轨道的影响

以地球为例，考虑到表达和计算上的简便，同样采用 4.2 节中提出的归一化单位，于是有

$$\Delta\bar{V}_{2,0}=\left[\left(\frac{k_2}{5}\right)m'\left(\frac{1}{r'}\right)^3\bar{P}_2(\sin\varphi')\right]\left(\frac{1}{r}\right)^3\bar{P}_2(\sin\varphi) \tag{6.50}$$

$$\Delta\bar{V}_{2,1}=\left[\left(\frac{k_2}{5}\right)m'\left(\frac{1}{r'}\right)^3\bar{P}_{2,1}(\sin\varphi')\right]\left(\frac{1}{r}\right)^3\bar{P}_{2,1}(\sin\varphi)\cos\left(\lambda-\lambda^*\right) \tag{6.51}$$

$$\Delta\bar{V}_{2,2}=\left[\left(\frac{k_2}{5}\right)m'\left(\frac{1}{r'}\right)^3\bar{P}_{2,2}(\sin\varphi')\right]\left(\frac{1}{r}\right)^3\bar{P}_{2,2}(\sin\varphi)\cos2\left(\lambda-\lambda^*\right) \tag{6.52}$$

式中，m' 是以地球质量为单位的日、月质量。

对于低轨卫星，上述潮汐形变效应 $\Delta\bar{V}_{2m}$ 加速度的模 $F_4(k_2)=\left|\mathrm{grad}\Delta\bar{V}_{2m}\right|$ 与中心引力加速度的模 $F_0=\dfrac{1}{r^2}$ 之比为

$$\varepsilon=F_4/F_0=O\left(k_2m'\left(\frac{r}{r'}\right)^3\Big/r^5\right)=10^{-8} \tag{6.53}$$

显然，对高轨卫星（r 增大），这一影响量级更小，这是容易理解的，远离地球，当然对地球的形变就难以反映。由此可知，潮汐形变的二阶项对航天器轨道的影响已较小，那么，对于一般定轨问题，只需要考虑到二阶潮汐形变。本书的目的并不

是去研究潮汐形变理论，从一般定轨角度来看，作为天体潮汐形变效应对航天器运动的影响，考查到二阶形变即可。

6.4.3 潮汐形变效应加速度的计算

潮汐形变效应加速度 $\vec{F}_4(k_2)$ 的计算公式为

$$\vec{F}_4\left(k_2\right)=\left(\frac{\partial\sum\Delta V_{2m}}{\partial\vec{r}}\right)^{\mathrm{T}} \tag{6.54}$$

式中，潮汐形变位分成两个部分：带谐项（m=0）部分和田谐项（m=1,2）部分，相应地有

$$\left(\frac{\partial\Delta V_{2,0}}{\partial\vec{r}}\right)^{\mathrm{T}}=-k_2\beta P_2(\sin\varphi')(\frac{1}{r})^5\left\{\left[3P_2(\sin\varphi)+\sin\varphi P_2'(\sin\varphi)\right]\vec{r}-rP_2'(\sin\varphi)\vec{k}\right\} \tag{6.55}$$

$$\begin{aligned}\left(\frac{\partial\Delta V_{2,m}}{\partial\vec{r}}\right)^{\mathrm{T}}&=-k_2\beta\sum_{m=1}^{2}\frac{2(2-m)!}{(2+m)!}P_{2m}(\sin\varphi')\\&\times\left\{(\frac{1}{r})^5\left[(3P_{2m}(\sin\varphi)+\sin\varphi P_{2m}'(\sin\varphi))\vec{r}-rP_{2m}'(\sin\varphi)\vec{k}\right]\cos m(\lambda-\lambda^*)\right.\\&\left.+\frac{m}{\sqrt{x^2+y^2}}(\frac{1}{r})^3\left[P_{2m}(\sin\varphi)\sin m(\lambda-\lambda^*)\right]\vec{G}\right\}\end{aligned} \tag{6.56}$$

式中

$$\vec{k}=\begin{pmatrix}0\\0\\1\end{pmatrix},\quad \vec{G}=\begin{pmatrix}-\sin\lambda\\\cos\lambda\\0\end{pmatrix} \tag{6.57}$$

$$P_2'(\sin\varphi)=\frac{\mathrm{d}P_2(\sin\varphi)}{\mathrm{d}\sin\varphi},\quad P_{2m}'(\sin\varphi)=\frac{\mathrm{d}P_{2m}(\sin\varphi)}{\mathrm{d}\sin\varphi} \tag{6.58}$$

$P_2(\sin\varphi)$，$P_{2m}(\sin\varphi)$ 及其导数等量的计算公式为

$$P_2(\sin\varphi)=\frac{3}{2}\sin^2\varphi-\frac{1}{2},\quad P_2'(\sin\varphi)=3\sin\varphi \tag{6.59}$$

$$P_{21}(\sin\varphi)=\frac{3}{2}\sin2\varphi,\quad P_{21}'(\sin\varphi)=3\cos2\varphi/\cos\varphi \tag{6.60}$$

$$P_{22}(\sin\varphi)=3\cos^2\varphi=3(1-\sin^2\varphi),\quad P_{22}'(\sin\varphi)=-6\sin\varphi \tag{6.61}$$

$$\begin{cases}\cos\lambda=x/\sqrt{x^2+y^2}, & \sin\lambda=y/\sqrt{x^2+y^2}\\\cos2\lambda=\cos^2\lambda-\sin^2\lambda, & \sin2\lambda=2\sin\lambda\cos\lambda\end{cases} \tag{6.62}$$

6.4.4　关于潮汐形变效应加速度 $\vec{F}_4(\vec{r})$ 对位置矢量、速度矢量的偏导数问题

本章提及的外力源引起的加速度 $\vec{F}_i\ (i=2,3,\cdots,n)$ 对航天器位置矢量、速度矢量的偏导数，其目的是为了解决数值法定轨中构建状态转移矩阵 $\boldsymbol{\Phi}=\left(\dfrac{\partial X}{\partial X_0}\right)$ 的需要，这在 5.1.2 小节中对其已作过分析。像潮汐形变效应这类较小的外力因素，在状态转移矩阵 $\boldsymbol{\Phi}$ 的构建中无须考虑,故相应的偏导数不再给出,下面几节中有类似情况,也不再重复说明。

6.5　太阳辐射压

太阳辐射压是指太阳的电磁辐射与航天器表面的相互作用产生的作用力，也称为太阳光压。太阳辐射压是一种表面力，它与航天器的几何形状、表面材料的物理性能等密切相关。

太阳系中大小天体的运动与航天器的运动一样，都将受到太阳辐射压的作用，但是，在太阳系自然天体（大、小行星和自然卫星等）的运动中，人们并未注意这一问题，而当人造地球卫星上天后人们才开始关注这一问题。其原因就是因为辐射压是一种表面力，它的大小与承受辐射压作用的运动天体的有效面积质量比（简称面质比）有关，而各种航天器（如人造地球卫星）的面质比相对而言要比太阳系中的自然天体大得多，所受辐射压的影响也就十分明显，这才引起人们的重视[11~18]。

6.5.1　辐射压力（光压力）的计算

对于任一运动天体，不管它的形状和空间姿态如何，可首先取一“无限小”面元 dS 作为平面考虑，如图 6.2 所示。作用于其上的光压力为一合力，即

$$\mathrm{d}\vec{F}=\mathrm{d}\vec{F}_1+\mathrm{d}\vec{F}_2 \tag{6.63}$$

式中，$\mathrm{d}\vec{F}_{drp}$ 和 $\mathrm{d}\vec{F}_2$ 各为面元 ds 受到的光压力和反射导致的作用力，有

$$\mathrm{d}\vec{F}_1=-\rho_\odot\left(\hat{n}\cdot\hat{L}_\odot\right)\mathrm{d}s\hat{L}_\odot \tag{6.64}$$

$$\mathrm{d}\vec{F}_2=-\eta\left|\mathrm{d}\vec{F}_1\right|\hat{L}'_\odot \tag{6.65}$$

这里 $\rho_\odot$ 是面元处的光压强度，$\hat{n}$ 为所取面元 dS 的法向单位矢量，它与辐射源方向

单位矢量$\hat{L}_\odot$之间的夹角（即入射角）为θ，$d\vec{F}_2$的方向符合反射规律（见图 6.2），但其大小与面元 dS 的反射性能有关，η 是该面元的反射系数。若为完全反射，$\eta=1$，完全吸收则对应$\eta=0$，通常$0<\eta<1$。于是由式（6.63）表示的光压合力为

$$d\vec{F}=-\rho_\odot dS\cos\theta\left(\hat{L}_\odot+\eta\hat{L}'_\odot\right) \tag{6.66}$$

其中，$dS\cos\theta$为面 ds 在垂直辐射源方向的投影部分。

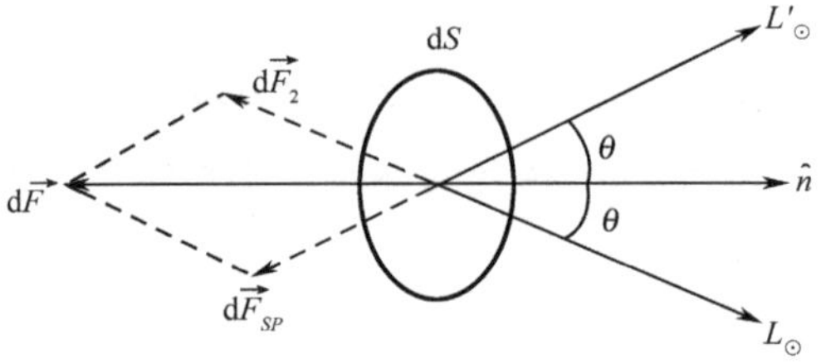

图 6.2 面元 ds 上承受的光压合力 $d\vec{F}$

为了计算光压力$d\vec{F}$，需将$\hat{L}'_\odot$用已知方向$\hat{L}_\odot$和$\hat{n}$来表达。为此引进$\hat{n}'$和τ，定义为

$$\begin{cases}\hat{n}'=\dfrac{\hat{L}_\odot\times\hat{n}}{\sin\theta}\\[2ex]\hat{\tau}=\hat{n}\times\hat{n}'=\dfrac{1}{\sin\theta}\hat{n}\times\left(\hat{L}_\odot\times\hat{n}'\right)\end{cases} \tag{6.67}$$

显然，$\hat{n}'$和$\hat{\tau}$均在面元dS内，与$\hat{n}$垂直，且$\hat{n}$，$\hat{n}'$与$\hat{\tau}$构成右手螺旋系统。根据矢量运算公式可得出

$$\begin{aligned}\hat{L}'_\odot&=\left(\hat{L}'_\odot\cdot\hat{n}\right)\hat{n}+\left(\hat{L}'_\odot\cdot\hat{\tau}\right)\hat{\tau}\\&=2\cos\theta\hat{n}-\hat{L}_\odot\end{aligned} \tag{6.68}$$

代入式（6.66）得

$$d\vec{F}=-\rho_\odot dS\cos\theta\left[\left(1-\eta\right)\hat{L}_\odot+2\eta\cos\theta\hat{n}\right] \tag{6.69}$$

于是作用在整个运动天体上的光压力即为下列面积积分，即

$$\vec{F}_\odot=-\oiint\limits_{(\omega)}\rho_\odot ds\cos\theta\left[\left(1-\eta\right)\hat{L}_\odot+2\eta\cos\theta\hat{n}\right]ds \tag{6.70}$$

这里的积分区域(ω)表示遍及运动天体承受光压力的表面部分。

如果承受体的外形为一平面（或者说是一个等效截面），面积为 S，且其尺度相对到太阳的距离很小，则式（6.70）简化为

$$\vec{F}_{\odot} = -\rho_{\odot} S\cos\theta\left[(1-\eta)\hat{L}_{\odot} + 2\eta\cos\theta\hat{n}\right] \tag{6.71}$$

若进一步，有 $\theta = 0$，即该平面法向始终指向辐射源，则有

$$\begin{cases}\vec{F}_{\odot} = -C_R S\rho_{\odot}\hat{L}_{\odot} \\ C_R = 1+\eta\end{cases} \tag{6.72}$$

对于任一航天器（如人造地球卫星），相应的光压力亦可由式（6.72）表达，S 为其等效截面积。严格而言，光压力的计算相当复杂，既涉及航天器的形状和空间姿态的几何信息，还涉及其表面材料的物理性能等多种因素，不仅如此，对于地球卫星，还有因太阳辐射而引起的地球反照和辐射效应，以及卫星本身的热效应。这正是高轨卫星定轨和预报中提高精度所遇到的关键问题，此即光压模型的精化问题，已不是一个简单的计算方法问题，这里不予讨论。下面就以式（6.72）作为一般定轨工作中所采用的光压力形式，事实上，这也是光压模型进一步精化的基础。

6.5.2　辐射压力的两种情况

两类辐射源（分别为中心天体和第三体）的辐射压效应有重大差别，下面分别阐述。

1．辐射源为中心天体

相当于深空探测器、小行星和彗星相对太阳的运动即属于这一类，辐射天体即太阳，此时作用在探测器上的光压力式（6.72）可改写为

$$\vec{F}_{\odot} = C_R S\rho_{\odot}\left(\frac{r_0^2}{r^2}\right)\left(\frac{\vec{r}}{r}\right) \tag{6.73}$$

$\rho_{\odot}$ 是对应 $r = r_0$ 处的光压强度，但仍记作 $\rho_{\odot}$。人造地球卫星承受的地球辐射压（源于对太阳辐射的反照和热辐射）也属于这一状态，辐射源就是作为中心天体的地球。

对于这种情况，若不考虑其他外力源的影响，相应的运动方程应为

$$\begin{gathered}\ddot{\vec{r}} = -\frac{\mu}{r^3}\vec{r} + \frac{\mu_{\odot}}{r^3}\vec{r} = -(\mu - \mu_{\odot})\frac{\vec{r}}{r^3} \\ \mu_{\odot} = C_R S\rho_{\odot} r_0^2\end{gathered} \tag{6.74}$$

这与二体问题无实质性差别，唯有系数 μ 改为 $\mu - \mu_{\odot}$，这种情况无须再讨论。因此，太阳辐射压对航天器运动的影响主要是针对其作为第三体出现来考虑的，即下面的第二类情况。

2．辐射源为第三体

环绕型探测器，如人造地球卫星、月球卫星等的运动状态即属于这一类，辐射源是第三体（即摄动天体）——太阳，相应的光压力公式为

$$\begin{cases}\vec{F}_{\odot}=C_R S\rho_{\odot}\left(\dfrac{\Delta_0^2}{\Delta^2}\right)\left(\dfrac{\vec{\Delta}}{\Delta}\right)\\ \vec{\Delta}=\vec{r}-\vec{r}'\end{cases}\tag{6.75}$$

式中，$\vec{r}$ 和 $\vec{r}'$ 是运动天体和第三体 m' 在选定的天球坐标系（如地心天球坐标系）中的位置矢量，$\rho_{\odot}$ 是对应 $\Delta=\Delta_0$ 处的光压强度。

上述两种情况均表明，光压力实为一中心斥力，与引力方向相反。

6.5.3 光压加速度的计算

由式（6.75）即可给出太阳辐射压对航天器产生的光压加速度，形式为

$$\vec{F}_5\left(C_R\right)=\frac{\vec{F}_{\odot}}{m}=\left(\frac{C_R S}{m}\right)\rho_{\odot}\left(\frac{\Delta_0^2}{\Delta^2}\right)\left(\frac{\vec{\Delta}}{\Delta}\right)\tag{6.76}$$

式中，m 为航天器的质量。

6.5.4 阴影遮挡处理

当航天器不在光照环境下，就不会受到光压作用。就光压作用机制而言，相应的光压加速度是连续的，只是在进、出地影时变化特别大，由一有限值很快变为零值（进阴影）或由零值很快变为一有限值（出阴影）。这对数值求解而言，实为一“间断”问题，即使对阴影不采用简单的圆柱模型也如此。对这一“间断”问题如处理不当，将明显地影响计算精度。

这里以地球卫星为例，采用柱形地影（见图 6.3）模型进行地球阴影遮挡的判断，该柱形的底半径 R 就取地球赤道半径 a_e。利用柱形地影模型判别卫星是否进入地影较为简单，当卫星与太阳的位置关系同时满足下列条件时，航天器在地影内，否则在地影外，有

$$\begin{cases}\cos\psi=\dfrac{\vec{r}'\cdot\vec{r}}{\left|\vec{r}'\cdot\vec{r}\right|}<0\\ \sin\psi<\dfrac{r}{a_e}\end{cases}\tag{6.77}$$

式中，ψ 是卫星位置矢量与太阳方向矢量之间的夹角。

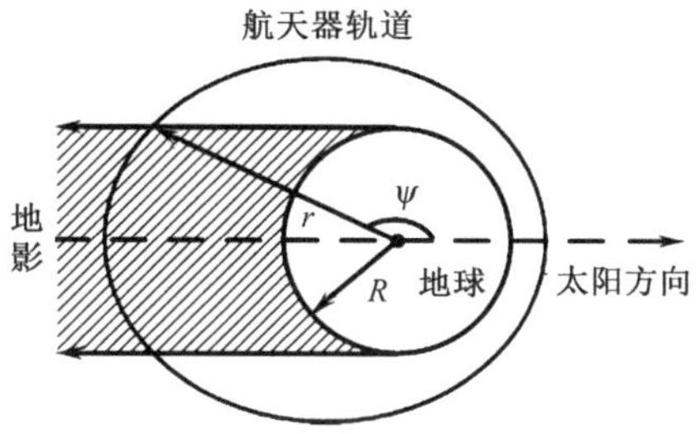

图 6.3　航天器进出地影平面图

以蚀因子 ν 表达卫星进出地影的状态，定义如下，即

$$\begin{cases}\nu = 1, & \text{地影外}\\ \nu = 0, & \text{地影内}\end{cases} \tag{6.78}$$

由此，完整的光压加速度可表示为

$$\vec{F}_5(C_R) = \nu\left(\frac{C_R S}{m}\right)\rho_{\odot}\left(\frac{\Delta_0^2}{\Delta^2}\right)\left(\frac{\vec{\Delta}}{\Delta}\right) \tag{6.79}$$

6.5.5　偏导数计算

光压加速度对航天器位置的偏导数为

$$\begin{aligned}\frac{\partial \vec{F}_5}{\partial \vec{r}} &= \nu\left(\frac{C_R S}{m}\right)\rho_{\odot}\Delta_0^2\frac{\partial}{\partial \vec{r}}\left(\frac{\vec{\Delta}}{\Delta^3}\right)\\ &= \nu\left(\frac{C_R S}{m}\right)\rho_{\odot}\Delta_0^2\left(I_{3\times3} - 3\frac{\vec{\Delta}\cdot\vec{r}^{\mathrm{T}}}{\Delta^2}\right)\end{aligned} \tag{6.80}$$

其中，$I_{3\times3}$ 表示 (3×3) 阶单位对角阵，$\vec{\Delta}\cdot\vec{r}^{\mathrm{T}}$ 为 (3×3) 阶矩阵。

对航天器速度的偏导数为

$$\frac{\partial \vec{F}_5}{\partial \dot{\vec{r}}} = \begin{bmatrix}0 & 0 & 0\end{bmatrix}^{\mathrm{T}} \tag{6.81}$$

由于太阳辐射作用与航天器表面材料的光学性能密切相关，而表面材料随着工作时间的增长会发生老化现象，光学性能也随之改变。因而在定轨计算中，常将光压系数作为待估参数，需要给出光压加速度对该参数 C_R 的偏导数，形式为

$$\frac{\partial \vec{F}_5}{\partial C_R} = \nu\left(\frac{S}{m}\right)\rho_{\odot}\left(\frac{\Delta_0^2}{\Delta^2}\right)\left(\frac{\vec{\Delta}}{\Delta}\right) \tag{6.82}$$

6.6 大气阻力加速度

6.6.1 阻力加速度

太阳系中各大行星的表面上空都有大气层，对环绕型的低轨探测器均有阻尼作用，但到目前为止，只对地球大气有较多的研究。因此，这里将针对地球卫星所承受的阻力作用来阐明相关问题。

大气阻力是典型的非保守力，实际上是一种耗散力。航天器在地球大气层中的受力状况相当复杂，涉及低层的连续介质流和高层的自由分子流及介于其中的过渡流，还涉及中性气体、电离气体和混合气体等复杂因素。对于高空高速气体动力学，一般采用钱学森先生早在 20 世纪 40 年代提出的克努森（Knudsen）数 K_n 来划分气体状态，其定义为

$$K_n = \frac{\lambda}{L} \tag{6.83}$$

式中，λ 是气体分子运动的平均自由程，L 是飞行器的特征尺度，划分的范围如下，即

$$\begin{cases} K_n < 0.01, & \text{连续介质流} \\ K_n = 0.01 \sim 0.01, & \text{滑流区} \\ K_n = 0.1 - 1, & \text{过渡区} \\ K_n > 10, & \text{自由分子流} \end{cases} \tag{6.84}$$

在距离地面 180km 高度处分子运动的平均自由程约为 100m，飞行器的特征尺度通常为几米或数十米，因此，180km 高度以上的大气可以认为是自由分子流。

对于 200km 高度以上的空间状态，航天器运动所承受的大气阻尼作用可以在自由分子流的范畴内来考虑。在此大气状态下，航天器运动所承受的是一种与大气分子相撞击的阻力作用，相应的大气阻力有如下较好的近似公式为

$$\vec{D} = -\frac{1}{2} C_D S \rho V \vec{V} \tag{6.85}$$

式中，C_D 是大气阻力系数，ρ 为航天器所处位置的大气密度，S 为航天器承受大气阻力的等效截面积，$\vec{V}$ 是航天器相对大气的运动速度，有

$$\vec{V} = \vec{v} - \vec{v}_a \tag{6.86}$$

式中，$\vec{v}$ 和 $\vec{v}_a$ 分别为航天器和地球大气在地心天球坐标系中的运动速度，即 $\vec{v} = \dot{\vec{r}}$，

而大气的运动主要源于“随”地球旋转的结果，但它的旋转规律非常复杂。若记相应的旋转角速度为ω_a，地球自转角速度为n_e，那么通常在 200km 高度以下，有$\omega_a = n_e$，而在 200km 以上高度，则有$\frac{\omega_a}{n_e} = 0.8 \sim 1.4$。一个简单的近似就是假定大气随地球一起旋转，旋转角速度的大小相等，即$\omega_a = n_e$，那么，在不考虑地球赤道面摆动的近似情况下，有

$$\vec{v}_a = \vec{\omega}_a \times \vec{r} = n_e \begin{pmatrix} -y \\ x \\ 0 \end{pmatrix} \tag{6.87}$$

关于大气阻力系数C_D，在自由分子流中可视为常数，其值在 2.2 附近。但是对于那些尺度较大或是飞行高度较低的航天器，处于大气的过渡区，那么，大气阻力系数不再是常数，而与K_n数相关，亦无特别有效的分析表达式，本章参考文献[19]所提及一文中曾有过讨论，且附有相关的参考文献。但这么低飞行高度的航天器，其轨道寿命极短，主要是实时跟踪问题，已不是通常定轨工作所考虑的问题，在此不再讨论。

大气阻力加速度中涉及航天器的面质比，与光压作用类似，对于非球形航天器，在轨道运行过程中，其有效面值比并不保持不变，这又涉及飞行姿态，因而有效面值比的计算也非常复杂，几乎无法达到高精度[20]，在工程应用中，往往为了简化，采用等效面质比模型，即设置前面提到的等效截面积S。

在上述处理下，航天器在大气中运行所承受的阻力加速度$\vec{F}_6\left(C_D\right)$可采用如下形式，即

$$\vec{F}_6\left(C_D\right) = -\frac{1}{2}\left(\frac{C_D S}{m}\right)\rho V\vec{V} \tag{6.88}$$

其中，m为航天器的质量。

6.6.2　大气密度模型

阻力加速度公式（6.88）中最后一个极为重要的物理量就是大气密度ρ，在地球引力和太阳辐射的作用下，大气密度随时间和空间的分布规律极其复杂，作为时间和空间的函数$\rho\left(t,\vec{r}\right)$，至今没有一个精准的表达形式，而在航天器精密定轨中需要这样一个具有高精度的大气密度模式$\rho\left(t,\vec{r}\right)$。一个完整的大气模式，是指大气状态参数（压力$p$，温度$T$，密度$\rho$）及其变化的一种数学模型。自从人造地球卫星发射升空以来，世界各国利用不同来源的资料积累（包括卫星阻力资料和星载设备

一并获取的直接测量资料），进行了长期的研究工作，并取得了一系列重要的发现与成果，增强了人们对高层大气结构的认识，相继给出了精度逐渐提高的大气模型。尽管如此，但遗憾的是这些密度模式仍普遍存在约 15%的偏差[21,22]。因此，只能从不同角度在现有模型的基础上作相应的近似处理，满足各种实际应用的需求。本小节将简单地介绍大气密度分布的指数模型，其他模型可从本书附录 E 列出的网址中去查找。

如果只考虑大气的重力平衡，根据流体静力学理论，在一定的近似下，密度分布是指数函数形式，即

$$\rho = \rho_0 \exp\left[-\frac{r-r_0}{H}\right] \tag{6.89}$$

式中，ρ_0 为参考球面 $r = r_0$ 上的大气密度，H 为密度标高。这一表达式符合密度随高度增加而减小的规律，但密度随高度变化是愈高愈慢，因此密度标高 H 应随高度缓慢地增大，一个较好的近似是随高度线性变化，在 $h = 200 \sim 600\text{km}$ 之间可取为

$$H(r) = H_0 + \frac{\mu}{2}(r-r_0) \tag{6.90}$$

式中，$\mu \approx 0.1$。相应的大气密度公式变为

$$\rho = \rho_0 \exp\left[-\frac{r-r_0}{H(r)}\right] \approx \rho_0 \left[1+\frac{\mu}{2}\left(\frac{r-r_0}{H_0}\right)^2\right]\exp\left[-\frac{r-r_0}{H_0}\right]$$

由于地球是扁球体，在重力平衡条件下，大气的等密度面也可认为是相似的扁球面，那么式（6.90）可以修正为

$$\rho = \rho_0 \exp\left[-\frac{r-\sigma_0}{H(r)}\right] \approx \rho_0 \left[1+\frac{\mu}{2}\left(\frac{r-\sigma_0}{H_0}\right)^2\right]\exp\left[-\frac{r-\sigma_0}{H_0}\right] \tag{6.91}$$

式中，σ_0 表示扁球面上密度参考点的地心距，对地球卫星而言，该参考点往往取卫星的初始（对应 $t = t_0$）近地点 p_0，有 $\sigma_0 = \sigma(p_0)$，相应的参考点处的大气密度 $\rho_0 = \rho_{p_0}$。

大气密度分布受太阳辐射的影响呈现各种周期变化，其中与地球自转有关的周日效应尤为明显，在同一高度与纬度上，白天的密度要比夜间的密度大得多。同时考虑密度随高度和时间的变化，可以给出如下的大气密度公式

$$
\begin{cases}
\rho = \bar{\rho}_{p_0}\left[1+F^*\cos\psi^*\right]\exp\left[-\dfrac{r-\sigma(p_0)}{H(r)}\right] \\
F^* = \dfrac{f^*-1}{f^*+1}, \quad f^* = \left(\dfrac{\rho_{\max}}{\rho_{\min}}\right)_{p_0} \\
H(r) = H_{p_0} + \dfrac{\mu}{2}\left(r - r_{p_0}\right)
\end{cases} \tag{6.92}
$$

式中，$\bar{\rho}_{p_0}$ 是初始近地点 p_0 处的平均密度，ψ^* 是航天器的地心向径与密度周日峰方向之间的夹角，即

$$
\cos\psi^* = \left(\vec{r}/r\right)\cdot\left(\vec{r}_m/r_m\right) \tag{6.93}
$$

其中，$\vec{r}_m$ 的模 r_m 是太阳的地心距，$\vec{r}_m$ 的方向是密度周日峰的方向，在对称周日效应的假定下，周日峰方向与太阳方向之间的赤经、赤纬的关系为 $\alpha_m = \alpha_\odot + \lambda_m$，$\delta_m = \delta_\odot$，其中 $\alpha_\odot, \delta_\odot$ 为太阳的赤经、赤纬，$\lambda_m \geqslant 30^\circ$，类似于地球潮汐形变的滞后角。

6.6.3　偏导数计算

大气阻力摄动加速度对位置矢量的偏导数为

$$
\begin{aligned}
\frac{\partial \vec{F}_6}{\partial \vec{r}} &= \frac{\partial \vec{F}_6}{\partial \rho}\left(\frac{\partial \rho}{\partial \vec{r}}\right)^{\mathrm{T}} - \frac{1}{2}\left(\frac{C_D S}{m}\right)\rho\frac{\partial\left(V\vec{V}\right)}{\partial \vec{r}} \\
&= \frac{\vec{F}_6}{\rho}\left(\frac{\partial \rho}{\partial \vec{r}}\right)^{\mathrm{T}} - \frac{1}{2}\left(\frac{C_D S}{m}\right)\rho\left[\vec{V}\left(\frac{\partial V}{\partial \vec{r}}\right)^{\mathrm{T}} + V\left(\frac{\partial \vec{V}}{\partial \vec{r}}\right)\right]
\end{aligned} \tag{6.94}
$$

其中

$$
\vec{V} = \vec{v} - \vec{v}_a = \begin{pmatrix} \dot{x} + n_e y \\ \dot{y} - n_e x \\ \dot{z} \end{pmatrix} \tag{6.95}
$$

由此容易得出

$$
\begin{aligned}
\left(\frac{\partial V}{\partial \vec{r}}\right)^{\mathrm{T}} &= \left(\frac{n_e}{V}\right)\begin{pmatrix} -(\dot{y} - n_e x) \\ (\dot{x} + n_e y) \\ 0 \end{pmatrix} \\
\left(\frac{\partial \vec{V}}{\partial \vec{r}}\right) &= \begin{pmatrix} 0 & n_e & 0 \\ -n_e & 0 & 0 \\ 0 & 0 & 0 \end{pmatrix}
\end{aligned} \tag{6.96}
$$

关于大气密度 ρ 对 $\vec{r}$ 的偏导数 $\dfrac{\partial\rho}{\partial\vec{r}}$，如果采用前面给出的密度 ρ 的表达式（6.92），因其直接为航天器位置矢量 $\vec{r}$ 的函数，相应的偏导数容易表达，无须具体写出。如果采用某一大气模型获取点密度的形式，那么将与地固坐标系的点坐标有关，相应的偏导数计算就要涉及坐标系的转换，那么，该偏导数 $\dfrac{\partial\rho}{\partial\vec{r}}$ 的计算直接与具体定轨方案有关，这里不再具体给出。

大气阻力摄动加速度对速度矢量的偏导数为

$$\begin{aligned}\frac{\partial\vec{F}_6}{\partial\dot{\vec{r}}}&=-\frac{1}{2}\left(\frac{C_D S}{m}\right)\rho\frac{\partial\left(V\vec{V}\right)}{\partial\dot{\vec{r}}}\\&=-\frac{1}{2}\left(\frac{C_D S}{m}\right)\rho\left[\vec{V}\left(\frac{\partial V}{\partial\dot{\vec{r}}}\right)^{\mathrm{T}}+V\left(\frac{\partial\vec{V}}{\partial\dot{\vec{r}}}\right)\right]\end{aligned}\tag{6.97}$$

其中

$$\begin{aligned}\left(\frac{\partial V}{\partial\dot{\vec{r}}}\right)^{\mathrm{T}}&=\frac{1}{V}\begin{pmatrix}\left(\dot{x}+n_e y\right)\\-\left(\dot{y}-n_e x\right)\\\dot{z}\end{pmatrix}\\\left(\frac{\partial\vec{V}}{\partial\dot{\vec{r}}}\right)&=\mathrm{I}_{3\times3}=\begin{pmatrix}1&0&0\\0&1&0\\0&0&1\end{pmatrix}\end{aligned}\tag{6.98}$$

由于大气阻力关键参数的先验值很难准确给出，通常将其作为模型参数在定轨中参与估计，但影响阻力计算的因素较多，而且不确定性较大，特别是那些空间非合作目标，对其各种参数一无所知，因此可利用大气阻力影响的特征，在定轨中采用一个联合参数 B^* 作为待估参数。如果同样采用前面给出的密度 ρ 的表达式（6.92），该参数的形式为

$$B^*=\left(\frac{C_D S}{m}\right)\bar{\rho}_{p_0}\tag{6.99}$$

那么，大气阻力摄动加速度对该参数的偏导数为

$$\begin{cases}\dfrac{\partial\vec{F}_6}{\partial B^*}=-\dfrac{1}{2}\rho' V\vec{V}\\\rho'=\left[1+F^*\cos\psi^*\right]\exp\left[-\dfrac{r-\sigma\left(p_0\right)}{H\left(r\right)}\right]\end{cases}\tag{6.100}$$

6.7　后牛顿效应

通常将航天器运动方程中对牛顿力学的修正项称为后牛顿（Post Newtonian）作用力，由此引起的轨道变化，即后牛顿效应。在太阳系这一弱引力场中，太阳及大行星引力对航天器产生的后牛顿加速度可以描述为[23]

$$\begin{aligned}\ddot{\vec{r}}_{\mathrm{PN}}=&\sum_j\frac{\mu_j\left(\vec{r}_j-\vec{r}\right)}{r_{sj}^3}\left\{-\frac{2(\beta+\gamma)}{c^2}\sum_k\frac{\mu_k}{r_{sk}}-\frac{2\beta-1}{c^2}\sum_{k\neq j}\frac{\mu_k}{r_{jk}}+\gamma\left(\frac{v}{c}\right)^2+(1+\gamma)\left(\frac{v_j}{c}\right)^2\right.\\&\left.-\frac{3}{2c^2}\left[\frac{\left(\vec{r}_j-\vec{r}\right)\cdot\dot{\vec{r}}_j}{r_{ij}}\right]^2+\frac{1}{2c^2}\left(\vec{r}_j-\vec{r}\right)\cdot\ddot{\vec{r}}_j\right\}\\&+\frac{1}{c^2}\sum_j\mu_j\frac{\left(\dot{\vec{r}}_j-\dot{\vec{r}}\right)}{r_{sj}^3}\left\{\left[\vec{r}_j-\vec{r}\right]\cdot\left[(2+2\gamma)\dot{\vec{r}}-(1+2\gamma)\dot{\vec{r}}_j\right]\right\}\\&+\frac{(3+4\gamma)}{2c^2}\sum_j\frac{\mu_j\ddot{\vec{r}}_j}{r_{sj}}\end{aligned}\tag{6.101}$$

式中，β，γ 为后牛顿参数，对广义相对论而言，其取值均为 1，c 为真空中的光速，$\vec{r}$ 表示航天器在太阳系质心坐标系中的位置矢量，v 表示速度矢量 $\dot{\vec{r}}$ 的模，μ_j 表示各天体对应的引力常数，$\vec{r}_j$ 表示各天体在太阳系质心系中的位置矢量，r_{sj} 表示航天器到第 j 个天体的距离。

在后牛顿作用力的计算中涉及各大天体的位置、速度与加速度。其中位置、速度可由 JPL 行星历表提供，但是未提供加速度，这可根据 JPL 提供的标准算法程序，通过对位置项的切比雪夫多项式进行二次求导获取。

如果针对环绕型探测器或对某大天体近距离探测的航天器，那么后牛顿作用力，只须考虑相应的中心天体或近距离探测的目标天体的一体效应，下面以地球卫星为例，给出后牛顿加速度。

各种引力理论所给出的结果是有差别的，对于天体 m_2 相对 m_1 的运动，由参数化的后牛顿（PPN）理论[24~26]给出的只考虑一阶后牛顿项的运动方程为

$$\ddot{\vec{r}} = -\frac{\mu}{r^2}\left(\frac{\vec{r}}{r}\right) + \frac{\mu}{r^2}\left[\frac{\mu}{c^2 r}(\alpha_1 + \alpha_2\beta) - \frac{v^2}{c^2}(\alpha_3 + \alpha_4\beta) + \alpha_5\beta\frac{\dot{r}^2}{c^2}\right]\left(\frac{\vec{r}}{r}\right) + \frac{\mu}{r^2}\left[\frac{\dot{r}v}{c^2}(\alpha_6 - \alpha_7\beta)\right]\left(\frac{\dot{\vec{r}}}{v}\right) \tag{6.102}$$

其中

$$\begin{cases} \mu = G(m_1 + m_2), \quad \beta = \dfrac{m_1 m_2}{(m_1 + m_2)^2} \\ v^2 = \dot{\vec{r}}^2, \quad \dot{r} = \dot{\vec{r}} \cdot \left(\dfrac{\vec{r}}{r}\right) \end{cases} \tag{6.103}$$

方程（6.102）中的c为光速，$\alpha_1, \alpha_2, \cdots, \alpha_7$为参数，不同的引力理论有不同的值。方程右端的第一项是牛顿项，而第二和第三项是后牛顿项，这两种后牛顿项只有$\vec{r}$和$\dot{\vec{r}}$方向的分量，即径向和切向（即速度方向）分量。

目前常采用的引力理论还是爱因斯坦（Einstein）广义相对论，对于地球卫星的运动，与运动方程（6.102）对应的形式为

$$\ddot{\vec{r}} = -\frac{\mu}{r^2}\left(\frac{\vec{r}}{r}\right) + \vec{A}_1 + \vec{A}_2 + \vec{A}_3 + \vec{A}_4 \tag{6.104}$$

其中，$\vec{A}_1, \vec{A}_2, \vec{A}_3$和$\vec{A}_4$依次为地球的一体引力效应、测地岁差、自转效应和地球扁率效应，具体表达式为

$$\vec{A}_1 = \frac{\mu}{c^2 r^2}\left[\left(4\frac{\mu}{r} - v^2\right)\left(\frac{\vec{r}}{r}\right) + (4\dot{r})\vec{v}\right] \tag{6.105}$$

$$\vec{A}_2 = 2(\vec{\Omega} \times \vec{v}) \tag{6.106}$$

$$\vec{A}_3 = \frac{2\mu}{c^2 r^3}\left[\frac{3}{r^2}(\vec{r} \cdot \vec{J})(\vec{r} \times \vec{v}) + (\vec{v} \times \vec{J})\right] \tag{6.107}$$

$$\vec{A}_4 = \frac{1}{c^2}\left[-4\nabla\left(\frac{\mu}{r}R\right) + v^2\nabla R - 4(\vec{v} \cdot \nabla R)\vec{v}\right] \tag{6.108}$$

其中

$$\begin{cases} \vec{\Omega} = \dfrac{3}{2}\left(\dfrac{Gm_s}{c^2 r_s^3}\right)\vec{h}_s \\ \vec{h}_s = \vec{r}_s \times \vec{v}_s \end{cases} \tag{6.109}$$

$$\vec{J} = J\hat{k}, \quad J = 9.8 \times 10^8\ \mathrm{m^2/s} \tag{6.110}$$

$$
\begin{cases}
R=-J_2\left(\dfrac{\mu a_e^2}{r^3}\right)\left(\dfrac{3}{2}\sin^2\varphi-\dfrac{1}{2}\right)\\
\sin\varphi=\dfrac{z}{r}
\end{cases}
\tag{6.111}
$$

式中，$\mu=GE$，是地心引力常数，m_s是太阳质量，$\vec{r}_s$和$\vec{v}_s$分别为太阳的地心向径和速度矢量，$\vec{h}_s$为常矢量，即太阳“绕”地球运动的不变椭圆轨道的面积速度矢量，$\hat{k}$是地球赤道面的法向单位矢量，R即地球非球形引力位的扁率项。

对于近地卫星，上述四种后牛顿项相对地球中心引力加速度的大小分别为$10^{-9}, 10^{-11}, 10^{-12}, 10^{-12}$。由此可知，在一般定轨问题中只须考虑中心天体的一体引力效应即可，对于月球卫星、火星卫星等均如此，即后牛顿加速度表达式可采用如下形式，即

$$
\vec{F}_7\left(c^2\right)=\frac{\mu}{c^2r^2}\left[\left(4\frac{\mu}{r}-v^2\right)\left(\frac{\vec{r}}{r}\right)+\left(4\dot{r}\right)\dot{\vec{r}}\right]
\tag{6.112}
$$

由于各类航天器的运动中，后牛顿效应并不显著，与前面介绍的潮汐形变效应一样，在状态转移矩阵$\boldsymbol{\Phi}$的构建中无须考虑，故相应的偏导数也不再给出。

6.8　姿轨控推力加速度

航天器在轨运行期间会通过发动机点火喷气进行姿轨控维持，这会对航天器的质心运动产生影响。以环绕型航天器为例，姿轨控通常会对航天器在径向、横向与轨道面法向产生摄动加速度。作用在航天器上的推力可建立如下加速度模型，即

$$
\vec{a}_{\text{th}}=\frac{\dot{m}v_e}{m(t)}\left(\boldsymbol{RTN}\right)^{\mathrm{T}}\vec{d}
\tag{6.113}
$$

式中，$\dot{m}$为燃料每秒的消耗量（kg/s），v_e为发动机的喷气速度（m/s），$\vec{d}$为控制推力在RTN轨道坐标系（见图 6.4）中的方向矢量，$\dot{m}$、v_e和$\vec{d}$可根据发动机参数和卫星姿态事先确定。$m(t)=m_0+\dot{m}\Delta t$为控制期间的卫星质量，m_0为控前卫星质量，Δt为发动机工作时间。$\left(\boldsymbol{RTN}\right)$为天球参考系至轨道坐标系的旋转矩阵，即 3.7.2 小节中给出的转换矩阵$\boldsymbol{M}_{\mathrm{O2I}}$的逆矩阵，形式如下，即

$$\begin{cases} \boldsymbol{RTN}(1,i)=\dfrac{\vec{r}}{|\vec{r}|} \\ \boldsymbol{RTN}(3,i)=\dfrac{\vec{r}\times\dot{\vec{r}}}{|\vec{r}\times\dot{\vec{r}}|} \\ \boldsymbol{RTN}(2,i)=\boldsymbol{RTN}(3,i)\times\boldsymbol{RTN}(1,i) \end{cases} \tag{6.114}$$

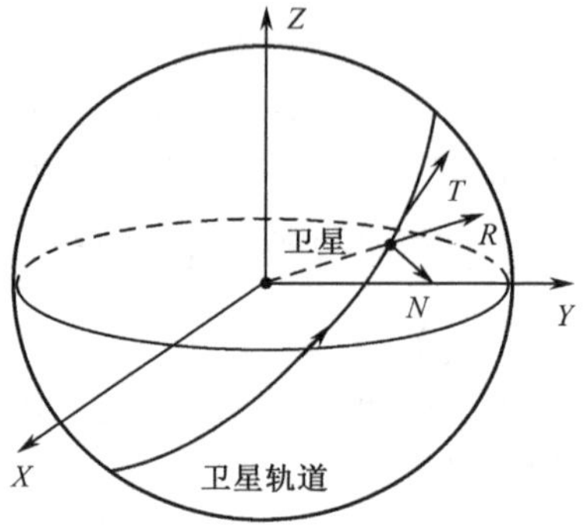

图 6.4　轨道坐标系与天球坐标系的关系

航天器上发动机的工作可以是连续的，通常是间断的。对于间断作用力，可以采用一个经验模型来代替，在轨道坐标系中该经验推力加速度就采用下列表达形式，即

$$\vec{a}_m=\begin{bmatrix} a_R \\ a_T \\ a_N \end{bmatrix}=\begin{bmatrix} A_R+B_RT+C_R\cos u+S_R\sin u \\ A_T+B_TT+C_T\cos u+S_T\sin u \\ A_N+B_NT+C_N\cos u+S_N\sin u \end{bmatrix} \tag{6.115}$$

式中，$u=\omega+f$，ω 为近星点幅角，f 为真近点角；T 表示距发动机开机的时间间隔；A 表示常数项；B 表示线性项；C,S 表示周期项，通常在定轨计算中作为待估参数进行解算。

再由轨道坐标系转换至天球参考系，最终得出所需要的推力加速度为

$$\vec{F}_8(th)=(\boldsymbol{RTN})^{\mathrm{T}}\,\vec{a}_m \tag{6.116}$$

加速度对平均推力偏导数为

$$\frac{\partial\vec{a}_{\mathrm{th}}}{\partial\vec{a}_m}=(\boldsymbol{RTN})^{\mathrm{T}} \tag{6.117}$$

加速度对航天器位置、速度偏导数为

$$\frac{\partial \vec{a}_{\mathrm{th}}}{\partial \vec{r}} = \frac{\partial \boldsymbol{RTN}^{\mathrm{T}}}{\partial \vec{r}} \vec{a}_m$$
$$\frac{\partial \vec{a}_{\mathrm{th}}}{\partial \dot{\vec{r}}} = \frac{\partial (\boldsymbol{RTN})^{\mathrm{T}}}{\partial \dot{\vec{r}}} \vec{a}_m \tag{6.118}$$

参考文献

[1] 黄 珹，刘 林．参考坐标系及航天应用．北京：电子工业出版社，2015.

[2] 刘 林，汤靖师．卫星轨道理论与应用．北京：电子工业出版社，2015.

[3] 刘林．人造地球卫星轨道力学．北京：高等教育出版社，1992.

[4] 刘林．航天器轨道理论．北京：国防工业出版社, 2000.

[5] Montenbruck O, Gill E. Satellite Orbits , Models, Method, and Applications. New York: Springer-Verlag, 2000.

[6] 刘 林，侯锡云．深空探测轨道理论与应用．北京：电子工业出版社，2015.

[7] Lambeck K. The Earth's Variable Rotation. New York: Cambridge University Press, 1980.

[8] Kozai Y. Effects of the Tidal Deformation of the Earth on the Motion of Close Earth Satellites. Puhl Astron Soc. Japan, 1965, 17(4):395～402.

[9] Kazai Y. Love's Number of the Earth Derived from Satellite Observations. Publ Astron Soc Japan, 1968, 20(1):24-26.

[10] Melbourne W, et al. MERIT STANDARDS, Third Draft, 1983.

[11] Musen P.The Influence of the Solar Radiation Pressure on the Motion of Artificial Satellite. J Geophs Res, 1960, 65(5):1391-1396.

[12] Koskela P E. Orbital Effects of Solar Radiation Pressure on an Earth Satellite. J Astronaut Sci, 1962, 9(3):71-82.

[13] Kozai Y. Effects of Solar Radiation Pressure on the Motion of an Artificial Satellite. Smithsonian Centr Astrophys, 1963, 6(2):109-112.

[14] Lala P and Sehnal L. The Earth's Shadowing Effects in the Short-periodic Perturbations of Satellite Orbits. Bull Astron Inst Czech, 1969, 20(6):327~330.

[15] Mello S F. Analytical Study of the Earth's Shadowing Effects on Satellite Orbits. Celest Mech, 1972, 5(1):80~101.

[16] Lautman D A. Perturhations of a Close-earth Satellite Due to Sunlight Diffusely Reflected From the Earth. Celest Mech, 1977,15(4):387-420 and 16(1):3-25.

[17] Sehnal L. The Earth Albedo Model in Spherical Harmonics. Bull Astron Inst Czech, 1979,

30(2):199-204.

[18] Sehnal L. Effects of Terrestrial Infrared Radiation Pressure on the Motion of an Artificial Satellite Celest Mech, 1981, 25(2):169-179.

[19] 夏灿英，吴玉媛，刘林. 考虑阻力系数变化的近地卫星轨道的联合摄动. 天文学报，1982，231(2)：175-184.

[20] Mark F S, Bruce R B. High Accuracy Satellite Drag Model (HASDM). Advances in Space Research, 2005, 36:2497-2505.

[21] Prasad R. Review of Air Density Models for Orbit Determination. Acta Astronautica, 1995, 36 (4): 197-204.

[22] Chery H W. Atmospheric Density Corrections for Satellite Orbit Determination and Prediction in an Operational Environment. Alabama: Auburn University, 2001.

[23] Soffel M, Klioner A S, Petit G, et al. The IAU 2000 Resolutions for Astrometry, Celestial Mechanics, and Metrology in the Relativistic Framework: Explanatory Supplement.The Astronomical Journal, 2003, 126(1): 2687-2706.

[24] Nordtvedt K Jr. Phys Rev. 1968，169：1017-1025.

[25] Nordtvedt K Jr and Will C M. Ap J, 1972，177：775-792.

[26] Will C M. Theory and Experiment in Gravitational physics. Cambridge University Press, 1981.

第 7 章　受摄二体问题模型中状态微分方程的分析解

第 6 章已将航天器运动对应的数学模型清楚地归结为下列运动微分方程——常微初值问题，即

$$\begin{cases}\ddot{\vec{r}}=\vec{F}_0+\sum\limits_{i=2}^{n}\vec{F}_i, \quad \vec{F}_0=-\dfrac{\mu}{r^3}\vec{r} \\ t_0:\ \vec{r}(t_0)=\vec{r}_0, \quad \dot{\vec{r}}(t_0)=\dot{\vec{r}}_0\end{cases} \tag{7.1}$$

其中各量的含义无须再说明。在数值法定轨中，一方面需要由该方程的数值解提供观测量的理论计算值 Y_C（进而给出残差 y），另一方面还要利用该方程的右函数 $\vec{F}=\vec{F}_0+\sum\limits_{i=2}^{n}\vec{F}_i$ 对状态量的偏导数提供获得状态转移矩阵 $\boldsymbol{\Phi}(t_0,t)$ 的途径。

分析法定轨固然也要建立在上述运动微分方程的基础上，但是，必须具备一个前提，即方程（7.1）要能提供分析解，也就是如下状态方程，即

$$X(t)=X(t_0,X_0;t) \tag{7.2}$$

这在 2.3 节中已阐明，只有受摄二体问题才能满足该条件，即可提供小参数幂级数解，而且，实际上还不能像数值解那样无条件地使该幂级数解取到高阶项，达到高精度。

关于受摄二体问题的数学模型，即方程（7.1）中除中心引力加速度 $\vec{F}_0$ 外，所有其他外力源引起的加速度 $\vec{F}_i$ $(i=2,3,\cdots,n)$ 的大小，相对 $\vec{F}_0$ 的大小均为小量 ε，即

$$\varepsilon=\frac{|\vec{F}_i|}{|\vec{F}_0|}\ll 1, \quad i=2,3,\cdots \tag{7.3}$$

因此，只有环绕型航天器的定轨问题（即卫星定轨问题）才能满足分析法定轨所必须具备的基本前提。如果没有特殊说明，本章是以地球卫星的运动特征作为分析法

定轨的具体背景阐述相关问题的，这也容易在其他大小天体的环绕型探测器定轨问题中得到推广应用。

针对空间探测的目的，环绕型探测器距离中心天体不会太远（如月球离地球的距离），所承受的其他外力作用（即摄动影响），主要是中心天体的非球形引力、第三体引力及其相关的中心天体潮汐形变效应、太阳辐射压、大气阻力和后牛顿效应。而且为了便于问题的阐述，参照地球卫星的状态，将非球形引力位的主项（后面将会提到的动力学扁率项$J_2 = -C_{2,0}$）作为一阶小量，其他摄动源均作为二阶小量处理。在这些摄动作用下，相应的卫星轨道分析解，在本套专著的《卫星轨道理论与应用》[1]一书中已有完整的阐述和相应的分析解表达式，为了清楚地阐述分析法定轨的具体细节，本章基本上是直接引用该书的有关内容。

在受摄二体问题中，轨道的状态量通常采用轨道根数σ，其 Kepler 根数的形式为

$$\sigma = (a,\ \mathrm{e},\ i,\ \Omega,\ \omega,\ M)^{\mathrm{T}} \tag{7.4}$$

6 个分量在引言中已经提到，不再说明。针对地球卫星（包括碎片等）的状况，绝大多数都是偏心率较小的近圆轨道，宜采用第一类无奇点根数作为基本状态量，即

$$\sigma = \left(a,\ i,\ \Omega,\ \xi = e\cos\omega,\ \eta = e\sin\omega,\ \lambda = M + \omega\right)^{\mathrm{T}} \tag{7.5}$$

相应的摄动分析解适用的范围是$0 \leqslant e < 1$。至于引入同时消除$e = 0$和$i = 0$的第二类无奇点根数构造相应的摄动分析解问题，详见本章参考文献[1]所提及一书的有关章节。

上述无奇点根数表达的摄动运动方程有如下两种形式。

1. 由摄动函数的偏导数$(\partial R/\partial\sigma)$表达的拉格朗日型方程

其方程如下，即

$$
\begin{cases}
\dfrac{\mathrm{d}a}{\mathrm{d}t}=\dfrac{2}{na}\dfrac{\partial R}{\partial \lambda}\\
\dfrac{\mathrm{d}i}{\mathrm{d}t}=\dfrac{1}{na^2\sqrt{1-e^2}\sin i}\left(\cos i\left(\xi\dfrac{\partial R}{\partial \eta}-\eta\dfrac{\partial R}{\partial \xi}+\dfrac{\partial R}{\partial \lambda}\right)-\dfrac{\partial R}{\partial \Omega}\right)\\
\dfrac{\mathrm{d}\Omega}{\mathrm{d}t}=\dfrac{1}{na^2\sqrt{1-e^2}\sin i}\dfrac{\partial R}{\partial i}\\
\dfrac{\mathrm{d}\xi}{\mathrm{d}t}=-\dfrac{\sqrt{1-e^2}}{na^2}\dfrac{\partial R}{\partial \eta}-\xi\dfrac{\sqrt{1-e^2}}{na^2\left(1+\sqrt{1-e^2}\right)}\dfrac{\partial R}{\partial \lambda}+\eta\cos i\dfrac{\mathrm{d}\Omega}{\mathrm{d}t}\\
\dfrac{\mathrm{d}\eta}{\mathrm{d}t}=\dfrac{\sqrt{1-e^2}}{na^2}\dfrac{\partial R}{\partial \xi}-\eta\dfrac{\sqrt{1-e^2}}{na^2\left(1+\sqrt{1-e^2}\right)}\dfrac{\partial R}{\partial \lambda}-\xi\cos i\dfrac{\mathrm{d}\Omega}{\mathrm{d}t}\\
\dfrac{\mathrm{d}\lambda}{\mathrm{d}t}=n-\dfrac{2}{na}\dfrac{\partial R}{\partial a}+\dfrac{\sqrt{1-e^2}}{na^2\left(1+\sqrt{1-e^2}\right)}\left(\xi\dfrac{\partial R}{\partial \xi}+\eta\dfrac{\partial R}{\partial \eta}\right)-\cos i\dfrac{\mathrm{d}\Omega}{\mathrm{d}t}
\end{cases}
\tag{7.6}
$$

这仅适用于保守力摄动模型，其中 R 即常用的摄动函数符号，与摄动加速度的关系为

$$
\vec{F}_i=\mathrm{grad}\left(R\right)=\left(\frac{\partial R}{\partial \vec{r}}\right)^{\mathrm{T}}
\tag{7.7}
$$

$\vec{F}_i$ 为前面提到的中心天体的非球形引力、第三体引力及其相关的中心天体潮汐形变效应、无蚀情况下的太阳辐射压等摄动加速度。对于非保守力摄动模型，只能采用由摄动加速度表达的摄动运动方程，下面将列出一种常用形式。

2．由摄动加速度分量 (S,T,W) 表达的高斯型方程

其方程为

$$
\begin{cases}
\dfrac{\mathrm{d}a}{\mathrm{d}t}=\dfrac{2}{n\sqrt{1-e^2}}\left[S\left(\xi\sin u-\eta\cos u\right)+T\left(\dfrac{p}{r}\right)\right]\\
\dfrac{\mathrm{d}\xi}{\mathrm{d}t}=\dfrac{\sqrt{1-e^2}}{na}\left\{S\sin u+\dfrac{T}{\sqrt{1-e^2}}\left[\left(\cos\tilde{u}+\sqrt{1-e^2}\cos u\right)-\dfrac{\xi}{1+\sqrt{1-e^2}}\left(\xi\cos\tilde{u}+\eta\sin\tilde{u}\right)\right]\right\}\\
\qquad+\eta\cos i\dfrac{\mathrm{d}\Omega}{\mathrm{d}t}\\
\dfrac{\mathrm{d}\eta}{\mathrm{d}t}=-\dfrac{\sqrt{1-e^2}}{na}\left\{S\cos u-\dfrac{T}{\sqrt{1-e^2}}\left[\left(\sin\tilde{u}+\sqrt{1-e^2}\sin u\right)-\dfrac{\eta}{1+\sqrt{1-e^2}}\left(\xi\cos\tilde{u}+\eta\sin\tilde{u}\right)\right]\right\}\\
\qquad-\xi\cos i\dfrac{\mathrm{d}\Omega}{\mathrm{d}t}\\
\dfrac{\mathrm{d}\lambda}{\mathrm{d}t}=n-\dfrac{\sqrt{1-e^2}}{na}\left\{2S\sqrt{1-e^2}\left(\dfrac{r}{p}\right)+\dfrac{1}{1+\sqrt{1-e^2}}\left[S\left(\xi\cos u+\eta\sin u\right)\right.\right.\\
\qquad\left.\left.-T\left(1+\dfrac{r}{p}\right)\left(\xi\sin u-\eta\cos u\right)\right]\right\}-\cos i\dfrac{\mathrm{d}\Omega}{\mathrm{d}t}
\end{cases}
\tag{7.8}
$$

另外两个方程 di/dt 和 dΩ/dt 同式(7.6)中的形式。式(7.8)中的 $u=f+\omega$, $\tilde{u}=E+\omega$，为真近点角和偏近点角。(S,T,W) 是摄动加速度在卫星轨道坐标系中的三个分量，即通常所说的 (R,T,N) 分量，在 6.8 节中曾提到过，分别为轨道径向、横向和轨道面法向摄动加速度，有如下采用轨道根数表达的转换关系，即

$$\begin{pmatrix} S \\ T \\ W \end{pmatrix} = \boldsymbol{R}_z(u)\boldsymbol{R}_x(i)\boldsymbol{R}_z(\Omega)\begin{pmatrix} \left(\vec{F}_i\right)_x \\ \left(\vec{F}_i\right)_y \\ \left(\vec{F}_i\right)_z \end{pmatrix} \tag{7.9}$$

式中，$\vec{F}_i$ 为中心天体质心天球坐标系中的各类（保守力和非保守力）摄动力加速度。

7.1 摄动分析解的构造

由消除奇点的拟平均根数法给出的一阶摄动分析解有如下形式，即

$$\sigma(t)=\bar{\sigma}(t)+\sigma_s^{(1)}(t) \tag{7.10}$$

这里 $\bar{\sigma}(t)$ 是指仅消除短周期项的拟平均根数，定义为[1~3]

$$\bar{\sigma}(t)=\bar{\sigma}_0+(\delta\bar{n}_0+\sigma_1+\sigma_2)(t-t_0)+\Delta\sigma_l^{(1)}(t) \tag{7.11}$$

$$\Delta\sigma_l^{(1)}=\sigma_l^{(1)}(t)-\sigma_l^{(1)}(t_0) \tag{7.12}$$

$$\bar{\sigma}_0=\sigma_0-\left[\sigma_s^{(1)}(t_0)\right] \tag{7.13}$$

$$\begin{cases} \bar{n}_0=\bar{a}_0^{-3/2} \\ \delta=(0\quad 0\quad 0\quad 0\quad 0\quad 1)^{\mathrm{T}} \end{cases} \tag{7.14}$$

上述摄动解表达式中的 $(\sigma_1+\sigma_2)(t-t_0)$ 和 $\Delta\sigma_l^{(1)}(t)$ 分别为一阶、二阶长期变化项和一阶长周期变化项。

关于 $\bar{a}_0$ 的计算，由于沿迹根数 $\lambda=M+\omega$ 的要求，λ 是快变量，其变化包含了无摄运动的变化，即 $\bar{n}_0(t-t_0)$。在严格的一阶摄动分析解的意义下，对 $\bar{a}_0$ 的要求要高一阶，即形式上要求给出 $\bar{a}_0=a_0-\left[a_s^{(1)}(t_0)+a_s^{(2)}(t_0)\right]$。但是在定轨中，$\bar{a}_0$ 实际上是通过定轨迭代过程最终确定的，计算 $a_s^{(2)}(t_0)$ 只是起到一个提供迭代初值的作用，这就没有必要了。

下面分别列出分析法定轨中涉及的主要摄动源对应的摄动分析解，包括中心天体的非球形引力摄动、第三体引力及与其相关的中心天体潮汐形变摄动、太阳辐射压摄动、大气阻力摄动和后牛顿效应。

采用拟平均根数法构造式（7.10）表达的无奇点摄动解，经证明，在一阶摄动意义下，均可由原 Kepler 根数解按一定方式组合而成[1,2]。具体给出无奇点根数摄动分析解时，可以将表达式中的所有变量都转化为由无奇点变量$(a,i,\Omega,\xi,\eta,\lambda)$表示的完整形式，在作者过去的工作中往往是这样表示的[2~5]，但该表达形式较复杂，在一定程度上影响计算效率。事实上，经过具体分析和实际计算的比较表明，就应用效率而言，没有必要完全采用这种形式完美的表达形式，可在部分摄动表达式中按严格定义保留轨道几何意义十分清晰的 Kepler 根数形式。因此，上述第一类无奇点摄动解的表达式也可直接由下列关系实现。

对于引力摄动、长期项（包括长周期项）由下列各式构成，即

$$\Delta a(t)=0 \tag{7.15}$$

$$\Delta i(t)=\Delta i_l(t) \tag{7.16}$$

$$\Delta\Omega(t)=\Delta\Omega_c(t)+\Delta\Omega_l(t) \tag{7.17}$$

$$\Delta\xi(t)=\cos\omega\left[\Delta e(t)\right]-e\sin\omega\left[\Delta\omega(t)\right] \tag{7.18}$$

$$\Delta\eta(t)=\sin\omega\left[\Delta e(t)\right]+e\cos\omega\left[\Delta\omega(t)\right] \tag{7.19}$$

$$\Delta\lambda(t)=\bar{n}(t-t_0)+\left[\Delta M(t)+\Delta\omega(t)\right] \tag{7.20}$$

式中，$\bar{n}=\bar{a}^{-3/2}=\bar{a}_0^{-3/2}$，$\Delta\sigma(t)$包括长期变化项$\Delta\sigma_c(t)$和长周期变化项$\Delta\sigma_l(t)$。

短周期项由下列各式构成，即

$$a_s^{(1)}(t)=a_s^{(1)}(t) \tag{7.21}$$

$$i_s^{(1)}(t)=i_s^{(1)}(t) \tag{7.22}$$

$$\Omega_s^{(1)}(t)=\Omega_s^{(1)}(t) \tag{7.23}$$

$$\xi_s^{(1)}(t)=\cos\omega\left[e_s^{(1)}(t)\right]-\sin\omega\left[e\omega_s^{(1)}(t)\right] \tag{7.24}$$

$$\eta_s^{(1)}(t)=\sin\omega\left[e_s^{(1)}(t)\right]+\cos\omega\left[e\omega_s^{(1)}(t)\right] \tag{7.25}$$

$$\lambda_s^{(1)}(t)=\left[M_s^{(1)}(t)\right]+\left[\omega_s^{(1)}(t)\right] \tag{7.26}$$

上列摄动解涉及式（7.15）～（7.26）中的$\Delta e(t)$, $\Delta i(t)$, $\Delta\omega(t)$, $\Delta\Omega(t)$, $\Delta M(t)$和$a_s^{(1)}(t)$, $e_s^{(1)}(t)$, $i_s^{(1)}(t)$, $\omega_s^{(1)}(t)$, $\Omega_s^{(1)}(t)$, $M_s^{(1)}(t)$，就是 Kepler 根数解的“相应”结果，具体形式在下面各节中列出。按照上述处理方法，由原 Kepler 根数的解组合而成的无奇点摄动解，不会再出现$(1/e)$型的因子。

7.2 中心天体非球形引力摄动的分析解

无论是数值法定轨还是分析法定轨，均采用中心天体质心天球坐标系，基本坐标面（$x-y$ 坐标面）采用中心天体的历元平赤道面，例如 J2000.0 地心天球坐标系。而中心天体的引力位函数是在星固坐标系中建立的（见 6.3 节），相应的基本坐标面是中心天体的瞬时真赤道面，除中心天体的自转外，存在一个赤道面摆动的差别。先不考虑这两者的差别，给出非球形引力摄动的分析解，然后再引入这一差别引起的坐标系附加摄动，具体参见 7.3 节。

7.2.1 主要带谐项 J_2 部分

这里，$J_l=-C_{l,0}\left(l=2,3,\cdots\right)$，计算单位均采用归一化单位（见 4.2 节），相应的中心天体引力系数 $\mu=GM=1$，后面所有公式均如此表示。

1．$\Delta\Omega_c\left(t\right)=\sigma_1\left(t-t_0\right)+\sigma_2\left(t-t_0\right)$ 中的变率 σ_1 和 σ_2

其具体形式如下，即

$$a_1=0,\quad e_1=0,\quad i_1=0 \tag{7.27}$$

$$\Omega_1=-\frac{3J_2}{2p^2}n\cos i \tag{7.28}$$

$$\omega_1=\frac{3J_2}{2p^2}n(2-\frac{5}{2}\sin^2 i) \tag{7.29}$$

$$M_1=\frac{3J_2}{2p^2}n(1-\frac{3}{2}\sin^2 i)\sqrt{1-e^2} \tag{7.30}$$

$$a_2=0,\quad e_2=0,\quad i_2=0 \tag{7.31}$$

$$\Omega_2=-\left(\frac{3J_2}{2p^2}\right)^2 n\cos i\left[\left(\frac{3}{2}+\frac{1}{6}e^2+\sqrt{1-e^2}\right)-\left(\frac{5}{3}-\frac{5}{24}e^2+\frac{3}{2}\sqrt{1-e^2}\right)\sin^2 i\right] \tag{7.32}$$

$$\begin{aligned}\omega_2=\left(\frac{3J_2}{2p^2}\right)^2 n\Bigg[&\left(4+\frac{7}{12}e^2+2\sqrt{1-e^2}\right)-\left(\frac{103}{12}+\frac{3}{8}e^2+\frac{11}{2}\sqrt{1-e^2}\right)\sin^2 i\\&+\left(\frac{215}{48}-\frac{15}{32}e^2+\frac{15}{4}\sqrt{1-e^2}\right)\sin^4 i\Bigg]\end{aligned} \tag{7.33}$$

$$M_2=\left(\frac{3J_2}{2p^2}\right)^2 n\sqrt{1-e^2}\left[\frac{1}{2}\left(1-\frac{3}{2}\sin^2 i\right)^2\sqrt{1-e^2}+\left(\frac{5}{2}+\frac{10}{3}e^2\right)\right.$$
$$-\left(\frac{19}{3}+\frac{26}{3}e^2\right)\sin^2 i+\left(\frac{233}{48}+\frac{103}{12}e^2\right)\sin^4 i \tag{7.34}$$
$$\left.+\frac{e^4}{1-e^2}\left(\frac{35}{12}-\frac{35}{4}\sin^2 i+\frac{315}{32}\sin^4 i\right)\right]$$

2．$\Delta\sigma_l^{(1)}(t)=\sigma_l^{(1)}(t)-\sigma_l^{(1)}(t_0)$

其具体形式如下，即

$$\Delta a_l^{(1)}(t)=0 \tag{7.35}$$

$$\Delta e_l^{(1)}(t)=\left(\frac{3J_2}{2p^2}\right)(1-e^2)e\sin^2 i\left[\frac{1}{3}\left(2-\frac{5}{2}\sin^2 i\right)F_2(e)+\left(\frac{7}{12}-\frac{5}{8}\sin^2 i\right)\right]G2s \tag{7.36}$$

$$\Delta i_l^{(1)}(t)=-\left(\frac{3J_2}{2p^2}\right)e^2\sin 2i\left[\frac{1}{6}\left(2-\frac{5}{2}\sin^2 i\right)F_2(e)+\left(\frac{7}{24}-\frac{5}{16}\sin^2 i\right)\right]G2s \tag{7.37}$$

$$\Delta\Omega_l^{(1)}(t)=\left(\frac{3J_2}{2p^2}\right)e^2\cos i\left[\left(\frac{2}{3}-\frac{5}{3}\sin^2 i\right)F_2(e)+\left(\frac{7}{12}-\frac{5}{4}\sin^2 i\right)\right]G2c \tag{7.38}$$

$$\Delta\omega_l^{(1)}(t)=-\left(\frac{3J_2}{2p^2}\right)$$
$$\times\left\{\sin^2 i\left(4-5\sin^2 i\right)\left(\frac{1}{8}+\frac{1-e^2}{6}F_2(e)\right)+e^2\left(\frac{2}{3}-\frac{11}{3}\sin^2 i+\frac{10}{3}\sin^4 i\right)F_2(e)\right.$$
$$\left.-\sin^2 i\left(\frac{25}{12}-\frac{5}{2}\sin^2 i\right)+e^2\left(\frac{7}{12}-\frac{79}{24}\sin^2 i+\frac{45}{16}\sin^4 i\right)\right\}G2c \tag{7.39}$$

$$\Delta M_l^{(1)}(t)=-\left(\frac{3J_2}{2p^2}\right)\sqrt{1-e^2}\sin^2 i\left\{\left[-\left(4-5\sin^2 i\right)\left(\frac{e^2}{4}+\frac{1+2e^2}{6}\right)F_2(e)\right.\right.$$
$$\left.+\left(\frac{19}{12}-\frac{15}{8}\sin^2 i\right)+e^2\left(\frac{2}{3}-2\sin^2 i\right)\right]G2c \tag{7.40}$$
$$\left.+\frac{e^4}{1-e^2}\left[\frac{7}{2}\left(1-\frac{3}{2}\sin^2 i\right)G2c+\left(\frac{3}{64}\sin^2 i\right)G4c\right]\right\}$$

上述各式中出现的 a,e,i,n 和 $p=a\left(1-e^2\right)$，均为拟平均根数 $\bar{a}_0,\bar{e}_0,\bar{i}_0,\bar{n}_0=\bar{a}_0^{(-3/2)}$ 和 $\bar{p}_0=\bar{a}_0\left(1-\bar{e}_0{}^2\right)$，在本章后面类似的表达式中，所出现的同类变量 $a,e,i,\ n,$

$p=a\left(1-e^2\right)$等，其意义均同上，如无特殊需要，一般不再重复说明。

式（7.36）～（7.40）中的几个辅助量$F_2(e),\cdots$的表达式如下，即

$$F_2(e)=\frac{\overline{\cos 2f}}{e^2}=\frac{1+2\sqrt{1-e^2}}{\left(1+\sqrt{1-e^2}\right)^2}=\frac{3}{4}+\frac{1}{8}e^2+\frac{3}{64}e^4+\cdots \tag{7.41}$$

$$\begin{cases} G2s=\dfrac{(\cos 2\bar{\omega}-\cos 2\bar{\omega}_0)}{\left(4-5\sin^2 i\right)}\to -\sin 2\bar{\omega}_0\left(\dfrac{3J_2}{2p^2}\right)n\left(t-t_0\right) \\ G2c=\dfrac{-(\sin 2\bar{\omega}-\sin 2\bar{\omega}_0)}{\left(4-5\sin^2 i\right)}\to -\cos 2\bar{\omega}_0\left(\dfrac{3J_2}{2p^2}\right)n\left(t-t_0\right) \\ G4c=\dfrac{-(\sin 4\bar{\omega}-\sin 4\bar{\omega}_0)}{2\left(4-5\sin^2 i\right)}\to -\cos 4\bar{\omega}_0\left(\dfrac{3J_2}{2p^2}\right)n\left(t-t_0\right) \end{cases} \tag{7.42}$$

式中，$\bar{\omega}_0$为t_0时刻近星点角距的拟平均根数$\bar{\omega}_0(t_0)$，该式表明长周期变化项$\Delta\sigma_l^{(1)}(t)$有两种算法：当卫星倾角i接近临界倾角$i_c=63.4^\circ$时，就按式（7.42）右端计算，否则即按式（7.42）左端计算，这就避免了由其引起的通约小分母问题。

3. $\sigma_s^{(1)}(t)$的形式

其具体形式如下，即

$$a_s^{(1)}(t)=\frac{3J_2}{2a}\left\{\frac{2}{3}(1-\frac{3}{2}\sin^2 i)\left[\left(\frac{a}{r}\right)^3-\left(1-e^2\right)^{-3/2}\right]+\sin^2 i\left(\frac{a}{r}\right)^3\cos 2(f+\omega)\right\} \tag{7.43}$$

$$\begin{aligned} e_s^{(1)}(t)=&\left(\frac{3J_2}{2p^2}\right) \\ &\times\left\{\frac{1}{3}\left(1-\frac{3}{2}\sin^2 i\right)\left[e\left(\frac{1}{1+\sqrt{1-e^2}}+\sqrt{1-e^2}\right)+\cos f\left(3\left(1+e\cos f\right)+\left(e\cos f\right)^2\right)\right]\right. \\ &+\frac{1}{2}\sin^2 i\left[\left(e+\cos f\left(3\left(1+e\cos f\right)+\left(e\cos f\right)^2\right)\right)\cos 2\left(f+\omega\right)\right. \\ &\left.\left.-\left(1-e^2\right)\left(\cos\left(f+2\omega\right)+\frac{1}{3}\cos\left(3f+2\omega\right)\right)\right]\right\} \end{aligned} \tag{7.44}$$

$$i_s^{(1)}(t)=\left(\frac{3J_2}{8p^2}\right)\sin 2i\left\{e\cos(f+2\omega)+\cos(2f+2\omega)+\frac{e}{3}\cos(3f+2\omega)\right\} \tag{7.45}$$

$$
\begin{aligned}
\Omega_s^{(1)}(t) = &-\left(\frac{3J_2}{2p^2}\right)\cos i \\
&\times\left\{(f - M + e\sin f) - \frac{1}{2}\left[e\sin(f+2\omega) + \sin(2f+2\omega) + \frac{e}{3}\sin(3f+2\omega)\right]\right\}
\end{aligned}
\tag{7.46}
$$

$$
\omega_s^{(1)}(t) = -\cos i\left[\Omega_s^{(1)}(t)\right] + \left[\omega_s^{(1)}(t)\right]_1 \tag{7.47}
$$

其中

$$
\begin{aligned}
\left[\omega_s^{(1)}(t)\right]_1 = &\frac{1}{e}\left(\frac{3J_2}{2p^2}\right) \\
&\times\left\{\left(1-\frac{3}{2}\sin^2 i\right)\left[(f - M + e\sin f)e + \left(1-\frac{e^2}{4}\right)\sin f + \frac{e}{2}\sin 2f + \frac{e^2}{12}\sin 3f\right]\right. \\
&+\sin^2 i\left[-\left(\frac{1}{4}-\frac{7}{16}e^2\right)\sin(f+2\omega) + \frac{3}{4}e\sin 2(f+\omega)\right. \\
&+\left(\frac{7}{12}+\frac{11}{48}e^2\right)\sin(3f+2\omega) + \frac{3}{8}e\sin(4f+2\omega) \\
&\left.\left.+\frac{e^2}{16}(\sin(5f+2\omega) + \sin(f-2\omega))\right]\right\}
\end{aligned}
\tag{7.48}
$$

上述 $\omega_s^{(1)}(t)$ 两部分合并后的形式为

$$
\begin{aligned}
\omega_s^{(1)}(t) = &\frac{1}{e}\left(\frac{3J_2}{2p^2}\right)\left\{\left(2-\frac{5}{2}\sin^2 i\right)(f - M + e\sin f)e\right. \\
&+\left(1-\frac{3}{2}\sin^2 i\right)\left[\left(1-\frac{e^2}{4}\right)\sin f + \frac{e}{2}\sin 2f + \frac{e^2}{12}\sin 3f\right] \\
&-\frac{e}{2}\left[e\sin(f+2\omega) + \sin 2(f+\omega) + \frac{e}{3}\sin(3f+2\omega)\right] \\
&+\sin^2 i\left[\frac{e^2}{16}\sin(f-2\omega) - \left(\frac{1}{4}-\frac{15}{16}e^2\right)\sin(f+2\omega) + \frac{5}{4}e\sin 2(f+\omega)\right. \\
&\left.\left.+\left(\frac{7}{12}+\frac{19}{48}e^2\right)\sin(3f+2\omega) + \frac{3}{8}e\sin(4f+2\omega) + \frac{e^2}{16}\sin(5f+2\omega)\right]\right\}
\end{aligned}
\tag{7.49}
$$

$$
\begin{aligned}
M_s^{(1)}(t) = & -\sqrt{1-e^2}\left[\omega_s^{(1)}(t)\right]_1 \\
& +\left(\frac{3J_2}{2p^2}\right)\sqrt{1-e^2}\left\{(1-\frac{3}{2}\sin^2 i)(f-M+e\sin f)\right. \\
& \left. +\sin^2 i\left[\frac{3}{4}e\sin(f+2\omega)+\frac{3}{4}\sin(2f+2\omega)+\frac{1}{4}e\sin(3f+2\omega)\right]\right\}
\end{aligned}
\tag{7.50}
$$

上述$\sigma_s^{(1)}(t)$的完整表达式为$\sigma_s^{(1)}(t)-\overline{\sigma_s^{(1)}(t)}$，$\overline{\sigma_s^{(1)}(t)}$的具体形式为

$$
\begin{cases}
\overline{a_s^{(1)}(t)}=0 \\
\overline{e_s^{(1)}(t)}=\dfrac{1}{6}\left(\dfrac{3J_2}{2p^2}\right)\sin^2 iF_2(e)\left(1-e^2\right)e\cos 2\omega \\
\overline{i_s^{(1)}(t)}=-\dfrac{1}{6}\left(\dfrac{3J_2}{2p^2}\right)\sin i\cos iF_2(e)e^2\cos 2\omega \\
\overline{\Omega_s^{(1)}(t)}=-\dfrac{1}{6}\left(\dfrac{3J_2}{2p^2}\right)\cos iF_2(e)e^2\sin 2\omega \\
\overline{\omega_s^{(1)}(t)}=\dfrac{1}{6}\left(\dfrac{3J_2}{2p^2}\right)\left[\sin^2 i\left(\dfrac{3}{4}+\left(1-e^2\right)F_2(e)\right)+\cos^2 i\left(e^2F_2(e)\right)\right]\sin 2\omega \\
\overline{M_s^{(1)}(t)}=-\dfrac{1}{6}\left(\dfrac{3J_2}{2p^2}\right)\sin^2 i\left[\left(\dfrac{3}{4}+\left(1+\dfrac{e^2}{2}\right)F_2(e)\right)\sqrt{1-e^2}\right]\sin 2\omega
\end{cases}
\tag{7.51}
$$

7.2.2 带谐项$J_l(l\geqslant 3)$部分

1. $\sigma_2(t-t_0)$中的变率σ_2

其具体形式如下，即

$$
a_2=0,\quad e_2=0,\quad i_2=0 \tag{7.52}
$$

$$
\begin{aligned}
\Omega_2 = & n\cos i\sum_{l(2)\geqslant 4}\left(\frac{-J_l}{p_0^l}\right)\sum_{q=1}^{l/2}(-1)^{(l+2q)/2}\left(\frac{1}{2}\right)^{(l+2q)} \\
& \times 2q\binom{l}{l/2-q}\binom{l+2q}{l}\binom{2q}{q}(\sin i)^{(2q-2)}K_1(e)
\end{aligned}
\tag{7.53}
$$

$$
\begin{aligned}
\omega_2 = & -\cos i\Omega_2+n\sum_{l(2)\geqslant 4}\left(\frac{-J_l}{p_0^l}\right)\sum_{q=0}^{l/2}(-1)^{(l+2q)/2}\left(\frac{1}{2}\right)^{(l+2q)} \\
& \times\binom{l}{l/2-q}\binom{l+2q}{l}\binom{2q}{q}(\sin i)^{2q}\times\left[(2l-1)K_1(e)+\left(1-e^2\right)K_2(e)\right]
\end{aligned}
\tag{7.54}
$$

$$
\begin{aligned}
M_2 &= -\sqrt{1-e^2}\left(\omega_2+\cos i\Omega_2\right) \\
&\quad +n\sqrt{1-e^2}\sum_{l(2)\geqslant 4}\left(\frac{-J_l}{p_0^l}\right)\sum_{q=0}^{l/2}(-1)^{(l+2q)/2}\left(\frac{1}{2}\right)^{(l+2q)}2(l+1) \\
&\quad \times\binom{l}{l/2-q}\binom{l+2q}{l}\binom{2q}{q}(\sin i)^{2q}K_1(e)
\end{aligned}
\tag{7.55}
$$

其中，p_0 即为拟平均根数 $\overline{p}_0=\overline{a}_0\left(1-\overline{e}_0{}^2\right)$，其余变量意义同前。式中 $K_1(e)$，$K_2(e)$ 的表达式为

$$
\begin{cases}
K_1(e)=\displaystyle\sum_{\alpha(2)=0}^{l-2}\binom{l-1}{\alpha}\binom{\alpha}{\alpha/2}\left(\frac{1}{2}\right)^{\alpha}e^{\alpha} \\
K_2(e)=\displaystyle\sum_{\alpha(2)=2}^{l-2}\binom{l-1}{\alpha}\binom{\alpha}{\alpha/2}\alpha\left(\frac{1}{2}\right)^{\alpha}e^{\alpha-2}
\end{cases}
\tag{7.56}
$$

2．$\Delta\sigma_l^{(1)}(t)=\left[\sigma_l^{(1)}(t)-\sigma_l^{(1)}(t_0)\right]$ 中的 $\sigma_l^{(1)}(t)$

其具体形式为

$$
a_l^{(1)}(t)=0 \tag{7.57}
$$

$$
\begin{aligned}
e_l^{(1)}(t) &= -\left(\frac{1-e^2}{e}\tan i\right)i_l^{(1)}(t) \\
&= -(1-e^2)\sum_{l\geqslant 3}\left(\frac{-J_l}{p_0^l}\right)^{\frac{1}{2}(l-2+\delta_1)}\sum_{p=1}[\sum_{q=0}^{p}(-1)^{(l+2q-\delta_1)/2}(\frac{1}{2})^{(2l-2p+2q-1)} \\
&\quad \times\binom{l}{p-q}\binom{2l-2p+2q}{l}\binom{l-2p+2q}{q}(\sin i)^{(l-2p+2q)}]\frac{1}{e}K_3(e)I(\omega)
\end{aligned}
\tag{7.58}
$$

$$
\begin{aligned}
i_l^{(1)}(t) &= \cos i\sum_{l\geqslant 3}\left(\frac{-J_l}{p_0^l}\right)^{\frac{1}{2}(l-2+\delta_1)}\sum_{p=1}[\sum_{q=0}^{p}(-1)^{(l+2q-\delta_1)/2}(\frac{1}{2})^{(2l-2p+2q-1)} \\
&\quad \times\binom{l}{p-q}\binom{2l-2p+2q}{l}\binom{l-2p+2q}{q}(\sin i)^{(l-2p+2q-1)}]K_3(e)I(\omega)
\end{aligned}
\tag{7.59}
$$

$$
\begin{aligned}
\Omega_l^{(1)}(t) &= \cos i\sum_{l\geqslant 3}\left(\frac{-J_l}{p_0^l}\right)^{\frac{1}{2}(l-2+\delta_1)}\sum_{p=1}[\sum_{q=0}^{p}(-1)^{(l+2q-\delta_1)/2}(\frac{1}{2})^{(2l-2p+2q-1)}(l-2p+2q) \\
&\quad \times\binom{l}{p-q}\binom{2l-2p+2q}{l}\binom{l-2p+2q}{q}(\sin i)^{(l-2p+2q-2)}]K_3(e)H(\omega)
\end{aligned}
\tag{7.60}
$$

$$
\begin{aligned}
\omega_l^{(1)}(t) = & -\cos i\Omega_l^{(1)}(t) \\
& +\frac{1}{e}\sum_{l\geqslant 3}\left(\frac{-J_l}{p_0^l}\right)\sum_{p=1}^{\frac{1}{2}(l-2+\delta_1)}\left[\sum_{q=0}^{p}(-1)^{(l+2q-\delta_1)/2}\left(\frac{1}{2}\right)^{(2l-2p+2q-1)}\right. \\
& \left.\times\begin{pmatrix} l \\ p-q \end{pmatrix}\begin{pmatrix} 2l-2p+2q \\ l \end{pmatrix}\begin{pmatrix} l-2p+2q \\ q \end{pmatrix}(\sin i)^{(l-2p+2q)}\right] \\
& \times\left[(2l-1)eK_3(e)+(1-e^2)eK_4(e)\right]H(\omega)
\end{aligned} \tag{7.61}
$$

$$
\begin{aligned}
M_l^{(1)}(t) = & -\sqrt{1-e^2}\left[\omega_l^{(1)}(t)+\cos i\Omega_l^{(1)}(t)\right] \\
& +\sqrt{1-e^2}\sum_{l\geqslant 3}2(l+1)\left(\frac{-J_l}{p_0^l}\right)\sum_{p=1}^{\frac{1}{2}(l-2+\delta_1)}\left[\sum_{q=0}^{p}(-1)^{(l+2q-\delta_1)/2}\left(\frac{1}{2}\right)^{(2l-2p+2q-1)}\right. \\
& \left.\times\begin{pmatrix} l \\ p-q \end{pmatrix}\begin{pmatrix} 2l-2p+2q \\ l \end{pmatrix}\begin{pmatrix} l-2p+2q \\ q \end{pmatrix}(\sin i)^{(l-2p+2q)}\right]K_3(e)H(\omega)
\end{aligned} \tag{7.62}
$$

上述各式中有关量的表达式为

$$
\delta_1 = \frac{1}{2}\left[1-(-1)^l\right] = \begin{cases} 1, & l\text{为奇数} \\ 0, & l\text{为偶数} \end{cases} \tag{7.63}
$$

$$
\begin{cases}
K_3(e) = \displaystyle\sum_{\alpha(2)=l-2p}^{l-2}\begin{pmatrix} l-1 \\ \alpha \end{pmatrix}\begin{pmatrix} \alpha \\ (\alpha-l+2p)/2 \end{pmatrix}\left(\frac{1}{2}\right)^{\alpha}e^{\alpha} \\
eK_4(e) = \displaystyle\sum_{\alpha(2)=l-2p}^{l-2}\begin{pmatrix} l-1 \\ \alpha \end{pmatrix}\begin{pmatrix} \alpha \\ (\alpha-l+2p)/2 \end{pmatrix}\alpha\left(\frac{1}{2}\right)^{\alpha}e^{\alpha-1}
\end{cases} \tag{7.64}
$$

$$
\begin{cases}
I(\omega) = \left(\dfrac{n}{\omega_1}\right)\left[(1-\delta_1)\cos(l-2p)\omega+\delta_1\sin(l-2p)\omega\right] \\
H(\omega) = \left(\dfrac{n}{\omega_1}\right)\left[(1-\delta_1)\dfrac{1}{l-2p}\sin(l-2p)\omega-\delta_1\dfrac{1}{(l-2p)}\cos(l-2p)\omega\right]
\end{cases} \tag{7.65}
$$

各式右端出现的 $a,e,i,\ n,\ p_0=a\left(1-e^2\right)$ 等变量，意义均同前，其中 p_0 不要与求和指标 p 相混淆。ω 为 t 时刻的拟平均根数 $\bar{\omega}(t)$，ω_1 是 ω 的一阶长期项系数。与带谐项 J_2 部分的摄动解表达式类似，当 $\omega_1\to 0$ 时，即临界角情况，$\Delta\sigma_l^{(1)}(t)=\left[\sigma_l^{(1)}(t)-\sigma_l^{(1)}(t_0)\right]$ 可改为二阶长期项 $\sigma_2(t-t_0)$ 的计算形式，如同式（7.42）那样，相应的关键项作如下修改

$$\begin{cases}\left(\dfrac{n}{\omega_1}\right)\left[(1-\delta_1)\cos(l-2p)\bar{\omega}+\delta_1\sin(l-2p)\bar{\omega}\right]_{t_0}^{t} \\ \quad\to -(l-2p)\left[(1-\delta_1)\sin(l-2p)\bar{\omega}_0-\delta_1\cos(l-2p)\bar{\omega}_0\right]n(t-t_0) \\ \left(\dfrac{n}{\omega_1}\right)\left[(1-\delta_1)\dfrac{1}{l-2p}\sin\left(l-2p\right)\omega-\delta_1\dfrac{1}{(l-2p)}\cos\left(l-2p\right)\omega\right]_{t_0}^{t} \\ \quad\to\left[(1-\delta_1)\cos(l-2p)\bar{\omega}_0+\delta_1\sin(l-2p)\bar{\omega}_0\right]n(t-t_0)\end{cases} \tag{7.66}$$

7.2.3　主要田谐项 J_{22} 部分

对于慢自转的中心天体（如月球），田谐项的摄动效应会产生长周期变化项，对于地球这样的快自转中心天体，其高轨卫星（如 GEO 卫星），田谐项的摄动效应也会产生长周期变化项，这些摄动解表达式可参见本章的参考文献[1，2，6]，本小节只针对当今航天任务中主要关心的地球中、低轨卫星的田谐项摄动效应，列出相应的摄动解表达式。在此动力学背景下，其摄动影响只有短周期项，但相应的短周期项中包含量级稍高的地球自转项，在分析法定轨中需要考虑这类特殊的短周期项，作为式（7.10）右端 $\sigma_s^{(1)}(t)$ 的一部分。因此，除三轴椭球的椭率部分（即二阶田谐项 $C_{2,2},S_{2,2}$ 部分）考虑完整的短周期项外，其他田谐项摄动效应只考虑地球自转项部分，见 7.2.4 节。

为了简便，将谐系数 $C_{2,2},S_{2,2}$ 以 $J_{2,2}$ 和相应的幅角 $\lambda_{2,2}$ 的形式表达，有

$$\begin{cases}J_{2,2}=\left({C_{2,2}}^2+{S_{2,2}}^2\right)^{1/2}, \\ \bar{\lambda}=\lambda-\lambda_{2,2},\quad 2\lambda_{2,2}=\mathrm{tg}^{-1}\left(\dfrac{S_{2,2}}{C_{2,2}}\right)\end{cases} \tag{7.67}$$

$\lambda_{2,2}$ 即由谐项系数 $C_{2,2}$，$S_{2,2}$ 所确定的地球赤道“对称轴”方向（图 7.1 中的 $\bar{X}$ 方向）的地理经度。

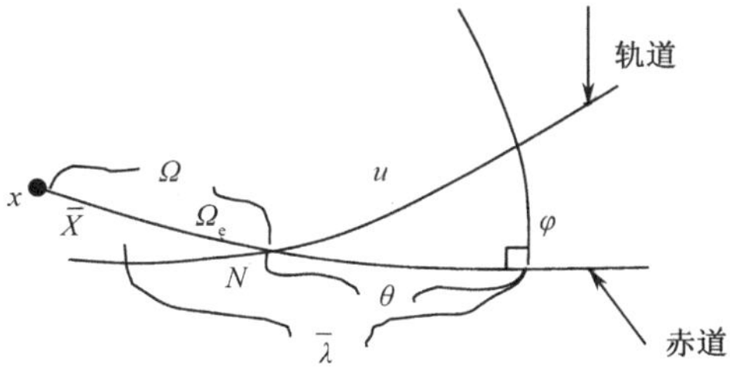

图 7.1　星固坐标系和天球坐标系

反映赤道椭率效应的$J_{2,2}$项摄动，对于一般轨道问题，只有短周期效应，但对太阳系中各大、小天体，该项摄动均比其他高阶次田谐项$C_{l,m}$，$S_{l,m}\,(l \geqslant 3)$显著，故也将$J_{2,2}$项摄动的全部短周期项作为式（7.10）右端$\sigma_s^{(1)}(t)$的一部分，记作$\sigma_s^{(1)}\left(t, J_{2,2}\right)$，形式为

$$\begin{aligned}
a_s^{(1)}(t)=\frac{3\left(J_{2,2}\right)}{2a}\Bigg\{&(1+\cos i)^2\left[-\frac{e}{2(1-2\alpha)}\cos\left(M+2\omega+2\Omega_{2,2}\right)\right.\\
&\left.+\frac{1}{1-\alpha}\cos\left(2M+2\omega+2\Omega_{2,2}\right)+\frac{7e}{2(1-2\alpha/3)}\cos\left(3M+2\omega+2\Omega_{2,2}\right)\right]\\
&+2\sin^2 i\left[\frac{3e}{2(1-2\alpha)}\cos\left(M+2\Omega_{2,2}\right)+\frac{3e}{2(1+2\alpha)}\cos\left(M-2\Omega_{2,2}\right)\right]\\
&+(1-\cos i)^2\left[-\frac{e}{2(1+2\alpha)}\cos\left(M+2\omega-2\Omega_{2,2}\right)\right.\\
&\left.+\frac{1}{1+\alpha}\cos\left(2M+2\omega-2\Omega_{2,2}\right)+\frac{7e}{2(1+2\alpha/3)}\cos\left(3\Omega+2\omega-2\Omega_{2,2}\right)\right]\Bigg\}
\end{aligned}\tag{7.68}$$

$$\begin{aligned}
e_s^{(1)}(t)=&\frac{3\left(J_{2,2}\right)}{4a^2}\\
&\times\Bigg\{(1+\cos i)^2\left[\frac{1}{2(1-2\alpha)}\cos\left(M+2\omega+2\Omega_{2,2}\right)-\frac{e}{2(1-\alpha)}\cos\left(2M+2\omega+2\Omega_{2,2}\right)\right.\\
&\left.+\frac{7}{6(1-2\alpha/3)}\cos\left(3M+2\omega+2\Omega_{2,2}\right)+\frac{17e}{4(1-\alpha/2)}\cos\left(4M+2\omega+2\Omega_{2,2}\right)\right]\\
&+2\sin^2 i\left[\frac{3}{2(1-2\alpha)}\cos\left(M+2\Omega_{2,2}\right)+\frac{9e}{4(1-\alpha)}\cos\left(2M+2\Omega_{2,2}\right)\right.\\
&\left.+\frac{3}{2(1+2\alpha)}\cos\left(M-2\Omega_{2,2}\right)+\frac{9e}{4(1+\alpha)}\cos\left(2M-2\Omega_{2,2}\right)\right]\\
&+(1-\cos i)^2\left[\frac{1}{2(1+2\alpha)}\cos\left(M+2\omega-2\Omega_{2,2}\right)-\frac{e}{2(1+\alpha)}\cos\left(2M+2\omega-2\Omega_{2,2}\right)\right.\\
&\left.+\frac{7}{6(1+2\alpha/3)}\cos\left(3M+2\omega-2\Omega_{2,2}\right)+\frac{17e}{4(1+\alpha/2)}\cos\left(4M+2\omega-2\Omega_{2,2}\right)\right]\Bigg\}
\end{aligned}\tag{7.69}$$

$$
\begin{aligned}
i_s^{(1)}(t) = &\frac{3(J_{2,2})}{2a^2}\sin i\left\{(1+\cos i)\left[\frac{e}{2(1-2\alpha)}\cos(M+2\omega+2\Omega_{2,2})\right.\right.\\
&-\frac{1}{2(1-\alpha)}\cos(2M+2\omega+2\Omega_{2,2})-\left.\frac{7e}{6(1-2\alpha/3)}\cos(3M+2\omega+2\Omega_{2,2})\right]\\
&+2\left[-\frac{3e}{2(1-2\alpha)}\cos(M+2\Omega_{2,2})+\frac{1}{2\alpha}\cos(2\Omega_{2,2})+\frac{3e}{2(1+2\alpha)}\cos(M-2\Omega_{2,2})\right]\\
&+(1-\cos i)\left[-\frac{e}{2(1+2\alpha)}\cos(M+2\omega-2\Omega_{2,2})\right.\\
&\left.\left.+\frac{1}{2(1+\alpha)}\cos(2M+2\omega-2\Omega_{2,2})+\frac{7e}{6(1+2\alpha/3)}\cos(3M+2\omega-2\Omega_{2,2})\right]\right\}
\end{aligned} \tag{7.70}
$$

$$
\begin{aligned}
\Omega_s^{(1)}(t) = &\frac{3(J_{2,2})}{2a^2}\left\{(1+\cos i)\left[\frac{e}{2(1-2\alpha)}\sin(M+2\omega+2\Omega_{2,2})\right.\right.\\
&-\frac{1}{2(1-\alpha)}\sin(2M+2\omega+2\Omega_{2,2})-\left.\frac{7e}{6(1-2\alpha/3)}\sin(3M+2\omega+2\Omega_{2,2})\right]\\
&+2\cos i\left[\frac{3e}{2(1-2\alpha)}\sin(M+2\Omega_{2,2})-\frac{1}{2\alpha}\sin(2\Omega_{2,2})+\frac{3e}{2(1+2\alpha)}\sin(M-2\Omega_{2,2})\right]\\
&+(1-\cos i)\left[-\frac{e}{2(1+2\alpha)}\sin(M+2\omega-2\Omega_{2,2})\right.\\
&\left.\left.+\frac{1}{2(1+\alpha)}\sin(2M+2\omega-2\Omega_{2,2})+\frac{7e}{6(1+2\alpha/3)}\sin(3M+2\omega-2\Omega_{2,2})\right]\right\}
\end{aligned} \tag{7.71}
$$

$$
\begin{aligned}
\omega_s^{(1)}(t) = &-\cos i\,\Omega_s^{(2)}(t)\\
&+\frac{3(J_{2,2})}{4a^2}\left(\frac{1}{e}\right)\left\{(1+\cos i)^2\left[-\frac{1}{2(1-2\alpha)}\sin(M+2\omega+2\Omega_{2,2})\right.\right.\\
&-\frac{5e}{2(1-\alpha)}\sin(2M+2\omega+2\Omega_{2,2})+\frac{7}{6(1-2\alpha/3)}\sin(3M+2\omega+2\Omega_{2,2})\\
&\left.+\frac{17e}{4(1-\alpha/2)}\sin(4M+2\omega+2\Omega_{2,2})\right]\\
&+2\sin^2 i\left[\frac{9e}{4(1-\alpha)}\sin(2M+2\Omega_{2,2})+\frac{3}{2(1-2\alpha)}\sin(M+2\Omega_{2,2})\right.
\end{aligned}
$$

$$-\frac{3e}{2\alpha}\sin\left(2\Omega_{2,2}\right)+\frac{3}{2(1+2\alpha)}\sin\left(M-2\Omega_{2,2}\right)+\frac{9e}{4(1+\alpha)}\sin\left(2M-2\Omega_{2,2}\right)\Bigg]$$

$$+(1-\cos i)^2\left[-\frac{1}{2(1+2\alpha)}\sin\left(M+2\omega-2\Omega_{2,2}\right)-\frac{5e}{2(1+\alpha)}\sin\left(2M+2\omega-2\Omega_{2,2}\right)\right.$$

$$\left.+\frac{7}{6(1+2\alpha/3)}\sin\left(3M+2\omega-2\Omega_{2,2}\right)+\frac{17e}{4(1+\alpha/2)}\sin\left(4M+2\omega-2\Omega_{2,2}\right)\right]\Bigg\}$$

（7.72）

$$M_s^{(1)}(t)=-\left(1-\frac{e^2}{2}\right)\left(\omega_s^{(1)}(t)+\cos i\Omega_s^{(1)}\right)$$

$$+\frac{9(J_{2,2})}{4a^2}\Bigg\{(1+\cos i)^2\left[-\frac{e}{(1-2\alpha)}\left(1-\frac{1}{2(1-2\alpha)}\right)\sin\left(M+2\omega+2\Omega_{2,2}\right)\right.$$

$$+\frac{1}{(1-\alpha)}\left(1-\frac{1}{2(1-2\alpha)}\right)\sin\left(2M+2\omega+2\Omega_{2,2}\right)$$

$$\left.+\frac{7e}{3(1-2\alpha/3)}\left(1-\frac{1}{2(1-2\alpha/3)}\right)\sin\left(3M+2\omega+2\Omega_{2,2}\right)\right]$$

$$+2\sin^2 i\left[\frac{3e}{(1-2\alpha)}\left(1-\frac{1}{2(1-2\alpha)}\right)\sin\left(M+2\Omega_{2,2}\right)-\frac{1}{\alpha}\sin\left(2\Omega_{2,2}\right)\right.$$

$$\left.+\frac{3e}{(1+2\alpha)}\left(1-\frac{1}{2(1+2\alpha)}\right)\sin\left(M-2\Omega_{2,2}\right)\right]$$

$$+(1-\cos i)^2\left[\frac{-e}{(1+2\alpha)}\left(1-\frac{1}{2(1+2\alpha)}\right)\sin\left(M+2\omega-2\Omega_{2,2}\right)\right.$$

$$+\frac{1}{(1+\alpha)}\left(1-\frac{1}{2(1+\alpha)}\right)\sin\left(2M+2\omega-2\Omega_{2,2}\right)$$

$$\left.+\frac{7e}{3(1+2\alpha/3)}\left(1-\frac{1}{2(1+2\alpha/3)}\right)\sin\left(3M+2\omega-2\Omega_{2,2}\right)\right]\Bigg\}$$

（7.73）

式中，Ω,ω,M 分别为t时刻的拟平均根数 $\bar{\Omega}(t),\bar{\omega}(t),\bar{M}(t)$。

上述各式中出现的 $\Omega_{2,2}$ 的计算公式为

$$\begin{cases}\Omega_{2,2}=\left(\Omega-\theta_{2,2}\right)-n_e\left(t-t_0\right)\\ \theta_{2,2}=S_G+\lambda_{2,2}\end{cases}\tag{7.74}$$

$\theta_{2,2}$ 是 t_0 时刻地球赤道“对称轴”方向（经度即 $\lambda_{2,2}$）的地方“恒星时”，n_e 是地球自转角速度，S_G 是格林尼治恒星时，按 IAU 1980 规范的计算公式为

$$\begin{cases} S_G = \bar{S}_G + \Delta\mu \\ \bar{S}_G = 18^{\mathrm{h}}.697\,374\,6 + 879\,000^{\mathrm{h}}.051\,336\,7t + 0^{\mathrm{s}}.093\,104t^2 \\ t = \dfrac{1}{36\,525.0}\left[JD(t) - JD(2\,000.0)\right] \end{cases} \tag{7.75}$$

式中，$\Delta\mu$ 是赤经章动，有关计算的细节详见章动计算（1.2 节），相应的地球自转角速度可取近似，有 $n_e \approx \dot{\bar{S}}_G = 360^{\circ}.985\,647\,45/\mathrm{day}$。若按 IAU2000 规范计算，格林尼治恒星时 S_G 的表示形式为

$$GAST = GMST + EE \tag{7.76}$$

其中，$GAST$ 即对应 IAU 1980 规范中的真恒星时 S_G，而 $GMST$, EE 则分别称为格林尼治平恒星时和二均差（各对应 IAU 1980 规范中的平恒星时 $\bar{S}_G$ 和赤经章动 $\Delta\mu$）。

7.2.4　田谐项 $J_{lm}(l \geqslant 2, m = 1 - l)$ 摄动部分

为了表达的方便，下面直接列出无奇点根数短周期项中的地球自转项，仍记作 $\sigma_s^{(1)}(t)$，即

$$a_s^{(1)}(t) = \sum_{l\geqslant 2}\sum_{m=1}^{l} a\left(\frac{J_{lm}}{a^l}\right)\sum_{p=0}^{l} F_{lmp}(i)\left\{\frac{2(l-2p)}{(l-2p)-m\alpha}S_0\right\} \tag{7.77}$$

$$i_s^{(1)}(t) = \sum_{l\geqslant 2}\sum_{m=1}^{l}\left(\frac{J_{lm}}{a^l}\right)\frac{1}{\sin i}\left\{\sum_{p=0}^{l}\left[(l-2p)\cos i - m\right]F_{lmp}(i)\frac{1}{(l-2p)-m\alpha}S_0\right\} \tag{7.78}$$

$$\Omega_s^{(1)}(t) = \sum_{l\geqslant 2}\sum_{m=1}^{l}\left(\frac{J_{lm}}{a^l}\right)\frac{1}{\sin i}\left\{\sum_{p=0}^{l} F'_{lmp}(i)\frac{1}{(l-2p)-m\alpha}S_0^*\right\} \tag{7.79}$$

$$\begin{aligned} \xi_s^{(1)}(t) = \sum_{l\geqslant 2}\sum_{m=1}^{l}\left(\frac{J_{lm}}{a^l}\right)&\left\{\sum_{p=0}^{l}\left(-\frac{1}{2}\right)F_{lmp}(i)\right. \\ &\left.\times\left[\frac{(l+1)-2(l-2p)}{(l-2p-1)-m\alpha}S_{0-1} - \frac{(l+1)+2(l-2p)}{(l-2p+1)-m\alpha}S_{01}\right]\right\} \end{aligned} \tag{7.80}$$

$$\eta_s^{(1)}(t)=\sum_{l\geqslant 2}\sum_{m=1}^{l}(\frac{J_{lm}}{a^l})\left\{\sum_{p=0}^{l}(\frac{1}{2})F_{lmp}(i)\times\left[\frac{(l+1)-2(l-2p)}{(l-2p-1)-m\alpha}S_{0-1}^*+\frac{(l+1)+2(l-2p)}{(l-2p+1)-m\alpha}S_{01}^*\right]\right\} \tag{7.81}$$

$$\lambda_s^{(1)}(t)=-\cos i\cdot\Omega_s^{(2)}(t)+\sum_{l\geqslant 2}\sum_{m=1}^{l}(\frac{J_{lm}}{a^l})\left\{\sum_{p=0}^{l}F_{lmp}(i)\left[2(l+1)-\frac{3(l-2p)}{(l-2p)-m\alpha}\right]\frac{1}{(l-2p)-m\alpha}S_0^*\right\} \tag{7.82}$$

上述各式右端出现的J_{lm}等量由下列各式表示为

$$\begin{cases}J_{lm}=(C_{lm}^2+S_{lm}^2)^{1/2}\\ m\lambda_{lm}=tg^{-1}(S_{lm}/C_{lm})\end{cases} \tag{7.83}$$

$$\Omega_m=\Omega-(\bar{S}_G+\lambda_{lm}) \tag{7.84}$$

$$\begin{cases}\alpha=n_e/\bar{n},\quad \bar{n}=\bar{a}^{-3/2}\\ n_e\approx\dot{\bar{S}}_G=360^{\circ}.985\,647\,45/\text{day}\end{cases} \tag{7.85}$$

$$\begin{cases}S_0=(1-\delta_{lm})\cos((l-2p)\lambda+m\Omega_{lm})+\delta_{lm}\sin((l-2p)\lambda+m\Omega_{lm})\\ S_0^*=(1-\delta_{lm})\sin((l-2p)\lambda+m\Omega_{lm})-\delta_{lm}\cos((l-2p)\lambda+m\Omega_{lm})\\ S_{0-1}=(1-\delta_{lm})\cos((l-2p-1)\lambda+m\Omega_{lm})+\delta_{lm}\sin((l-2p-1)\lambda+m\Omega_{lm})\\ S_{01}=(1-\delta_{lm})\cos((l-2p+1)\lambda+m\Omega_{lm})+\delta_{lm}\sin((l-2p+1)\lambda+m\Omega_{lm})\\ S_{0-1}^*=(1-\delta_{lm})\sin((l-2p-1)\lambda+m\Omega_{lm})-\delta_{lm}\cos((l-2p-1)\lambda+m\Omega_{lm})\\ S_{01}^*=(1-\delta_{lm})\sin((l-2p+1)\lambda+m\Omega_{lm})-\delta_{lm}\cos((l-2p+1)\lambda+m\Omega_{lm})\end{cases} \tag{7.86}$$

$$\delta_{lm}=\frac{1}{2}\left[1-(-1)^{l-m}\right]=\begin{cases}1,\quad (l-m)\text{ 为奇数}\\ 0,\quad (l-m)\text{ 为偶数}\end{cases} \tag{7.87}$$

$$\begin{aligned}F_{lmp}(i)&=\frac{(l+m)!}{2^l\,p!(l-p)!}\sum_{k=k_1}^{k_2}(-1)^{k+(l-m+\delta_{lm})/2}\binom{2l-2p}{k}\binom{2p}{l-m-k}\\&\quad\times(\sin\frac{i}{2})^{-(l-m-2p-2k)}(\cos\frac{i}{2})^{(3l-m-2p-2k)}\\&=\frac{(l+m)!}{2^{2l}\,p!(l-p)!}\sum_{k=k_1}^{k_2}(-1)^{k+(l-m+\delta_{lm})/2}\binom{2l-2p}{k}\binom{2p}{l-m-k}\\&\quad\times(\sin i)^{-(l-m-2p-2k)}(1+\cos i)^{(2l-m-2p-2k)}\end{aligned} \tag{7.88}$$

$$F'_{lmp}(i)=\frac{d}{di}F_{lmp}(i)$$

$$=\frac{(l+m)!}{2^l p!(l-p)!}(\frac{1}{\sin i})\sum_{k=k_1}^{k_2}(-1)^{k+(l-m+\delta_{lm})/2}\begin{pmatrix}2l-2p\\k\end{pmatrix}\begin{pmatrix}2p\\l-m-k\end{pmatrix} \tag{7.89}$$

$$\times\left[-2l\sin^2\frac{i}{2}-(l-m-2p-2k)\right](\sin\frac{i}{2})^{-(l-m-2p-2k)}(\cos\frac{i}{2})^{(3l-m-2p-2k)}$$

$$k_1=\max(0,l-m-2p),\quad k_2=\min(l-m,2l-2p) \tag{7.90}$$

根据田谐项摄动及其地球自转项的特点，除$a_s^{(1)}(t)$右端求和取项中对p无限制外，式（7.78），式（7.79）和式（7.82）中的p取值要求$l-2p=0$，而式（7.80）和式（7.81）中，对p则分别要求$l-2p-1=0$和$l-2p+1=0$。

7.3　坐标系附加摄动部分

7.2 节已表明，由于中心天体存在赤道面摆动现象，在其质心天球坐标系中，引力位有变化，由此引起坐标系附加摄动。关于该附加摄动的原理和相应摄动分析解的构建，可参见本章参考文献[1～2]和[7]。为了表达的方便，下面直接列出无奇点根数摄动解，并处理成一般的长周期变化项$\Delta\sigma_l^{(1)}(t)=\left[\sigma_l^{(1)}(t)-\sigma_l^{(1)}(t_0)\right]$，$\sigma_l^{(1)}(t)$的具体形式为

$$a_l^{(1)}(t)=0 \tag{7.91}$$

$$i_l^{(1)}(t)=I \tag{7.92}$$

$$\Omega_l^{(1)}(t)=(2\cot 2i)Q \tag{7.93}$$

$$\begin{aligned}\xi_l^{(1)}(t)=&-\frac{1}{2}(\frac{1-5\sin^2 i}{\sin i})\\&\times\{(\theta\sin\alpha)[(\xi\sin\Omega-\eta\cos\Omega)/\alpha_1-(\xi\sin\Omega+\eta\cos\Omega)/\alpha_2]\\&+(\theta\cos\alpha)[(\xi\cos\Omega+\eta\sin\Omega)/\alpha_1-(\xi\cos\Omega-\eta\sin\Omega)/\alpha_2]\}\end{aligned} \tag{7.94}$$

$$\begin{aligned}\eta_l^{(1)}(t)=&-\frac{1}{2}(\frac{1-5\sin^2 i}{\sin i})\\&\times\{(\theta\sin\alpha)[(\xi\cos\Omega+\eta\sin\Omega)/\alpha_1+(\xi\cos\Omega-\eta\sin\Omega)/\alpha_2]\\&-(\theta\cos\alpha)[(\xi\sin\Omega-\eta\cos\Omega)/\alpha_1+(\xi\sin\Omega+\eta\cos\Omega)/\alpha_2]\}\end{aligned} \tag{7.95}$$

$$\lambda_l^{(1)}(t)=[-\frac{1}{\sin i}+(5+3\sqrt{1-e^2})\sin i][(\theta\sin\alpha)\cos\Omega-(\theta\cos\alpha)\sin\Omega] \tag{7.96}$$

其中

$$\begin{cases}(\theta\sin\alpha)=\theta_A+\Delta\theta=2004.''3t-6.''8\sin\varOmega' \\ (\theta\cos\alpha)=-\Delta\varepsilon=9.''2\cos\varOmega'\end{cases} \tag{7.97}$$

$$\begin{aligned}I&=(\theta\sin\alpha)\sin\varOmega+(\theta\cos\alpha)\cos\varOmega \\ &=(2004.''3t)\sin\varOmega-8''.0\cos(\varOmega-\varOmega')-1''.2\cos(\varOmega+\varOmega')\end{aligned} \tag{7.98}$$

$$\begin{aligned}Q&=(\theta\sin\alpha)\cos\varOmega-(\theta\cos\alpha)\sin\varOmega \\ &=(2004.''3t)\cos\varOmega+8''.0\sin(\varOmega-\varOmega')+1''.2\sin(\varOmega+\varOmega')\end{aligned} \tag{7.99}$$

这里岁差章动量中出现的 $\varOmega'$ 是月球轨道升交点的平黄经，计算公式见式（1.92）中的 $\bar{\varOmega}$。α_1 和 α_2 的表达式为

$$\alpha_1=1-\frac{\omega_1}{\varOmega_1},\quad \alpha_2=1+\frac{\omega_1}{\varOmega_1} \tag{7.100}$$

$\varOmega_1$ 和 ω_1 即非球形引力摄动中 J_2 项导致的 $\varOmega$ 和 ω 的变率，见式（7.28）和式（7.29）。当 $i\to 90^\circ\,(|\,i-90^\circ\,|<0^\circ.5)$ 时，$\cos i\to 0$，$\sin 2i\to 0$，此时 $\Delta\varOmega_1^{(1)}(t)=\left[\varOmega_1^{(1)}(t)-\varOmega_1^{(1)}(t_0)\right]$ 的算法改为 $\varOmega_2(t-t_0)$。$\varOmega_2$ 和 $\dfrac{1}{\alpha_1},\dfrac{1}{\alpha_2}$ 的计算公式变为

$$\varOmega_2=\frac{3J_2}{2p^2}n\left(\frac{\cos 2i}{\sin i}\right)I \tag{7.101}$$

$$\frac{1}{\alpha_1}=\frac{\varOmega_1}{\varOmega_1-\omega_1},\quad \frac{1}{\alpha_2}=\frac{\varOmega_1}{\varOmega_1+\omega_1} \tag{7.102}$$

7.4 第三体引力摄动部分

第 6 章中，已给出第三体引力摄动加速度 $\vec{F}_\varepsilon$ 在中心天体质心天球坐标系中的表达形式为

$$\vec{F}_\varepsilon(m')=-Gm'\left(\frac{\vec{\Delta}}{\Delta^3}+\frac{\vec{r}'}{r'^3}\right)$$

式中，m' 为第三体质量，$\vec{r}'$ 为第三体相对中心天体的位置矢量，$\vec{\Delta}$ 为卫星相对第三体的位置矢量，即 $\vec{\Delta}=\vec{r}-\vec{r}'$。第三体引力同样为保守力，有

$$\vec{F}_\varepsilon=\mathrm{grad}(R)=\left(\frac{\partial R}{\partial\vec{r}}\right)^{\mathrm{T}} \tag{7.103}$$

摄动函数 R 可展开成如下形式[1~3]，即

$$
\begin{aligned}
R &= \frac{Gm'}{r'}\sum_{k\geqslant 2}\left(\frac{r}{r'}\right)^k P_k(\cos\psi) \\
&= \beta_2 a^2\left(\frac{r}{a}\right)^2\left(\frac{3}{2}\cos^2\psi-\frac{1}{2}\right)+\beta_3 a^3\left(\frac{r}{a}\right)^3\left(\frac{5}{2}\cos^3\psi-\frac{3}{2}\cos\psi\right)+\cdots
\end{aligned}
\tag{7.104}
$$

其中

$$
\beta_2 = Gm'/r'^3,\quad \beta_3 = Gm'/r'^4 \tag{7.105}
$$

第三体的地心距 r' 在轨道外推弧段不长的前提下可取为常数。式（7.104）中的角度 ψ 是第三体与卫星方向在中心天体质心（即天球坐标系的原点 O）处的夹角。对于中、低轨卫星，可表示为

$$
\cos\psi = A\cos f + B\sin f \tag{7.106}
$$

即分离出一个快变量——卫星的真近点角 f，两个系数 A 和 B 是慢变量的函数，其具体表示形式为

$$
\begin{aligned}
A=\frac{1}{4}\Big\{&(1-\cos i)\big[(1+\cos i')\cos(\omega-\theta+u')+(1-\cos i')\cos(\omega-\theta-u')\big] \\
&+(1+\cos i)\big[(1+\cos i')\cos(\omega+\theta-u')+(1-\cos i')\cos(\omega+\theta+u')\big] \\
&+2\sin i\sin i'\big[\cos(\omega-u')-\cos(\omega+u')\big]\Big\}
\end{aligned}
\tag{7.107}
$$

$$
\begin{aligned}
B=-\frac{1}{4}\Big\{&(1-\cos i)\big[(1+\cos i')\sin(\omega-\theta+u')+(1-\cos i')\sin(\omega-\theta-u')\big] \\
&+(1+\cos i)\big[(1+\cos i')\sin(\omega+\theta-u')+(1-\cos i')\sin(\omega+\theta+u')\big] \\
&+2\sin i\sin i'\big[\sin(\omega-u')-\sin(\omega+u')\big]\Big\}
\end{aligned}
\tag{7.108}
$$

$$
\theta = \Omega-\Omega',\quad u' = f'+\omega' \tag{7.109}
$$

所有带上标的根数 i', Ω', ω', f' 等，均为摄动天体相对同一中心天体的轨道根数。例如地球卫星的第三体引力摄动解中，即为日、月在 J2000.0 地心天球坐标系中的轨道根数，具体计算公式将在下面给出。

对于中、低轨卫星的一般定轨问题，只需要考虑 $P_2(\cos\psi)$ 项即可，由 $P_2(\cos\psi)$ 部分形成的第三体引力摄动函数记作 R_2，形式为

$$
\begin{cases}
R_2 = \dfrac{3}{2}\beta_2 a^2\left(\dfrac{r}{a}\right)^2\left[S_1+S_2\cos 2f+S_3\sin 2f\right] \\
S_1 = -\dfrac{1}{3}+\dfrac{1}{2}\left(A^2+B^2\right),\quad S_2=\dfrac{1}{2}\left(A^2-B^2\right),\quad S_3 = AB
\end{cases}
\tag{7.110}
$$

下面直接列出由 $P_2(\cos\psi)$ 部分形成的第三体引力摄动的分析解。

1．长期项和长周期项： $\Delta\sigma(t)=\sigma_2(t-t_0)+\Delta\sigma_l^{(1)}(t)$

其具体形式为

$$\Delta a(t)=0 \tag{7.111}$$

$$\Delta e(t)=-\left(\frac{3}{2}\beta_2 a^3\right)\left[5e\sqrt{1-e^2}S_3\right]n(t-t_0) \tag{7.112}$$

$$\begin{aligned}\Delta i(t)=\left(\frac{3}{2}\beta_2 a^3\right)\frac{1}{\sqrt{1-e^2}\sin i}\Bigg[&-5e^2\left(\frac{1}{2}(AA_2-BB_2)-\cos i(AB)\right)\\&-\left(1+\frac{3}{2}e^2\right)(AA_2+BB_2)\Bigg]n(t-t_0)\end{aligned} \tag{7.113}$$

$$\Delta\Omega(t)=\left(\frac{3}{2}\beta_2 a^3\right)\frac{1}{\sqrt{1-e^2}\sin i}\left[AA_1(1+4e^2)+BB_1(1-e^2)\right]n(t-t_0) \tag{7.114}$$

$$\Delta\omega(t)=-\cos i\Delta\Omega(t)+\left(\frac{3}{2}\beta_2 a^3\right)\sqrt{1-e^2}\left[3S_1+5S_2\right]n(t-t_0) \tag{7.115}$$

$$\begin{aligned}\Delta M(t)=&-\sqrt{1-e^2}\left[\Delta\omega(t)+\cos i\Delta\Omega(t)\right]\\&-\left(\frac{3}{2}\beta_2 a^3\right)\left[4(1+\frac{3}{2}e^2)S_1+10e^2S_2\right]n(t-t_0)\end{aligned} \tag{7.116}$$

上述各式中出现的a，e，i，Ω，ω均为$\bar{a}_0$，$\bar{e}_0$，$\bar{i}_0$，$\bar{\Omega}_0$，$\bar{\omega}_0$，以下同，不再说明。其他辅助量的含义如下，即

$$\begin{aligned}A_1=\frac{\partial A}{\partial i}=\frac{1}{4}\Big\{&\sin i\left[(1+\cos i')\cos(\omega-\theta+u')+(1-\cos i')\cos(\omega-\theta-u')\right]\\&-\sin i\left[(1+\cos i')\cos(\omega+\theta-u')+(1-\cos i')\cos(\omega+\theta+u')\right]\\&+2\cos i\sin i'\left[\cos(\omega-u')-\cos(\omega+u')\right]\Big\}\end{aligned} \tag{7.117}$$

$$\begin{aligned}B_1=\frac{\partial B}{\partial i}=-\frac{1}{4}\Big\{&\sin i\left[(1+\cos i')\sin(\omega-\theta+u')+(1-\cos i')\sin(\omega-\theta-u')\right]\\&-\sin i\left[(1+\cos i')\sin(\omega+\theta-u')+(1-\cos i')\sin(\omega+\theta+u')\right]\\&+2\cos i\sin i'\left[\sin(\omega-u')-\sin(\omega+u')\right]\Big\}\end{aligned} \tag{7.118}$$

$$\begin{aligned}A_2=\frac{\partial A}{\partial\Omega}=\frac{1}{4}\Big\{&(1-\cos i)\left[(1+\cos i')\sin(\omega-\theta+u')+(1-\cos i')\sin(\omega-\theta-u')\right]\\&-(1+\cos i)\left[(1+\cos i')\sin(\omega+\theta-u')+(1-\cos i')\sin(\omega+\theta+u')\right]\Big\}\end{aligned} \tag{7.119}$$

$$\begin{aligned}B_2=\frac{\partial B}{\partial\Omega}=\frac{1}{4}\Big\{&(1-\cos i)\left[(1+\cos i')\cos(\omega-\theta+u')+(1-\cos i')\cos(\omega-\theta-u')\right]\\&-(1+\cos i)\left[(1+\cos i')\cos(\omega+\theta-u')+(1-\cos i')\cos(\omega+\theta+u')\right]\Big\}\end{aligned} \tag{7.120}$$

2．短周期项 $\sigma_s^{(1)}(t,\beta_2)$

就地球的低轨卫星而言，第三体引力摄动的短周期项实为二阶小量，无须计算，但考虑到中、高轨卫星，或其他大天体的环绕型探测器，如月球探测器[6]，该短周期项稍大，还是需要计算的，故仍将相应的表达式记作 $\sigma_s^{(1)}(t,\beta_2)$，即

$$a_s^{(1)}(t)=\frac{2}{n^2a}R_{2s}=2a^2R_{2s}=2a\left(\frac{3}{2}\beta_2a^3\right)G_1 \tag{7.121}$$

$$e_s^{(1)}(t)=\left(\frac{3}{2}\beta_2a^3\right)G_2 \tag{7.122}$$

$$i_s^{(1)}(t)=\left(\frac{3}{2}\beta_2a^3\right)\frac{1}{\sqrt{1-e^2}\sin i}(-\cos iG_3+G_4) \tag{7.123}$$

$$\Omega_s^{(1)}(t)=\left(\frac{3}{2}\beta_2a^3\right)\frac{1}{\sqrt{1-e^2}\sin i}(-G_5) \tag{7.124}$$

$$\omega_s^{(1)}(t)=\left(\frac{3}{2}\beta_2a^3\right)\frac{\sqrt{1-e^2}}{e}G_6-\cos i\Omega_s^{(1)}(t) \tag{7.125}$$

$$\begin{aligned}\lambda_s^{(1)}(t)&=\omega_s^{(1)}(t)+M_s(t)\\&=\left(\frac{3}{2}\beta_2a^3\right)\left\{\frac{e\sqrt{1-e^2}}{1+\sqrt{1-e^2}}G_6+7G_7\right\}-\cos i\Omega_s^{(1)}(t)\end{aligned} \tag{7.126}$$

其中

$$\begin{aligned}G_1=&S_1\left[-e^2-2e\cos E+\frac{1}{2}e^2\cos 2E\right]+S_2\left[-e^2-2e\cos E+\left(1-\frac{1}{2}e^2\right)\cos 2E\right]\\&+S_3\sqrt{1-e^2}\left[-2e\sin E+\sin 2E\right]\end{aligned} \tag{7.127}$$

$$\begin{aligned}G_2=&S_1\left(1-e^2\right)\left[-e-2\cos E+\frac{1}{2}e\cos 2E\right]\\&+S_2\left(1-e^2\right)\left[-e+3\cos E-\frac{3}{2}e\cos 2E+\frac{1}{3}\cos 3E\right]\\&+S_3\sqrt{1-e^2}\left[\left(3-\frac{1}{2}e^2\right)\sin E-\frac{3}{2}e\sin 2E+\left(\frac{1}{3}-\frac{1}{6}e^2\right)\sin 3E\right]\end{aligned} \tag{7.128}$$

$$G_3=S_2G_8+S_3G_9=\frac{1}{2}\left(A^2-B^2\right)G_8+(AB)G_9 \tag{7.129}$$

$$G_4=-\frac{1}{2}(AB_2+A_2B)G_8+\frac{1}{2}(AA_2-BB_2)G_9+(AA_2+BB_2)G_{10} \tag{7.130}$$

$$G_5=-\frac{1}{2}(AB_1+A_1B)G_8+\frac{1}{2}(AA_1-BB_1)G_9+(AA_1+BB_1)G_{10} \tag{7.131}$$

$$G_6 = S_1\left[\left(-2+e^2\right)\sin E+\frac{1}{2}e\sin 2E\right]+S_2\left[\left(-3+3e^2\right)\sin E-\frac{1}{2}e\sin 2E+\frac{1}{3}\sin 3E\right] \\ +\frac{S_3}{\sqrt{1-e^2}}\left[\left(3-\frac{11}{2}e^2\right)\cos E+\left(\frac{1}{2}+\frac{1}{2}e^2\right)e\cos 2E-\left(\frac{1}{3}-\frac{1}{6}e^2\right)\cos 3E\right] \tag{7.132}$$

$$G_7 = S_1 G_{10} + \frac{1}{2}S_2 G_9 - \frac{1}{2}S_3 G_8 \tag{7.133}$$

$$\begin{cases} G_8 = \sqrt{1-e^2}\left[5e\cos E-\left(1+e^2\right)\cos 2E+\frac{1}{3}e\cos 3E\right] \\ G_9 = \left(5-\frac{5}{2}e^2\right)e\sin E-\left(1+\frac{1}{2}e^2\right)\sin 2E+\left(\frac{1}{3}-\frac{1}{6}e^2\right)e\sin 3E \\ G_{10} = \left(2-\frac{3}{4}e^2\right)e\sin E-\frac{3}{4}e^2\sin 2E+\frac{1}{12}e^3\sin 3E \end{cases} \tag{7.134}$$

上述各式中的 E 是卫星轨道的偏近点角。

由上述 Kepler 根数的 $\sigma_s^{(1)}(t,\beta_2)$ 表达式可以看出，经其按式（7.24）～（7.25）简单组成的 $\xi_s^{(1)}(t,\beta_2)$ 和 $\eta_s^{(1)}(t,\beta_2)$，不会再出现 $(1/e)$ 型的因子。

3. 地心天球坐标系中日、月轨道及其有关量的计算

太阳在 J2000.0 地心天球坐标系中的平均轨道根数 $\bar{\sigma}'$ 为

$$\begin{cases} \bar{a} = 1.000\,001\,02(\mathrm{AU}) \\ \bar{e} = 0.016\,708\,62 - 0.000\,042\,040T \\ \bar{i} = \epsilon = 23^\circ.439\,3 \\ \bar{\Omega} = 0^\circ.0 \\ \bar{\omega} = 282^\circ.937\,347 + 0^\circ.322\,562\,1T \\ \bar{M} = 357^\circ.529\,100 + 0^\circ.985\,600\,281\,69d \end{cases} \tag{7.135}$$

月球在 J2000.0 地心黄道坐标系中的平均轨道根数 $\bar{\sigma}'$ 为

$$\begin{cases} \bar{a} = 0.002\,571\,881\,4(\mathrm{AU}) \\ \bar{e} = 0.054\,879\,905 \\ \underline{i} = J = 5^\circ.129\,835\,071 \\ \bar{\Omega} = 125^\circ.044\,556 - 1\,934^\circ.136\,185\,0T \\ \bar{\omega} = 318^\circ.308\,686 + 6\,003^\circ.149\,896\,1T \\ \bar{M} = 134^\circ.963\,414 + 13^\circ.064\,993\,155\,37d \end{cases} \tag{7.136}$$

上述两公式中出现的 AU 是距离的天文单位，T 和 d 分别为由标准历元 J2000.0 起算的世纪数和儒略日。

由于月球轨道是在黄道坐标系中给出的，有 $a' = \bar{a}$，$e' = \bar{e}$，而另几个根数需

要转换。其中 i',Ω',u' 的计算公式为

$$\begin{cases}\cos i' = \cos\epsilon\cos J - \sin\epsilon\sin J\cos\bar{\Omega} \\ \sin i' = \sqrt{1-\cos^2 i'}\end{cases} \tag{7.137}$$

$$\begin{cases}\sin\Omega' = \dfrac{\sin J\sin\bar{\Omega}}{\sin i'} \\ \cos\Omega' = \dfrac{\cos J - \cos\epsilon\cos i'}{\sin\epsilon\sin i'}\end{cases} \tag{7.138}$$

$$\begin{cases}u' = (\bar{f}+\bar{\omega}+\bar{\Omega}) - (\bar{\Omega}-\varphi) \\ \sin(\bar{\Omega}-\varphi) = \dfrac{\cos\epsilon\sin\bar{\Omega}}{\sin i'}\sin J - \dfrac{\sin\epsilon\sin 2\bar{\Omega}}{\sin i'}\sin^2\dfrac{J}{2}\end{cases} \tag{7.139}$$

$\bar{f}$ 的计算涉及解 Kepler 方程，有

$$\bar{E} - \bar{e}\sin\bar{E} = \bar{M} \tag{7.140}$$

$$r' = \bar{r} = \bar{a}(1-\bar{e}\cos\bar{E}) \tag{7.141}$$

$$\begin{cases}\sin\bar{f} = (\dfrac{\bar{a}}{\bar{r}})\sqrt{1-\bar{e}^2}\sin\bar{E} \\ \cos\bar{f} = (\dfrac{\bar{a}}{\bar{r}})(\cos\bar{E}-\bar{e})\end{cases} \quad \mathrm{tg}\frac{\bar{f}}{2} = \sqrt{\frac{1+\bar{e}}{1-\bar{e}}}\mathrm{tg}\frac{\bar{E}}{2} \tag{7.142}$$

关于变率 Ω'_c 和 n'，对太阳有

$$\Omega'_c = 0, \quad n' = 0^\circ.985\,6/\mathrm{d} \tag{7.143}$$

对月球有

$$\begin{cases}\Omega'_c = (\dfrac{\sin J}{\cos J - \cos^2\epsilon})\cos\bar{\Omega}\cdot\dot{\bar{\Omega}} \\ n' = 13^\circ.065\,0/\mathrm{d}\end{cases} \tag{7.144}$$

7.5　中心天体潮汐形变摄动部分

关于中心天体潮汐形变效应，前面第 6 章中已表明，即使像地球状况，虽有复杂的机制，但在一般定轨工作中也可不加区分地对其作综合处理。以地球为例，对潮汐形变只取其由式（6.50）的主项，即

$$\Delta\bar{V}_{2,0} = \left[\left(\frac{k_2}{5}\right)m'\left(\frac{1}{r'}\right)^3\bar{P}_2\left(\sin\varphi'\right)\right]\left(\frac{1}{r}\right)^3\bar{P}_2\left(\sin\varphi\right)$$

这一表示形式对月球也适用。其中 k_2 是二阶 Love 数，m' 是第三体的无量纲质量，

对地球卫星而言，第三体即日、月，而对月球卫星，第三体则为日、地。本节就针对这一前提，给出分析法定轨中所需要的潮汐形变摄动解。

1．长期项 $\sigma_2(t-t_0)$ 的系数 σ_2

其具体形式为

$$a_2 = 0 \tag{7.145}$$

$$i_2 = 0 \tag{7.146}$$

$$\Omega_2 = -\frac{3}{4p^2}\beta_1 n\cos i \tag{7.147}$$

$$\lambda_2 = \frac{3}{4p^2}\beta_1 n(3-4\sin^2 i) \tag{7.148}$$

$$\xi_2 = 0 \tag{7.149}$$

$$\eta_2 = 0 \tag{7.150}$$

2．长周期变化项 $\Delta\sigma_l^{(1)}(t)=\left[\sigma_l^{(1)}(t)-\sigma_l^{(1)}(t_0)\right]$ 中的 $\sigma_l^{(1)}(t)$

其具体形式为

$$a_l^{(1)}(t) = 0 \tag{7.151}$$

$$\begin{aligned}i_l^{(1)}(t) = -\frac{3}{8p^2}\beta_2\Big\{&\cos i\sin i'\Big[2\cos i'\Big(\frac{n}{\Omega_1}\Big)\cos\Omega^* + (1+\cos i')\Big(\frac{n}{\alpha_2}\Big)\cos(2u'-\Omega^*)\Big]\\ &+\frac{\sin i}{4}\Big[2\sin^2 i'\Big(\frac{n}{\Omega_1}\Big)\cos 2\Omega^* - (1+\cos i')^2\Big(\frac{n}{\alpha_1}\Big)\cos(2u'-2\Omega^*)\Big]\Big\}\end{aligned} \tag{7.152}$$

$$\begin{aligned}\Omega_l^{(1)}(t) = -\frac{3}{8p^2}\beta_2\Big\{&3\Big[\sin^2 i'\cos i\Big(\frac{n}{2n'}\Big)\sin 2u'\Big]\\ &+\sin i'\frac{\cos 2i}{\sin i}\Big[2\cos i'\Big(\frac{n}{\Omega_1}\Big)\sin\Omega^* - (1+\cos i')\Big(\frac{n}{\alpha_2}\Big)\sin(2u'-\Omega^*)\Big]\\ &-\frac{\cos i}{4}\Big[2\sin^2 i'\Big(\frac{n}{\Omega_1}\Big)\sin 2\Omega^* + (1+\cos i')^2\Big(\frac{n}{\alpha_1}\Big)\sin(2u'-2\Omega^*)\Big]\Big\}\end{aligned} \tag{7.153}$$

$$\begin{aligned}\lambda_l^{(1)}(t) = \frac{3}{8p^2}\beta_2\Big\{&3\sin^2 i'(3-4\sin^2 i)\Big(\frac{n}{2n'}\Big)\sin 2u'\\ &-\sin i'\cot i(1-8\sin^2 i)\Big[2\cos i'\Big(\frac{n}{\Omega_1}\Big)\sin\Omega^* - (1+\cos i')\Big(\frac{n}{\alpha_2}\Big)\sin(2u'+\Omega^*)\Big]\\ &-\frac{1}{4}(1-4\sin^2 i)\Big[2\sin^2 i'\Big(\frac{n}{\Omega_1}\Big)\sin 2\Omega^* + (1+\cos i')^2\Big(\frac{n}{\alpha_1}\Big)\sin(2u'-2\Omega^*)\Big]\Big\}\end{aligned} \tag{7.154}$$

$$\xi_l^{(1)} = 0 \tag{7.155}$$

$$\eta_l^{(1)} = 0 \tag{7.156}$$

上述各式右端出现的根数 $a, e^2, i, \cdots$，与前几类摄动解一致，均为拟平均根数 $\bar{a}_0, \bar{e}_0{}^2 = \overline{\xi_0}^2 + \overline{\eta_0}^2, \bar{i}_0, \cdots$。其他有关量为

$$\begin{cases} \beta = \dfrac{Gm'}{r'^3} = \dfrac{m'}{r'^3} \\ \beta_1 = k_2\beta(1 - \dfrac{3}{2}\sin^2 i') = \beta_2(1 - \dfrac{3}{2}\sin^2 i') \\ \beta_2 = k_2\beta \end{cases} \tag{7.157}$$

$$\begin{cases} \alpha_1 = n' - \Omega_1, \quad \alpha_2 = 2n' - \Omega_1 \\ \quad \Omega_1 = -\dfrac{3J_2}{2p^2} n\cos i \\ \quad \Omega^* = \Omega - (\Omega' + \nu) \end{cases} \tag{7.158}$$

与第三体（日、月）引力摄动的计算类似，i', Ω', u' 和 n' 均为日、月的有关量，计算方法同前，ν 是潮汐滞后角，通常取 $\nu = 30°$

7.6　非引力摄动部分

对于环绕型航天器的运动，辐射源是第三体（即摄动天体），而且是表面力，通常是要考虑非引力摄动源的，特别对于地球的中、高轨卫星，而且力模型也较复杂，但这不是分析解要讨论的问题，第 6 章中对此已有分析。在一般定轨中光压效应产生的摄动加速度可采用式（6.79）给出的形式，即

$$\vec{F}_\varepsilon\left(C_R\right) = \nu k_0 \left(\frac{\Delta_0^2}{\Delta^2}\right)\left(\frac{\vec{\Delta}}{\Delta}\right) \tag{7.159}$$

其中，光压组合参数 k_0 为

$$k_0 = \left(\frac{C_R S}{m}\right)\rho_\odot \tag{7.160}$$

这里，$\rho_\odot$ 是离太阳 $\Delta = \Delta_0$ 处的光压强度，对于地球卫星，取为地球表面附近的太阳光压强度，有 $\rho_\odot = 4.560\,5 \times 10^{-6}\,\mathrm{N/m^2}$，若采用归一化单位，则 $\rho_\odot = 0.3166 \times 10^{-17}$，该式中其他量的含义不再解释。

另一类非引力摄动源是大气耗散力，大行星和一些较大的自然卫星都有不同程度的大气层，这是所有低轨探测器运行过程中不可忽视的摄动源，同样是物理机制极其复杂的摄动源，特别是大气密度模式和探测器的受力机制。这里仍以地球的大气状态为样本，采用式（6.88）给出的大气阻力摄动加速度作为分析法定轨中的数学模型，即

$$\vec{F}_{\varepsilon}\left(C_{D}\right)=-\frac{1}{2}\left(\frac{C_{D}S}{m}\right)\rho V\vec{V} \tag{7.161}$$

式中各量的含义不再解释。对于大气阻力摄动分析解的构建，在阻力表达式中，大气密度 ρ 当然无法采用点密度模式，下面将在式（6.92）给出的密度模式的基础上构造相应的摄动分析解。

7.6.1 太阳光压摄动部分

在太阳系中，大天体的低轨探测器绕中心天体的运行过程中，每一圈都有蚀现象发生，对地球卫星而言，即有进出地影的过程，否则，在不考虑中心天体与太阳相对位置的缓慢变化的前提下，非耗散性质的光压摄动对卫星轨道的影响主要是短周期效应，在一般定轨问题中可不予考虑。正因为每一圈都有蚀现象发生，光压摄动才有明显的长周期累积效应，这也就是地球卫星上天后，人们对光压摄动重视的重要原因。

根据前面的分析，太阳光压摄动力实为一种保守力（力心是太阳），对于地球卫星，忽略太阳视差（量级为10^{-4}）后，$\vec{F}_{\varepsilon}\left(C_{R}\right)$对应的摄动函数可写成

$$R=-k_{0}a\left(\frac{r}{a}\right)\left(A\cos f+B\sin f\right) \tag{7.162}$$

其中，A和B是慢变量，具体表达形式就是前面第三体摄动中给出的式（7.107）和式（7.108），而其中的第三体轨道倾角i'就是地球赤道对应的黄赤交角。下面将直接根据这一摄动模型给出相应的摄动分析解。

1. 无地影情况的光压摄动解

卫星轨道只有长周期变化$\Delta\sigma_{l}\left(t,\rho_{s}\right)$和短周期变化$\sigma_{s}^{(2)}\left(t,\rho_{s}\right)$，与处理第三体摄动类似，可将长周期变化处理成长期变化，即$\Delta\sigma_{l}\left(t,\rho_{s}\right)=\sigma_{2}\left(t-t_{0}\right)$。

（1）长周期变化项$\Delta\sigma_{l}\left(t\right)$

其具体形式为

$$\Delta a_{l}\left(t\right)=0 \tag{7.163}$$

$$\Delta e_l(t) = -\left(\frac{3}{2}k_0a^2\right)\sqrt{1-e^2}Bn(t-t_0) \quad 了 \tag{7.164}$$

$$\Delta i_l(t) = \left(\frac{3}{2}k_0a^2\right)\frac{e}{\sqrt{1-e^2}\sin i}[\cos iB - A_2]n(t-t_0) \tag{7.165}$$

$$\Delta \Omega_l(t) = \left(\frac{3}{2}k_0a^2\right)\frac{e}{\sqrt{1-e^2}\sin i}[A_1]n(t-t_0) \tag{7.166}$$

$$\Delta \omega_l(t) = -\cos i\left[\Delta \Omega_l^{(1)}(t)\right] + \left(\frac{3}{2}k_0a^2\right)\sqrt{1-e^2}\left[\left(\frac{1}{e}\right)A\right]n(t-t_0) \tag{7.167}$$

$$\Delta \lambda_l(t) = -\cos i\left[\Delta \Omega_l^{(1)}(t)\right] - \left(\frac{3}{2}k_0a^2\right)\left(1+\frac{1}{1+\sqrt{1-e^2}}\right)[eA]n(t-t_0) \tag{7.168}$$

这里的 A_1, B_1, A_2, B_2 等量也是前面第三体摄动中出现的慢变量，见式（7.117）～（7.120），与 A 和 B 一样，其中的第三体轨道倾角 i' 就是地球赤道对应的黄赤交角。

由上述 Kepler 根数的 $\Delta\sigma_l(t)$ 表达式可以看出，经其按式（7.18）～（7.19）简单组成的 $\Delta\xi_l(t)$ 和 $\Delta\eta_l(t)$，不会再出现 $(1/e)$ 型的因子。

（2）短周期变化项 $\sigma_s^{(2)}(t)$

其具体形式为

$$a_s^{(2)}(t) = -2k_0a^3\left[A\left(\cos E + \frac{1}{2}e\right) + B\sqrt{1-e^2}\sin E\right] \tag{7.169}$$

$$e^{(2)}(t) = -k_0a^2\sqrt{1-e^2}\left[A\sqrt{1-e^2}\left(\frac{1}{2}+\frac{1}{4}\cos 2E\right) + B\left(-\frac{e}{2}\sin E + \frac{1}{4}\sin 2E\right)\right] \tag{7.170}$$

$$\begin{aligned} i_s^{(2)}(t) = {} & (k_0a^2)\frac{1}{\sqrt{1-e^2}\sin i} \\ & \times\left\{\cos i\left[A\sqrt{1-e^2}(\cos E - \frac{e}{4}\cos 2E) + B\left(\left(1-\frac{1}{2}e^2\right)\sin E - \frac{e}{4}\sin 2E\right)\right]\right. \\ & \left. + \left[A_2(-\frac{e^2}{2}\sin E - \frac{e}{4}\sin 2E) + B_2\sqrt{1-e^2}\left(-\cos E + \frac{e}{4}c0s2E\right)\right]\right\} \end{aligned} \tag{7.171}$$

$$\begin{aligned} \Omega_s^{(2)}(t) = {} & -(k_0a^2)\frac{1}{\sqrt{1-e^2}\sin i} \\ & \times\left\{A_1\left[-\frac{e^2}{2}\sin E - \frac{e}{4}\sin 2E\right] + B_1\sqrt{1-e^2}\left[-\cos E + \frac{e}{4}\cos 2E\right]\right\} \end{aligned} \tag{7.172}$$

$$\omega_s^{(2)}(t) = -\cos i\,\Omega_s^{(2)}(t) - \left(k_0 a^2\right)\frac{1}{e}\left[A\sqrt{1-e^2}\left(-\frac{e}{2}\sin E + \frac{1}{4}\sin 2E\right) + B\left(e\cos E - \frac{1}{4}\cos 2E\right)\right] \quad (7.173)$$

$$\lambda_s^{(2)}(t) = -\cos i\,\Omega_s^{(2)}(t) - \left(k_0 a^2\right)\frac{e\sqrt{1-e^2}}{1+\sqrt{1-e^2}}\left[A\left(-\frac{e}{2}\sin E + \frac{1}{4}\sin 2E\right) + B\left(e\cos E - \frac{1}{4}\cos 2E\right)\right] + 5k_0 a^2\left\{A\left[\left(1-\frac{e^2}{2}\right)\sin E - \frac{e}{4}\sin 2E\right] + B\sqrt{1-e^2}\left[-\cos E + \frac{e}{4}\cos 2E\right]\right\} \quad (7.174)$$

由上述 Kepler 根数的$\sigma_s^{(2)}(t)$表达式可以看出，经其按式（7.24）～（7.25）简单组成的$\xi_s^{(2)}(t)$和$\eta_s^{(2)}$，不会再出现$(1/e)$型的因子。

2．地影存在情况下的光压摄动解

此时，光压摄动的结构不同于无地影情况，考虑到地影的空间几何位置相对卫星运动而言变化缓慢，可处理成卫星每圈进、出地影的位置相同，或以计算弧段中间一圈的进、出地影的位置代替整个弧段的相应值，于是在计算弧段不太长的情况下，光压摄动解可按二阶长周期项处理，但公式右端涉及的Ω,ω及太阳位置u'，宜取$(t-t_0)$的中间时刻的平均根数$\bar{\sigma}_{1/2}$。摄动解变为

$$\Delta\sigma(t) = \sigma_2(t-t_0) = \left[\Delta\sigma(t)\right]_l + \left[\Delta\sigma(t)\right]_s \quad (7.175)$$

$$\left[\Delta\sigma(t)\right]_l = \left(1-\Delta E/2\pi\right)\left[\Delta\sigma_l(t)\right] \quad (7.176)$$

$$\left[\Delta\sigma(t)\right]_s = \frac{1}{2\pi}\left[\sigma_s^{(2)}(E_1) - \sigma_s^{(2)}(E_0)\right]n(t-t_0) \quad (7.177)$$

式（7.175）右端的第一部分$[\Delta\sigma_l^{(1)}(t)]_l$，在计算式（7.176）中出现的$\Delta E$即卫星每一圈运行在地影内的弧段，其中的$\Delta\sigma_l(t)$见式（7.163）～（7.168）。第二部分就是由于地影的存在，短周期项也“转化”为长周期累积效应的结果，$\sigma_S^{(2)}(E)$为式（7.169）～（7.174）。这种处理即使对于高轨卫星处于无地影的状态，也不影响外推计算，只是该项作为短周期项“消失”而已，即后面 7.6.2 小节中要给出的地影方程的解，在无地影状态下，$E_0=0$，$E_1=2\pi$，$\sigma_s^{(2)}(E_1)-\sigma_s^{(2)}(E_0)=0$，其中$E_0$和$E_1$各为卫星出地影和进地影时的偏近点角，这将在求解地影方程时给出，见下面“地影方程的解”的介绍。

3．地影方程的解

采用柱形地影模型，相应的地影方程为[1~3]

$$\sin(\theta+f)=-\frac{1}{K}\left[1-\frac{R^2}{p^2}(1+e\cos f)^2\right]^{1/2} \tag{7.178}$$

式中，柱形地影半径 R 可取中心天体赤道半径（如地球参考椭球体半径 a_e），参数 θ 和 K 的定义为

$$\begin{cases}\theta=\tan^{-1}(A/B)\\ K^2=A^2+B^2 \qquad (K>0)\end{cases} \tag{7.179}$$

A 和 B 见式（7.107）和（7.108），而其中的第三体轨道倾角 i'，就是地球赤道对应的黄赤交角。

求解上述地影方程即寻找满足方程（7.178）的两个真近点角 f 对应的 f_0（出地影）和 f_1（进地影），具体求解方法是一迭代过程。

（1）首先令 $e=0$，由

$$\sin(\theta+f)^{(0)}=-\frac{1}{K}\left[1-\left(\frac{R}{p}\right)^2\right]^{1/2} \tag{7.180}$$

给出 f_0 和 f_1 的迭代初值 $f_0^{(0)}$ 和 $f_1^{(0)}$。式（7.178）两个解分别在第三和第四象限，而根据地影的特点要求弧 $f_0f_1>180^\circ$，因此 $(\theta+f)^{(0)}$ 在第四象限的一个解是 $f_0^{(0)}$，另一个是 $f_1^{(0)}$。如果无解，即 $\left|\sin(\theta+f)^{(0)}\right|>1$，则取 $\sin(\theta+f)^{(0)}=-1$，$(\theta+f)^{(0)}=270^\circ$，$f_0^{(0)}=f_1^{(0)}=270^\circ-\theta$。

（2）把初值 $f_0^{(0)}$ 和 $f_1^{(0)}$ 分别代入原方程（7.178）进行迭代，得

$$\sin(\theta+f)^{(k)}=-\frac{1}{K}\left[1-\left(\frac{R}{p}\right)^2\left(1+e\cos f^{(k-1)}\right)^2\right]^{1/2},\quad k=1,2,\cdots \tag{7.181}$$

直到 f_0 和 f_1 满足精度要求为止，即相邻两次的 f_0 和 f_1 满足条件

$$\left|f_0^{(k)}-f_0^{(k-1)}\right|<\varepsilon^*,\qquad \left|f_1^{(k)}-f_1^{(k-1)}\right|<\varepsilon^* \tag{7.182}$$

ε^* 是所给的精度要求，可根据光压摄动量的大小采用各种近似取值。

注意，迭代时，$f_0^{(k)}$ 和 $f_1^{(k)}$ 是分别进行的，它们始终分别对应 $(\theta+f)^{(k)}$ 在第四象限和第三象限。若在迭代过程中，只要再有一次 $\left|\sin(\theta+f)^{(k)}\right|>1$，就认为无地影，此时可取 $f_0=0$，$f_1=2\pi$。出、进地影位置 f_0 和 f_1 确定后，根据下列二体问

题几何关系，可由出、进地影位置 f_0 和 f_1 得出光压摄动解需要的 E_0 和 E_1，即

$$\sin E = \frac{\sqrt{1-e^2}}{1+e\cos f}\sin f, \qquad \cos E = \frac{1-e^2}{1+e\cos f}\cos f + e \tag{7.183}$$

关于求解地影方程（7.178）所涉及的卫星和太阳的轨道根数 σ 和 σ'，可采用摄动外推弧段中间时刻 $t_0+(t-t_0)/2$ 的平均根数。

7.6.2 大气阻力摄动部分

1. 大气阻力摄动解[1~3]

以地球大气作为样本，考虑低轨地球卫星的运动，以式（6.92）给出的密度模式为基础，得

$$\begin{aligned}\rho &= \rho_{p_0}\exp\left(-\frac{r-\sigma(p_0)}{H(r)}\right)\\ &= \bar{\rho}_{p_0}\left(1+F^*\cos\psi^*\right)\exp\left(-\frac{r-\sigma(p_0)}{H(r)}\right)\end{aligned} \tag{7.184}$$

对于低轨卫星，这种耗散因素的摄动影响，主要表现为长期累积效应。在高度低于 800 公里的范围，其摄动量级一般不超过二阶小量，处理成二阶长期项 $\sigma_2(t-t_0)$ 显然是合理的，短周期项不必考虑。

只保留对上述对称球形静止平均大气模式各种修正的一次项（10^{-1} 的量级），它们彼此的联合效应（10^{-2} 的量级）均略去。因为大气模式本身的误差可达 10%（即 10^{-1}）。故在密度公式中保留到与此相当的 10^{-1} 量级的摄动量。

与光压摄动类似，将长周期项亦处理成二阶长期摄动项，统一记作 $\sigma_2(t-t_0)$。σ_2 的表达式为

$$\begin{aligned}a_2 = -B_1a^2n\Big\{&\left(I_0+2eI_1\right)+C\left(\cos 2\omega I_2\right)+\mu z_0^2\left(\frac{3}{4}I_0-I_1+\frac{1}{4}I_2\right)\\ &+F^*A^*\left(\frac{e}{2}I_0+I_1+\frac{3}{2}eI_2\right)\Big\}\end{aligned} \tag{7.185}$$

$$\begin{aligned}e_2 = -B_1an\Big\{&\left(\frac{e}{2}I_0+I_1+\frac{e}{2}I_2\right)+\frac{C}{2}\cos 2\omega(I_1+I_3)\\ &+\mu z_0^2\left(-\frac{1}{2}I_0+\frac{7}{8}I_1-\frac{1}{2}I_2+\frac{1}{8}I_3\right)\\ &+F^*A^*\left(\frac{1}{2}I_0+\frac{e}{2}I_1+\frac{1}{2}I_2+\frac{e}{2}I_3\right)\Big\}\end{aligned} \tag{7.186}$$

$$i_2 = -\frac{1}{4}B_2 a\sin i\left(I_0 + \cos 2\omega I_2\right) \tag{7.187}$$

$$\Omega_2 = -\frac{1}{4}B_2 a\sin 2\omega I_2 \tag{7.188}$$

$$\begin{aligned}\omega_2 &= -\cos i\,\Omega_2 \\ &- B_1 an\left\{C\sin 2\omega\left[\frac{1}{4}I_0 - \frac{1}{2e}I_1 - I_2 + \frac{1}{2e}I_3 + \frac{3}{4}I_4\right]\right. \\ &\left. + F^* B^*\left[\left(\frac{1}{2e} + \frac{e}{16}\right)I_0 + \frac{1}{2}I_1 - \left(\frac{1}{2e} - \frac{e}{4}\right)I_2 - \frac{1}{2}I_3 - \frac{5}{16}eI_4 - \frac{e}{4}\left(I_0 - I_2\right)\right]\right\}\end{aligned} \tag{7.189}$$

$$\begin{aligned}\lambda_2 = &-\cos i\,\Omega_2 + B_1 an\left\{F^* B^*\left[\frac{e}{4}\left(I_0 - I_2\right)\right]\right\} \\ &-\frac{1}{2}\left(\frac{3n}{2a}\right)a_2\left(t - t_0\right)\end{aligned} \tag{7.190}$$

摄动解构建中，长期摄动项是通过对摄动运动方程右函数求平均值获得的，相应的平均值即由第一类虚变量 Bessel 函数 $I_n(z)$，$n = 0,1,2,\cdots$ 表达，其定义和算法将在下面介绍。

上述摄动解表达式右端出现的 A^* 和 B^* 的表达式与前面第三体摄动中给出的式（7.107）和式（7.108）类似，只是那里的 Ω 在 A^* 和 B^* 中改为 $\Omega - \lambda_m$。λ_m 是密度周日峰方向的滞后角，这在 6.6 节中已有介绍，在此不再说明。

式（7.185）～（7.190）中有关大气阻力的几个参数 B_1, B_2, C, μ，F^* 和 A^*, B^*，除 μ 和 F^* 已在式（6.90）和（6.92）给出外，其他各变量为

$$B_1 = \left(\frac{C_D S}{m}\right)\bar{\rho}_{p_0} F^2 \exp\left(-\frac{1}{H_{p_0}}\left(a - a_0 + a_0 e_0\right) - C\cos 2\omega_0\right) \tag{7.191}$$

$$B_2 = \left(\frac{C_D S}{m}\right)\bar{\rho}_{p_0} F n_e \exp\left(-\frac{1}{H_{p_0}}\left(a - a_0 + a_0 e_0\right) - C\cos 2\omega_0\right) \tag{7.192}$$

$$F = 1 - \frac{r_{p_0} n_e}{v_{p_0}}\cos i_0 \tag{7.193}$$

$$C = \frac{1}{2}\left(\frac{\varepsilon}{H_{p_0}} r_{p_0}\right)\sin^2 i_0 \tag{7.194}$$

这里的 $\varepsilon = 1/298.257$，是地球扁率，n_e 是地球自转角速度。

上述摄动解表达式右端出现的慢变量 Ω、ω 及太阳平黄经 u'（$u' = L$），宜取 $(t - t_0)$ 的中间值 $\bar{\sigma}_{1/2}$，即

$$\begin{cases} \Omega = \bar{\Omega}_0 + \dfrac{1}{2}\Omega_1(t-t_0) \\ \omega = \bar{\omega}_0 + \dfrac{1}{2}\omega_1(t-t_0) \\ L = L_0 + \dfrac{1}{2}n'(t-t_0) \end{cases} \tag{7.195}$$

其中，Ω_1和ω_1是J_2项摄动的长期项变率，见式（7.28）和式（7.29），$n' = 0^\circ.985\,6/\mathrm{d}$，为太阳平运动角速度。

注意，为了计算公式的统一，凡长周期项变化按长期项处理的计算公式中，出现Ω，ω及有关量时，均取$\bar{\sigma}_{1/2}$代替$\bar{\sigma}_0$。

剩下的一个问题是式（7.191）和式（7.192）右端指数函数中包含的a，这与计算参考点初始近地点$r_{p_0} = a_0(1-e_0)$处各参数采用的a_0，e_0不一样，按平均根数法，它应取$\bar{a}_0$。考虑到有地影时的光压摄动和大气阻力摄动，轨道半长径a有二阶长期项$a_2(t-t_0)$，可在计算弧段$(t-t_0)$中取$\bar{a}_{1/2} = \bar{a}_0 + \dfrac{1}{2}a_2(t-t_0)$代替$\bar{a}_0$。

2．第一类虚变量 Bessel 函数 $I_n(z)$ 的计算

计算公式为

$$\begin{cases} I_n(z) = \displaystyle\sum_{k=0}^{\infty} \frac{1}{(n+k)!k!}\left(\frac{z}{2}\right)^{n+2k} \\ z = \dfrac{ae}{H_{p_0}} = \dfrac{\bar{a}\bar{e}}{H_{p_0}} \end{cases} \tag{7.196}$$

有

$$I_n(z) = O(z^n) \tag{7.197}$$

式（7.185）～式（7.190）右端出现的$z_0 = a_0 e_0 / H_{p_0}$，对应前面所提到的计算参考点高度h_{p_0}时所取的相应量，并不是这里的z取t_0时的值$z(t_0)$。

计算中k的取值由相对精度控制，若记

$$\begin{cases} [I_n(z)]_N = \displaystyle\sum_{k=0}^{N} \frac{1}{(n+k)!k!}\left(\frac{z}{2}\right)^{n+2k} = \sum_{k=0}^{N}[I_n(z)]_k \\ [I_n(z)]_{k=N+1} = \dfrac{1}{(n+N+1)!(N+1)!}\left(\dfrac{z}{2}\right)^{n+2(N+1)} \end{cases} \tag{7.198}$$

则要求满足下列条件，即

$$[I_n(z)]_{k=N+1} / [I_n(z)]_N < \varepsilon^* \tag{7.199}$$

这里ε^*是精度控制值，根据具体要求取值。

计算中还可以利用如下递推公式

$$I_{n+1}=I_{n-1}-\left(\frac{2n}{z}\right)I_n \quad (n\geqslant 1) \tag{7.200}$$

7.7　后牛顿效应摄动部分

根据 6.7 节的分析，在一般定轨问题中只需考虑中心天体的一体引力效应，对于地球卫星和月球卫星等均如此，即一阶后牛顿效应引起的摄动加速度可取如下形式，即

$$\vec{F}_{PN}\left(c^2\right)=\frac{\mu}{c^2r^2}\left[\left(4\frac{\mu}{r}-v^2\right)\left(\frac{\vec{r}}{r}\right)+\left(4\dot{r}\right)\dot{\vec{r}}\right] \tag{7.201}$$

下面将给出在此模型下的摄动分析解。

7.7.1　一阶后牛顿效应对应的摄动解

根据式（7.201），显然有

$$\varepsilon=\left|\vec{F}_{PN}\right|\Big/\left(\frac{\mu}{r^2}\right)=O\left(\frac{v^2}{c^2}\right)$$

在太阳系中，水星绕日运动和人造卫星绕地球运动，这一摄动量级分别为10^{-7}和10^{-9}。对水星运动而言，后牛顿项相对其他天体的引力摄动是不太小的，而对人造地球卫星（确切地说是指近地卫星）的运动，后牛顿项相对地球扁率摄动仅为三阶小量。

对于大、小天体绕日运动和人造卫星绕地球运动这两种力学系统，上述后牛顿摄动加速度的形式相同，对于前者，有$\mu=G\left(m_1+m_2\right)$，$m_1$即太阳质量，$m_2$即运动天体的质量，而对于后者通常可简化为$\mu=GE$，$E$为地球质量。虽然讨论两者采用的坐标系的基本平面（$xy$坐标面）各不相同，前者是黄道面，而后者是地球赤道面，但只要对i,Ω两根数作不同的理解即可，因此可作为同一问题来讨论。

由$\vec{r},\dot{\vec{r}}$与轨道根数之间的关系可知，用径向、横向和轨道面法向三个分量表达的形式为

$$\vec{r}=\begin{pmatrix} r \\ 0 \\ 0 \end{pmatrix},\quad \dot{\vec{r}}=\begin{pmatrix} \dot{r} \\ r\dot{\theta} \\ 0 \end{pmatrix}=\begin{pmatrix} e\sin f\sqrt{\mu/p} \\ (1+e\cos f)\sqrt{\mu/p} \\ 0 \end{pmatrix} \tag{7.202}$$

式中，$p=a\left(1-e^2\right)$，由此可得 $\vec{F}_{PN}$ 的 S,T,W 三分量为

$$S=\frac{\mu^2}{c^2a^3}\left[-3\left(\frac{a}{r}\right)^2+10\left(\frac{a}{r}\right)^3-4\left(1-e^2\right)\left(\frac{a}{r}\right)^4\right] \tag{7.203}$$

$$T=\frac{\mu^2}{c^2a^3}\left[4e\left(\frac{a}{r}\right)^3\sin f\right] \tag{7.204}$$

$$W=0 \tag{7.205}$$

由此摄动模型构造的分析解很简单，其长期变化项亦记作 $\sigma_2\left(t-t_0\right)$，具体表达式为

$$\begin{cases} a_c\left(t-t_0\right)=0 \\ e_c\left(t-t_0\right)=0 \\ i_c\left(t-t_0\right)=0 \\ \Omega_c\left(t-t_0\right)=0 \end{cases} \tag{7.206}$$

$$\omega_c\left(t-t_0\right)=\left(\frac{\mu}{c^2}\right)\frac{3}{p}n\left(t-t_0\right) \tag{7.207}$$

$$M_c\left(t-t_0\right)=\left(\frac{\mu}{c^2}\right)\frac{3}{p}\left(2-2e^2-5\sqrt{1-e^2}\right)n\left(t-t_0\right) \tag{7.208}$$

$$\lambda_c\left(t-t_0\right)=\left(\frac{\mu}{c^2}\right)\frac{3}{p}\left(3-2e^2-5\sqrt{1-e^2}\right)n\left(t-t_0\right) \tag{7.209}$$

7.7.2 人造地球卫星运动中后牛顿效应的进一步考查

在人造地球卫星精密定轨中，关于后牛顿加速度，除考虑上述一体效应外，还需考虑测地岁差、自转效应和扁率效应，相应的后牛顿加速度（在满足当前精度的要求下）可写成[8]

$$\vec{F}_{PN}=\vec{A}_1+\vec{A}_2+\vec{A}_3+\vec{A}_4 \tag{7.210}$$

式中，$\vec{A}_1,\vec{A}_2,\vec{A}_3$ 和 $\vec{A}_4$ 依次为上述四种后牛顿效应对应的摄动加速度。

对于近地卫星，上述四种摄动相对地球中心引力加速度的大小分别为 $10^{-9}, 10^{-11}, 10^{-12}, 10^{-12}$。至于它们对卫星轨道影响的特征，以及它们与地球引力位

的扁率项的联合效应，在本章参考文献[8]中有详细讨论。结果表明：并无特殊效应，除前面给出的一体效应摄动结果外，另三种后牛顿效应对卫星轨道的摄动影响之小，在一般定轨问题中确实可以不予考虑。

参考文献

[1] 刘 林，汤靖师．卫星轨道理论与应用．北京：电子工业出版社, 2015.

[2] 刘林．人造地球卫星轨道力学．北京：高等教育出版社, 1992.

[3] 刘林．航天器轨道理论．北京：国防工业出版社, 2000.

[4] 刘林．一种人造地球卫星的摄动计算方法．天文学报, 1975，16（1）：5-80.

[5] LIU L A Method of Calculation the Perturbation of Artifical Satellites. Chin Astron Astrophys, 1977, 1（1）：63-78.

[6] 刘林．月球探测器轨道力学．北京：国防工业出版社. 2006.

[7] 汤靖师，刘林．近地卫星运动的坐标系附加摄动在拟平均根数法中的处理．天文学报, 2010. 51（1）：75-84.

[8] Huang C, Liu L. Analytical Solution to the four Post-Newton Effects in a Near-Earth Satellite Orbit. Celest Mech, 1992, 53（3）:172-183.

第 8 章　精密定轨中基本方程的建立

在第 5 章中，已阐明精密定轨的基本方程（即条件方程）是测量方程与状态转移关系相结合且经线性化的结果，即

$$y = \tilde{\boldsymbol{B}} x_0 + V \tag{8.1}$$

式中，V 是测量随机差，y 是残差，有

$$y = Y_O - Y_C \tag{8.2}$$

$$Y_C = H(X^*, t) \tag{8.3}$$

Y_O 和 Y_C 各为观测量 Y 的测量值和理论计算值，该理论值是按状态量 X 的参考值 X^* 计算提供的，而状态量的参考值为状态微分方程的解。另两个量 x_0 和 $\tilde{\boldsymbol{B}}$ 分别为

$$x_0 = X_0 - X_0^* \tag{8.4}$$

$$\tilde{\boldsymbol{B}} = \left(\left(\frac{\partial Y}{\partial X}\right)\left(\frac{\partial X}{\partial X_0}\right)\right)_{X^*} \tag{8.5}$$

x_0 为待估状态量 m 的改正值，$\tilde{\boldsymbol{B}}$ 矩阵中的 $\left(\frac{\partial Y}{\partial X}\right)$ 是测量矩阵，而 $\left(\frac{\partial X}{\partial X_0}\right)$ 是状态转移矩阵。

航天器精密定轨采用多变元迭代的方式求解线性方程（8.1），$\tilde{\boldsymbol{B}}$ 矩阵就是该代数方程在迭代过程中校正改正量 x_0 的关键系数。本章的内容是提供残差 y 和 $\tilde{\boldsymbol{B}}$ 矩阵这两个量，从而建立定轨的基本方程（8.1），使其成为系数确定的线性代数方程，第 9 章的内容是选择最优估计方法求解该代数方程，完成定轨计算。

8.1　观测量理论计算值的归算

8.1.1　状态微分方程的求解

根据上述定轨基本方程的几个环节可知，在获得观测量 Y 的测量值 Y_O 的前提

下，首先要给出观测量Y的理论计算值 Y_C，这就涉及状态微分方程的求解。关于求解方法，有常规的数值方法和分析方法。

若采用数值方法，则对定轨的具体背景没有特殊要求（包括航天器的类型和基本状态量的选择），重要的是要先建立状态微分方程的右函数，这在第 **6** 章中已有详尽阐述。至于常微分方程的数值解法，虽然不是本书的内容，但为了方便读者，有关航天器轨道解的常用数值方法，在附录 B 中有较系统的介绍，读者可视具体问题的需求去选择。

若采用分析方法，仅仅适用于环绕型航天器的定轨问题，而且基本状态量（主要指轨道量）拟采用 6 个 Kepler 根数，即使为了消除一类奇点问题而采用无奇点根数，6 个 Kepler 根数仍旧是重要的中间变量。这些内容在第 **6** 章中有详尽阐述，而且针对采用分析法定轨的实际背景，已具体给出所需要的分析解的计算公式。

由数值方法给出的解是离散形式，即

$$X_{n+1} = X(t_n, X_n; t_{n+1}), \quad n = 0,1,\cdots \tag{8.6}$$

状态量X中的轨道量通常航天器的位置和速度$\left(\vec{r},\dot{\vec{r}}\right)$。而由分析方法给出的解是小参数幂级数解，即

$$\sigma(t) = \bar{\sigma}(t) + \Delta\sigma(t_0, \sigma_0; t, \varepsilon) \tag{8.7}$$

状态量X中的轨道量是航天器的 **6** 个轨道根数。针对应用背景，轨道变化量$\Delta\sigma(t)$通常只取到摄动小参数ε的一、二阶长期变化量（包括可以处理成二阶长期变化的一阶长周期变化量）和一阶短周期变化量。

无论是数值解还是分析解，上述计算值中轨道量是航天器的位置和速度$(\vec{r},\dot{\vec{r}})$或 6 个轨道根数σ，这些计算值都要换算为观测量测量值Y_O采用的几何表达形式Y_C（如距离量、角度量等），而且还要归算到同一坐标系，才能提供定轨计算第一步所需要的残差y。航天器的位置和速度$(\vec{r},\dot{\vec{r}})$，是计算量的几何形式换算，主要是位置和速度$(\vec{r},\dot{\vec{r}})$转换为距离量ρ、距离的变化率$\dot{\rho}$、角度量的赤道坐标(α,δ)和地平坐标(A,h)等。如果计算值是 **6** 个轨道根数σ，那么首先是将其转换成位置和速度$(\vec{r},\dot{\vec{r}})$，这是航天器运动的星历计算问题，具体计算公式见 2.2 节的式（2.37）和式(2.46)。下面将针对目前跟踪采样的主要几类数据形式ρ, $\dot{\rho}$, (α,δ)和(A,h)等，给出计算值的几何形式换算和坐标系的转换方法。

8.1.2　测距、测速型资料ρ和$\dot{\rho}$的归算

通常，航天器的定轨问题是在地心天球坐标系中处理，观测矢量$\vec{\rho}$、测站坐标

矢量$\vec{r_e}$和定轨星的位置矢量$\vec{r}$在同一坐标系中满足如下几何关系，即

$$\vec{\rho}=\vec{r}-\vec{r_e} \tag{8.8}$$

如果跟踪站是天基站，那么测站位置矢量$\vec{r}_e$与定轨星的位置矢量$\vec{r}$对应的坐标系是一致的。若是地面跟踪站，其位置矢量是在地固坐标系中提供的，记作$\vec{R}_e$，它与地心天球坐标系中的位置矢量$\vec{r}_e$有如下转换关系，即

$$\vec{r}_e=(\boldsymbol{HG})^{\mathrm{T}}\vec{R}_e \tag{8.9}$$

式中转换矩阵$(\boldsymbol{HG})$的计算细节见式（1.30）及其相关内容。

对于测距、测速型资料ρ和$\dot{\rho}$，相应的观测量计算值Y_C将由下列计算公式归算，即

$$\rho=|\vec{r}-\vec{r}_e| \tag{8.10}$$

$$\dot{\rho}=\frac{1}{\rho}(\vec{r}-\vec{r}_e)\cdot(\dot{\vec{r}}-\dot{\vec{r}}_e) \tag{8.11}$$

其中

$$\dot{\vec{r}}_e=\left(\frac{\mathrm{d}}{\mathrm{d}t}(\boldsymbol{HG})^{\mathrm{T}}\right)\vec{R}_e \tag{8.12}$$

由于岁差和章动、极移的变化率很小（在地球卫星定轨的相关问题中，它们的量级分别为和10^{-9}和10^{-10}），可略去这些变化。故根据旋转矩阵$(\boldsymbol{HG})$的定义及相应的计算公式可知，只要考虑地球自转的变化率即可，有

$$\frac{\mathrm{d}}{\mathrm{d}t}(\boldsymbol{HG})^{\mathrm{T}}=\left((\boldsymbol{HG})_s\right)^{\mathrm{T}}\dot{S}_G \tag{8.13}$$

其中

$$(\boldsymbol{HG})_s=(\boldsymbol{EP})(\boldsymbol{ER})_S(\boldsymbol{NR})(\boldsymbol{PR}) \tag{8.14}$$

矩阵$(\boldsymbol{HG})_S$与矩阵$(\boldsymbol{HG})$的差别，仅仅是后者包含的地球自转矩阵$(\boldsymbol{ER})=R_z(S_G)$相应地变为对恒星时$S$的导数$(\boldsymbol{ER})_S$，即

$$(\boldsymbol{ER})_S=\frac{\mathrm{d}}{\mathrm{d}S}R_z(S_G)=\begin{pmatrix}-\sin S_G & \cos S_G & 0\\ -\cos S_G & -\sin S_G & 0\\ 0 & 0 & 0\end{pmatrix} \tag{8.15}$$

式中，$\dot{S}_G=360^{\circ}.985\,647\,45/\mathrm{day}$。

8.1.3 赤道坐标型测角资料(α,δ)的归算

无论是早期的照相观测还是近年来所采用的CCD技术，都是通过背景星定位的，故给出的(α,δ)型测角资料，均对应历元地心天球坐标系。那么，这类资料在

定轨中只有几何形式的换算过程。

在历元地心天球坐标系中，计算值$\vec{r}(x,y,z)$与赤道坐标(α,δ)的换算关系为

$$\hat{\rho}=\begin{pmatrix}\cos\delta\cos\alpha\\ \cos\delta\sin\alpha\\ \sin\delta\end{pmatrix}=\frac{1}{\rho}\begin{pmatrix}x-x_e\\ y-y_e\\ z-z_e\end{pmatrix} \tag{8.16}$$

其中，$\rho=|\vec{r}-\vec{r}_e|$，由此可给出(α,δ)的理论计算值(α_c,δ_c)为

$$\begin{cases}\alpha_c=\mathrm{tg}^{-1}\left((y-y_e)/(x-x_e)\right)\\ \delta_c=\sin^{-1}\left((z-z_e)/\rho\right)\end{cases} \tag{8.17}$$

8.1.4　地平坐标型测角资料(A,h)的归算

1.1.3 小节已对地平坐标系（确切地说应该是站心地平坐标系）作过介绍，其坐标原点为观测站“中心”，参考平面为过站心与地球参考椭球体相切的平面（地平面），其主方向是地平面中朝北的方向，该坐标系的z轴方向即天球上的天顶（Z）方向，见图 1.1。因此，与上述(α,δ)型测角资料不同，由于地平坐标型测角资料(A,h)对应的是瞬时真地平坐标系，那么，这类资料在定轨中除几何形式的换算外，还涉及坐标系的转换。

瞬时真地平坐标系中测角资料(A,h)对应的观测矢量为

$$\begin{cases}\vec{\rho}=\rho\hat{A}_h\\ \hat{A}_h=\begin{pmatrix}\cos h\cos A\\ -\cos h\sin A\\ \sin h\end{pmatrix}\end{cases} \tag{8.18}$$

直接由轨道计算给出的计算值对应历元地心天球坐标系，相应的方向单位矢量为

$$(\vec{r}-\vec{r}_e)/\rho$$

经坐标转换后才能给出与式（8.18）提供的观测量测量值$(\hat{A}_h)_O$对应的理论计算值$(\hat{A}_h)_C$，即

$$(\hat{A}_h)_c=\begin{pmatrix}\cos h_c\cos A_c\\ -\cos h_c\sin A_c\\ \sin h_c\end{pmatrix}=(\boldsymbol{ZR})^{\mathrm{T}}(\boldsymbol{GR})[(\vec{r}-\vec{r}_e)/\rho] \tag{8.19}$$

式中，矩阵$(\boldsymbol{GR})=(\boldsymbol{NR})(\boldsymbol{PR})$前面已出现过，是岁差、章动矩阵，而$(\boldsymbol{ZR})$是瞬时真赤道坐标系与地平坐标系之间的转换矩阵，有

$$\begin{cases}(ZR)=R_z(\pi-S)R_y(\pi/2-\varphi)\\ S=S_G+\lambda_G\end{cases} \tag{8.20}$$

S_G是格林尼治恒星时，其计算的细节详见 **1.2** 节，λ_G和φ是测站的经度和纬度（天文纬度）。

8.1.5 定位型资料的归算问题

关于定位型资料，往往是通过导航卫星（或中继卫星）提供的，相应的数据形式，就是定轨问题所采用的中心天体天球坐标系中的位置矢量$\vec{r}(x,y,z)$。例如地球卫星系统中采用地心天球坐标系，那么上述状态微分方程的解提供的轨道量计算值Y_C和定位测量值Y_O，无论是数据的几何形式还是对应的坐标系都是一致的，在此状态下，没有进一步的归算问题。

8.2 定轨矩阵$\tilde{B}$的构成

构建精密定轨基本方程（8.1）的第二个关键量是迭代过程中校正改正量x_0的系数矩阵$\tilde{\boldsymbol{B}}$。它由下列两个矩阵组成，即

$$\tilde{\boldsymbol{B}}=\left(\left(\frac{\partial Y}{\partial X}\right)\left(\frac{\partial X}{\partial X_0}\right)\right) \tag{8.21}$$

其中，$Y=H\left(X,t\right)$，$\left(\dfrac{\partial Y}{\partial X}\right)$是测量矩阵，由测量方程中的测量函数$H\left(X,t\right)$提供，$\left(\dfrac{\partial X}{\partial X_0}\right)$是状态转移矩阵$\boldsymbol{\Phi}$，由状态方程$X(t)=X(t_0,X_0;t)$提供。

在轨道量可采用位置、速度$(\vec{r},\dot{\vec{r}})$和轨道根数σ这两种选择的情况下，$\tilde{\boldsymbol{B}}$矩阵亦有相应的两种形式，即

$$\tilde{\boldsymbol{B}}=\left(\frac{\partial Y}{\partial(\vec{r},\dot{\vec{r}},\beta)}\right)\left(\frac{\partial(\vec{r},\dot{\vec{r}},\beta))}{\partial(\vec{r}_0,\dot{\vec{r}}_0,\beta_0)}\right) \tag{8.22}$$

和

$$\tilde{\boldsymbol{B}}=\left(\frac{\partial Y}{\partial(\vec{r},\dot{\vec{r}},\beta)}\right)\left(\frac{\partial(\vec{r},\dot{\vec{r}},\beta))}{\partial(\sigma,\beta)}\right)\left(\frac{\partial(\sigma,\beta)}{\partial(\sigma_0,\beta_0)}\right) \tag{8.23}$$

式中，β是待估参数。若轨道量采用轨道根数σ，在分析法定轨中σ_0是待估历元t_0

的平均根数 $\bar{\sigma}_0$，而在数值法定轨中，σ_0 则是待估历元 t_0 的瞬时根数。总之，$\tilde{\boldsymbol{B}}$ 矩阵将会涉及两类矩阵的计算，即测量矩阵 $\boldsymbol{H}_X$ 为

$$\boldsymbol{H}_X=\begin{cases}\left(\dfrac{\partial Y}{\partial(\vec{r},\dot{\vec{r}})}\right) & ,\text{轨道量为}(\vec{r},\dot{\vec{r}})\\ \left(\dfrac{\partial Y}{\partial\sigma}\right)=\left(\dfrac{\partial Y}{\partial(\vec{r},\dot{\vec{r}})}\right)\left(\dfrac{\partial(\vec{r},\dot{\vec{r}})}{\partial\sigma}\right) & ,\text{轨道量为}\sigma\end{cases} \tag{8.24}$$

状态转移矩阵 $\boldsymbol{\Phi}$ 为

$$\boldsymbol{\Phi}=\left(\frac{\partial X}{\partial X_0}\right)=\begin{cases}\left(\dfrac{\partial(\vec{r},\dot{\vec{r}},\beta)}{\partial(\vec{r}_0,\dot{\vec{r}}_0,\beta_0)}\right) & ,\text{轨道量为}(\vec{r},\dot{\vec{r}})\\ \left(\dfrac{\partial(\sigma,\beta)}{\partial(\sigma_0,\beta_0)}\right) & ,\text{轨道量为}\sigma\end{cases} \tag{8.25}$$

至于涉及待估参数 β 的矩阵元素，没有一个特定的表达形式，将视具体定轨（包括参数估计）问题中设定的模式给出。这里以 β 作为单一参数为例，选择地球大气阻力中的联合参数 B^* 作为待估参数 β，见在大气密度 ρ 的表达式（6.92）的基础上给出的式（6.99），即

$$\beta=B^*=\left(\frac{C_D S}{m}\right)\bar{\rho}_{p_0} \tag{8.26}$$

在定轨中设定

$$\begin{cases}\dfrac{\mathrm{d}\beta}{\mathrm{d}t}=0\\ \beta=\beta_0=\text{const.}\end{cases} \tag{8.27}$$

在此前提下，测量矩阵和状态转移矩阵中，涉及待估参数 β 的矩阵元素为

$$\begin{cases}\left(\dfrac{\partial Y}{\partial\beta}\right)=(0),\quad \left(\dfrac{\partial(\vec{r},\dot{\vec{r}})}{\partial\beta}\right)=(0)\ ,\ \left(\dfrac{\partial(\vec{r},\dot{\vec{r}})}{\partial\beta_0}\right)=(0)\ ,\ \left(\dfrac{\partial\sigma}{\partial\beta_0}\right)=(0)\\ \left(\dfrac{\partial\beta}{\partial\sigma}\right)=(0),\quad \left(\dfrac{\partial\beta}{\partial(\vec{r}_0,\dot{\vec{r}}_0)}\right)=(0),\quad \left(\dfrac{\partial\beta}{\partial\sigma_0}\right)=(0)\\ \left(\dfrac{\partial\beta}{\partial\beta}\right)=(1)=I,\quad \left(\dfrac{\partial\beta}{\partial\beta_0}\right)=(1)=I\end{cases} \tag{8.28}$$

式中的 (0) 和 $(1)=I$ 分别表示零矩阵元素和单位矩阵元素。

下面两节将针对具有统一确定形式的轨道量，分别介绍相应的测量矩阵和状态转移矩阵的构成。

8.3 测量矩阵的表达形式

8.3.1 观测量与坐标、速度之间的转换矩阵$\left(\dfrac{\partial Y}{\partial(\vec{r},\dot{\vec{r}})}\right)$

1. 测距资料ρ

测距资料ρ为

$$\rho=|\vec{r}-\vec{r}_e| \tag{8.29}$$

测量矩阵为

$$\begin{cases}\left(\dfrac{\partial\rho}{\partial\vec{r}}\right)=\dfrac{1}{\rho}(\vec{r}-\vec{r}_e)^{\mathrm{T}}=\dfrac{1}{\rho}\big((x-x_e),(y-y_e),(z-z_e)\big)\\ \left(\dfrac{\partial\rho}{\partial\dot{\vec{r}}}\right)=(0)\end{cases} \tag{8.30}$$

2. 测速资料$\dot{\rho}$

测速资料$\dot{\rho}$为

$$\dot{\rho}=\frac{1}{\rho}(\vec{r}-\vec{r}_e)\cdot(\dot{\vec{r}}-\dot{\vec{r}}_e) \tag{8.31}$$

测量矩阵为

$$\begin{cases}\left(\dfrac{\partial\dot{\rho}}{\partial\vec{r}}\right)=\dfrac{1}{\rho}\left((\dot{\vec{r}}-\dot{\vec{r}}_e)-\dfrac{\dot{\rho}}{\rho}(\vec{r}-\vec{r}_e)\right)^{\mathrm{T}}\\ \left(\dfrac{\partial\dot{\rho}}{\partial\dot{\vec{r}}}\right)=\dfrac{1}{\rho}(\vec{r}-\vec{r}_e)^{\mathrm{T}}\end{cases} \tag{8.32}$$

3. 测角资料(α,δ)

定轨中，对测角资料的赤经α和方位角A，相应的残差y是以$\cos\delta(\alpha_O-\alpha_C)$和$\cos h(A_O-A_C)$表示的，故相应的测量矩阵为[1~3]为

$$
\begin{cases}
\begin{pmatrix} \cos\delta \dfrac{\partial \alpha}{\partial \vec{r}} \\ \dfrac{\partial \delta}{\partial \vec{r}} \end{pmatrix} = \dfrac{1}{\rho}\begin{pmatrix} -\sin\alpha & \cos\alpha & 0 \\ -\sin\delta\cos\alpha & -\sin\delta\sin\alpha & \cos\delta \end{pmatrix} \\
\left(\dfrac{\partial(\alpha,\delta)}{\partial \dot{\vec{r}}}\right) = (0)
\end{cases}
\tag{8.33}
$$

4．测角资料 (A,h)

与测角资料 (α,δ) 类似，其测量矩阵为

$$
\begin{cases}
\begin{pmatrix} \cos h \dfrac{\partial A}{\partial \vec{r}} \\ \dfrac{\partial h}{\partial \vec{r}} \end{pmatrix} = \dfrac{1}{\rho}\begin{pmatrix} a_{11} & a_{12} & a_{13} \\ h_{11} & h_{12} & h_{13} \end{pmatrix}(GR) \\
\left(\dfrac{\partial(A,h)}{\partial \dot{\vec{r}}}\right) = (0)
\end{cases}
\tag{8.34}
$$

式中，矩阵 $(GR)=(NR)(PR)$ 是前面已出现过的岁差、章动矩阵，因这一步转换改变较小，又是通过校正改正量 x_0 的系数矩阵 $\tilde{B}$ 影响定轨迭代过程，也可以不予考虑。元素 a_{ij},h_{ij} 的表达式为[1~3]

$$
\begin{cases}
a_{11} = -\sin S\cos A + \cos S\sin A\sin\varphi \\
a_{12} = \cos S\cos A + \sin S\sin A\sin\varphi \\
a_{13} = -\cos\varphi\sin A
\end{cases}
\tag{8.35}
$$

$$
\begin{cases}
h_{11} = \cos S\cos\varphi\cos h + \sin S\sin h\sin A + \cos S\sin\varphi\sin h\cos A \\
h_{12} = \sin S\cos\varphi\cos h - \cos S\sin h\sin A + \sin S\sin\varphi\sin h\cos A \\
h_{13} = \sin\varphi\cos h - \cos\varphi\sin h\cos A
\end{cases}
\tag{8.36}
$$

8.3.2　坐标、速度与开普勒（kepler）根数之间的转换矩阵

σ 为 Kepler 椭圆根数 a,e,i,Ω,ω,M，相应的转换矩阵为

$$
\begin{cases}
\left(\dfrac{\partial \vec{r}}{\partial \sigma}\right) = \left(\dfrac{\partial \vec{r}}{\partial a},\dfrac{\partial \vec{r}}{\partial e},\dfrac{\partial \vec{r}}{\partial i},\dfrac{\partial \vec{r}}{\partial \Omega},\dfrac{\partial \vec{r}}{\partial \omega},\dfrac{\partial \vec{r}}{\partial M}\right) \\
\left(\dfrac{\partial \dot{\vec{r}}}{\partial \sigma}\right) = \left(\dfrac{\partial \dot{\vec{r}}}{\partial a},\dfrac{\partial \dot{\vec{r}}}{\partial e},\dfrac{\partial \dot{\vec{r}}}{\partial i},\dfrac{\partial \dot{\vec{r}}}{\partial \Omega},\dfrac{\partial \dot{\vec{r}}}{\partial \omega},\dfrac{\partial \dot{\vec{r}}}{\partial M}\right)
\end{cases}
\tag{8.37}
$$

12 个元素的表达式为[1~3]

$$\begin{cases} \dfrac{\partial \vec{r}}{\partial a} = \dfrac{1}{a}\vec{r} \quad , & \dfrac{\partial \vec{r}}{\partial \Omega} = \vec{\Omega} \\ \dfrac{\partial \vec{r}}{\partial e} = H\vec{r} + K\dot{\vec{r}} \quad , & \dfrac{\partial \vec{r}}{\partial \omega} = \vec{\omega} \\ \dfrac{\partial \vec{r}}{\partial i} = \vec{I} \quad , & \dfrac{\partial \vec{r}}{\partial M} = \dfrac{1}{n}\dot{\vec{r}} \end{cases} \tag{8.38}$$

$$\begin{cases} \dfrac{\partial \dot{\vec{r}}}{\partial a} = -\dfrac{1}{2a}\dot{\vec{r}} \quad , & \dfrac{\partial \dot{\vec{r}}}{\partial \Omega} = \vec{\Omega}' \\ \dfrac{\partial \dot{\vec{r}}}{\partial e} = H'\vec{r} + K'\dot{\vec{r}} \quad , & \dfrac{\partial \dot{\vec{r}}}{\partial \omega} = \vec{\omega}' \\ \dfrac{\partial \dot{\vec{r}}}{\partial i} = \vec{I}' \quad , & \dfrac{\partial \dot{\vec{r}}}{\partial M} = -\dfrac{\mu}{n}(\dfrac{\vec{r}}{r^3}) = -\dfrac{1}{n}(\dfrac{\vec{r}}{r^3}) \end{cases} \tag{8.39}$$

其中

$$\begin{cases} H = -\dfrac{a}{p}(\cos E + e) \quad , \quad K = \dfrac{\sin E}{n}(1 + \dfrac{r}{p}) \\ p = a(1-e^2), \quad n = \sqrt{\mu}a^{-3/2} = a^{-3/2}, \quad E - e\sin E = M \end{cases} \tag{8.40}$$

$$\vec{I} = \begin{pmatrix} z\sin\Omega \\ -z\cos\Omega \\ -x\sin\Omega + y\cos\Omega \end{pmatrix} \tag{8.41}$$

$$\vec{\Omega} = \begin{pmatrix} -y \\ x \\ 0 \end{pmatrix} \tag{8.42}$$

$$\vec{\omega} = \hat{R} \times \vec{r} = \begin{pmatrix} zR_y - yR_z \\ xR_z - zR_x \\ yR_x - xR_y \end{pmatrix} \tag{8.43}$$

$$\begin{cases} H' = \dfrac{\sqrt{\mu a}}{rp}\sin E\left[1 - \dfrac{a}{r}(1 + \dfrac{p}{r})\right] \quad , \mu = 1 \\ K' = \dfrac{a}{p}\cos E \end{cases} \tag{8.44}$$

$$\vec{I}' = \begin{pmatrix} \dot{z}\sin\Omega \\ -\dot{z}\cos\Omega \\ -\dot{x}\sin\Omega + \dot{y}\cos\Omega \end{pmatrix} \tag{8.45}$$

$$\vec{\Omega}' = \begin{pmatrix} -\dot{y} \\ \dot{x} \\ 0 \end{pmatrix} \tag{8.46}$$

$$\vec{\omega}' = \hat{R} \times \dot{\vec{r}} = \begin{pmatrix} \dot{z}R_y - \dot{y}R_z \\ \dot{x}R_z - \dot{z}R_x \\ \dot{y}R_x - \dot{x}R_y \end{pmatrix} \tag{8.47}$$

式（8.43）和（8.47）中的 $\hat{R}$ 是轨道面法向单位矢量，有

$$\hat{R} = \begin{pmatrix} \sin i \sin \Omega \\ -\sin i \cos \Omega \\ \cos i \end{pmatrix} \tag{8.48}$$

8.3.3　坐标、速度与无奇点根数之间的转换矩阵

1．σ 为第一类无奇点根数

σ 为第一类无奇点根数，即 $a, i, \Omega, \xi = e\cos\omega, \eta = e\sin\omega, \lambda = M + \omega$。

读者请注意，定义 $\eta = e\sin\omega$，与参考文献[2～3]中相应的定义 $\eta = -e\sin\omega$ 差一个符号，因此下面有关表达式亦有符号之差。

其转换矩阵为

$$\begin{cases} \left(\dfrac{\partial \vec{r}}{\partial \sigma}\right) = \left(\dfrac{\partial \vec{r}}{\partial a}, \dfrac{\partial \vec{r}}{\partial i}, \dfrac{\partial \vec{r}}{\partial \Omega}, \dfrac{\partial \vec{r}}{\partial \xi}, \dfrac{\partial \vec{r}}{\partial \eta}, \dfrac{\partial \vec{r}}{\partial \lambda}\right) \\ \left(\dfrac{\partial \dot{\vec{r}}}{\partial \sigma}\right) = \left(\dfrac{\partial \dot{\vec{r}}}{\partial a}, \dfrac{\partial \dot{\vec{r}}}{\partial i}, \dfrac{\partial \dot{\vec{r}}}{\partial \Omega}, \dfrac{\partial \dot{\vec{r}}}{\partial \xi}, \dfrac{\partial \dot{\vec{r}}}{\partial \eta}, \dfrac{\partial \dot{\vec{r}}}{\partial \lambda}\right) \end{cases} \tag{8.49}$$

12 个元素的表达式为

$$\begin{cases} \dfrac{\partial \vec{r}}{\partial a} = \dfrac{1}{a}\vec{r} \quad , \quad \dfrac{\partial \vec{r}}{\partial \xi} = A\vec{r} + B\dot{\vec{r}} \\ \dfrac{\partial \vec{r}}{\partial i} = \vec{I} \quad , \quad \dfrac{\partial \vec{r}}{\partial \eta} = C\vec{r} + D\dot{\vec{r}} \\ \dfrac{\partial \vec{r}}{\partial \Omega} = \vec{\Omega} \quad , \quad \dfrac{\partial \vec{r}}{\partial \lambda} = \dfrac{1}{n}\dot{\vec{r}} \end{cases} \tag{8.50}$$

$$\begin{cases} \dfrac{\partial \dot{\vec{r}}}{\partial a} = -\dfrac{1}{2a}\dot{\vec{r}} \quad , & \dfrac{\partial \dot{\vec{r}}}{\partial \xi} = A'\vec{r} + B'\dot{\vec{r}} \\ \dfrac{\partial \dot{\vec{r}}}{\partial i} = \vec{I}' \quad , & \dfrac{\partial \dot{\vec{r}}}{\partial \eta} = C'\vec{r} + D'\dot{\vec{r}} \\ \dfrac{\partial \dot{\vec{r}}}{\partial \Omega} = \vec{\Omega}' \quad , & \dfrac{\partial \dot{\vec{r}}}{\partial \lambda} = -\dfrac{\mu}{n}(\dfrac{\vec{r}}{r^3}) = -\dfrac{1}{n}(\dfrac{\vec{r}}{r^3}) \end{cases} \tag{8.51}$$

式中，$\vec{I},\vec{\Omega}$ 和 $\vec{I}',\vec{\Omega}'$ 已在前面出现过，剩下的 A,B,C,D,A',B',C',D' 8 个量由下列各式表示（表达式中已取中心天体的引力常数 $\mu=1$），即

$$\begin{cases} A = \dfrac{a}{p}\left[-(\cos u+\xi) - (\dfrac{r}{p})(\sin u+\eta)(\xi\sin u - \eta\cos u)\right] \\ B = \dfrac{ar}{\sqrt{p}}\left[\sin u + (\dfrac{a}{r})\dfrac{\sqrt{1-e^2}}{1+\sqrt{1-e^2}}\eta + (\dfrac{r}{p})(\sin u+\eta)\right] \\ C = -\dfrac{a}{p}\left[(\sin u+\eta) - (\dfrac{r}{p})(\cos u+\xi)(\xi\sin u - \eta\cos u)\right] \\ D = -\dfrac{ar}{\sqrt{p}}\left[\cos u + (\dfrac{a}{r})\dfrac{\sqrt{1-e^2}}{1+\sqrt{1-e^2}}\xi + (\dfrac{r}{p})(\cos u+\xi)\right] \end{cases} \tag{8.52}$$

$$\begin{cases} A' = \sqrt{\dfrac{1}{p}}\left\{\dfrac{1}{p}(\sin u+\eta) - \dfrac{1}{r}\left[(\dfrac{a}{p})(\sin u+\eta) + (\dfrac{a}{r})\sin u + (\dfrac{a}{r})^2\dfrac{\sqrt{1-e^2}}{1+\sqrt{1-e^2}}\eta\right]\right\} \\ B' = (\dfrac{r}{p})\cos u + (\dfrac{a}{p})\xi \\ C' = -\sqrt{\dfrac{1}{p}}\left\{\dfrac{1}{p}(\cos u+\xi) - \dfrac{1}{r}\left[(\dfrac{a}{p})(\cos u+\xi) + (\dfrac{a}{r})\cos u + (\dfrac{a}{r})^2\dfrac{\sqrt{1-e^2}}{1+\sqrt{1-e^2}}\xi\right]\right\} \\ D' = (\dfrac{r}{p})\sin u + (\dfrac{a}{p})\eta \end{cases} \tag{8.53}$$

式（8.52）和（8.53）中出现 $p=a\left(1-e^2\right)$，$e^2=\xi^2+\eta^2$，而 $u=f+\omega$ 和 $\left(\dfrac{a}{r}\right)$，由 ξ,η,λ 按下列广义 Kepler 方程和相应的公式计算，即

$$\begin{cases} \tilde{u}-\lambda = \xi\sin\tilde{u} + \eta\cos\tilde{u} \\ \left(\dfrac{a}{r}\right) = (1-\xi\cos\tilde{u} - \eta\sin\tilde{u})^{-1} \\ \sin(u-\tilde{u}) = (\dfrac{a}{r})(\tilde{u}-\lambda)[1-F_1(e)(\xi\cos\tilde{u}+\eta\sin\tilde{u})] \\ u = \lambda + [(u-\tilde{u}) + (\tilde{u}-\lambda)] \end{cases} \tag{8.54}$$

其中，$\tilde{u}=E+\omega$，E 是偏近点角，注意 $u-\lambda$，$\tilde{u}-\lambda$ 与 $u-\tilde{u}$ 均为 $O(e)$ 的量级。

2. σ 为第二类无奇点根数

σ 为第二类无奇点根数，即 $a,\ \xi=e\cos\tilde{\omega},\ \eta=e\sin\tilde{\omega},\ h=\sin\frac{i}{2}\cos\Omega,$ $k=\sin\frac{i}{2}\sin\Omega,\ \lambda=M+\tilde{\omega}$。

这里同样请读者注意，参考文献[2～3]中引进的无奇点根数为

$$a,\ \xi=e\cos\tilde{\omega},\ \eta=-e\sin\tilde{\omega},\ h=\sin i\cos\Omega,\ k=-\sin i\sin\Omega,\ \lambda=M+\tilde{\omega}$$

因此，不仅仅是 η 有一个符号差别的简单问题，为了使相应的表达式对倾角有更广泛的适应性，h,k 的定义有明显改变，具体转换矩阵元素将有较多差别。其转换矩阵为

$$\begin{cases}\left(\dfrac{\partial\vec{r}}{\partial\sigma}\right)=\left(\dfrac{\partial\vec{r}}{\partial a},\dfrac{\partial\vec{r}}{\partial\xi},\dfrac{\partial\vec{r}}{\partial\eta},\dfrac{\partial\vec{r}}{\partial h},\dfrac{\partial\vec{r}}{\partial k},\dfrac{\partial\vec{r}}{\partial\lambda}\right)\\[2ex]\left(\dfrac{\partial\dot{\vec{r}}}{\partial\sigma}\right)=\left(\dfrac{\partial\dot{\vec{r}}}{\partial a},\dfrac{\partial\dot{\vec{r}}}{\partial\xi},\dfrac{\partial\dot{\vec{r}}}{\partial\eta},\dfrac{\partial\dot{\vec{r}}}{\partial h},\dfrac{\partial\dot{\vec{r}}}{\partial k},\dfrac{\partial\dot{\vec{r}}}{\partial\lambda}\right)\end{cases}\tag{8.55}$$

式中 12 个元素可分为如下三类。

（1）$\dfrac{\partial\vec{r}}{\partial a},\dfrac{\partial\dot{\vec{r}}}{\partial a},\dfrac{\partial\vec{r}}{\partial\lambda},\dfrac{\partial\dot{\vec{r}}}{\partial\lambda}$ 的表达式与第一类无奇点根数中的相应表达式完全相同，见式（8.50）和（8.51）。

（2）$\dfrac{\partial\vec{r}}{\partial\xi},\dfrac{\partial\dot{\vec{r}}}{\partial\xi},\dfrac{\partial\vec{r}}{\partial\eta},\dfrac{\partial\dot{\vec{r}}}{\partial\eta}$ 的表达式与第一类无奇点根数中的相应表达式在形式上相同，见式（8.52）和（8.53）中 A,B,C,D 和 A',B',C',D' 的表达式，只是那里的 ξ,η 和 u，应改为

$$\xi=e\cos\tilde{\omega},\quad \eta=e\sin\tilde{\omega},\quad u=f+\tilde{\omega},\quad \tilde{\omega}=\omega+\Omega$$

（3）$\dfrac{\partial\vec{r}}{\partial h},\dfrac{\partial\dot{\vec{r}}}{\partial h},\dfrac{\partial\vec{r}}{\partial k},\dfrac{\partial\dot{\vec{r}}}{\partial k}$ 前面未出现过，其表达式为（同样取 $\mu=1$）

$$\begin{cases}\dfrac{\partial\vec{r}}{\partial h}=\vec{H}=r\cos u\hat{P}_h+r\sin u\hat{Q}_h\\[2ex]\dfrac{\partial\vec{r}}{\partial k}=\vec{K}=r\cos u\hat{P}_k+r\sin u\hat{Q}_k\end{cases}\tag{8.56}$$

$$\begin{cases}\dfrac{\partial\dot{\vec{r}}}{\partial h}=\vec{H}'=\dfrac{1}{\sqrt{p}}\left[-(\sin u+\eta)\hat{P}_h+(\cos u+\xi)\hat{Q}_h\right]\\ \dfrac{\partial\dot{\vec{r}}}{\partial k}=\vec{K}'=\dfrac{1}{\sqrt{p}}\left[-(\sin u+\eta)\hat{P}_k+(\cos u+\xi)\hat{Q}_k\right]\end{cases}\tag{8.57}$$

其中

$$\hat{P}_h=\begin{pmatrix}0\\2k\\2hk/\cos\dfrac{i}{2}\end{pmatrix},\quad \hat{Q}_h=\begin{pmatrix}2k\\-4h\\2(1-2h^2-k^2)/\cos\dfrac{i}{2}\end{pmatrix}\tag{8.58}$$

$$\hat{P}_k=\begin{pmatrix}-4k\\2h\\-2(1-h^2-2k^2)/\cos\dfrac{i}{2}\end{pmatrix},\quad \hat{Q}_k=\begin{pmatrix}2h\\0\\-2hk/\cos\dfrac{i}{2}\end{pmatrix}\tag{8.59}$$

$$\cos\frac{i}{2}=[(1-(h^2+k^2)]^{1/2}\tag{8.60}$$

8.4 状态转移矩阵的两种构成形式

状态转移矩阵 $\boldsymbol{\Phi}(t_0,t)$ 为

$$\boldsymbol{\Phi}(t_0,t)=\left(\frac{\partial X}{\partial X_0}\right)\tag{8.61}$$

它是一 $(n\times n)$ 维方阵，由状态方程 $X(t)=X(t_0,X_0;t)$ 提供，该状态方程是下列状态微分方程，即

$$\begin{cases}\dot{X}=F(X,t)\\ t_0,\quad X(t_0)=X_0\end{cases}\tag{8.62}$$

满足初始条件的解。这一解可以是分析形式，亦可以是离散形式。解的不同形式决定了状态转移矩阵 $\boldsymbol{\Phi}(t_0,t)$ 的不同构建方法和表达形式。

8.4.1 状态转移矩阵的分析形式

显然，构建状态转移矩阵 $\boldsymbol{\Phi}$ 的分析形式，只有在状态微分方程分析解的基础上才有简便途径，而且根据定轨中 $\tilde{\boldsymbol{B}}$ 矩阵的作用，对相应分析解的要求不高，对轨

道量而言，只要在轨道分析解中考虑其主要变化即可。既然要用到轨道分析解，那当然是针对环绕型航天器（即卫星）的定轨。由于待估参数的选择和处理与具体定轨问题中设定的模式有关，没有统一模式，因此，在卫星定轨中同样选择地球大气阻力中的联合参数 B^* 作为一个具体实例。

轨道量有两种选择，即轨道根数 σ 和位置、速度 $(\vec{r},\dot{\vec{r}})$，下面分别介绍。

1．待估状态量 X_0 为 σ_0 和 β_0

在分析法定轨中 σ_0 为平均根数 $\bar{\sigma}_0$，为了简便，仍记作 σ_0，相应的状态转移矩阵 $\boldsymbol{\Phi}$ 可写成

$$\boldsymbol{\Phi}=\left(\frac{\partial(\sigma,\beta)}{\partial(\sigma_0,\beta_0)}\right)=\boldsymbol{\Phi}^{(0)}+\boldsymbol{\Phi}^{(1)} \tag{8.63}$$

式中，$\boldsymbol{\Phi}^{(0)}$ 和 $\boldsymbol{\Phi}^{(1)}$ 相对摄动小参数 ε 分别表示零阶和一阶部分。下面对不同根数系统分别给出 $\boldsymbol{\Phi}^{(0)}$ 和 $\boldsymbol{\Phi}^{(1)}$。

（1）σ 取 Kepler 根数 (a,e,i,Ω,ω,M) 的表达形式

表达式为

$$\boldsymbol{\Phi}^{(0)}=\left(a_{ij}\right)=\begin{pmatrix}1&0&0&0&0&0&0\\0&1&0&0&0&0&0\\0&0&1&0&0&0&0\\0&0&0&1&0&0&0\\0&0&0&0&1&0&0\\a_{61}&0&0&0&0&1&0\\0&0&0&0&0&0&1\end{pmatrix},\quad a_{61}=-\frac{3n}{2a}\left(t-t_0\right) \tag{8.64}$$

$$\boldsymbol{\Phi}^{(1)}=\left(b_{ij}\right)=\begin{pmatrix}0&0&0&0&0&0&b_{17}\\0&0&0&0&0&0&0\\0&0&0&0&0&0&0\\b_{41}&b_{42}&b_{43}&0&0&0&0\\b_{51}&b_{52}&b_{53}&0&0&0&0\\b_{61}&b_{62}&b_{63}&0&0&0&b_{67}\\0&0&0&0&0&0&0\end{pmatrix} \tag{8.65}$$

其中

$$\begin{cases}b_{17}=\dfrac{\partial a}{\partial\beta_0}=-[a^2I_0(z)\exp(-\dfrac{a-r_{p_0}}{H_{p_0}})]n(t-t_0)\\[2ex] b_{67}=\dfrac{\partial M}{\partial\beta_0}=[\dfrac{3}{2}aI_0(z)\exp(-\dfrac{a-r_{p_0}}{H_{p_0}})]\dfrac{1}{2}[n(t-t_0)]^2\end{cases} \tag{8.66}$$

$$
\begin{cases}
b_{41} = -\dfrac{7}{2a}\Omega_1(t-t_0) \\
b_{42} = \dfrac{4e}{1-e^2}\Omega_1(t-t_0) \\
b_{43} = -\tan i\Omega_1(t-t_0)
\end{cases}
\tag{8.67}
$$

$$
\begin{cases}
b_{51} = -\dfrac{7}{2a}\omega_1(t-t_0) \\
b_{52} = \dfrac{4e}{1-e^2}\omega_1(t-t_0) \\
b_{53} = -\dfrac{5\sin 2i}{4-5\sin^2 i}\omega_1(t-t_0)
\end{cases}
\tag{8.68}
$$

$$
\begin{cases}
b_{61} = -\dfrac{7}{2a}M_1(t-t_0) \\
b_{62} = \dfrac{3e}{1-e^2}M_1(t-t_0) \\
b_{63} = -\dfrac{3\sin 2i}{2-3\sin^2 i}M_1(t-t_0)
\end{cases}
\tag{8.69}
$$

$$
\begin{cases}
\Omega_1 = -\dfrac{3J_2}{2p^2}n\cos i \\
\omega_1 = \dfrac{3J_2}{2p^2}n(2-\dfrac{5}{2}\sin^2 i) \\
M_1 = \dfrac{3J_2}{2p^2}n(1-\dfrac{3}{2}\sin^2 i)\sqrt{1-e^2}
\end{cases}
\tag{8.70}
$$

上述各式中出现的a,e,i及$p=a(1-e^2)$，$n=a^{-3/2}$，在分析法定轨中都是待估历元t_0时刻的平均根数$\bar{a}_0,\bar{e}_0,\bar{i}_0,\cdots$。关于与大气有关的$b_{17}$和$b_{67}$表达式中的有关量的计算，见 7.6 节。

（2）σ取第一类无奇点根数的表达形式

σ为$(a,i,\Omega,\xi=e\cos\omega,\eta=e\sin\omega,\lambda=M+\omega)$，$\boldsymbol{\Phi}^{(0)}$与式（8.64）相同，而$\boldsymbol{\Phi}^{(1)}$的表达式变为

$$\boldsymbol{\Phi}^{(1)}=\left(b_{ij}\right)=\begin{pmatrix} 0 & 0 & 0 & 0 & 0 & 0 & b_{17} \\ 0 & 0 & 0 & 0 & 0 & 0 & 0 \\ b_{31} & b_{32} & 0 & b_{34} & b_{35} & 0 & 0 \\ b_{41} & b_{42} & 0 & b_{44} & b_{45} & 0 & 0 \\ b_{51} & b_{52} & 0 & b_{54} & b_{55} & 0 & 0 \\ b_{61} & b_{62} & 0 & b_{64} & b_{65} & 0 & b_{67} \\ 0 & 0 & 0 & 0 & 0 & 0 & 0 \end{pmatrix} \tag{8.71}$$

式中，b_{17} 和 b_{67} 由式（8.66）表示。其他元素的表达式为

$$\begin{cases} b_{31}=-\dfrac{7}{2a}\Omega_1\left(t-t_0\right) \\ b_{32}=-\tan i\Omega_1\left(t-t_0\right) \\ b_{34}=\dfrac{4\xi_0}{1-e^2}\Omega_1\left(t-t_0\right) \\ b_{35}=\dfrac{4\eta_0}{1-e^2}\Omega_1\left(t-t_0\right) \end{cases} \tag{8.72}$$

$$\begin{cases} b_{41}=-\eta_0\left[-\dfrac{7}{2a}\omega_1\left(t-t_0\right)\right] \\ b_{42}=-\eta_0\left[-\dfrac{5\sin 2i}{4-5\sin^2 i}\omega_1\left(t-t_0\right)\right] \\ b_{44}=-\eta_0\left[\dfrac{4\xi_0}{1-e^2}\omega_1\left(t-t_0\right)\right] \\ b_{45}=-\left[1+\dfrac{4}{1-e^2}\eta_0^2\right]\omega_1\left(t-t_0\right) \end{cases} \tag{8.73}$$

$$\begin{cases} b_{51}=\xi_0\left[-\dfrac{7}{2a}\omega_1\left(t-t_0\right)\right] \\ b_{52}=\xi_0\left[-\dfrac{5\sin 2i}{4-5\sin^2 i}\omega_1\left(t-t_0\right)\right] \\ b_{54}=\left[1+\dfrac{4}{1-e^2}\xi_0^2\right]\omega_1\left(t-t_0\right) \\ b_{55}=\xi_0\left[\dfrac{4\eta_0}{1-e^2}\omega_1\left(t-t_0\right)\right] \end{cases} \tag{8.74}$$

$$\begin{cases} b_{61} = -\dfrac{7}{2a}\lambda_1(t-t_0) \\ b_{62} = -(\dfrac{3}{2-3\sin^2 i}M_1 + \dfrac{5}{4-5\sin^2 i}\omega_1)\sin 2i(t-t_0) \\ b_{64} = \dfrac{\xi_0}{1-e^2}(3M_1+4\omega_1)(t-t_0) \\ b_{65} = \dfrac{\eta_0}{1-e^2}(3M_1+4\omega_1)(t-t_0) \end{cases} \tag{8.75}$$

与前面相同，各式中出现的 a,e,i 等根数分别取待估历元 t_0 时的平均根数 $\overline{a}_0,\overline{e}_0^2=\overline{\xi}_0^2+\overline{\eta}_0^2,\overline{i}_0$ 等。其他各量的意义同前，并有 $\lambda_1 = M_1+\omega_1$。

（3）σ 取第二类无奇点根数的表达形式

σ 为 $(a,\xi=e\cos\tilde{\omega},\eta=e\sin\tilde{\omega},h=\sin\dfrac{i}{2}\cos\Omega,k=\sin\dfrac{i}{2}\sin\Omega,\lambda=M+\tilde{\omega})$，$\boldsymbol{\Phi}^{(0)}$ 亦同前，$\boldsymbol{\Phi}^{(1)}$ 的形式如下，即

$$\boldsymbol{\Phi}^{(1)} = (b_{ij}) = \begin{pmatrix} 0 & 0 & 0 & 0 & 0 & 0 & b_{17} \\ b_{21} & b_{22} & b_{23} & b_{24} & b_{25} & 0 & 0 \\ b_{31} & b_{32} & b_{33} & b_{34} & b_{35} & 0 & 0 \\ b_{41} & b_{42} & b_{43} & b_{44} & b_{45} & 0 & 0 \\ b_{51} & b_{52} & b_{53} & b_{54} & b_{55} & 0 & 0 \\ b_{61} & b_{62} & b_{63} & b_{64} & b_{65} & 0 & b_{67} \\ 0 & 0 & 0 & 0 & 0 & 0 & 0 \end{pmatrix} \tag{8.76}$$

式中，b_{17} 和 b_{67} 仍由式（8.66）表示，其他各元素由下列各式表示，即

$$\begin{cases} b_{21} = -\eta_0[-\dfrac{7}{2a}\tilde{\omega}_1(t-t_0)] \\ b_{22} = -\eta_0[-\dfrac{4\xi_0}{1-e^2}\tilde{\omega}_1(t-t_0)] \\ b_{23} = -[1+\dfrac{4}{1-e^2}\eta_0^2]\tilde{\omega}_1(t-t_0) \\ b_{24} = -\eta_0[(-\dfrac{5}{2})8h_0(1-2(h_0^2+k_0^2))+4h_0](\dfrac{3J_2}{2p^2})n(t-t_0) \\ b_{25} = -\eta_0[(-\dfrac{5}{2})8k_0(1-2(h_0^2+k_0^2))+4k_0](\dfrac{3J_2}{2p^2})n(t-t_0) \end{cases} \tag{8.77}$$

$$\begin{cases} b_{31} = \xi_0[-\dfrac{7}{2a}\tilde{\omega}_1(t-t_0)] \\ b_{32} = [1+\dfrac{4}{1-e^2}\xi_0^2]\tilde{\omega}_1(t-t_0) \\ b_{33} = \xi_0[-\dfrac{4\eta_0}{1-e^2}\tilde{\omega}_1(t-t_0)] \\ b_{34} = \xi_0[(-\dfrac{5}{2})8h_0(1-2(h_0^2+k_0^2))+4h_0](\dfrac{3J_2}{2p^2})n(t-t_0) \\ b_{35} = \xi_0[(-\dfrac{5}{2})8k_0(1-2(h_0^2+k_0^2))+4k_0](\dfrac{3J_2}{2p^2})n(t-t_0) \end{cases} \tag{8.78}$$

$$\begin{cases} b_{41} = -k_0[-\dfrac{7}{2a}\Omega_1(t-t_0)] \\ b_{42} = -k_0[\dfrac{4\xi_0}{1-e^2}\Omega_1(t-t_0)] \\ b_{43} = -k_0[\dfrac{4\eta_0}{1-e^2}\Omega_1(t-t_0)] \\ b_{44} = -k_0[4h_0(\dfrac{3J_2}{2p^2})n(t-t_0)] \\ b_{45} = -[\Omega_1+4k_0^2(\dfrac{3J_2}{2p^2})n](t-t_0) \end{cases} \tag{8.79}$$

$$\begin{cases} b_{51} = h_0[-\dfrac{7}{2a}\Omega_1(t-t_0)] \\ b_{52} = h_0[\dfrac{4\xi_0}{1-e^2}\Omega_1(t-t_0)] \\ b_{53} = h_0[\dfrac{4\eta_0}{1-e^2}\Omega_1(t-t_0)] \\ b_{54} = [\Omega_1+4h_0^2(\dfrac{3J_2}{2p^2})n](t-t_0) \\ b_{55} = h_0[4k_0(\dfrac{3J_2}{2p^2})n(t-t_0)] \end{cases} \tag{8.80}$$

$$
\begin{cases}
b_{61} = -\dfrac{7}{2a}\lambda_1(t-t_0) \\
b_{62} = \dfrac{\xi_0}{1-e^2}(3M_1 + 4\tilde{\omega}_1)(t-t_0) \\
b_{63} = \dfrac{\eta_0}{1-e^2}(3M_1 + 4\tilde{\omega}_1)(t-t_0) \\
b_{64} = [(-\dfrac{3}{2}\sqrt{1-e^2} - \dfrac{5}{2})8h_0(1-2(h_0^2+k_0^2)) + 4h_0](\dfrac{3J_2}{2p^2})n(t-t_0) \\
b_{65} = [(-\dfrac{3}{2}\sqrt{1-e^2} - \dfrac{5}{2})8k_0(1-2(h_0^2+k_0^2)) + 4k_0](\dfrac{3J_2}{2p^2})n(t-t_0)
\end{cases}
\tag{8.81}
$$

各式右端出现的量，其意义均同前，但 $\lambda_1 = M_1 + \tilde{\omega}_1, \tilde{\omega}_1 = \omega_1 + \Omega_1$，而 M_1, ω_1 和 Ω_1 中出现的 e_0 和 i_0 由 $e_0^2 = \xi_0^2 + \eta_0^2$ 和 $\sin^2(i_0/2) = h_0^2 + k_0^2$ 给出。这里的 σ_0 亦与前面两种情况相同，取平均根数 $\bar{\sigma}_0$。

在 $\beta = \beta_0 = \left(\dfrac{C_D S}{m}\right)\bar{\rho}_{p_0}$ 的选择下，对于上述三种不同根数系统，均有

$$
\left(\frac{\partial \beta}{\partial \sigma_0}\right) = (0), \quad \left(\frac{\partial \beta}{\partial \beta_0}\right) = (1) = I
\tag{8.82}
$$

式中的 (0) 和 $(1) = I$ 分别表示零矩阵元素和单位矩阵元素。

2. 待估状态量 X_0 为 $(\vec{r}_0, \dot{\vec{r}}_0)$ 和 β_0

在此选择下，相应的状态转移矩阵同样可写成

$$
\boldsymbol{\Phi} = \left(\frac{\partial(\vec{r}, \dot{\vec{r}}, \beta)}{\partial(\vec{r}_0, \dot{\vec{r}}_0, \beta_0)}\right) = \boldsymbol{\Phi}^{(0)} + \boldsymbol{\Phi}^{(1)}
\tag{8.83}
$$

其中，$\boldsymbol{\Phi}^{(0)}$ 和 $\boldsymbol{\Phi}^{(1)}$ 相对摄动小参数 ε 分别表示零阶和一阶部分，但相应的轨道摄动分析解并不是直接采用位置、速度 $(\vec{r}, \dot{\vec{r}})$ 作为基本变量构造的小参数幂级数解（即坐标摄动解），而是由上述轨道根数 σ 作为基本变量构成的小参数幂级数解转换而来，具体表达形式及在卫星定轨中的应用效果，详见本章参考文献[4]。

下面不再列出 $\boldsymbol{\Phi}^{(0)}$ 和 $\boldsymbol{\Phi}^{(1)}$ 的相关表达式，而转入阐述数值法定轨。在数值法定轨中，采用位置、速度 $(\vec{r}, \dot{\vec{r}})$ 作为基本变量的统一形式（即基本状态量的选择、轨道解的获得和状态转移矩阵的构成等），均建立在数值法的基础上。

8.4.2　数值法定轨中状态转移矩阵的构成[5]

数值法定轨不受航天器类型的制约，其状态方程是由状态微分方程的数值解提供的离散形式，即

$$X_{k+1}=X(t_k,X_k;t_{k+1}),\quad k=0,1,2,\cdots \tag{8.84}$$

由此可以形式上给出相应的状态转移矩阵为

$$\boldsymbol{\Phi}(t_k,t_{k+1})=\left(\frac{\partial X_{k+1}}{\partial X_k}\right),\quad k=0,1,2,\cdots \tag{8.85}$$

其具体形式依赖于所选用的数值方法，不同的方法有不同的差分格式（见本书附录B）。因此，即使式（8.85）右端的形式不复杂，亦因采用不同的数值方法而形式各异。这不便于使用，更何况式（8.85）右端亦较复杂，特别是高阶单步积分器或多步法的情况。因此，实际定轨中不会采用这种途径给出状态转移矩阵 $\boldsymbol{\Phi}(t_0,t)$ 。

因定轨基本方程（8.1）本来就是测量方程线性化的结果，故给出状态转移矩阵 $\boldsymbol{\Phi}$ 的过程亦可采用相应的线性化处理。为此，令

$$X(t)=\boldsymbol{\Phi}(t,t_0)X_0 \tag{8.86}$$

相应地有

$$\begin{cases}X^*=\boldsymbol{\Phi}(t,t_0)X_0^*\\ x=X-X^*=\boldsymbol{\Phi}(t,t_0)x_0\end{cases} \tag{8.87}$$

这一线性化的状态转移矩阵 $\boldsymbol{\Phi}(t,t_0)$ 所满足的条件可通过对状态微分方程

$$\begin{cases}\quad\dot{X}=F(X,t)\\ t_0,\quad X(t_0)=X_0\end{cases} \tag{8.88}$$

的线性化而得，有

$$\begin{cases}\dot{\boldsymbol{\Phi}}=A\boldsymbol{\Phi}\\ A=\left(\dfrac{\partial F}{\partial X}\right)_{X^*},\quad \boldsymbol{\Phi}(t_0,t_0)=I\end{cases} \tag{8.89}$$

式中， $A=A(t)$ ，因此这是一个高阶（ $n\times n$ ）变系数线性常微分方程，与状态微分方程（8.88）同时积分，明显增加了数值法定轨的计算量，但是在现代的计算硬件条件下，这不是问题。

仍以上述状态量 X 为 7 维列向量（6 个轨道量和 1 个待估参数）为例，轨道量采用 $(\vec{r},\dot{\vec{r}})$ ，相应的状态微分方程有

$$\begin{cases}\dfrac{\mathrm{d}\vec{r}}{\mathrm{d}t}=\dot{\vec{r}}\\[2mm]\dfrac{\mathrm{d}\dot{\vec{r}}}{\mathrm{d}t}=\ddot{\vec{r}}=F(\vec{r},\dot{\vec{r}},\beta_0)\end{cases}\tag{8.90}$$

状态转移矩阵 $\boldsymbol{\Phi}$ 为

$$\boldsymbol{\Phi}=\left(\frac{\partial(\vec{r},\dot{\vec{r}},\beta)}{\partial(\vec{r}_0,\dot{\vec{r}}_0,\beta_0)}\right)_{(n\times n)}=\begin{pmatrix}\left(\dfrac{\partial\vec{r}}{\partial X_0}\right)_{3\times n}\\\left(\dfrac{\partial\dot{\vec{r}}}{\partial X_0}\right)_{3\times n}\\\left(\dfrac{\partial\beta}{\partial X_0}\right)_{1\times n}\end{pmatrix},\quad n=7\tag{8.91}$$

若记

$$\boldsymbol{Z}=\left(\frac{\partial\vec{r}}{\partial X_0}\right)_{3\times n}\tag{8.92}$$

$$\dot{\boldsymbol{Z}}=\left(\frac{\partial\dot{\vec{r}}}{\partial X_0}\right)_{3\times n}\tag{8.93}$$

$$\boldsymbol{Z}_\beta=\left(\frac{\partial\beta}{\partial X_0}\right)_{1\times n}=(0\quad 0\quad 0\quad 0\quad 0\quad 0\quad 1)\tag{8.94}$$

则方程（8.89）的系数矩阵 $\boldsymbol{A}$ 有如下形式，即

$$\boldsymbol{A}=\begin{pmatrix}\left(\dfrac{\partial\dot{\vec{r}}}{\partial\vec{r}}\right)&\left(\dfrac{\partial\dot{\vec{r}}}{\partial\dot{\vec{r}}}\right)&\left(\dfrac{\partial\dot{\vec{r}}}{\partial\beta}\right)\\\left(\dfrac{\partial\ddot{\vec{r}}}{\partial\vec{r}}\right)&\left(\dfrac{\partial\ddot{\vec{r}}}{\partial\dot{\vec{r}}}\right)&\left(\dfrac{\partial\ddot{\vec{r}}}{\partial\beta}\right)\\\left(\dfrac{\partial 0}{\partial\vec{r}}\right)&\left(\dfrac{\partial 0}{\partial\dot{\vec{r}}}\right)&\left(\dfrac{\partial 0}{\partial\beta}\right)\end{pmatrix}_{X^*}=\begin{pmatrix}(0)&(1)&(0)\\\left(\dfrac{\partial\ddot{\vec{r}}}{\partial\vec{r}}\right)&\left(\dfrac{\partial\ddot{\vec{r}}}{\partial\dot{\vec{r}}}\right)&\left(\dfrac{\partial\ddot{\vec{r}}}{\partial\beta}\right)\\(0)&(0)&(0)\end{pmatrix}_{X^*}\tag{8.95}$$

相应的方程（8.89）可写成下列一阶方程组，即

$$\dot{\boldsymbol{\Phi}}=\begin{pmatrix}\dfrac{\mathrm{d}Z}{\mathrm{d}t}\\\dfrac{\mathrm{d}\dot{Z}}{\mathrm{d}t}\\\dfrac{\mathrm{d}Z_\beta}{\mathrm{d}t}\end{pmatrix}_{X^*}=\begin{pmatrix}(\dot{\boldsymbol{Z}})_{3\times n}\\\boldsymbol{C}_1(t)\boldsymbol{Z}+\boldsymbol{C}_2(t)\dot{\boldsymbol{Z}}+\boldsymbol{C}_3(t)\\(\boldsymbol{0})_{1\times n}\end{pmatrix}_{X^*}\tag{8.96}$$

其中

$$C_1(t)=\left(\frac{\partial\ddot{\vec{r}}}{\partial\vec{r}}\right)_{3\times3} \tag{8.97}$$

$$C_2(t)=\left(\frac{\partial\ddot{\vec{r}}}{\partial\dot{\vec{r}}}\right)_{3\times3} \tag{8.98}$$

$$C_3(t)=\left(\frac{\partial\ddot{\vec{r}}}{\partial X_0}\right)_{3\times n}=\left((0)_{3\times3},(0)_{3\times3},\left(\frac{\partial\ddot{\vec{r}}}{\partial\beta_0}\right)\right)_{3\times n} \tag{8.99}$$

$C_1(t)$，$C_2(t)$ 和 $C_3(t)$ 均用参考值 X^* 进行计算。事实上待定参数 $\beta=\beta_0$ 不参加计算[6]，上述方程（8.96）实为（$6\times n$）维，这里 $n=7$。

轨道量采用 $(\vec{r},\dot{\vec{r}})$ 时，状态转移矩阵 $\boldsymbol{\Phi}$ 所满足的方程组可以写成上述一阶方程组的形式，即式（8.90），而实为二阶方程组，即

$$\ddot{Z}=C_1(t)Z+C_2(t)\dot{Z}+C_3(t) \tag{8.100}$$

与二阶运动方程一致。

上述分析法定轨和数值法定轨中状态转移矩阵的两种构成方法和具体表达形式表明：两种定轨方法的差别主要由状态微分方程的不同求解方法导致的，对于分析法定轨，状态方程（即状态微分方程的解）和相应的状态转移矩阵都由分析形式表达，而数值法定轨则都由离散递推的形式所代替，两者各有应用背景，在不同的航天任务中可视具体需求作出选择。

参考文献

[1] 刘 林，汤靖师. 卫星轨道理论与应用. 北京：电子工业出版社. 2015.

[2] 刘林. 人造地球卫星轨道力学. 北京：高等教育出版社. 1992.

[3] 刘林. 航天器轨道理论. 北京：国防工业出版社. 2000.

[4] 刘林，张强，廖新浩. 人卫精密定轨中的算法问题，中国科学(A)，1998，28(9):848-856. Liu Lin, Zhang Qiang, Liao Xinhao. Problem of Algorithm in Precision Orbit Determination. Science in China (Series A), 1999，42(5):552-560.

[5] Tapley B D, Schutz B E, Born G H. Statistical Orbit Determination.London: Academic Press, 2004.

[6] Jingshi Tang, Lin Liu, Haowen Cheng，et al. Long-term Orbit Prediction for Tiangong-1 Spacecraft Using the Mean Atmosphere Model. Adv. Space Res, 2015，55 (5)，1432–1444.

第 9 章　各类航天器的精密定轨及其相关问题

在前面的章节已经讲述了精密定轨计算涉及的基本问题，包括动力学模型、观测模型及估值方法等。在实际定轨计算中，不同条件下的定轨计算所面临的具体问题也不一样，比如数学模型中中心天体的选取、力模型的补偿与精化、野值剔除与观测数据的加权等问题。本章将在前 8 章系统阐述精密定轨理论与方法的基础上，就其在实际应用中遇到的某些具体问题作进一步的说明和分析。

9.1　定轨中数学模型与坐标系的选择

第 2 章中已清楚地阐述，在现实的太阳系中，就轨道力学而言，各类航天器运动所涉及数学模型只有两类：一类是环绕型航天器的轨道运动问题，主要外力源只有一个，即其环绕的中心天体的引力，对应的数学模型是一个受摄二体问题；另一类是非环绕型航天器（包括各种空间探测器）的轨道运动问题，主要外力源有一个或两个，主要外力源有两个状态所对应的数学模型是一个受摄限制性三体问题。前面几章中的相关内容就是按这两类数学模型展开论述的，其主要目的是为了介绍各类航天器运动的定轨理论知识和方法，而不是一般运动体的定轨问题，但在实际定轨中有关数学模型与坐标系的选择却有一些具体问题需要另作处理。下面仍在形式上按环绕型和非环绕型航天器分别阐述。

9.1.1　环绕型航天器定轨问题中的选择

对于环绕型航天器运动的定轨问题，无论是地球，或是月球、火星，甚至某类小行星的卫星，数学模型与坐标系的选择都比较单一。数学模型就是一个受摄二体问题，相应的主天体（即绕飞天体）就是中心天体，没有第二种选择。坐标系直接与中心天体相连，即坐标原点在该天体质心上的质心天球坐标系。

在中心天体的质心天球坐标系中，环绕型航天器的运动微分方程为

$$\begin{cases}\ddot{\vec{r}} = \vec{F}_0(\vec{r}) + \vec{F}_\varepsilon(\vec{r},\dot{\vec{r}},t) \\ \vec{F}_0(\vec{r}) = -\dfrac{\mu}{r^3}\vec{r}\end{cases} \tag{9.1}$$

$\vec{F}_0(\vec{r})$ 表示中心天体的引力加速度，μ（$\mu = GM$）是中心天体的引力常数，$\vec{F}_\varepsilon(\vec{r},\dot{\vec{r}},t)$ 表示其余所有外力源作用于航天器的摄动加速度。一般而言，摄动加速度会远远小于中心天体的引力加速度。

摄动量级的分析通常采用摄动加速度 $\bar{F}_\varepsilon$ 与中心天体引力加速度的比值来表示[1]，即

$$\varepsilon = \frac{|\bar{F}_\varepsilon|}{\left(\mu/r^2\right)} \tag{9.2}$$

摄动量级 ε 表示实际轨道运动因摄动力源的存在而偏离理想二体问题轨道运动的程度，ε 是一小量，对于地球的低轨卫星而言，其最大摄动源（地球的动力学扁率 J_2 项）的摄动量级为10^{-3}。

关于数学模型中外力源的取舍，即在定轨精度的具体要求前提下，由相应的摄动量级 ε 来确定。但要注意的是：引力和非引力的摄动量级估计有重大差别，对于引力，无须考虑航天器的几何尺度，而非引力中表面力（如地球卫星所承受的大气阻力和辐射压力）的作用，就必须考虑航天器的几何尺度，特别是承受相应表面力的有效截面的大小。

尽管环绕型航天器运动的数学模型与坐标系的选择比较单一，但外力源的模型化，特别是非引力型的表面力的模型化，涉及的物理因素较复杂，严格建模比较困难，这正是地球卫星定轨中，针对力模型的不同处理出现了诸如“经验力模型”、“简化力模型”等定轨提法的原因。关于这一外力源的模型化问题，将在 9.2 节中另作论述。

9.1.2　非环绕型航天器定轨问题中的选择

对于非环绕型航天器的定轨问题，如深空探测器的巡航飞行段，单纯从轨道力学的角度来处理问题，数学模型与坐标系的选择都比较复杂[2]，它涉及中心天体及其连带的坐标系的选择。首先是中心天体的选择，按轨道力学确定中心天体的基本原则：哪个天体能提供更小的扰动力与中心引力之比，则该天体就作为中心引

力体[2,3]。但在深空探测器的巡航飞行段（如发射火星探测器的过程，甚至发射月球探测器的过程），飞行状态不断地变化，若要按照这一原则，中心天体将会有相应的改变，这就给定轨软件的确定带来麻烦。因此，在处理非环绕型航天器的定轨问题中，就不能单纯从轨道力学的角度来作出选择，9.1.3 小节将进一步阐述该问题。

9.1.3 深空探测器实际定轨中数学模型和坐标系的选择

根据上面指出的问题，再考虑到是从地球上去看问题，也是在地球上设立指挥控制系统的。故在处理各类航天器的定轨问题时，就可以将地球作为中心天体，坐标系也建立在地球上，即地心天球坐标系。在地心天球坐标系中采用第 **2** 章给出的航天器运动微分方程的普适形式，归结为下列微分方程——常微初值问题，即

$$\begin{cases} \ddot{\vec{r}} = \vec{F}_0 + \sum_{i=2}^{n} \vec{F}_i\left(\vec{r}_i', \dot{\vec{r}}_i', \beta, t\right) \\ \vec{F}_0 = -\dfrac{\mu}{r^3}\vec{r} \\ t_0 : \vec{r}\left(t_0\right) = \vec{r}_0, \quad \dot{\vec{r}}\left(t_0\right) = \dot{\vec{r}}_0 \end{cases} \tag{9.3}$$

式中，$\vec{r}, \dot{\vec{r}}$ 即航天器在地心天球坐标系中的位置矢量和速度矢量，$(\vec{r}_i', \dot{\vec{r}}_i', \beta)$ 是其他外力源涉及的位置、速度和相应的几何、物理参数。

在上述选择下，航天器的运动对应一般限制性 $(n+1)$ 体问题，其中 1 即航天器，有 n 个外力源，相应的运动微分方程（9.3）中的右函数 $\vec{F}_0$ 和 $\vec{F}_i$ 就是所有外力作用产生的加速度，其中 $\vec{F}_0$ 是地球质心引力加速度，为了突出其特定地位，记作 $\vec{F}_0$，代替外力源的 $\vec{F}_1$，$\mu = GE$，它是地球引力常数。所有其他外力源引起的加速度 $\vec{F}_i \ (i = 2,3,\cdots,n)$ 的大小不受任何限制。只有航天器是地球卫星时，外力源引起的加速度 $\vec{F}_i$ 的大小，相对中心引力加速度 $\vec{F}_0$ 的大小才均为小量。从这一角度来看，即使处理地球卫星的定轨问题时，也可与其他各类航天器的定轨问题采用同一个定轨软件，仅仅是外力源的取舍有所不同而已，这可由软件中的模型选择开关来解决。

至于上述处理是否会影响其他大天体的位置、速度 $(\vec{r}_i', \dot{\vec{r}}_i')$ 的计算问题？这显然毫无关系，因为从轨道力学原理上看，上述限制性 $(n+1)$ 体问题中，航天器是作为质量为零的小天体出现的，它并不改变太阳系中各大、小天体的运动状态，其位置、速度矢量随时间的变化规律 $\vec{r}_i'(t), \dot{\vec{r}}_i'(t)$ 是由太阳系动力学规律完全确定的，如 JPL

提供的大、小天体的高精度数值历表，或 IAU 提供的一般精度的分析平均历表（平均历表）。只是在具体应用中会涉及相关的坐标转换和各大天体历表计算的取点问题，这在数值法定轨计算中不会遇到任何麻烦，仅仅是软件中的技术处理问题。

这里再说明一点：要从这样一个普适型的定轨软件中了解航天器运行轨道的细节并不困难，只要在软件中，加入$(t_0,\vec{r}_0,\dot{\vec{r}}_0)$转换成相对某一探测天体轨道根数的功能即可，这仅仅涉及太阳系中各大天体与地球之间的坐标转换和$(\vec{r}_0,\dot{\vec{r}}_0) => \sigma_0$ $(a_0,e_0,i_0,\Omega_0,\omega_0,M_0)$的简单轨道计算问题，容易实现。其结果不外乎椭圆轨道或双曲线轨道，但这就能清晰地表明航天器的运行状态。

9.2　外力源的模型化

力模型的真实性直接关系到定轨精度，但受限于人们对复杂物理环境的认知能力，在定轨中不可能对所有的外力源进行精确建模，因此，有必要在不违背精密定轨的基本原理前提下，对一些无法精确建模的外力源，利用实测资料作近似处理，给出逼近真实物理背景的半经验模式。下面主要针对地球卫星定轨中的建模状况，作简要介绍。

9.2.1　外力源模型化存在的问题

随着观测精度的迅速提高，航天器定轨精度的要求也越来越高，对于地球卫星而言，已从早期的数千米发展至目前的数厘米。在诸多外力影响因素中，力模型的精度是制约定轨精度的一个重要因素。航天器运动所承受的外力源不外乎两大类：引力和非引力。引力又分质点引力和非质点引力，而非引力主要表现为耗散力和辐射压力。

1．引力源的模型化问题

关于引力源的模型化，有三个内容：质点引力（等价的球形引力）、非质点引力（等价的非球形引力）和一般引力理论对牛顿引力的修正（在轨道力学中通常称为后牛顿改正）。其中质点引力和后牛顿改正无须再加说明，唯有非球形引力模型需要作进一步阐述。对于地球、月球、火星等太阳系中的大天体，引力位的表达都采用了球谐函数展开的形式，在星固坐标系中的表达式为

$$V\left(\vec{R}\right)=\frac{\mu}{R}\left\{1+\sum_{l=2}^{\infty}\sum_{m=0}^{l}\left(\frac{a_e}{R}\right)^l \bar{P}_{lm}\left(\sin\varphi\right)\left[\bar{C}_{lm}\cos m\lambda+\bar{S}_{lm}\sin m\lambda\right]\right\} \tag{9.4}$$

这是球坐标(R,λ,φ)的表达式，式中的$\mu=GM$，是天体的引力常数，M是天体的总质量。理论上，星固坐标系的原点在天体的质心，相应的引力位函数式（9.4）中对l的求和从 2 起始。该形式分为两个部分，作为等密度球体（相当于质点）的零阶部分和对其修正的非球形部分，分别记作V_0和ΔV，表达形式为

$$V_0\left(\vec{R}\right)=V_0\left(R\right)=\frac{\mu}{R} \tag{9.5}$$

$$\Delta V\left(\vec{R}\right)=\frac{\mu}{R}\left\{\sum_{l=2}^{\infty}\bar{C}_l\left(\frac{a_e}{R}\right)^l \bar{P}_l\left(\sin\varphi\right)+\sum_{l=1}^{\infty}\sum_{m=1}^{l}\left(\frac{a_e}{R}\right)^l\left[\bar{C}_{lm}\cos m\lambda+\bar{S}_{lm}\sin m\lambda\right]\right\} \tag{9.6}$$

展开式中的各有关量在前面章节中均出现过，其中系数$\left(\bar{C}_{lm},\bar{S}_{lm}\right)$的大小即反应该天体形状不规则（相对球形而言）和质量密度分布不均匀的程度。这一表达形式已得到广泛的应用，地球卫星上天后，人们利用各类探测器和不同的探测手段，不断地精化天体的引力场模型，特别是地球引力场模型，目前已达到厘米级的精度（见本书附录 E 给出的有关信息源）。月球引力场模型也在不断精化，可以说在一定程度上满足了航天领域的需求。至于非球形引力位展开式的取项问题，一般取决于卫星离中心天体的远近和定轨精度的具体要求，这容易通过数值比对的方式获得取项的信息。但是，对于太阳系中一些形状极不规则（相对球形而言）和质量密度分布不均匀的小行星，上述引力位的球谐函数展开式将不再适用，或应用效果不佳，特别是离目标小行星表面较近的空间，球谐函数展开式的精度较低，有必要寻找其他逼近模式，这正是当今开展的一个热点课题，如改用多面体的展开形式逼近真实引力位，这直接关系到对小行星近距离探测任务的开展。有关细节请参看本章参考文献[2]所提及一书的第 10 章。

2. 非引力源的模型化问题

关于非引力源的模型化，特别是地球卫星运动中的大气阻力和太阳辐射压力涉及的表面力模型化问题，由于物理机制复杂，模型化的精度受到制约。表面力模型化的复杂性在于它既涉及物理因素又与航天器的几何状态有关。

大气阻力是耗散因素，它不仅是制约低轨卫星轨道寿命的主要外力源，同时也是提高低轨卫星定轨和预报精度的最关键因素。由于大气密度分布规律直接与太阳活动有关，物理机制复杂，建模困难，仅对于大气密度模式$\rho\left(\vec{r},t\right)$本身，就目前最新的大气模式（见本书附录 E 给出的有关信息源），其“内符合”状态也有 10%左

右的误差，何况该力源对卫星轨道的影响还与卫星本身的几何形状有关，这又涉及卫星的姿态（除球形卫星外）。正是由于建模的困难，在低轨卫星定轨中才出现了诸如“经验力模型”的定轨方法及加速度计的引用，采用硬件机制反演表面力的真实状态。

太阳辐射压同属表面力，其大小不仅与承受辐射压的航天器表面形状和大小有关，还与辐射压的各种源（包括地球反照、热辐射等）及航天器表面材料的物理性能（包括蚀状态的影响）有关。这些因素使太阳辐射压的精确建模也变得十分困难，已成为制约地球高轨卫星定轨和预报精度的最关键因素。正是由于理论建模的困难，当今高轨导航卫星系统，如 GPS 系统及我国的北斗导航卫星系统，为了提高定轨和预报精度，曾经或目前正在实施，采取多种途径（包括实测资料拟合）获取相应的综合体现各种影响因素的高精度光压逼近模型，如 GAMIT 软件[4,5]中的处理。

9.2.2　力模型的补偿处理

在上述两种表面力的建模问题还不能从物理机制角度完全解决的前提下，为弥补力模型的不准对定轨和预报精度的影响，在定轨计算中往往作一些力模型补偿的处理，即根据两种表面力的基本规律，利用实测资料拟合的方法进行经验建模的等效处理，这种处理虽然不能完全解决精确建模问题，但在实际定轨计算中行之有效，可以满足一定精度要求。除 GPS 系统着重解决辐射压半经验模型（简称光压模型）的 GAMIT 软件[4,5]外，还相继出现了一些简化处理方法[6~8]，由于基本原理不变，这些具体的处理细节不再介绍。

目前在地球卫星定轨中常用的经验力补偿方式有三角级数模型、随机脉冲模型和平均大气模式等。

1. 三角级数模型

将经验加速度表示为径向（R）、横向（T）和轨道面法向（N）三个方向的三角级数形式，即

$$\vec{a}_{\exp} = (\boldsymbol{OEC})^{\mathrm{T}}\left[\bar{C}_0 + \sum_{n=1}^{k}(\bar{C}_n \cos nf + \bar{S}_n \sin nf)\right] \tag{9.7}$$

式中，$\bar{C}_0$ 为经验力的常数加速度偏差，$\bar{C}_n$，$\bar{S}_n$ 是经验加速度的余弦和正弦项系数，k 为三角级数的阶次，具体可根据未建模因素的频率成分来确定，在多数情况下，这些未建模的摄动因素表现在 1 个轨道周期 1 次的频率上，即式（9.7）中指标 k

取为 1。在美国 Texas 大学统计分析轨道处理软件（UTOPIA）中曾经采用的“类阻力”补偿处理就有同样的功能。

式（9.7）中的矩阵 $(\boldsymbol{OEC})$ 为 J2000.0 地心天球坐标系到 RTN 坐标系的转换矩阵，RTN 坐标系在 1.2 节中已定义，即 RTN 地心轨道平面坐标系。6.8 节中给出过一种以卫星位置、速度矢量表达的形式，即式（6.114），这里给出另一种以轨道根数表达的形式为

$$(\boldsymbol{OEC}) = \boldsymbol{R}_z(u)\boldsymbol{R}_x(i)\boldsymbol{R}_z(\Omega) \tag{9.8}$$

其中，$u = f + \omega$，是卫星的纬度角。

2. 随机脉冲模型

有轨控（短暂的脉冲力）状态下的定轨问题，通常无法事先给出相应的力模型，可采用随机脉冲作为一种补偿处理，该模型相当于给卫星施加一个瞬时小脉冲，即仅在卫星速度上加一小增量 $\delta\bar{v}$，实现对卫星轨道的微调。为了便于分析，随机脉冲一般用 RTN 方向的速度增量来描述，即

$$\begin{cases} \bar{r}(t^+) = \bar{r}(t^-) \\ \dot{\bar{r}}(t^+) = \dot{\bar{r}}(t^-) + (\boldsymbol{OEC})\delta\bar{v} \end{cases} \tag{9.9}$$

式中，t^- 表示脉冲作用前，t^+ 表示脉冲作用后，$\delta\bar{v}$ 为 RTN 方向的速度增量，$(\boldsymbol{OEC})$ 为式（9.8）表达的转换矩阵。

3. 平均大气模式（建立在大气平均密度模式基础上的阻力逼近模型）

由于大气阻力理论表达式中的关键参数无法提供准确的先验值，通常将其作为模型参数在定轨中参与估计。影响阻力计算的因素较多，而且不确定性较大，特别是那些空间非合作目标，对其各种参数一无所知的情况。因此，可利用大气阻力影响的特征，即该影响中几个关键参数无法分离，故在定轨中引用一个联合参数 B^* 作为待估参数，在采用大气密度 ρ 的表达式即式（6.92）的前提下，该参数的形式为

$$B^* = \left(\frac{C_D S}{m}\right)\bar{\rho}_{p_0} \tag{9.10}$$

相应的大气密度 ρ 实为平均密度，考虑其周日变化的表达式为

$$\rho = \bar{\rho}_{p_0}\left[1 + F^*\cos\psi^*\right]\exp\left[-\frac{r - \sigma(p_0)}{H(r)}\right] \tag{9.11}$$

其中，参考点（初始近地点）的平均密度 $\bar{\rho}_{p_0}$ 由国际标准大气模式提供（见本书附

录 E 给出的有关信息源），具体细节见 6.6 节中的有关阐述。

在上述处理下，大气阻力逼近模型为

$$\begin{cases}\vec{D}=-\dfrac{1}{2}B^{*}\rho' V\vec{V}\\ \rho'=\left[1+F^{*}\cos\psi^{*}\right]\exp\left[-\dfrac{r-\sigma\left(p_0\right)}{H\left(r\right)}\right]\end{cases} \tag{9.12}$$

作者已将这种逼近模型成功地用于相关的航天任务中[9]。对于高轨卫星，处理太阳辐射压等外力源问题时，也可采用类似的力模型补偿处理，将相应的联合参数 $\left(\dfrac{C_R S}{m}\right)\rho_{\odot}$ 作为待估参数。这类力模型补偿处理方法，在空间目标监测任务中，对那些初始信息一无所知的目标定轨问题，确实是一种合理的选择。

9.2.3　硬件的替代——加速度计的引用

为了消除大气阻力、太阳光压及用于调姿和轨道维持的机动力对定轨精度的影响，GRACE 双星上配备了由法国航天局（CNES）提供的 SuperSTAR 加速度计。该种加速度计的原型曾多次进行过空间微重力实验，并被用于测地卫星 CHAMP。改进后的加速度计的分辨率由 CHAMP 卫星时的 10^{-9} m/s^2 提高到 10^{-10} m/s^2，加速度计与质心在三个方向的偏差都在 50μm 以内。在跟踪测量中，可由加速度计直接提供上述外力源产生的高精度加速度值，无须了解这些外力源所涉及的各种物理机制和几何状态。那么，在排除这些无法精确建模的外力影响后，就可以在定轨的同时精确地反演出地球引力场球谐展开式的高阶次谐系数，从而提供高精度的地球引力场模型。

加速度计的引用，只是为了某种特殊需求而在定轨中采用的一种处理手段。它成功地规避了那些难以精确建模的外力影响，但并不能解决卫星定轨的关键问题，即必须同时确定相应的力模型，而且并不能提供具有实际力学背景的航天器的真实运行轨道，无法由此定轨历元提供的轨道 $\left(t_0,\sigma_0\right)$ 进行外推。

9.3　定轨方程的求解

前面第 8 章中已给出构建如下定轨基本方程为

$$y=\tilde{B}x_0+V \tag{9.13}$$

的两个关键量 y 和 $\tilde{B}$ 的计算方法和相应的计算公式，亦即完成了将一个复杂的非线性方程的求解问题转化为一个结构简单的线性代数方程（9.13）的迭代求解问题。其中两个关键量 y 和 $\tilde{B}$ 的定义为

$$\begin{cases} y = Y_O - Y_C \\ Y_C = H(X^*, t) \end{cases} \tag{9.14}$$

$$\tilde{B} = \left(\left(\frac{\partial Y}{\partial X} \right) \left(\frac{\partial X}{\partial X_0} \right) \right)_{X^*} \tag{9.15}$$

式（9.14）中的 y 为残差，Y_O 和 Y_C 各为观测量 Y 的测量值和理论值，其中理论值由第 8 章中给出的方法（分析法或数值法）按状态量 X 的参考值 X^* 计算。式（9.15）$\tilde{B}$ 矩阵中的 $\left(\frac{\partial Y}{\partial X} \right)$ 是测量矩阵 $\boldsymbol{H}_X$，而 $\left(\frac{\partial X}{\partial X_0} \right)$ 是状态转移矩阵 $\boldsymbol{\Phi}(t_0, t)$。另一个量 x_0 为

$$x_0 = X_0 - X_0^* \tag{9.16}$$

即 n 维待估状态量 X_0 的改正值。

在有 k 次 m 维 $(m \geqslant 1)$ 观测量 $Y_l\,(l = 1, 2, \cdots, k)$ 的条件下，定轨基本方程形成了如下的多维条件的 n 阶线性代数方程组，即

$$\begin{aligned} y_l &= \tilde{\boldsymbol{B}}_l x_0 + V_l \\ &= (\boldsymbol{H}_X \boldsymbol{\Phi})_l\, x_0 + V_l \quad (l = 1, 2, \cdots k) \end{aligned} \tag{9.17}$$

其中，$m \times k \geqslant n$。正是由于这一状态，即方程个数多于未知量，特别是 $m \times k \gg n$ 的状态，需要采用最优估计方法获取该方程的最优解。

关于最优估计理论，目前发展比较成熟的、应用较广的是线性估计理论。这在第 5 章中已作了必要的介绍。线性估计理论考虑的是下列线性系统，即

$$\begin{cases} X_l = \boldsymbol{\Phi}_{l,0} X_0 \\ Y_l = \boldsymbol{H}_l X_l + V_l \end{cases} \quad (l = 1, 2, \cdots, k) \tag{9.18}$$

按上述定轨基本方程（9.17）的形式表达，即

$$Y_l = (\boldsymbol{H}_l \boldsymbol{\Phi}_{l,0}) X_0 + V_l \quad (l = 1, 2, \cdots, k) \tag{9.19}$$

在此表达形式下，对应关系为

$$\begin{cases} Y_l = y_l \\ \boldsymbol{H}_l \boldsymbol{\Phi}_{l,0} = \tilde{\boldsymbol{B}}_l = (\boldsymbol{H}_X)_l \boldsymbol{\Phi}_l \\ X_0 = x_0 \end{cases} \tag{9.20}$$

在了解定轨基本方程中的各个量与线性估计理论中相应量的关系后，即可直接

引用第 5 章中给出的最优估值方法获得待估状态量 X_0 的改正值 x_0 的最优估值 $\hat{x}_{0/k}$。下面首先给出 x_0 在不同状态下的估值计算公式，再介绍定轨计算的迭代过程及其迭代收敛的控制问题，也就是定轨方程求解的全过程。

9.3.1　批处理算法

根据加权最小二乘估计原理，在批处理方法中，按 k 次采样数据，$t_l, Y_l(l=1,2,\cdots,k)$，首先对定轨基本方程（9.17）进行法化，得

$$\sum_{l=1}^{k}(\tilde{\boldsymbol{B}}_l^{\mathrm{T}}\boldsymbol{W}_l)y_l = \sum_{l=1}^{k}(\tilde{\boldsymbol{B}}_l^{\mathrm{T}}\boldsymbol{W}_l\tilde{\boldsymbol{B}}_l)x_0 \tag{9.21}$$

其中，下标 l 对应采样时刻 t_l，$\boldsymbol{W}$ 是权矩阵，有 $\boldsymbol{W}=\boldsymbol{W}^{\mathrm{T}}$，如果是等权处理，则 $\boldsymbol{W}$ 为单位矩阵。方程（9.21）称为法方程，相应的矩阵 $\sum_{l=1}^{k}(\tilde{\boldsymbol{B}}_l^{\mathrm{T}}\boldsymbol{W}_l\tilde{\boldsymbol{B}}_l)$ 称为法化矩阵。关于该矩阵，可以对 k 次采样数据一次性成批形成，亦可以逐个形成，前者可简化计算过程，特别是当采样数据较多时更为有利，可避免高维矩阵的求逆。对应于法化矩阵的不同形成方式，线性方程组（9.17）有不同的解法。关于解法问题，包括矩阵求逆等，可见参考文献[10]或有关线性代数方面的书籍。

这种批处理算法是地面测控系统事后处理的常用算法，在定轨的同时可以对定轨中获得的各种轨道信息（包括误差状况）进行分析，也是参数估计所采用的算法，如地球非球形引力场参数的测定等。

1．无初始估计条件下的批处理算法

在无初始估计（这里指先验估计）的条件下，法方程（9.21）的解为

$$\hat{x}_{0/k} = \left(\sum_{l=1}^{k}\tilde{\boldsymbol{B}}_l^{\mathrm{T}}\boldsymbol{W}_l\tilde{\boldsymbol{B}}_l\right)^{-1}\left(\sum_{l=1}^{k}\tilde{\boldsymbol{B}}_l^{\mathrm{T}}\boldsymbol{W}_l y_l\right) \tag{9.22}$$

相应的待估状态量 X_0 的最优估计和方差为

$$\hat{X}_{0/k} = X_0^* + \hat{x}_{0/k} \tag{9.23}$$

$$P_{0/k} = \left(\sum_{l=1}^{k}\tilde{\boldsymbol{B}}_l^{\mathrm{T}}\boldsymbol{W}_l\tilde{\boldsymbol{B}}_l\right)^{-1} \tag{9.24}$$

2．有初始估计条件下的批处理算法

若有初始估计 $(\hat{X}_{0/0}, P_{0/0})$，则法方程（9.21）的解为

$$\begin{cases}\hat{x}_{0/k}=\left(P_{0/0}^{-1}+\sum\limits_{l=1}^{k}\tilde{\boldsymbol{B}}_l^{\mathrm{T}}\boldsymbol{W}_l\tilde{\boldsymbol{B}}_l\right)^{-1}\left(P_{0/0}^{-1}\hat{x}_{0/0}+\sum\limits_{l=1}^{k}\tilde{\boldsymbol{B}}_l^{\mathrm{T}}\boldsymbol{W}_l y_l\right)\\ \hat{x}_{0/0}=\hat{X}_{0/0}-X_0^*\end{cases} \tag{9.25}$$

相应的待估状态量 X_0 的最优估计和方差为

$$\hat{X}_{0/k}=X_0^*+\hat{x}_{0/k} \tag{9.26}$$

$$P_{0/k}=\left(P_{0/0}^{-1}+\sum_{l=1}^{k}\tilde{\boldsymbol{B}}_l^{\mathrm{T}}\boldsymbol{W}_l\tilde{\boldsymbol{B}}_l\right)^{-1} \tag{9.27}$$

9.3.2 序贯估计算法

序贯估计算法在第 **5** 章中作过介绍，该算法可及时处理新获取的测量数据，这在递推意义上就类似于卡尔曼滤波，其最大的优点是只需要对较低维甚至与观测矢量同维的矩阵求逆。因此，如果观测数据是逐一处理的，那么只需要进行简单的标量除法就可得到 x 的估计。

估值 $\hat{X}_l$ 和方差矩阵 $\boldsymbol{P}_l$ 可用下列关系向前传播（映射）至时刻 t_k，即

$$\begin{cases}\bar{X}_k=\boldsymbol{\Phi}(t_k,t_l)\hat{X}_l,\quad \bar{x}_k=\boldsymbol{\Phi}(t_k,t_l)\hat{x}_l\\ \bar{P}_k=\boldsymbol{\Phi}(t_k,t_l)P_l\boldsymbol{\Phi}^{\mathrm{T}}(t_k,t_l)\end{cases} \tag{9.28}$$

符号 $\boldsymbol{\Phi}(t_k,t_l)$，为前面的转移矩阵 $\boldsymbol{\Phi}_{k,l}$。假定在 t_k 时刻有观测数据 Y_k，相应地有

$$\begin{cases}y_k=\tilde{\boldsymbol{B}}_k x_k+V_k\\ x_k=X_k-X_k^*\end{cases} \tag{9.29}$$

随机差 V_k 满足条件式（5.22）。由式（9.25）和（9.27）可得出 x_k 的最优估计为

$$\begin{cases}\hat{x}_k=(\tilde{\boldsymbol{B}}_k^{\mathrm{T}}\boldsymbol{W}_k\tilde{\boldsymbol{B}}_k+\bar{\boldsymbol{P}}_k^{-1})^{-1}(\tilde{\boldsymbol{B}}_k^{\mathrm{T}}\boldsymbol{W}_k y_k+\bar{\boldsymbol{P}}_k^{-1}\bar{x}_k)\\ \hat{X}_k=X_k^*+\hat{x}_k\end{cases} \tag{9.30}$$

$$\boldsymbol{P}_k=(\tilde{\boldsymbol{B}}_k^{\mathrm{T}}\boldsymbol{W}_k\tilde{\boldsymbol{B}}_k+\bar{\boldsymbol{P}}_k^{-1})^{-1} \tag{9.31}$$

由式（9.31）得

$$\boldsymbol{P}_k^{-1}=\tilde{\boldsymbol{B}}_k^{\mathrm{T}}\boldsymbol{W}_k\tilde{\boldsymbol{B}}_k+\bar{\boldsymbol{P}}_k^{-1}$$

两边左乘矩阵 $\boldsymbol{P}_k$，再右乘 $\bar{\boldsymbol{P}}_k$，得

$$\bar{\boldsymbol{P}}_k=\boldsymbol{P}_k\tilde{\boldsymbol{B}}_k^{\mathrm{T}}\boldsymbol{W}_k\tilde{\boldsymbol{B}}_k\bar{\boldsymbol{P}}_k+\boldsymbol{P}_k \tag{9.32}$$

即

$$\boldsymbol{P}_k=\bar{\boldsymbol{P}}_k-\boldsymbol{P}_k\tilde{\boldsymbol{B}}_k^{\mathrm{T}}\boldsymbol{W}_k\tilde{\boldsymbol{B}}_k\bar{\boldsymbol{P}}_k \tag{9.33}$$

对式（9.32）右乘 $\tilde{\boldsymbol{B}}_k^{\mathrm{T}}\boldsymbol{W}_k$，得

$$\bar{P}_k\tilde{B}_k^{\mathrm{T}}W_k = P_k\tilde{B}_k^{\mathrm{T}}W_k[\tilde{B}_k\bar{P}_k\tilde{B}_k^{\mathrm{T}}W_k + I]$$
$$= P_k\tilde{B}_k^{\mathrm{T}}W_k[\tilde{B}_k\bar{P}_k\tilde{B}_k^{\mathrm{T}} + W_k^{\mathrm{T}}]W_k$$

由此解出 $P_k\tilde{B}_k^{\mathrm{T}}W_k$，得

$$P_k\tilde{B}_k^{\mathrm{T}}W_k = \bar{P}_k\tilde{B}_k^{\mathrm{T}}[\tilde{B}_k\bar{P}_k\tilde{B}_k^{\mathrm{T}} + W_k^{\mathrm{T}}]^{-1} \tag{9.34}$$

这个关系将先验方差与后验方差联系起来。如果用式（9.34）消去式（9.33）中的的 $P_k\tilde{B}_k^{\mathrm{T}}W_k$，可得

$$P_k = \bar{P}_k - \bar{P}_k\tilde{B}_k^{\mathrm{T}}[\tilde{B}_k\bar{P}_k\tilde{B}_k^{\mathrm{T}} + W_k^{\mathrm{T}}]^{-1}\tilde{B}_k\bar{P}_k \tag{9.35}$$

式（9.35）涉及的求逆代替了式（9.31）中的求逆方法。在式（9.35）中需要求逆的矩阵的维数与观测误差方差矩阵的维数一致。如果一次只处理一个观测数据，那么只需要进行简单的标量除法即可。

如果将权矩阵 K_k（也称之为卡尔曼增益矩阵或增益矩阵）定义为

$$K_k \equiv \bar{P}_k\tilde{B}_k^{\mathrm{T}}[\tilde{B}_k\bar{P}_k\tilde{B}_k^{\mathrm{T}} + W_k^{\mathrm{T}}]^{-1} \tag{9.36}$$

于是式（9.35）可写成如下更简单的形式，即

$$P_k = [I - K_k\tilde{B}_k]\bar{P}_k \tag{9.37}$$

将式（9.31）代入式（9.30），可将估计 $\hat{x}_k$ 写成下列形式，即

$$\begin{aligned}\hat{x}_k &= P_k[\tilde{B}_k^{\mathrm{T}}W_k y_k + \bar{P}_k^{-1}\bar{x}_k] \\ &= P_k\tilde{B}_k^{\mathrm{T}}W_k y_k + P_k\bar{P}_k^{-1}\bar{x}_k\end{aligned} \tag{9.38}$$

又根据式（9.34），K_k 的定义可写为

$$K_k = P_k\tilde{B}_k^{\mathrm{T}}W_k \tag{9.39}$$

利用式（9.39）和（9.37），式（9.38）即可写为

$$\hat{x}_k = K_k y_k + [I - K_k\tilde{B}_k]\bar{P}_k\bar{P}_k^{-1}\bar{x}_k$$

整理后得到 x_k 的序贯估计 $\hat{x}_k$ 为

$$\hat{x}_k = \bar{x}_k + K_k[y_k - \tilde{B}_k\bar{x}_k] \tag{9.40}$$

式（9.40）结合式（9.28）、式（9.36）和式（9.37）及 t_k 时刻的观测数据 Y_k（以残差 y_k 体现在上述计算公式中），就可得到 t_k 时刻估值 $\hat{x}_k$ 的递推结果。

这里要说明的是，在上述序贯估计算法中，递推初始时刻给定的参考状态量 X_0^* 在整个递推过程中是不变的，而又不像批处理那样用一个迭代过程来逐次修改 X_0^*，保证其收敛性。在这种状态下，线性化的条件方程中略去的高阶项很快会起作用，往往使序贯估计递推发散。

为了尽量减小定轨基本方程（9.13）线性化过程中忽略高次项而引入的误差对序贯算法收敛性的影响，就对其进行了改进。一种简单的改进就是每处理完一个观测资料或一批资料后，利用 t_k 时刻的状态估计提供一个新的状态量，即

$$(X_k^*)_{\text{new}} = X_k^* + \hat{x}_k$$

由此再往后递推，这样可改善序贯估计算法的收敛性。修改参考状态量的后果是不断进行初始化，这就影响了序贯估计算法的效率。因此，在递推中，要视具体的发散趋势来确定修改参考状态量的“时机”。

9.3.3 定轨解的迭代过程

事实上，批处理定轨计算是一个迭代过程，这是由于非线性测量方程线性化所导致的。所谓状态量的参考值 X_0^*，在无先验估计的情况下，实为迭代初值，记作 $\hat{X}_{0/k}^{(j-1)}, j(j=1,2,\cdots)$ 为迭代次数。上述计算过程中，待估状态量的最优估计实为

$$\hat{X}_{0/k}^{(j)} = \hat{X}_{0/k}^{(j-1)} + \hat{x}_{0/k}^{(j)}, \quad j=1,2,\cdots \tag{9.41}$$

这里 $\hat{X}_{0/k}^{(j-1)}$（$j=1$ 时对应 $\hat{X}_0^{(0)}$）作为每次迭代计算的参考值 X_0^*。

迭代收敛的控制条件通常有两种取法，即

$$|\sigma^{*(j)} - \sigma^{*(j-1)}| < \mu^* \tag{9.42}$$

或

$$|(\sigma^{*(j)} - \sigma^{*(j-1)}) / \sigma^{*(j)}| < \mu^* \tag{9.43}$$

式中，μ^* 的取值是根据测量误差和定轨精度要求等条件确定的，σ^* 即为均方根差（RMS），有

$$\begin{cases} \sigma^* = \sqrt{U/(k\times m)} \\ U = \sum\limits_{l=1}^{k} (y_l^{\mathrm{T}} \boldsymbol{W}_l y_l) \end{cases} \tag{9.44}$$

式中，U 即加权的残差平方和，k 是采样次数，m 为前面已说明过的观测量 Y 的维数。关于权矩阵 $\boldsymbol{W}_l$ 的取法，在实际定轨工作中，很难按最优加权的要求取为 R_l^{-1}，往往根据残差的大小来加权。

定轨解的内符合精度可用均方根差 σ^* 表示，也可进一步给出定轨迭代收敛后数据残差 $y_l\left(l=1,2,\cdots,k\right)$ 的分布状态，测量数据的内符合拟合程度。至于均方根差 σ^* 以何种表达形式体现轨道的内符合状态，这将由不同的航天任务的需求而定，通常习惯考察其在轨道 RTN 三个方向均方根差 σ^* 的分布状态，这可体现轨道误差的力学特征。下面举例说明如何由测距 ρ 的均方根差 $\sigma^*(\Delta\rho)$ 转换为轨道的 RTN 三个方向的均方根差 $\sigma^*(\Delta r, \Delta t, \Delta n)$。

首先，由残差 $\Delta\rho$ 转换为 $\Delta\vec{r}\left(\Delta x\ \Delta y\ \Delta z\right)$，考虑测站位置没有误差，那么

$$\begin{cases} \Delta\vec{r}\left(\Delta r\ \Delta t\ \Delta n\right) = (\boldsymbol{OEC})\Delta\vec{r}\left(\Delta x\ \Delta y\ \Delta z\right) \\ \Delta\vec{r}\left(\Delta x\ \Delta y\ \Delta z\right) = \Delta\vec{\rho} = \Delta\rho\begin{pmatrix} \cos\delta_c\cos\alpha_c \\ \cos\delta_c\cos\alpha_c \\ \sin\delta_c \end{pmatrix} \end{cases} \tag{9.45}$$

其中，$(\alpha_c,\ \delta_c)$是由理论计算值给出，矩阵$(\boldsymbol{OEC})$为式（9.8）给出的如下转换矩阵

$$(\boldsymbol{OEC}) = \boldsymbol{R}_z(u)\boldsymbol{R}_x(i)\boldsymbol{R}_z(\Omega)$$

其中，$u = f + \omega$，是卫星的纬度角。如果定轨中轨道状态量采用的是航天器的位置、速度$\left(\vec{r},\dot{\vec{r}}\right)$，那么就直接采用第 6 章中给出的另一种同类型表达形式，即式（6.114）。

上述均方根差$\sigma^*(\Delta r,\Delta t,\Delta n)$的表达式可由两种方式得出：一是定轨迭代过程中每一步都将$\Delta\rho = \rho_O - \rho_C$转换成$\Delta\vec{r}\left(\Delta x\ \Delta y\ \Delta z\right)$计算均方根差$\sigma^{*(j)}, j = 1,2,\cdots$，这种形式比较接近实际状态，但计算量大；而另一种处理方式是定轨迭代收敛后，直接由$\sigma^*(\Delta\rho)$按定轨给出的轨道一次性转换成$\sigma^*(\Delta r,\Delta t,\Delta n)$，这种形式计算十分简单，但不如前一种形式接近实际状态。至于应该采用哪种表达形式，这将取决于具体定轨任务的需求。

关于轨道精度的评估，涉及多种因素，将在 9.5 节另作讨论。

9.4　定轨过程中的野值剔除与加权问题的处理

9.4.1　野值剔除

观测误差一般分为系统误差、随机误差和过失误差，野值剔除（简称剔野）的目的就是剔除包含过失误差的观测数据，即通常所说的野值。这一问题，理论上有一“结论”：3σ准则（σ是观测随机误差的标准偏差），即残差$y > 3\sigma$的采样资料出现的概率应很小，如果出现，则认为是“错误”，可作为野值剔除（对应误剔事件的发生概率不大于 0.3%）。但在实际定轨中将会遇到各种情况，要视具体问题和定轨状态而定。

在实际工作中，存在以下几个问题：（1）真值不可能准确知道；（2）系统误差也可能不知道；（3）观测随机误差的标准偏差σ也不能准确得到。

对第一个问题，真值一般通过建立理论模型，计算出近似值。由此将可能引入

建模误差，严格说这是一种系统误差，但在实际工作中，常归为随机误差进行处理。

对第二个问题，部分系统误差可通过事先标校给出（如设备的零值偏差、设备线路时延等），部分也可通过建模给出（如对流层折射，电离层延迟等），还有部分可能无法处理，会被归入到随机误差中。

对第三个问题，虽然精确的σ值不能得到，但是一般设备都会给出一个理论的精度指标（表示随机噪声分量的那个指标），用这个值代替也比较合适。需要说明的是，这个指标参数常用于观测数据的加权，而用于数据剔野，则要看场合，否则有可能导致意外发生。正如前面提到，真值和系统误差都不是准确已知的，大多是通过建模计算得到，而这些模型的参数往往在一开始是很不准确。因此，它们将引入很大的误差，从而影响观测误差的分布，此时，若直接用先验的精度指标参数来作为3σ准则剔野，则可能会剔除大量的有效数据。当然，如果有关真值和系统误差的模型参数事先已经足够精确了，那么就可以比较放心地引用这个先验的精度参数来实施剔野了。

在实际定轨计算中，标准偏差通常采用残差的均方根误差σ^*（通常所说的RMS值）来代替，见式（9.44），相应的剔野处理也是通过迭代过程来逐步完成的，迭代开始时剔野的精度门限可给大点。

9.4.2 观测数据的加权问题

观测数据具有不同的精度，对所有的观测数据进行等权处理显然不合适，这就涉及观测数据的加权问题。第5章已经给出了最优加权的方式，但是在实际应用中，无法按照理论上的随机采样方差进行加权处理，而通常是采用残差统计信息代替随机采样的方差。在同时采用不同类型数据的定轨计算中（即多种类型数据的融合定轨），如何加权是一个值得探讨的问题，不能简单地按各自的精度加权，应同时考虑不同类型数据的几何特性及其对定轨精度的影响特征，在综合考虑的基础上进行加权。观测数据的加权问题目前还没有一个明确结论，有待研究，并在实际定轨过程中去寻找解决途径。

9.5 轨道精度评估

轨道精度的准确评估非常困难，首先作为精度评估的真正准则——“轨道真值”无法知道，其次可作为评判标准的更高精度的轨道通常也难以获取。因此，轨道精度的评估只能是一种近似的并在一定假设条件下的统计结果。轨道精度的评估可以通过比较瞬时轨道根数、平均轨道根数，或时间序列的航天器位置、速度分量等方式进行。实际工作中，通常采用两种指标评估轨道精度：内符合精度和外符合精度。

关于内符合精度，使用轨道拟合后残差的均方根误差和估计协方差表示，取决于定轨中的模型精度、测量数据精度和定轨数据的弧长等。顾名思义，外符合精度就是通过外部的信息来评判轨道的精度。

1. 内符合比较

利用定轨数据的拟合程度（简称拟合度）进行轨道精度的评估分析，属于数据内符合比较。数据的拟合度，也就是常说的定轨计算后数据残差的均方根差。通常，对于同样的数据，在同样的条件下，采用不同的方法确定航天器的轨道，内符合精度高的通常定轨精度就高，均方根误差越小，定轨结果与数据的拟合程度就越好。

结合定轨数据的拟合度与轨道估计理论的状态估计误差协方差阵可以简单地反映轨道精度，但是该方法只能作为参考。数据拟合度是轨道精度的一个重要指标，但不是绝对可靠的标志。一般来说，要判断轨道的精度，首先要看的就是观测资料的拟合程度，但是，不能将观测资料的拟合程度当作评定轨道精度的唯一和绝对标准。

2. 重叠弧段轨道比较

重叠弧段轨道比较也是常用的轨道精度评估方法。通过比较相同定轨弧段内航天器的轨道差异评估轨道精度时，通常重叠弧段仅占定轨弧段的一小部分（见图 9.1）。尽管在重叠弧段内，两组比较轨道使用了相同的观测数据，但是轨道是通过两次独立解算得到的，且重叠弧段数据仅为定轨数据弧段的小部分，可以近似认为两组轨道在重叠弧段内不相关。轨道重叠部分的符合程度在一定程度上可以反映轨道精度，这一比较仍然属于一种内符合精度检验。

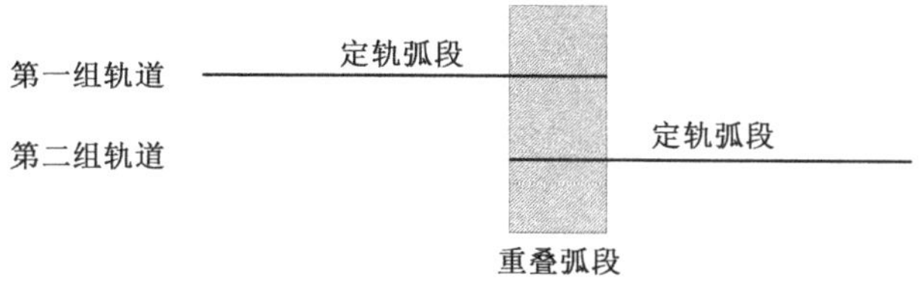

图 9.1　重叠弧段轨道比较

3. 独立数据校验

独立数据是指未参与定轨计算的测量数据。用于检验精度的独立数据要求精度比较高，可用于评估比其精度低 1 个量级的轨道精度。

4. 独立轨道比较

更为直接的轨道精度评估方法是利用其他独立轨道进行比较。这里所说的独立轨道是指采用了不同的软件，基于不同的模型与定轨策略，甚至是不同的数据源获取的轨道。一般来说，使用其他轨道结果作为评估标准，需要与被鉴定的轨道结果精度相当或是更高，才能得出比较符合实际的评估精度。

9.6 天、地基网的联合定轨问题

9.6.1 天基网的组成

天基网的建设是为了部分地代替全球布站的地面测控站。目前的天基系统主要有两类：一类是跟踪与数据中继卫星系统（Tracking and Data Relay Satellite System），是以数据中继为主要任务的综合航天测控系统；另一类是导航定位系统，包括全球导航系统和区域导航系统，可为航天器和地面目标提供高精度定位、测速和定时能力。

中继卫星系统是天基系统的重要组成部分。数据中继卫星是转发地面站对中、低轨道运载器及航天器测控信号和数据的地球同步轨道通信卫星，它相当于把地面上的测控站升高到地球同步轨道高度。三颗数据中继卫星便能形成全球测控的天基网。利用以数据中继卫星系统为主建设的天、地一体化测控网，不仅能有效地提高网的测控覆盖率、定轨精度、导弹全程测量和同时多目标测控能力，而且能够完成各类对地观测卫星的高速实时数据传输任务。

导航定位系统是天基测控网的另一重要组成部分。美国的全球定位系统 GPS（Global Position System）在建成后得到了广泛的应用。俄罗斯建立了 GLONASS 系统，欧洲则积极推进 Galileo 计划，为航天器的导航提供定位服务，我国正在建设北斗导航卫星系统。导航定位系统可以全天候实时地为地面到 36 000km 高度之间的航天器提供高精度的定位（位置、速度和时间）服务。

从测轨角度而言，利用这类高轨卫星星座对低轨卫星进行跟踪定轨，那么这类星座的每颗卫星就相当于一个空间测量站，整个星座就相当于一个天基测控网，相应的定轨体制即天基网定轨。

除上述两种天基系统外，随着卫星应用需求的日益发展，越来越多的飞行任务要靠多颗卫星组成的星座来实现，特别是一些星与星之间距离较近的星座。对于这类星座，与 GPS 星座不同，地面测控系统可对其中几颗或一颗（均称为测量星）进行跟踪测量定轨，而其他星则由“星－星”（测量星和用户星）间的相对测量数据进行定轨，或将地面测量资料和星－星相对测量资料一并对上述测量星和用户星同时进行定轨。对于星间跟踪而言，测量星就相当于空间测控站。这种定轨形式称为天基网和地基网联合定轨。

9.6.2　天基网测轨体制

天基网系统的测量类型一般是测距和测速资料。

1．中继卫星系统对用户航天器的测轨

中继卫星系统对用户航天器提供测距、测速跟踪，其中双向测距、测速用于确定用户航天器轨道。对用户航天器的双向测距、测速过程是由地面终端站发出伪码测距、测速信号，经中继卫星到用户航天器的前向链路到达用户航天器，用户航天器进行相关转发，再经中继卫星到达地面终端站，由伪码相关技术测得“地面－中继星－用户航天器”的双向距离及其变化率，从中“扣除”中继卫星到地面终端站的位置、速度，就可以得到用户航天器到中继卫星的位置速度。

2．导航定位系统对用户航天器的测轨

利用导航定位系统测定用户航天器轨道的方法有两种：一种是伪码测距，另一种是载波相位测量。测量量都可以转化为用户航天器与 GPS 卫星间的距离，可以由接收的导航信息提取出 GPS 卫星的星历实现星上自主定轨。实时性要求不高时也可以将接收的 GPS 信号转发给地面，地面获取 GPS 精密星历处理后得到精度更高轨道解。

3．编队组网卫星间的相对测量

星座中卫星之间可建立星间链路进行相对测量，由于在大气层外部，可以减少甚至消除电离层对资料的影响，而且可减轻地面测控系统的负担。同时还可以利用星间相对测量实现星座整网的自主定轨。

9.6.3 天、地基网联合定轨的基本原理

航天器采用不同的测控体制，那么就对应着不同的定轨方法。目前基于导航卫星或者中继卫星的中、低轨用户星，采用的是由地面站提供高轨测量星轨道的单纯的天基网定轨模式。由于天基系统的测量星轨道由地面测控系统负责测轨，测量星就相当于测站坐标已知的在空间绕地球运转的观测站，测量星本身的轨道误差就相当于地面站的坐标误差，不同的是它随时间变化，而且由于提供的测量星轨道可能并不对应用户星的测量时刻，测量星的轨道误差会随二者时间差距的增大而增大，这给用户航天器的轨道确定带来一个新的并且可能是比较大的误差源，从而在一定程度上限制了这种定轨模式的应用。

鉴于上述原因，可采用测量星与用户航天器联合定轨的方法来提高定轨精度，但这必须同时有地面站对测量星的采样资料，故称之为天、地基网联合定轨。一个中低轨星座中“星－星”相对测量与地面站对星座中一颗或几颗星（相当于测量星）的采样资料进行联合定轨亦是基于同一原理。下面将以测距资料为例，对天、地基网联合定轨的基本原理加以阐明。

测量资料有两种，即地面测控网对测量星和测量星对用户星的测距资料 ρ_1 和 ρ_2 ，状态量为 X ，有

$$X = \begin{pmatrix} \sigma_1 \\ \sigma_2 \end{pmatrix} \tag{9.46}$$

其中， σ_1 和 σ_2 分别为测量星和用户星的轨道量，可以是坐标和速度矢量，亦可以是轨道根数。

状态微分方程的形式与单星类似，即

$$\begin{cases} \dot{X} = F(X,t) \\ t_0, \ X(t_0) = X_0 \end{cases} \tag{9.47}$$

观测量仍记为 Y ，测量方程为

$$Y = H(X,t) + V \tag{9.48}$$

对于 ρ 资料，有

$$\begin{cases} \rho_1 = H_1(t,X) + V_1 = |\vec{r}_1 - \vec{r}_e| + V_1 \\ \rho_2 = H_2(t,X) + V_2 = |\vec{r}_2 - \vec{r}_1| + V_2 \end{cases} \tag{9.49}$$

其中， $\vec{r}_e$ 是地面站的位置矢量。与前面几章针对地面站的单星定轨类似，相应的条件方程（即定轨方程）仍可写成下列形式

$$y = \tilde{B}x + V \tag{9.50}$$

式中，y 是残差，x 是待估状态量 X_0 的改正值，即

$$y = Y_O - Y_C = \rho_O - \rho_C \tag{9.51}$$

其中，Y_O 和 Y_C 分别是观测量的测量值和计算值。对于 ρ 资料，矩阵 $\tilde{B}$ 的具体形式为

$$\tilde{B} = \begin{pmatrix} B_1 \\ B_2 \end{pmatrix} = \begin{pmatrix} \left(\dfrac{\partial \rho_1}{\partial(\vec{r}_1, \vec{r}_e)}\right) \left(\dfrac{\partial(\vec{r}_1, \vec{r}_e)}{\partial X}\right) \left(\dfrac{\partial X}{\partial X_0}\right) \\ \left(\dfrac{\partial \rho_2}{\partial(\vec{r}_2, \vec{r}_1)}\right) \left(\dfrac{\partial(\vec{r}_2, \vec{r}_1)}{\partial X}\right) \left(\dfrac{\partial X}{\partial X_0}\right) \end{pmatrix} \tag{9.52}$$

如果地面测站坐标不参予估计，式（9.52）可写为

$$\tilde{B} = \begin{pmatrix} B_1 \\ B_2 \end{pmatrix} = \begin{pmatrix} \left(\dfrac{\partial \rho_1}{\partial \vec{r}_1}\right) \left(\dfrac{\partial \vec{r}_1}{\partial X}\right) \left(\dfrac{\partial X}{\partial X_0}\right) \\ \left(\dfrac{\partial \rho_2}{\partial(\vec{r}_2, \vec{r}_1)}\right) \left(\dfrac{\partial(\vec{r}_2, \vec{r}_1)}{\partial X}\right) \left(\dfrac{\partial X}{\partial X_0}\right) \end{pmatrix} \tag{9.53}$$

这里涉及的各表达式的具体形式不再列出，与前面单星情况无实质性差别。

根据上述定轨原理的介绍可知，天、地基网联合定轨的计算过程，与地面站单星定轨模式类似，读者在阅读前面几章后是不难理解的。这里要说明一点，在测量星与用户星属于同类航天器（如均为地球卫星）的前提下，如果对测量星没有地面站的支持，单靠“星－星”之间的相对测距资料，是无法定轨的。在上述定轨计算过程中反映出的是迭代过程发散，它对应线性代数方程组求解方法中的亏秩问题，直观上亦容易理解，即从轨道几何上看，两星的轨道发生整体漂移，因它们与地面（实质上即坐标系）无联系，轨道面当然不确定，亏秩问题也正是出现在 $\tilde{B}$ 矩阵中的 Ω 元素上，9.7 节将给出理论证明。

9.7　航天器的自主定轨问题

9.7.1　自主定轨中的亏秩问题[11]

这里要讨论的是在 9.6 节最后提出的仅利用“星－星”之间的相对测距资料能否定轨的问题。测量方程为式（9.49），相应的 $\tilde{B}$ 矩阵为式（9.52）中的 B_2，而且为了清楚地了解问题的细节，待估状态量 X 采用轨道几何特征明确的两颗卫星的

Kepler 根数，即 $\sigma=(a,e,i,\Omega,\omega,M)^{\mathrm{T}}$，于是有

$$\boldsymbol{B}_2=\left(\frac{\partial\rho_2}{\partial(\vec{r}_2,\vec{r}_1)}\right)\left(\frac{\partial(\vec{r}_2,\vec{r}_1)}{\partial(\sigma_2,\sigma_1)}\right)\left(\frac{\partial(\sigma_2,\sigma_1)}{\partial(\sigma_{20},\sigma_{10})}\right) \tag{9.54}$$

其中

$$\left(\frac{\partial\rho_2}{\partial(\vec{r}_2,\vec{r}_1)}\right)=\frac{1}{\rho_2}\left((x_2-x_1),(y_2-y_1),(z_2-z_1),-(x_2-x_1),-(y_2-y_1),(z_2-z_1)\right) \tag{9.55}$$

$$\left(\frac{\partial(\vec{r}_2,\vec{r}_1)}{\partial(\sigma_2,\sigma_1)}\right)=\begin{pmatrix}(\frac{\partial\vec{r}_2}{\partial\sigma_2}) & (0)_{3\times6}\\ (0)_{3\times6} & (\frac{\partial\vec{r}_1}{\partial\sigma_1})\end{pmatrix} \tag{9.56}$$

$$\begin{cases}(\frac{\partial\vec{r}_2}{\partial\sigma_2})=\begin{pmatrix}\frac{\vec{r}_2}{a_2} & H_2\vec{r}_2+K_2\dot{\vec{r}}_2 & \frac{z_2}{\sin i_2}\hat{R}_2 & \vec{\Omega}_2 & \hat{R}_2\times\vec{r}_2 & \frac{1}{n_2}\dot{\vec{r}}_2\end{pmatrix}\\ (\frac{\partial\vec{r}_1}{\partial\sigma_1})=\begin{pmatrix}\frac{\vec{r}_1}{a_1} & H_1\vec{r}_1+K_1\dot{\vec{r}}_1 & \frac{z_1}{\sin i_1}\hat{R}_1 & \vec{\Omega}_1 & \hat{R}_1\times\vec{r}_1 & \frac{1}{n_1}\dot{\vec{r}}_1\end{pmatrix}\end{cases} \tag{9.57}$$

而对于同类航天器，状态转移矩阵$\left(\frac{\partial(\sigma_2,\sigma_1)}{\partial(\sigma_{20},\sigma_{10})}\right)$只要取无摄部分即可，形式为

$$\left(\frac{\partial(\sigma_2,\sigma_1)}{\partial(\sigma_{20},\sigma_{10})}\right)=\begin{pmatrix}(\frac{\partial\sigma_2}{\partial\sigma_{20}}) & (0)_{6\times6}\\ (0)_{6\times6} & (\frac{\partial\sigma_1}{\partial\sigma_{10}})\end{pmatrix}+O(\varepsilon) \tag{9.58}$$

其中

$$(\frac{\partial\sigma_2}{\partial\sigma_{20}})=\begin{pmatrix}1&0&0&0&0&0\\0&1&0&0&0&0\\0&0&1&0&0&0\\0&0&0&1&0&0\\0&0&0&0&1&0\\-\frac{3n_2}{2a_2}\Delta t&0&0&0&0&1\end{pmatrix},\quad (\frac{\partial\sigma_1}{\partial\sigma_{10}})=\begin{pmatrix}1&0&0&0&0&0\\0&1&0&0&0&0\\0&0&1&0&0&0\\0&0&0&1&0&0\\0&0&0&0&1&0\\-\frac{3n_1}{2a_1}\Delta t&0&0&0&0&1\end{pmatrix} \tag{9.59}$$

式（9.57）和式（9.59）中的有关量（去掉两星根数的下标 1 或 2）为

$$\begin{cases}H=-\frac{a}{p}(\cos E+e),\quad K=\frac{\sin E}{n}(1+\frac{r}{p})\\ p=a(1-e^2),\quad n=\sqrt{\mu}a^{-3/2},\quad \mu=GE\end{cases} \tag{9.60}$$

$$\vec{\Omega}=\begin{pmatrix}-y\\x\\0\end{pmatrix},\quad \hat{R}=\begin{pmatrix}\sin i\sin\Omega\\-\sin i\cos\Omega\\\cos i\end{pmatrix} \tag{9.61}$$

其中，E 是偏近点角，μ ($\mu=GE$)是地心引力常数。式（9.58）右端 $O(\varepsilon)$ 为受摄部分，它对要讨论的亏秩问题无实质性影响。

经简单运算，可得出一次星间测距所对应的矩阵 $\boldsymbol{B}_2$ 的第 1 行 12 列的 12 个元素为

$$\boldsymbol{B}_2=\frac{1}{\rho_2}\begin{pmatrix}B_{1,1} & B_{1,2} & \cdots & B_{1,6} & B_{1,7} & \cdots & B_{1,12}\end{pmatrix} \tag{9.62}$$

其中

$$\begin{cases}B_{1,1}= (\vec{r}_2-\vec{r}_1)(\dfrac{\vec{r}_2}{a_2})+(\vec{r}_2-\vec{r}_1)(\dfrac{\dot{\vec{r}}_2}{n_2})(-\dfrac{3n_2}{2a_2}\Delta t)\\ B_{1,2}= (\vec{r}_2-\vec{r}_1)(H_2\vec{r}_2+K_2\dot{\vec{r}}_2)\\ B_{1,3}= (\vec{r}_2-\vec{r}_1)(\dfrac{z_2}{\sin i_2}\hat{R}_2)\\ B_{1,4}= (\vec{r}_2-\vec{r}_1)\vec{\Omega}_2\\ B_{1,5}= (\vec{r}_2-\vec{r}_1)(\hat{R}_2\times\vec{r}_2)\\ B_{1,6}= (\vec{r}_2-\vec{r}_1)(\dfrac{\dot{\vec{r}}_2}{n_2})\end{cases} \tag{9.63}$$

$$\begin{cases}B_{1,7}= -(\vec{r}_2-\vec{r}_1)(\dfrac{\vec{r}_1}{a_1})-(\vec{r}_2-\vec{r}_1)(\dfrac{\dot{\vec{r}}_1}{n_1})(-\dfrac{3n_1}{2a_1}\Delta t)\\ B_{1,8}= -(\vec{r}_2-\vec{r}_1)(H_1\vec{r}_1+K_1\dot{\vec{r}}_1)\\ B_{1,9}= -(\vec{r}_2-\vec{r}_1)(\dfrac{z_1}{\sin i_1}\hat{R}_1)\\ B_{1,10}= -(\vec{r}_2-\vec{r}_1)\vec{\Omega}_1\\ B_{1,11}= -(\vec{r}_2-\vec{r}_1)(\hat{R}_1\times\vec{r}_1)\\ B_{1,12}= -(\vec{r}_2-\vec{r}_1)(\dfrac{\dot{\vec{r}}_1}{n_1})\end{cases} \tag{9.64}$$

以上 $B_{1,4}$ 和 $B_{1,10}$ 两项，根据 $\vec{\Omega}_2$ 和 $\vec{\Omega}_1$ 的表达式（9.61），可分别写为下列形式，即

$$\begin{cases}B_{1,4}= x_1y_2-y_1x_2\\ B_{1,10}=-(x_1y_2-y_1x_2)=-B_{1,4}\end{cases} \tag{9.65}$$

由此可知，$\tilde{B}$ 矩阵中关于根数 Ω_2 和 Ω_1 的两列元素的绝对值是严格相等的，即该矩阵是亏秩的，故在上述自主定轨中相应的 (12×12) 阶方阵 $\tilde{B}^{\mathrm{T}}\tilde{B}$ 的行列式将满足 $\left|\tilde{B}^{\mathrm{T}}\tilde{B}\right|=0$，无法定轨，此为亏秩问题，其对应的轨道几何特征是：两星轨道发生整体漂移。

9.7.2 利用一颗特殊测量星的自主定轨系统

在月球卫星的定轨方法探讨中，曾有文章提出利用地月系的 *halo* 轨道探测器作为测量星与月球卫星之间的星间测量进行自主定轨，并通过模拟试验获得验证[12]。在此基础上，又将这一自主定轨思想推广到利用地月系的 *halo* 轨道探测器与地球的 *GEO* 和 *IGSO* 卫星之间的星间测量数据进行自主定轨[13]。

事实上，这里所涉及的力学系统与 9.7.1 小节所讨论的亏秩问题对应的力学系统不同，两种航天器并非同类，式（9.58）表达的转移矩阵只取无摄部分不再适用，即所谓的 $O(\varepsilon)$ 部分显然不是可忽略的小量，相应的式（9.65）不再成立。因此，理论上是可行的，参考文献[12]和[13]中的模拟试验是可信的。但这仅仅是理论上的一种探讨，主要针对如何解决星间测量自主定轨中亏秩问题导致的定轨失效问题，寻找解决方法，至于工程上的具体实现，那将涉及多种因素，这里不再讨论。

9.7.3 自主定轨的天文导航系统

从 20 世纪 70 年代起，就有学者提出利用辐射周期性较好的脉冲星作为空间信标，为航天器提供自主导航（可简单归结为自主定轨）[14,15]，这一自主导航的基本原理是将不同位置接收到的脉冲星脉冲信号到达时间（Time of Arrival，TOA）之差或对应的距离差作为观测量，在航天器上实现自主定轨及导航。图 9.2 就是 x 射线脉冲星自主导航的示意图。

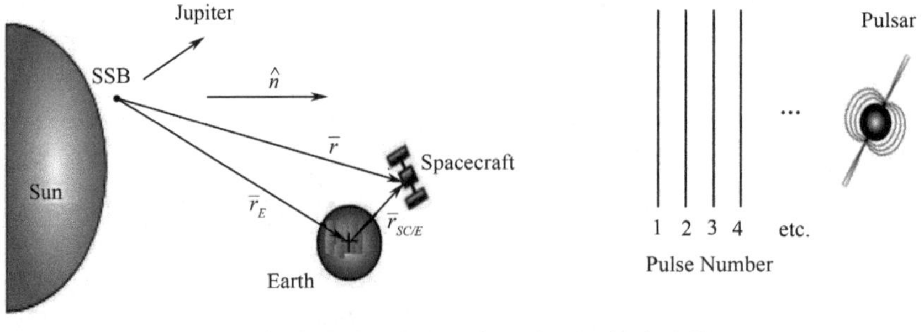

图 9.2　x 射线脉冲星自主导航示意图（摘自文献[15]）

要实现这一方案，首先需要利用长时间的地面观测，积累精度较高的脉冲星辐射轮廓。对于每颗脉冲星，这一“数据库”除了初始历元和辐射轮廓的形状外（例如一个周期内的光子数或辐射强度的时间序列、辐射脉冲个数等），还包括脉冲星的周期、周期一阶变率及高阶变率等。为了消除地球公转产生的周年视差，一般将这些参数全部转换至太阳系质心（Solar System Barycenter，SSB）坐标系，这一辐射轮廓一般称为“标准轮廓”。

要进行自主导航的航天器需要携带作为信标的脉冲星的标准轮廓，在航天器运行过程中每隔一段时间可以积累一个完整周期的辐射轮廓并获得辐射脉冲（峰值）的 TOA。一方面，在已知航天器轨道初值的情况下，可以由脉冲到达航天器的时间计算得到这一脉冲到达 SSB 的“实测”时间；另一方面，这一 TOA 观测量同样可以通过星上标准轮廓计算得到对应的“理论值”。由于这一观测量通过脉冲星方位、SSB 等与空间坐标系固连，于是以此 TOA 作为观测量可以实现航天器的自主定轨和导航。

由于定轨或导航位置精度和 TOA 精度相关（1 毫秒 TOA 误差对应 300 米位置误差），因此要实现高精度定轨或导航必须先有高精度的 TOA。这就需要在测量方程中考虑相对论效应，包括星上时钟和太阳系质心时间（TDB 或 TCB）的转换、Shapiro 效应等多种改正。但从原理上说，下面的一阶近似，即

$$t_b = t_{obs} + \frac{\vec{n}\cdot\vec{r}}{c} \tag{9.66}$$

已经能够非常直观地描述这一自主导航的基本原理，其中 t_{obs} 是星上测得的某个脉冲的 TOA。由脉冲星的方位矢量 $\vec{n}$ 和航天器相对 SSB 的位置矢量 $\vec{r}$（由轨道初值得到），不难得到这一脉冲在 SSB 的 TOA，即“实际测量”的 t_b。这一脉冲到达时间同样可以由星上携带的标准轮廓计算得到，因此脉冲 TOA 之差或者等价的航天器与 SSB 在脉冲星方向上的位置差（也可以理解为航天器在太阳系质心坐标系中的位置矢量在脉冲星方向的投影）就可以作为观测量实现自主定轨或导航。

如果将脉冲 TOA 之差看作定轨观测量，那么采用两颗或两颗以上航天器，就可以放弃使用标准辐射轮廓，直接采用多颗航天器实际测量的轮廓进行差分。这时就可以不再依赖脉冲星的周期性，选择更加明亮而周期性较差的脉冲星甚至其他非周期性辐射天体作为信标[16]。但需要注意的是如果采用非周期的辐射源，航天器将无法完成时间同步，这时航天器可能需要携带精度较高的原子钟。

参考文献

[1] 刘 林，汤靖师. 卫星轨道理论与应用. 北京：电子工业出版社. 2015.

[2] 刘 林，侯锡云. 深空探测轨道理论与应用. 北京：电子工业出版社. 2015.

[3] Tapley B D, Schutz B E, Born G H. Statistical Orbit Determination. London: Academic Press, 2004.

[4] Henry F F, Thomas E G. Solar Force Model of Block IIR Global Positioning System Satellites. Journal of Spacecraft and Rockets,1996,33(6):863-866.

[5] Pringer T A, Beutler G, Rothacher M. A New Solar Radiation Pressure Model for GPS. Advanced in Space Research,1999,23(4):673-676.

[6] Visser P N, Ijssel J V D. Aiming at a 1-cm Orbit for Low Earth Orbiters: Reduced-dynamic and Kinematic Precise Orbit Determination. Space Science Reviews, 2003, 108: 27-36.

[7] Jayles C, Costs M. Ten Centimeter Orbits in Real-time Onboard of a Satellite, DORIS-DIODE Current Status. Acta Astron, 2004, 54(5): 315-323.

[8] Jerome R V. Fifty Years of Orbit Determination: Development of Modern Astrodynamics Methods. Johns Hopkins APL Technical Digest, 2007, 27(3): 239-252.

[9] Tang Jingshi, Liu Lin, Cheng Haowen, et al. Long-term Orbit Prediction for Tiangong-1 Spacecraft Using the Mean Atmosphere model. Adv Space Res, 2015，55 (5)：1432–1444.

[10] 徐树方. 矩阵计算的理论与方法. 北京：北京大学出版社, 1995.

[11] 刘林，刘迎春. 关于星-星相对测量自主定轨中的亏秩问题. 飞行器测控学报，2000, 19(3):13-16 .

[12] Liu Peng, Hou Xiyun, Tang Jingshi and Liu Lin. Application of Two Special Orbits in the Orbit Determination of Lunar Satellites. RAA, 2014，14(10)：1307-1328 .

[13] Liu Peng and Hou Xiyun. Combined Autonomous Orbit Determination of GEO/IGSO Satellite on the Space-Based Probe, China Satellite Navigation Conference（CSNC）2014 Proceedings: *Volume III*, Lecture Notes in Electrical Engineering 305, 2014, Vol 3：241-250.

[14] Downs G S. Interplanetary Navigation Using Pulsating Radio Sources. NASA Technical Report N74-34150, 1-12, 1974.

[15] Sheikh S I, Pines D J, Ray P S, et al. Spacecraft Navigation Using X-ray Pulsars. Journal of Guidance Control and Dynamics, 2006，29(1)：49-63.

[16] Sheikh S I, Ray P S, Weiner K, et al. Relative Navigation of Spacecraft Utilizing Bright. Cambridge: Aperiodic Celestial Sources, ION 63rd Annual Meeting, April 23-25, 2007.

第 10 章　协方差分析及相关问题

10.1　协方差分析的提出

定轨计算的估值方法通常采用加权最小二乘估计方法或者是最小方差估计方法。由于最小方差估计中观测数据的方差设置与权重设置本质上是一致的，因此最终的计算公式是相同的，故下面针对加权最小二乘估计方法阐述相关问题。

第 9 章已针对定轨问题给出线性化的代数方程组，即

$$y_l = \tilde{\boldsymbol{B}}_l x_0 + \boldsymbol{V}_l \qquad (l = 1, 2, \cdots, k) \tag{10.1}$$

其中，$\boldsymbol{V}_l$ 为测量噪声，假定均值为零，且满足式（5.22）表达的方差矩阵，即

$$\begin{cases} E\boldsymbol{V}_l\boldsymbol{V}_l^{\mathrm{T}} = R_l & (R_l > 0) \\ E\boldsymbol{V}_l\boldsymbol{V}_s^{\mathrm{T}} = 0 & (l \neq s) \end{cases} \tag{10.2}$$

利用加权最小二乘估计方法给出如下估计结果，即

$$\hat{x}_{0/k} = \left(\sum_{l=1}^{k} \tilde{\boldsymbol{B}}_l^{\mathrm{T}} \boldsymbol{W}_l \tilde{\boldsymbol{B}}_l \right)^{-1} \left(\sum_{l=1}^{k} \tilde{\boldsymbol{B}}_l^{\mathrm{T}} \boldsymbol{W}_l y_l \right) \tag{10.3}$$

$\boldsymbol{W}$ 为观测数据的权重设置，有 $\boldsymbol{W}^{\mathrm{T}} = \boldsymbol{W}$，当权矩阵 $\boldsymbol{W}_l$ 取 R_l^{-1} 时为最优加权。

在精密定轨（包括轨道确定和参数估计）中，引用的估计算法的构成设计及其性能都依赖于相应的力学模型和观测模型的精度，通常都是从确定重要误差源及其统计描述着手，必须考虑如下几个方面：

（1）力学模型和测量模型的精度。

（2）随机误差的统计特性。

（3）非估值的测量模型和力学模型参数的取值精度。

估值精度对这些误差源的敏感性通常是在考察协方差分析（Consider Covariance Analysis）这个框架下考虑的（见本章 **10.3** 节）。首先要考虑非估值常数、力学模型和测量模型参数的影响，这方面的误差会引起系统误差（导致有偏估计）；还要考虑统计误差的影响，包括数据噪声方差和先验值误差方差等。为此，下面先对协

方差分析作一简要阐述。

10.1.1 协方差矩阵 P

为了引用线性估计理论，直接将定轨基本方程写成

$$\begin{cases} y = \boldsymbol{H}x + \varepsilon \\ y = \begin{pmatrix} y_1 \\ y_2 \\ \vdots \\ y_k \end{pmatrix},\quad \boldsymbol{H} = \begin{pmatrix} h_1 \\ h_2 \\ \vdots \\ h_k \end{pmatrix},\quad \varepsilon = \begin{pmatrix} \varepsilon_1 \\ \varepsilon_2 \\ \vdots \\ \varepsilon_k \end{pmatrix} \end{cases} \tag{10.4}$$

其中，y 即定轨中的残差，$\boldsymbol{H}$ 为转移矩阵，ε 为测量噪声，每个观测数据对应的权重为 $w_l\left(l=1,2,\cdots,k\right)$，且满足条件式（10.2），$x$ 为待估参数在参考状态处（即定轨历元）的改进量。在此表达下，转移矩阵 $\boldsymbol{H}$ 就是定轨中测量方程经线性化后的系数矩阵 $\tilde{\boldsymbol{B}}$，相应的待估参数 x 的最优估计为

$$\hat{x} = \left(\boldsymbol{H}^{\mathrm{T}}\boldsymbol{W}\boldsymbol{H}\right)^{-1}\boldsymbol{H}^{\mathrm{T}}\boldsymbol{W}y \tag{10.5}$$

其中，$\boldsymbol{W}$ 为观测数据的权重设置，满足条件式（10.2），即 $\boldsymbol{W} = \mathrm{diag}\left(w_1,\cdots,w_n\right)$

根据协方差定义，待估参数的协方差（计算协方差）为

$$\boldsymbol{P} = E\left[\left(\hat{x}-E(x)\right)\left(\hat{x}-E(x)\right)^{\mathrm{T}}\right] = \left(\boldsymbol{H}^{\mathrm{T}}\boldsymbol{W}\boldsymbol{H}\right)^{-1} \tag{10.6}$$

从式（10.6）可以看到，协方差矩阵 $\boldsymbol{P}$ 与测量数据的权重相关，还与转移矩阵 $\boldsymbol{H}$ 相关，体现的是观测数据类型与跟踪几何的关系。

10.1.2 协方差矩阵的传播

假设已知 t_j 时刻的协方差矩阵以及航天器的运动方程，则 t_k 时刻协方差矩阵可以通过以下方式计算得到。

根据协方差定义，t_k 时刻状态参数的协方差为

$$\begin{aligned} \boldsymbol{P}_k &= E\left[\left(\hat{x}_k - x_k\right)\left(\hat{x}_k - x_k\right)^{\mathrm{T}}\right] \\ &= E\left[\left[\boldsymbol{\Phi}\left(t_k,t_j\right)\left(\hat{x}_j - x_j\right)\right]\left[\boldsymbol{\Phi}\left(t_k,t_j\right)\left(\hat{x}_j - x_j\right)\right]^{\mathrm{T}}\right] \\ &= \boldsymbol{\Phi}\left(t_k,t_j\right)P_j\boldsymbol{\Phi}^{\mathrm{T}}\left(t_k,t_j\right) \end{aligned} \tag{10.7}$$

式中，$\boldsymbol{\Phi}\left(t_k,t_j\right)$ 为状态转移矩阵。

对于考察协方差，记为 $\boldsymbol{P}_{ck}$，根据定义为

$$
\begin{aligned}
P_{ck} &= E\left[\left(\hat{x}_{ck} - x_k\right)\left(\hat{x}_{ck} - x_k\right)^{\mathrm{T}}\right] \\
&= E\left[\left[\boldsymbol{\Phi}\left(t_k, t_j\right)\left(\hat{x}_j - x_j\right) + \theta\left(t_k, t_j\right)\hat{c}\right]\left[\boldsymbol{\Phi}\left(t_k, t_j\right)\left(\hat{x}_j - x_j\right) + \theta\left(t_k, t_j\right)\hat{c}\right]^{\mathrm{T}}\right] \\
&= \boldsymbol{\Phi}\left(t_k, t_j\right) P_{cj} \boldsymbol{\Phi}^{\mathrm{T}}\left(t_k, t_j\right) + \theta\left(t_k, t_j\right) P_{cc} \theta^{\mathrm{T}}\left(t_k, t_j\right) \\
&\quad + \boldsymbol{\Phi}\left(t_k, t_j\right) S_j P_{cc} \theta^{\mathrm{T}}\left(t_k, t_j\right) + \theta\left(t_k, t_j\right) P_{cc} S_j^{\mathrm{T}} \boldsymbol{\Phi}^{\mathrm{T}}\left(t_k, t_j\right)
\end{aligned}
\tag{10.8}
$$

10.2　观测噪声和先验状态方程误差对批处理的影响

协方差分析中采用的观测数据的噪声设置以及先验状态协方差也存在一定的误差，该误差会对协方差矩阵产生影响。

记观测数据的噪声设置 R 和先验状态协方差 $\bar{P}_0$ 的误差分别为 δR 和 δP_0，R^* 和 $\bar{P}_0^*$ 为相应的真值，即

$$
\begin{cases}
R^* = R + \delta R \\
\bar{P}_0^* = \bar{P}_0 + \delta \bar{P}_0
\end{cases}
\tag{10.9}
$$

不考虑 $\delta R, \delta P_0$ 时，待估参数的解为

$$
\hat{x} = \left(\boldsymbol{H}^{\mathrm{T}} R^{-1} \boldsymbol{H} + \bar{P}_0^{-1}\right)^{-1}\left(\boldsymbol{H}^{\mathrm{T}} R^{-1} y + \bar{P}_0^{-1} \bar{x}\right)
\tag{10.10}
$$

对应

$$
\begin{cases}
\bar{x} = x + \eta \\
y = \boldsymbol{H} x + \varepsilon
\end{cases}
\tag{10.11}
$$

且满足下述条件，即

$$
\begin{aligned}
E\left(\eta \eta^{\mathrm{T}}\right) &= \bar{P}_0^* \\
E\left(\varepsilon \varepsilon^{\mathrm{T}}\right) &= R^*
\end{aligned}
\tag{10.12}
$$

待估参数解亦可表示为

$$
\hat{x} = \left(\boldsymbol{H}^{\mathrm{T}} R^{-1} \boldsymbol{H} + \bar{P}_0^{-1}\right)^{-1}\left[\boldsymbol{H}^{\mathrm{T}} R^{-1}\left(\boldsymbol{H}_x x + \varepsilon\right) + \bar{P}_0^{-1}\left(x + \eta\right)\right]
\tag{10.13}
$$

假设观测误差与待估参数不相关，即 $E\left(\varepsilon \eta^{\mathrm{T}}\right) = 0$。则根据定义，待估参数的协方差为

$$\begin{aligned} P_c &= E\left[(\hat{x}-x)(\hat{x}-x)^{\mathrm{T}}\right] \\ &= \left(H^{\mathrm{T}}R^{-1}H+\bar{P}_0^{-1}\right)^{-1}\left[H^{\mathrm{T}}R^{-1}E\left(\varepsilon\varepsilon^{\mathrm{T}}\right)R^{-1}H\right] \\ &\quad+\left[\bar{P}_0^{-1}E\left(\eta\eta^{\mathrm{T}}\right)\bar{P}_0^{-1}\right]\left(H^{\mathrm{T}}R^{-1}H+\bar{P}_0^{-1}\right)^{-1} \\ &= P\left[H^{\mathrm{T}}R^{-1}R^{*}R^{-1}H+\bar{P}_0^{-1}\bar{P}_0^{*}\bar{P}_0^{-1}\right]P \end{aligned} \tag{10.14}$$

将式（10.9）代入式（10.14）得

$$P_c = P + P\left[H^{\mathrm{T}}R^{-1}\delta RR^{-1}H+\bar{P}_0^{-1}\delta\bar{P}_0\bar{P}_0^{-1}\right]P \tag{10.15}$$

其中，第二项表示观测噪声和先验状态方程误差对批处理结果的影响。

10.3 考察协方差矩阵及其计算公式

考察协方差分析是用于评估某些参数不参与估计对估值精度影响的一种手段。那些参数不参与估值的原因是：

（1）引用尽量少的估值参数组合以使得计算在占用内存和计算时间等方面的付出更有效。

（2）高维数的参数组合不一定都能从短时间内获得的测量数据中解算出来。

考察协方差分析是一种工具，它可用来对给出的估值问题进行敏感性分析及确定最佳参数组合，或者在存在力学模型或测量模型参数误差的情况下构建一种具有稳健性能的估值算法。一般情况下，考察协方差分析将对以下几个方面进行考察：

（1）非估值常参数 C（与轨道有关的各种物理或几何参数）在估计中被忽略的不准确性。

（2）对于估值 x（这里仍为状态量 X 的改正值 $x = X - X^{*}$，以下同）的不准确的先验协方差。

（3）对于测量噪声 $\boldsymbol{V}$ 的不准确的先验协方差。

在各种影响中，非估值模型参数的误差引起系统误差（Bias）的影响是最重要的，下面将予以重点讨论。

出现于力学模型或测量模型中的常参数的误差可能具有一定的先验随机分布，然而，在任何一个估值过程中，这些误差都是未知的常数，因此，必须作为系统误差加以处理。在估值过程中，对系统误差的处理有以下三种方式：

（1）忽略：在系统状态量的估计中忽略力学模型和测量模型中非待估参数的

误差。

（2）估计：将含有误差的力学模型参数和测量模型参数与系统状态量同时进行估计。

（3）考察：在非估值参数是常数且它们的先验值和先验误差方差矩阵已知的前提下，只对系统状态量进行估计，但将非估值参数的不准确性包含到估计误差方差矩阵中加以考察。

通过协方差矩阵可以简单、清晰地反映出轨道参数的解算精度与测量数据质量的关系。但是，协方差分析的运用有一些基本条件：测量数据不存在系统性偏差，且每次测量之间不相关；忽略力学模型及其相关参数的误差影响。在实际定轨计算中，这些条件显然是不满足的，未模制（即模型化）的参数必然会影响定轨计算的精度，在某些情况下，甚至是制约定轨计算精度的主要影响因素[1]。

考察协方差分析理论是研究解算参数的可解性，并评估考察参数的误差对待估参数解算精度影响的重要数学工具。Tapley[2] 曾将协方差分析理论应用于空间大地测量和精密定轨技术研究，并使其成为统计定轨理论的重要组成部分，可用于分析待解参数的先验误差对解算精度的影响，分析在力学和测量模型中未进行模制参数对待估参数解算结果的影响。

引进考察参数（Consider Paremeters）c，相应地引入状态向量 z 和测量矩阵 $\boldsymbol{H}$ 为

$$z=\begin{pmatrix} x \\ c \end{pmatrix},\quad \boldsymbol{H}=\left(\boldsymbol{H}_x\ \boldsymbol{H}_c\right) \tag{10.16}$$

式中，x 是 n 维待估状态量（即定轨中状态量 X 的改正值 x），c 是 q 维力学模型参数和测量模型参数（实为上述非估值常参数 C 的改正值），这些参数的值是有误差的，但却不予估值。在此前提下测量模型可写为

$$y=\boldsymbol{H}_x x+\boldsymbol{H}_c c+\varepsilon \tag{10.17}$$

不考虑考察参数时，解算参数（即估值）为

$$\hat{x}=\left(\boldsymbol{H}_x^{\mathrm{T}}\boldsymbol{W}\boldsymbol{H}_x\right)^{-1}\boldsymbol{H}_x^{\mathrm{T}}\boldsymbol{W}\left(y-\boldsymbol{H}_c\overline{c}\right) \tag{10.18}$$

式中，$\overline{c}$ 表示采用值与期望值的差。

上述估值 $\hat{x}$ 与期望值的差可以表示为

$$\begin{aligned}\hat{x}-x&=\left(\boldsymbol{H}_x^{\mathrm{T}}\boldsymbol{W}\boldsymbol{H}_x\right)^{-1}\boldsymbol{H}_x^{\mathrm{T}}\boldsymbol{W}\left(y-\boldsymbol{H}_c\overline{c}\right)-x\\&=\boldsymbol{P}\boldsymbol{H}_x^{\mathrm{T}}\boldsymbol{W}\boldsymbol{H}_c\left(c-\overline{c}\right)+\boldsymbol{P}\boldsymbol{H}_x^{\mathrm{T}}\boldsymbol{W}\varepsilon\end{aligned} \tag{10.19}$$

其中，$P=\left(H_x^{\mathrm{T}}WH_x\right)^{-1}$为计算协方差。

根据定义，考察参数的待估参数协方差（考察协方差）可以表示为

$$\begin{aligned}P_c&=E\left[(\hat{x}-x)(\hat{x}-x)^{\mathrm{T}}\right]\\&=E\left\{\left[PH_x^{\mathrm{T}}WH_c c+PH_x^{\mathrm{T}}W\varepsilon\right]\left[\varepsilon^{\mathrm{T}}WH_xP^{\mathrm{T}}+c^{\mathrm{T}}H_c^{\mathrm{T}}WH_xP^{\mathrm{T}}\right]\right\}\\&=P+PH_x^{\mathrm{T}}WH_c\pi H_c^{\mathrm{T}}WH_xP\end{aligned}\tag{10.20}$$

其中，$\pi=E\left[(c-\overline{c})(c-\overline{c})^{\mathrm{T}}\right]$。注意当$\pi=0$时，$P_c=P$。所以计算协方差就是当考察参数没有误差时的协方差。

在考察协方差的推导过程中，涉及两类随机变量：ε与c。这两类变量有着本质的区别，ε表示测量的随机噪声，对于每一个观测数据均不相同，而变量c在每次定轨计算中实为一个常数，并不真正具有随机特性。

考察协方差矩阵可以通过计算协方差矩阵表示，由式（10.11）可知只有当考察参数的不确定为零时，考察协方差与计算协方差相同。否则，考察参数的引入将使得考察协方差P_c的迹大于计算协方差P的迹，表明考察参数的误差只会降低估值参数的估值精度。

10.4 敏感矩阵和扰动矩阵

考察协方差的引用中，通常会涉及敏感矩阵（Sensitivity Matrix）和扰动矩阵（Perturbation Matrix）。

敏感矩阵反映待估参数随考察参数的变化规律，其定义为$S_{xc}=\partial\hat{x}/\partial\overline{c}$，由式（10.19）可得

$$S_{xc}=-PH_x^{\mathrm{T}}WH_c\tag{10.21}$$

将式（10.21）代入式（10.20），考察协方差则可以表示为

$$P_c=P+S_{xc}\pi S_{xc}^{\mathrm{T}}\tag{10.22}$$

扰动矩阵的定义为

$$\Gamma=S_{xc}\mathrm{diag}(\sigma_c)\tag{10.23}$$

σ_c表示考察参数的标准偏差。扰动矩阵表示考察参数的1倍方差误差对解算参数的影响。

将式（10.23）代入式（10.20），则考察协方差可以表示为

$$P_c=P+\Gamma\Gamma^{\mathrm{T}}\tag{10.24}$$

10.5　误差椭圆

10.5.1　误差椭圆概念

误差椭圆通常用来描述点位的误差分布范围，是平面误差分布的概率密度等值线，其半长轴与半短轴分别表征平面点位误差的最大和最小误差分布方向，其大小分别表示平面点位误差沿长半轴、短半轴方向的标准偏差[3]。

误差椭圆可根据点位的协方差矩阵计算得到。假设点位 (x, y) 在平面的坐标的协方差为

$$\boldsymbol{P} = \begin{bmatrix} P_{xx} & P_{xy} \\ P_{yx} & P_{yy} \end{bmatrix} \tag{10.25}$$

其中，$P_{xy} = P_{yx}$。

则协方差的特征方程为

$$\left| \boldsymbol{P} - \lambda \boldsymbol{I} \right| = \begin{vmatrix} P_{xx} - \lambda & P_{xy} \\ P_{yx} & P_{yy} - \lambda \end{vmatrix} = 0 \tag{10.26}$$

解得

$$\lambda = \frac{1}{2}\left(P_{xx} + P_{yy}\right) \pm \frac{1}{2}\sqrt{\left(P_{xx} + P_{yy}\right)^2 - 4\left(P_{xx}P_{yy} - P_{xy}^2\right)} \tag{10.27}$$

记

$$\begin{aligned} K &= \sqrt{\left(P_{xx} + P_{yy}\right)^2 - 4\left(P_{xx}P_{yy} - P_{xy}^2\right)} \\ &= \sqrt{\left(P_{xx} - P_{yy}\right)^2 + 4P_{xy}^2} \end{aligned} \tag{10.28}$$

则有

$$\begin{cases} \lambda_1 = \dfrac{1}{2}\left(P_{xx} + P_{yy} + K\right) \\ \lambda_2 = \dfrac{1}{2}\left(P_{xx} + P_{yy} - K\right) \end{cases} \tag{10.29}$$

式（10.29）的两个解是特征值的最大与最小值，也是误差椭圆的长半轴与短半轴。下面计算特征值的方向。

将特征值代入特征向量方程，有

$$\begin{bmatrix} P_{xx}-\lambda & P_{xy} \\ P_{yx} & P_{yy}-\lambda \end{bmatrix}\begin{bmatrix} x \\ y \end{bmatrix}=0 \tag{10.30}$$

或者写成

$$\begin{cases} (P_{xx}-\lambda)x+P_{xy}y=0 \\ P_{yx}x+(P_{yy}-\lambda)y=0 \end{cases} \tag{10.31}$$

则特征值方向角φ满足

$$\tan\varphi=\frac{y}{x}=\frac{\lambda-P_{xx}}{P_{xy}}=\frac{p_{xy}}{\lambda-P_{yy}} \tag{10.32}$$

利用公式（10.29）和（10.32），可以作出相应的误差椭圆（见图 10.1）。

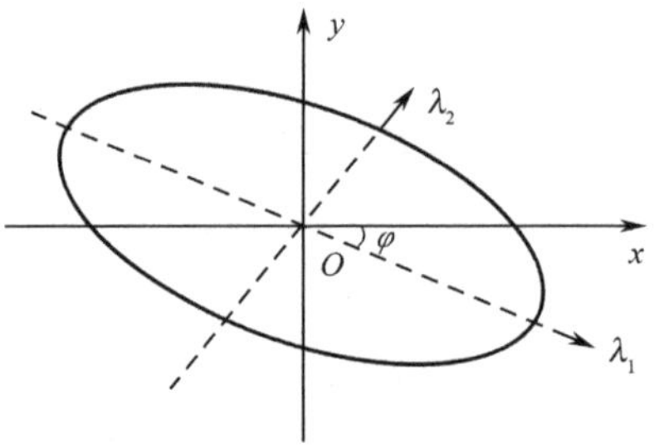

图 10.1　误差椭圆

10.5.2　应用算例

嫦娥三号月球探测工程是在月球放置着陆器，实现在月球的软着陆，对月球着陆器进行精确定位是对测控系统的基本要求。任务实施前，基于协方差分析理论给出了着陆器可能的定位精度，并分析了主要误差源对定位精度的影响。

对月球着陆器进行定位计算需要建立运动方程、观测模型，采用加权最小二乘估值算法。由于月球着陆器固连于月球，着陆器可以通过 IAU（国际天文学联合会）发布的月球定向参数模型[4]，或是 JPL（美国喷气推进实验室）提供的行星历表中的欧拉角建立其在天球参考系中的运动方程。观测模型用于描述着陆器相对于测站之间的关系，需要考虑站址误差以及坐标转换的误差，此外无线电信号在传播路径中由于对流层、电离层会产生延迟影响。

观测模型计算中涉及站址坐标的使用，目前站址一般在数十厘米至几厘米的精度，地球定向参数是坐标系统转换中的必要参数，其精度直接影响着站址坐标转换的精度。根据 IERS 的预报精度说明，极移预报 2 周的精度约为$0''.006$，UT1 精度约为 1.9 ms，这两项预报误差对站址转换的影响最大约为 1 m。JPL 发布的行星历表 DE421 中月球历表的构建使用了包括 Apollo 11, 14, 15 与 Lunokhod 2 激光反射阵的激光测距信息，通过对近 30 年测量数据的分析，DE421 历表中月球轨道精度处于亚米级，其中在地球视向方向误差仅为几厘米。历表误差对观测建模产生的差异远小于当前的测量噪声，因此可以忽略历表误差的影响。中国深空网对着陆器可以进行测距与测速测量，测距精度为 2～3m，测速精度可达 0.3～0.5 mm/s。

嫦娥三号着陆器落点为西经 19.3°，北纬 44.1°，任务中测控系统采用三程跟踪测量，会同时获取两个甚至多个测站的测距跟踪。联系 3 天的跟踪弧段，基于协方差分析理论对着陆器的定位进行分析，考虑了 4 种数据组合模式：模式（A）为单站测距；模式（B）为单站测距与测速；模式（C）为双站测距；模式（D）为单站与 3 条 VLBI 基线的时延数据。3 条基线分别为上海—北京、北京—昆明和昆明—乌鲁木齐，各基线之间相互独立。分析采用的参数设置见表 10.1。

表 10.1　仿真参数设置

参　　数	模　　型
行星历表	DE421
深空站测距	随机差：2 m　　　系统差：10 m
深空站测速	随机差：0.5mm/s　系统差：0 mm/s
VLBI 时延	随机差：3 ns　　　系统差：2 ns
站址误差	ITRS 坐标系中 3 个方向各 50 cm 误差

引用连续 30 分钟的跟踪作为短弧条件下着陆器定性分析的条件。考虑到 12 月 15 日至 17 日，测站每天可对着陆器进行约 12 小时的连续跟踪，将每天的可跟踪弧段划分为 4 个弧段，每隔 3 个小时取一组数据，分别标记为弧段 1～4。表 10.2 为 12 月 15 日不同数据组合与不同的跟踪时间的定位分析结果，分别给出了定位结果在月固坐标系中的形式误差。由于不同数据组合中均采用了距离测量信息，定位误差在月固坐标系的 X 轴方向最小，比 Y/Z 轴方向的误差小了近 2 个量级。下面的分析在月固坐标系的 Y-Z 平面开展。

表 10.2　短弧定位形式误差统计

形式误差		模式（A）	模式（B）	模式（C）	模式（D）
弧段 1	X（m）	950.37	0.33	5.06	5.11
	Y（m）	40 550.36	29.96	45.14	197.29
	Z（m）	60 418.20	743.77	161.98	251.62

（续表）

形式误差		模式（A）	模式（B）	模式（C）	模式（D）
弧段 2	X（m）	345.83	1.14	5.05	5.29
	Y（m）	12 598.94	18.15	109.41	151.57
	Z（m）	25 469.88	264.37	68.46	237.43
弧段 3	X（m）	136.25	7.09	5.15	7.96
	Y（m）	538.41	60.96	146.32	233.56
	Z（m）	10 875.32	705.28	69.60	431.00
弧段 4	X（m）	46.37	23.40	5.46	8.70
	Y（m）	11 961.87	438.56	169.68	206.20
	Z（m）	349.63	1 993.66	153.98	510.57

如果将着陆器定位计算引用的数据弧长由 30 分钟增加至 3 小时，其他条件不变，则定位结果得到明显改善。图 10.2 给出了相应的误差椭圆。在模式（A）与（B）中，单站测距数据定位精度得到了明显改善，不同条件下定位结果的形式误差在千米量级，甚至优于 1 km；模式（C）定位误差在百米之内；模式（D）中 3 小时数据较 30 分钟数据定位结果没有明显提高，这是由于 VLBI 时延测量的系统差引起的，如果不考虑时延的系统差，则 3 小时数据定位结果可以收敛至 100m 的误差椭圆范围内，这与模式（C）定位结果相当。

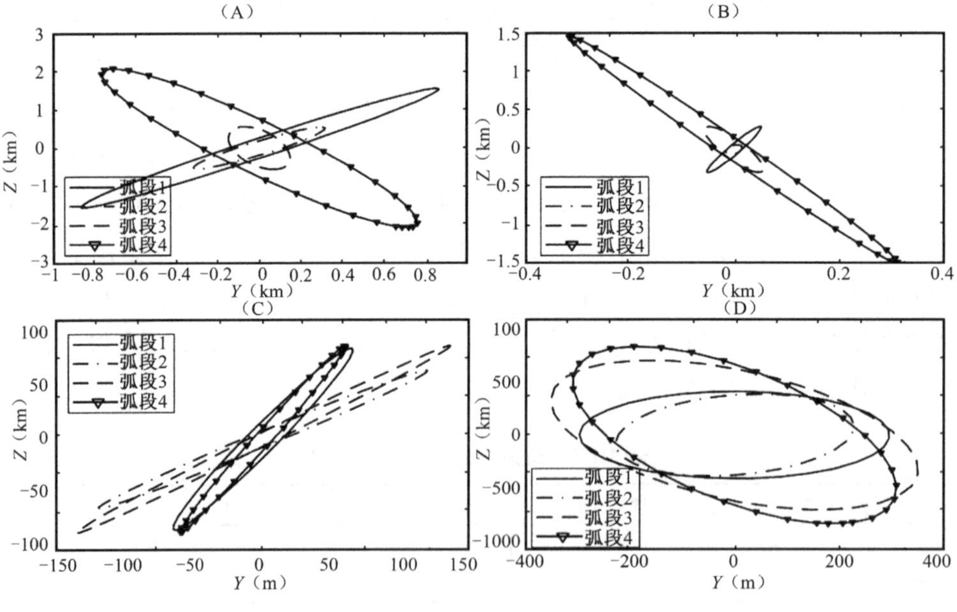

图 10.2　3σ 误差椭圆（一）

月球着陆器固连于月球表面，因而月面高程也可为着陆器提供很好的定位信息。引用月球地心模型，即相当于增加了一类观测数据，其测量方程可以描述为

$$\sqrt{x^2+y^2+z^2}=r_0+r(\lambda,\varphi)+\varepsilon \tag{10.33}$$

其中，x,y,z 表示着陆器在月固系中的位置分量，r_0 表示月球地形模型的参考半径，$r(\lambda,\varphi)$ 表示着陆器的高程，是着陆器经纬度的函数，可通过地形模型计算，ε 为测量噪声。

针对 30 分钟测轨数据，使用月面地形约束进行定位分析，高程不确定度设置为 50 m，其他参数同表 10.2。图 10.3 给出了短弧条件（30 分钟测量数据）下，不同数据组合模式下的定位计算结果。相对于不采用高程约束，定位计算精度得到了明显提高，其中模式（A）～（C）定位精度均优于 500 m，且不同跟踪条件下定位结果较为一致，非常稳定。但是模式（D）的定位精度并没有明显改善，这同样是因为该分析考虑了 VLBI 时延测量的系统偏差，如果不考虑该系统性偏差，则误差椭圆迅速收敛至 100 m 范围内，优于模式（A）～（C）的定位结果。

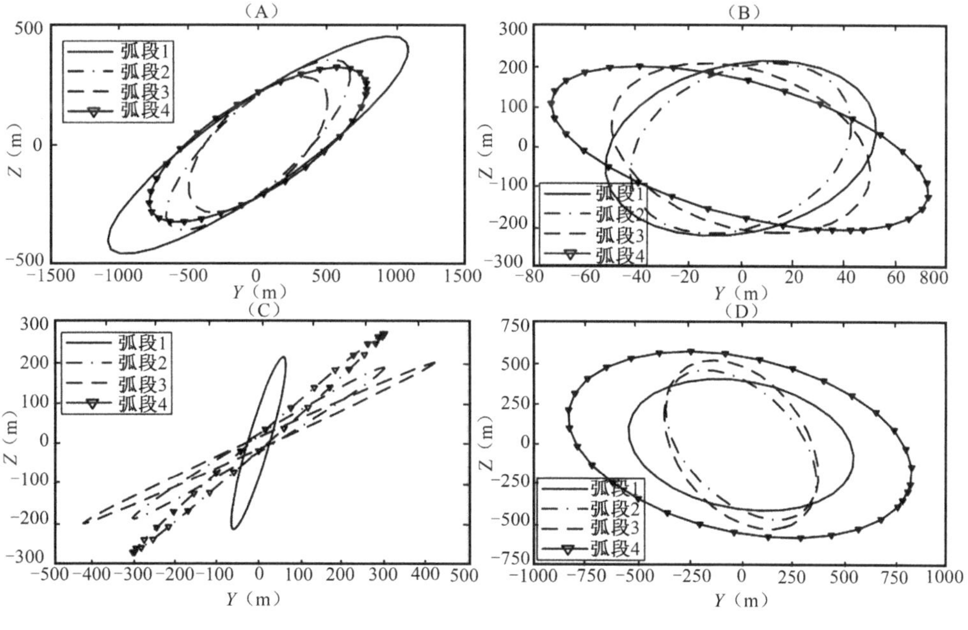

图 10.3　3σ 误差椭圆（二）

参考文献

[1] Visser P, Ambrosius B. Orbit Determination for TOPEX/Poseidon and TDRSS Satellites Using TDRSS and BRTS Tracking. Advances in Space Research, 1997, 19:1641-1644.

[2] Tapley B D, Schutz B E, Born G H. Statistical Orbit Determination. London: Academic Press, 2004.

[3] 武汉大学测绘学院测量平差学科组. 误差理论与测量平差基础. 武汉: 武汉大学出版社, 2009.

[4] 黄 珹，刘 林. 参考坐标系及航天应用. 北京：电子工业出版社，2015.

附　　录

附录 A　天文常数

下面的单位中，米（m）、千克（kg）和秒（s）分别为国际单位系统（SI）中的长度、质量和时间单位。

1．定义常数（Defining Constants）

光速（Speed of Light）　　$c = 299\ 792.458\ \times 10^3\,\mathrm{ms}^{-1}$

高斯引力常数（Gaussian Gravitational Constant）

$$k = 0.017\ 202\ 098\ 95 = 3\ 548''.187\ 606\ 965\ 1$$

1-d(TT)/d(TCG)　　$L_G = 6.968\ 290\ 134 \times 10^{-10}$

1-d(TDB)/d(TCB)　　$L_B = 1.550\ 519\ 768 \times 10^{-8}$

TDB-TCB ($T_0 = 244\ 3144.5003\ 752$)　　$TDB_0 = -6.55 \times 10^{-5}\,\mathrm{s}$

地球自转角（J2000.0UT1）　　$\theta_0 = 2\pi \times 0.779\ 057\ 273\ 2640\ \mathrm{rad}$

地球自转角变化率　　$\mathrm{d}\theta / \mathrm{d}UT1 = 2\pi \times 1.002\ 737\ 811\ 911\ 355\ 48\ \mathrm{rad/day}(UT1)$

2．自然可测量常数

引力常数（Constant of Gravitation）　　$G = 6.674\ 28 \times 10^{-11}\ \mathrm{m}^3 / (\mathrm{kg} \cdot \mathrm{s}^2)$

3．天体常数

日心引力常数（Heliocentric Gravitational Constant）

$$GS = 1.327\ 124\ 400\ 41 \times 10^{20}\ \ \mathrm{m}^3\mathrm{s}^{-2}\,(TDB)$$

地球赤道半径（Equatorial Radius for Earth）　　$a_e = 6\ 378\ 136.6\ \mathrm{m}$

地球形状力学因子（Dynamical Form-factor for Earth）　　$J_2 = 0.001\ 082\ 635\ 9$

地球扁率（Flattening Factor for the Earth）　　$f = 0.003\ 352\ 8197 = 1/298.256\ 42$

地心引力常数（Geocentric Gravitational Constant）

$GE = 3.986\ 004\ 356 \times 10^{14}\ \mathrm{m^3 s^{-2}}\ (TDB)$

地球平均自转角速度 $\omega = 7.292\ 115 \times 10^{-5}$ rad/s

月球与地球质量比（Ratio of Mass of Moon to that of Earth） $\mu = 0.012\ 300\ 037\ 1$

4．其他常数（Primary Constants）

一天文单位的长度（Unit Distance） $au = 1.495\ 978\ 707\ 00 \times 10^{11}$ m

1-d(TCG)/d(TCB)（平均值） $L_C = 1.480\ 826\ 867\ 41 \times 10^{-8}$

一天文单位的光行时间（Light-time for Unit Distance） $\tau_A = 499.004\ 783\ 84$s

黄经总岁差（General Precession in Longitude, Per Julian Century, at standard Epoch 2000） $p = 5028''.796\ 195$/儒略世纪

平黄赤交角（Obliquity of the Ecliptic, at Standard Epoch 2000） $\varepsilon = 23^\circ 26' 21''.406$

章动常数（Constant of Nutation, at Standard Epoch 2000） $N = 9''.205\ 233\ 1$

太阳视差（Solar Parallax） $\pi = 8''.794\ 143$

光行差常数（Constant of Aberration, for Standard Epoch 2000） $\kappa = 20''.495\ 51$

太阳质量（Mass of the Sun） $S = GS/G = 1.988\ 4 \times 10^{30}$ kg

5．太阳与行星质量比

水星（Mercury）	6 023 600	火星（Mars）	3 098 703.59
金星（Venus）	408 523.71	木星（Jupiter）	1 047.348 644
地球（Earth）	332 946.048 7	土星（Saturn）	3 497.901 8
地球+月球（Earth+Moon）	328 900.559 6	天王星（Uranus）	22 902.98
		海王星（Neptune）	19 412.26

冥王星（Pluto）* 136 566 000

*根据 IAU 2006 年第 26 届大会的有关决议，冥王星被定义为矮行星。

附录 B　常微分方程数值解的常用方法

表达太阳系天体（包括人造天体，即各类航天器）运动的微分方程相当复杂，除最简单的二体问题外，到目前为止都未能给出严格解，即使在一定条件下（或某种近似的条件下），采用受摄二体问题数学模型，给出了相应的小参数幂级数解，但要满足高精度要求，就涉及幂级数解的高阶项，其项数之多，不仅难以推导，即使具体推出亦难以采用，甚至有的摄动因素还无法用简单的分析表达式建模。然而，对于某些问题并不需要给出分析解，如前面各章所阐述的各类天体的定轨和相应的轨道预报等，只要给出相应微分方程满足一定精度的离散解即行，这种提供离散解的方法就是解微分方程（即常微分方程，以下略）的数值方法。数值方法在解决轨道力学问题中占有十分重要的地位，在当今计算机技术高度发展的时代，更显出其优越性。当然，这并不是说它可以代替分析方法和定性方法，因为对天体运动的研究，更重要的是给出运动规律，对于各类航天器的运动亦如此，数值方法虽不能解决，但它可以提供一些有益的“信息”，在运动规律的研究中也是不可缺少的辅助方法。

B.1　有关数值解法的基本知识

B.1.1　数值解法的基本思想

对于一个微分方程的初值问题，即

$$\begin{cases} \dfrac{\mathrm{d}x}{\mathrm{d}t} = f(x,t), \\ x(a) = x_0,\ \ a \leqslant t \leqslant b \end{cases} \tag{B.1}$$

x 可以看成矢量（如坐标 $\vec{r}$ 和速度 $\dot{\vec{r}}$），求该问题的数值解就是设法在区间 $[a,b]$ 上的一系列离散点 $t_n\,(n=1,2,\cdots,m)$ 处，计算出解 $x(t)$ 的近似值 $x_1, x_2, \cdots, x_m$，这里

$$a = t_0 < t_1 < t_2 < \cdots < t_m = b \tag{B.2}$$

如无特殊要求，通常是将 t_n 取成等间隔的，即

$$t_n = t_0 + nh,\quad n = 1,2,\cdots,m \tag{B.3}$$

其中，$t_0 = a$，h 为步长。由初值 $x_0 = x(t_0) = x(a)$ 求出 x_1，再由 x_1 求出 x_2，依次求

出 x_m，得到 m 个离散点上的 x_n 值，此即用一种离散化方法来处理连续性问题。

当然，要由 x_n 求出 x_{n+1}，一个最直接的方法就是利用泰勒（Taylor）展式，即

$$x_{n+1} \approx x_n + h\left(\frac{\mathrm{d}x}{\mathrm{d}t}\right)_{t_n} + \frac{h^2}{2!}\left(\frac{\mathrm{d}^2 x}{\mathrm{d}t^2}\right)_{t_n} + \cdots + \frac{h^p}{p!}\left(\frac{\mathrm{d}^p x}{\mathrm{d}t^p}\right)_{t_n} \tag{B.4}$$

其中，p 为一正整数。通过方程（B.1）可以逐步把各阶导数求出，有

$$\begin{cases} \left(\dfrac{\mathrm{d}x}{\mathrm{d}t}\right)_{t_n} = f\left(x_n, t_n\right) \\ \left(\dfrac{\mathrm{d}^2 x}{\mathrm{d}t^2}\right)_{t_n} = \left(\dfrac{\partial f}{\partial t} + \dfrac{\partial f}{\partial x}\dfrac{\mathrm{d}x}{\mathrm{d}t}\right)_{t_n} \\ \quad\vdots \end{cases} \tag{B.5}$$

这显然也是一种离散化方法，但必须计算高阶导数，当方程（B.1）的右函数 $f\left(x,t\right)$ 比较复杂时，计算高阶导数就变得相当麻烦，而天体（特别是各类航天器）运动方程的右函数往往就属于这种情况。因此，在一般情况下，泰勒多项式不宜直接引用，各种数值解法几乎都是采用若干个右函数值来代替高阶导数值，使计算得以简化，这就是微分方程数值解法的基本思想。

B.1.2 一些基本概念

将泰勒展式从 $p=2$ 处截断，即取多项式（B.4）中的 $p=1$，得欧拉（Euler）公式为

$$\begin{cases} x_{n+1} = x_n + hf\left(x_n, t_n\right) \\ x_0 = x\left(t_0\right) \\ n = 0,1,2,\cdots \end{cases} \tag{B.6}$$

下面借用这一离散化的微分方程解来介绍数值方法的一些基本概念。

从欧拉公式可以看出，每前进一步，计算相应步点 t_{n+1} 上的 x_{n+1} 值时，只要知道前一步点 t_n 上的 x_n 值即可，这种方法称为单步法。若每前进一步时，需要知道前面多个步点上的 x 值，这种方法称为多步法。

从另一个角度来看，欧拉公式每前进一步计算 x_{n+1} 时，只需要知道前一步的 x_n 值，这样的公式称为显式公式。如果改为后退的欧拉公式，即

$$\begin{cases} x_{n+1} = x_n + hf\left(x_{n+1}, t_{n+1}\right) \\ x_0 = x\left(t_0\right) \end{cases} \tag{B.7}$$

则所要计算的 x_{n+1} 包含在右函数 f 中，此公式称为隐式公式。对于隐式公式，往往要采用迭代求解办法，而且还要提供 x_{n+1} 的初值 $x_{n+1}^{(0)}$。

既然数值方法给出的是解 $x(t)$ 在离散步点 t_n 上的近似值 x_n，因此就有一个误差问题，除初值误差外，还有截断误差和舍入误差。关于截断误差，仍用欧拉公式（B.6）来说明，相应的精确解 $x(t_{n+1})$ 应满足带余项的泰勒展式，即

$$x(t_{n+1}) = x(t_n) + h\dot{x}(t_n) + \frac{h^2}{2}\ddot{x}(\xi_n) \tag{B.8}$$

其中，ξ_n 为区间 (t_n, t_{n+1}) 中的某一点，因为

$$\dot{x}(t_n) = f\left(x(t_n), t\right)$$

上式可改写为

$$x(t_{n+1}) = x(t_n) + hf\left(x(t_n), t\right) + \frac{h^2}{2}\ddot{x}(\xi_n) \tag{B.9}$$

由此可见，欧拉公式（B.6）就是用精确解满足的表达式（B.9）截去其中的 $\frac{h^2}{2}\ddot{x}(\xi_n)$ 所得到的近似公式。而 $\frac{h^2}{2}\ddot{x}(\xi_n)$ 就称为欧拉方法的局部截断误差（简称截断误差），或局部离散误差，它与 h^2 同阶，记为 $O(h^2)$。当然，其实际大小还取决于导数 $\ddot{x}(t_n)$ 的值，这涉及解 $x(t)$ 的性质。由于丢掉的是二阶导数，就称欧拉方法为一阶方法。后面将会看到，对于一些常用的单步法，方法的阶数正好比方法的截断误差中 h 的幂次低 1 阶，即若截断误差为 $O(h^{p+1})$，则称方法为 p 阶的。因此，方法的阶数可作为衡量方法精度的一个重要标志。

舍入误差的产生涉及多种因素，大致有这几个方面：计算数据字长不可能无限（使用任何计算工具都是如此）；具有有限字长的数与数之间的运算（涉及计算程序的编法）；在计算机上计算右函数 $f(x,t)$ 所使用的程序精度等。由此可见，舍入误差的情况比截断误差复杂，但还是可以设法估计它的界，例如把舍入误差当作随机量，采用统计方法可得到较好的结果。

在讨论截断误差时，不免要提出这样的问题：当 $h \to 0$ 时，是否有 $x_n \to x(t_n)$？这里 $x(t_n)$ 和 x_n 各表示方程（B.1）的精确解和步点 t_n 上的数值解（近似解），这就是数值方法的收敛性问题。另一个问题是稳定性问题，不论是单步法或是多步法，某一步产生的误差（包括初值误差和舍入误差）都会传播下去，误差将会累积（即全局误差的累积），只有当误差的累积受到控制，相应的数值方法才是稳定的，否则称之为不稳定的。数值稳定性问题与数值方法的阶数以及步长都有关系，一个数

值方法是否实用，稳定性是至关重要的。

关于稳定性，有多种提法。对于有限的固定步长 h，在计算过程中某一步产生的误差，对以后的计算结果的影响不会步步增长，这种稳定性概念，就是通常所说的绝对稳定性。如果这种稳定性具有有限的稳定区边界，则称之为条件稳定的，否则就是无条件稳定的。对于多步法，无条件稳定性亦称为 A-稳定性。这些稳定性的提法都是针对数值方法本身的，而所讨论的微分方程（对应一种运动）应是稳定的。但天体（包括各种航天器）运动方程却不然，相应的开普勒运动就是运动不稳定的，任何一个稳定的数值方法，也无法控制其沿迹（即沿运动方向）误差的步步增长；如果一个数值方法不会使沿迹误差的增长更加恶化，有时也称该方法为相对稳定的。在动力天文中，对于长弧计算问题，一个数值方法能否控制运动沿迹误差的增长速度是至关重要的，这也许在一般定轨问题中并不重要，因为不会涉及太长的弧段。

关于收敛性、稳定性及误差估计问题，是数值方法中的几个重要的理论课题，如需要进一步深入了解，可阅读有关参考文献[1,2]。下面介绍一些常用的数值方法及其有关问题。

B.2 常用的单步法——Runge-Kutta 方法

一种常用的单步法就是众所周知的 Runge-Kutta 方法（简称 RK 方法），其基本思想是间接引用泰勒展式，即用积分区间 $[t_n, t_{n+1}]$ 上若干个点的 f 值的线性组合来代替 f 的导数，然后用泰勒展式确定相应的系数，这样既能避免计算右函数 f 的各阶导数，又能保证精度。

以常用的四阶 RK 方法为例，令

$$x_{n+1} = x_n + \sum_{i=1}^{4} c_i k_i \tag{B.10}$$

其中，c_i 为待定的权因子，k_i 满足下列方程，即

$$\begin{cases} k_i = hf\left(t_n + \alpha_i h, x_n + \sum_{j=1}^{i-1} \beta_{ij} k_i\right) \\ \alpha_1 = 0, \quad \beta_{ij} = 0, i = 1,2,3,4 \end{cases} \tag{B.11}$$

即

$$\begin{cases} k_1 = hf\left(t_n, x_n\right) \\ k_2 = hf\left(t_n + \alpha_2 h, x_n + \beta_{21} k_1\right) \\ k_3 = hf\left(t_n + \alpha_3 h, x_n + \beta_{31} k_1 + \beta_{32} k_2\right) \\ k_4 = hf\left(t_n + \alpha_4 h, x_n + \beta_{41} k_1 + \beta_{42} k_2 + \beta_{43} k_3\right) \end{cases} \tag{B.12}$$

系数 α_i, β_{ij} 的确定方法如下：将 k_i 右端的 f 在点 $\left(t_n, x_n\right)$ 处展开，有

$$\begin{aligned} & k_1 = hf_n \\ & k_2 = hf_n + h^2\left(\alpha_2 f'_{t_n} + \beta_{21} f'_{x_n} f_n\right) + \cdots \\ & \vdots \end{aligned}$$

以此代入式（B.10）并与 $x\left(t_n + h\right)$ 在 t_n 处的泰勒展式为

$$x\left(t_n + h\right) = x\left(t_n\right) + hf\left(t_n, x\left(t_n\right)\right) + \frac{h^2}{2}\left(f'_{t_n}, f'_{x_n} f_n\right)$$

逐项进行比较，令 h, h^2, h^3, h^4 的项系数相等，便得到确定 c_i 和 β_{ij} 的关系，即

$$c_1 + c_2 = 1, \quad c_2\alpha_2 = 1/2, \quad c_2\beta_{21} = 1/2, \cdots \tag{B.13}$$

显然，上述 $c_i, \alpha_i, \beta_{ij}$ 的选择并不唯一，有自由参数，它的不同选择就确定了不同的 RK 公式。

上述 RK 公式（B.10）～（B.11）是显式公式的，如果改写成

$$\begin{cases} x_{n+1} = x_n + \sum\limits_{i=1}^{m} c_i k_i \\ k_i = hf\left(t_n + \alpha_i h, x_n + \sum\limits_{j=1}^{m} \beta_{ij} k_i\right) \end{cases} \tag{B.14}$$

这种 RK 公式就是隐式公式的。而

$$k_i = hf\left(t_n + \alpha_i h, x_n + \sum_{j=1}^{i} \beta_{ij} k_i\right), \quad i = 1, 2, \cdots, m \tag{B.15}$$

则是对角隐式 RK 公式。在轨道力学中，通常采用的是显式 RK 公式。

不难看出，对于四阶 RK 公式，其阶数与每前进一步所需计算的函数值 f 的次数是一致的。但更高阶的 RK 公式所需计算的 f 值的次数要比阶数多。若用 $N(m)$ 表示只需计算 m 次 f 值所获得的方法的最高阶数，则有

$$N(m) = m, \quad 1 \leqslant m \leqslant 4 \tag{B.16}$$

$$N(5) = 4, \quad N(6) = 5, \quad N(7) = 6, \quad N(8) = 6, \quad N(10) = 7, \cdots \tag{B.17}$$

下面具体给出几种常用的显式 RK 公式。

B.2.1 四阶公式

1. 古典形式

其具体公式为

$$x_{n+1}=x_n+\frac{1}{6}\left[k_1+2k_2+2k_3+k_4\right] \tag{B.18}$$

$$\begin{cases}k_1=hf\left(t_n,x_n\right)\\k_2=hf\left(t_n+\frac{1}{2}h,x_n+\frac{1}{2}k_1\right)\\k_3=hf\left(t_n+\frac{1}{2}h,x_n+\frac{1}{2}k_2\right)\\k_4=hf\left(t_n+h,x_n+k_3\right)\end{cases} \tag{B.19}$$

2. Gill 公式（有减小舍入误差的优点）

其具体公式为

$$x_{n+1}=x_n+\frac{1}{6}\left[k_1+\left(2-\sqrt{2}\right)k_2+\left(2+\sqrt{2}\right)k_3+k_4\right] \tag{B.20}$$

$$\begin{cases}k_1=hf\left(t_n,x_n\right)\\k_2=hf\left(t_n+\frac{1}{2}h,x_n+\frac{1}{2}k_1\right)\\k_3=hf\left(t_n+\frac{1}{2}h,x_n+\frac{\sqrt{2}-1}{2}k_1+\left(1-\frac{\sqrt{2}}{2}\right)k_2\right)\\k_4=hf\left(t_n+h,x_n-\frac{\sqrt{2}}{2}k_2+\left(1+\frac{\sqrt{2}}{2}\right)k_3\right)\end{cases} \tag{B.21}$$

四阶 RK 方法是应用较广的一种单步法，对于轨道力学中的某些精度要求不太高而右函数又较简单的问题，也是适用的。

B.2.2 RKF 公式

RK 方法本身估计局部截断误差比较麻烦，为此，Fehlberg 提出了一种使用嵌套技术的 RK 方法[3]，利用参数 c_i,α_i,β_{ij} 可有不同选择的特点，同时给出 m 阶和 m+1 阶的两组 RK 公式，用两组公式算出的 x_{n+1} 之差可给出局部截断误差，由此可确定下一步的步长，这就起了自动选择步长的作用，此方法成为 Runge-Kutta-Fehlberg 方法，简称 RKF 方法。由于利用了自由选择参数的特点，实现了两组公式的嵌套，m 阶公式与 $m+1$ 阶公式相差甚少，具体见公式（B.22）～（B.30），只不过多算几次右函数值，即可给出局部截断误差。正是由于 RKF 方法具备这种优点，它已成为目前被广泛采用的单步法。

参考文献[3]中给出了 5（6 阶），6（7）阶，7（8）和 8（9）阶四个嵌套公式，相应地记为 RKF5（6），RKF6（7），RKF7（8）和 RKF8（9）。下面分别给出 RKF5（6），RKF6（7）和 RKF7（8）三套公式，以便读者直接引用。

1. RKF5（6）公式

其具体公式为

$$\begin{cases} x_{n+1} = x_n + h\sum_{i=0}^{5} c_i f_i + O\left(h^6\right) \\ \hat{x}_{n+1} = x_n + h\sum_{i=0}^{7} \hat{c}_i f_i + O\left(h^7\right) \end{cases} \tag{B.22}$$

$$\begin{cases} f_0 = f\left(t_n, x_n\right) \\ f_i = f\left(t_n + \alpha_i h, x_n + h\sum_{j=0}^{i-1} \beta_{ij} f_i\right), \quad i = 1,2,\cdots,7 \end{cases} \tag{B.23}$$

第 $n+1$ 步的局部截断误差为

$$TE = \frac{5}{66}\left(f_0 + f_5 - f_6 - f_7\right)h \tag{B.24}$$

系数 α_i， β_{ij}， c_i 和 $\hat{c}_i$ 参见表 B.1。

表 B.1　RKF5（6）公式相应的系数

<table>
<tr><th rowspan="2">j / i</th><th rowspan="2">α_i</th><th colspan="7">β_{ij}</th><th rowspan="2">c_i</th><th rowspan="2">$\hat{c}_i$</th></tr>
<tr><th>0</th><th>1</th><th>2</th><th>3</th><th>4</th><th>5</th><th>6</th></tr>
<tr><td>0</td><td>0</td><td>0</td><td></td><td></td><td></td><td></td><td></td><td></td><td>$\frac{31}{384}$</td><td>$\frac{7}{1408}$</td></tr>
<tr><td>1</td><td>$\frac{1}{6}$</td><td>$\frac{1}{6}$</td><td></td><td></td><td></td><td></td><td></td><td></td><td colspan="2">0</td></tr>
<tr><td>2</td><td>$\frac{4}{15}$</td><td>$\frac{4}{75}$</td><td>$\frac{16}{75}$</td><td></td><td></td><td></td><td></td><td></td><td colspan="2">$\frac{1125}{2816}$</td></tr>
<tr><td>3</td><td>$\frac{2}{3}$</td><td>$\frac{5}{6}$</td><td>$-\frac{8}{3}$</td><td>$\frac{2}{5}$</td><td></td><td></td><td></td><td></td><td colspan="2">$\frac{9}{32}$</td></tr>
<tr><td>4</td><td>$\frac{4}{5}$</td><td>$-\frac{8}{5}$</td><td>$\frac{144}{25}$</td><td>-4</td><td>$\frac{16}{25}$</td><td></td><td></td><td></td><td colspan="2">$\frac{125}{768}$</td></tr>
<tr><td>5</td><td>1</td><td>$\frac{361}{320}$</td><td>$-\frac{18}{5}$</td><td>$\frac{407}{128}$</td><td>$-\frac{11}{80}$</td><td>$\frac{55}{128}$</td><td></td><td></td><td>$\frac{5}{66}$</td><td>0</td></tr>
<tr><td>6</td><td>0</td><td>$-\frac{11}{640}$</td><td>0</td><td>$\frac{11}{256}$</td><td>$-\frac{11}{160}$</td><td>$\frac{11}{256}$</td><td>0</td><td></td><td></td><td>$\frac{5}{66}$</td></tr>
<tr><td>7</td><td>1</td><td>$\frac{93}{640}$</td><td>$-\frac{18}{5}$</td><td>$\frac{803}{256}$</td><td>$-\frac{11}{160}$</td><td>$\frac{99}{256}$</td><td>0</td><td>1</td><td></td><td>$\frac{5}{66}$</td></tr>
</table>

由公式（B.24）不难看出，对于五阶公式而言，只多算 2 次右函数（f_6 和 f_7）。

2. RKF6（7）阶公式

其具体公式为

$$\begin{cases} x_{n+1} = x_n + h\sum_{i=0}^{7} c_i f_i + O\left(h^7\right) \\ \hat{x}_{n+1} = x_n + h\sum_{i=0}^{9} \hat{c}_i f_i + O\left(h^8\right) \end{cases} \tag{B.25}$$

$$\begin{cases} f_0 = f\left(t_n, x_n\right) \\ f_i = f\left(t_n + \alpha_i h, x_n + h\sum_{j=0}^{i-1} \beta_{ij} f_i\right), \quad i = 1, 2, \cdots, 9 \end{cases} \tag{B.26}$$

第 n+1 步的局部截断误差为

$$TE = \frac{11}{270}\left(f_0 + f_7 - f_8 - f_9\right)h \tag{B.27}$$

相应的系数参见表 B.2。

表 B.2　RKF6（7）公式相应的系数

i \ j	α_i	β_{ij}									c_i	$\hat{c}_i$
		0	1	2	3	4	5	6	7	8		
0	0	0									$\frac{77}{1440}$	$\frac{11}{864}$
1	$\frac{2}{33}$	$\frac{2}{33}$									0	
2	$\frac{4}{33}$	0	$\frac{4}{33}$								0	
3	$\frac{2}{11}$	$\frac{1}{22}$	0	$\frac{3}{22}$							$\frac{1771561}{6289920}$	
4	$\frac{1}{2}$	$\frac{43}{64}$	0	$-\frac{165}{64}$	$\frac{77}{32}$						$\frac{32}{105}$	
5	$\frac{2}{3}$	$-\frac{2383}{486}$	0	$\frac{1067}{54}$	$-\frac{26312}{1701}$	$\frac{2176}{1701}$					$\frac{243}{2560}$	
6	$\frac{6}{7}$	$\frac{10077}{4802}$	0	$-\frac{5643}{686}$	$-\frac{116259}{16807}$	$-\frac{6240}{16807}$	$\frac{1053}{2401}$				$\frac{16807}{74880}$	
7	1	$-\frac{733}{176}$	0	$\frac{141}{8}$	$-\frac{335763}{23296}$	$\frac{216}{77}$	$-\frac{4617}{2816}$	$\frac{7203}{9152}$			$\frac{11}{270}$	0
8	0	$\frac{15}{352}$	0	0	$-\frac{5445}{46592}$	$\frac{18}{77}$	$-\frac{1215}{5632}$	$\frac{1029}{18304}$	0			$\frac{11}{270}$
9	1	$-\frac{1833}{352}$	0	$\frac{141}{8}$	$-\frac{51237}{3584}$	$\frac{18}{7}$	$-\frac{729}{512}$	$\frac{1029}{1408}$	0	1		$\frac{11}{270}$

由公式（B.27）可以看出，对于六阶公式而言，也只多算 2 次右函数（ f_8 和 f_9 ）。

3. RKF7（8）阶公式

其具体公式为

$$\begin{cases} x_{n+1} = x_n + h\sum_{i=0}^{10} c_i f_i + O\left(h^8\right) \\ \hat{x}_{n+1} = x_n + h\sum_{i=0}^{12} \hat{c}_i f_i + O\left(h^9\right) \end{cases} \tag{B.28}$$

$$\begin{cases} f_0 = f\left(t_n, x_n\right) \\ f_i = f\left(t_n + \alpha_i h, x_n + h\sum_{j=0}^{i-1} \beta_{ij} f_i\right), \quad i = 1,2,\cdots,12 \end{cases} \tag{B.29}$$

第 n+1 步的局部截断误差为

$$TE = \frac{41}{840}\left(f_0 + f_{10} - f_{11} - f_{12}\right)h \tag{B.30}$$

各系数参见表 B.3。

表 B.3　RKF7（8）公式相应的系数

i \ j	α_i	β_{ij} 0	1	2	3	4	5	6	7	8	9	10	11	c_i	$\hat{c}_i$
0	0	0												$\frac{41}{840}$	0
1	$\frac{2}{27}$	$\frac{2}{27}$												0	
2	$\frac{1}{9}$	$\frac{1}{36}$	$\frac{1}{12}$											0	
3	$\frac{1}{6}$	$\frac{1}{24}$	0	$\frac{1}{8}$										0	
4	$\frac{5}{12}$	$\frac{5}{12}$	0	$-\frac{25}{108}$	0	0	$\frac{125}{108}$	$-\frac{65}{27}$	$\frac{125}{54}$					0	
5	$\frac{1}{2}$	$\frac{1}{20}$	0	0	$\frac{1}{4}$	$\frac{1}{5}$								$\frac{34}{105}$	
6	$\frac{5}{6}$	$-\frac{25}{108}$	0	0	$\frac{125}{108}$	$-\frac{65}{27}$	$\frac{125}{54}$							$\frac{9}{35}$	
7	$\frac{1}{6}$	$\frac{31}{300}$	0	0	0	$\frac{61}{225}$	$-\frac{2}{9}$	$\frac{13}{900}$						$\frac{9}{35}$	
8	$\frac{3}{2}$	2	0	0	$-\frac{53}{6}$	$\frac{704}{45}$	$-\frac{107}{9}$	$\frac{67}{90}$	3					$\frac{9}{280}$	
9	$\frac{1}{3}$	$-\frac{91}{108}$	0	0	$\frac{23}{108}$	$-\frac{976}{135}$	$\frac{311}{54}$	$-\frac{19}{60}$	$\frac{17}{6}$	$-\frac{1}{12}$				$\frac{9}{280}$	

（续表）

j \ i	α_i	β_{ij} 0	1	2	3	4	5	6	7	8	9	10	11	c_i	$\hat{c}_i$
10	1	$\frac{2383}{4100}$	0	0	$-\frac{341}{164}$	$\frac{4496}{1025}$	$-\frac{301}{82}$	$\frac{2133}{4100}$	$\frac{45}{82}$	$\frac{45}{162}$	$\frac{18}{41}$			$\frac{41}{840}$	0
11	0	$\frac{3}{205}$	0	0	0	0	$-\frac{6}{41}$	$-\frac{3}{205}$	$-\frac{3}{41}$	$\frac{3}{41}$	$\frac{6}{41}$	0			$\frac{41}{840}$
12	1	$-\frac{1777}{4100}$	0	0	$-\frac{341}{164}$	$\frac{4496}{1025}$	$-\frac{289}{82}$	$\frac{2193}{4100}$	$\frac{51}{82}$	$\frac{33}{164}$	$\frac{12}{41}$	0	1		$\frac{41}{840}$

由公式（B.30）可以看出，对于七阶公式而言，同样也只多算 2 次右函数（f_8 和 f_9）。

B.3　线性多步法——Adams 方法和 Cowell 方法

对于初值问题方程（B.1），线性多步法的一般计算公式为

$$\begin{aligned}&\alpha_k x_{n+k}+\alpha_{k-1}x_{n+k-1}+\cdots+\alpha_0 x_n\\&=h\left(\beta_k f_{n+k}+\beta_{k-1}f_{n+k-1}+\cdots+\beta_0 f_n\right)\end{aligned}\tag{B.31}$$

其中，$\alpha_i,\beta_i\left(i=0,1,2,\cdots,k\right)$ 是与 n 无关的常数，$f_i=f\left(t_i,x_i\right)$，一般设 $\alpha_k=1$，$|\alpha_0|+|\beta_0|>0$（即 α_0 和 β_0 不同时为零）。上述公式表明，计算 t_{n+k} 步点上的 x_{n+k} 值时，需要知道它前面的 $t_{n+k-1},t_{n+k-2},\cdots,t_n$ 各步点上的 x_i 值。因此，称式（B.31）确定的方法为 k 步法。当 k=1 时即单步法，而 k>1 时则称多步法。又由于公式中出现的 x_i,f_i 都是线性的，故称线性多步法。当 $\beta_k=0$ 时，公式是显式的，否则为隐式的。

对于 k 步法，其特征多项式

$$\rho\left(\xi\right)=\alpha_k\xi^k+\alpha_{k-1}\xi^{k-1}+\cdots+\alpha_0\tag{B.32}$$

是很重要的。若方程（B.1）的右函数 $f\left(t,x\right)$ 在区域 $a\leqslant t\leqslant b,-\infty<x<\infty$ 中为 t,x 的连续函数，并对 x 满足 Lipschitz 条件，则 k 步法公式（B.31）对所有这样的 $f\left(t,x\right)$ 为稳定的充分与必要条件是 k 步法公式满足特征根条件，即特征多项式（B.32）的零点的模不大于 1，且在单位圆上的零点只能是单零点[1]。用这一条件不仅可以判别一个具体的 k 步法是否稳定，而且也说明了对于一个稳定的 k 步法公式，其系数的选择将有所“约束”。或者说，对于给定的多步公式，可以确定它的稳定边界。为此，举一简单的例子来说明。

用 Euler 方法解下列方程，即

$$\ddot{x}=\lambda x,\quad \lambda=\text{const}$$

相应的 Euler 公式为

$$x_{n+1}-x_n=hf_n=h\lambda x_n$$

其特征多项式

$$\rho(\xi)=\xi-(1+\lambda h)$$

的特征根（即零点）为

$$\mu_1=1+\lambda h$$

要想 Euler 法对于有限的固定步长 h 为绝对稳定，则应有

$$|\mu_1|=|1+\lambda h|\leqslant 1$$

因而使 $|\mu_1|=1$ 的 λh 值就构成绝对稳定区的边界。

下面介绍几种常用的多步法计算公式。

B.3.1　Adams 方法——显式公式与隐式公式

Adams 显式公式又称为 Adams-Bashforth 公式，隐式公式又称为 Adams-Moulton 公式。

1. Adams 显式公式

对微分方程（B.1）两端求积分，从 t_n 积分到 t_{n+1}，就得到等价的积分方程为

$$x(t_{n+1})=x(t_n)+\int_{t_n}^{t_{n+1}}f(t,x(t))\mathrm{d}t \tag{B.33}$$

可用插值多项式来代替上式右端的被积函数，从而使其离散化以得到数值公式。这里采用牛顿后差公式，记

$$\nabla^m f_n=\sum_{t=0}^{m}(-1)^l\binom{m}{l}f_{n-1} \tag{B.34}$$

∇ 为向后差分算子，即

$$\begin{cases}\nabla f_n=\nabla f(x_n)=f(x_n)-f(x_n-h)\\ \nabla^2 f_n=\nabla f(x_n)-\nabla f(x_n-h)\\ \qquad =f(x_n)-2f(x_n-h)+f(x_n-2h)\\ \vdots\end{cases} \tag{B.35}$$

相应的函数 f 的向后插值多项式为

$$p(t)=\sum_{m=0}^{k-1}(-1)^m\binom{-s}{m}\nabla^m f_n \tag{B.36}$$

这里用 k 个插值点。辅助变量 s 为

$$s=\frac{t-t_0}{h} \tag{B.37}$$

相应地有

$$s+1=\frac{t-t_0}{h}+1=\frac{t-t_{n-1}}{h},\quad \cdots,\quad s+m-1=\frac{t-t_{n+m-1}}{h} \tag{B.38}$$

$\begin{pmatrix}-s\\ m\end{pmatrix}$是广义二项式系数，可表示为

$$\begin{pmatrix}-s\\ m\end{pmatrix}=(-1)^m\begin{pmatrix}s+m-1\\ m\end{pmatrix} \tag{B.39}$$

将插值多项式 $p(t)$ 代入式（B.33），得

$$x_{n+1}-x_n=\int_{t_n}^{t_{n+1}}p(t)\mathrm{d}t=h\sum_{m=0}^{k-1}\left[\int_{t_n}^{t_{n+1}}\frac{1}{h}(-1)^m\begin{pmatrix}-s\\ m\end{pmatrix}\mathrm{d}t\right]\nabla^m f_n$$

此式可写成

$$x_{n+1}=x_n+h\sum_{m=0}^{k-1}\gamma_m\nabla^m f_n \tag{B.40}$$

其中

$$\gamma_m=\int_{t_n}^{t_{n+1}}\frac{1}{h}(-1)^m\begin{pmatrix}-s\\ m\end{pmatrix}\mathrm{d}t=\int_0^1\begin{pmatrix}s+m-1\\ m\end{pmatrix}\mathrm{d}s \tag{B.41}$$

略去推导过程，直接给出 γ_m 所满足的递推关系为

$$\gamma_m+\frac{1}{2}\gamma_{m-1}+\frac{1}{3}\gamma_{m-2}+\cdots+\frac{1}{m+1}\gamma_0=1 \tag{B.42}$$

将差分公式（B.34）代入式（B.40），可得到用右函数值表示的计算公式，即

$$\begin{aligned}x_{n+1}-x_n&=h\sum_{m=0}^{k-1}\gamma_m\nabla^m f_n\\&=h\sum_{m=0}^{k-1}\gamma_m\sum_{t=0}^{m}(-1)^l\begin{pmatrix}m\\ l\end{pmatrix}f_{n-l}=h\sum_{m=0}^{k-1}\gamma_m\sum_{m=0}^{k-1}\gamma_m\begin{pmatrix}m\\ l\end{pmatrix}f_{n-l}\\&=h\sum_{l=0}^{k-1}\left[(-1)^l\sum_{m=0}^{k-1}\begin{pmatrix}m\\ l\end{pmatrix}\gamma_m\right]f_{n-l}\end{aligned}$$

该公式可简写为

$$x_{n+1}=x_n+h\sum_{m=0}^{k-1}\beta_{kl}f_{n-1},\quad k=1,2,\cdots \tag{B.43}$$

$$\beta_{kl}=(-1)^l\sum_{m=l}^{k-1}\begin{pmatrix}m\\ l\end{pmatrix}\gamma_m=(-1)^l\left[\begin{pmatrix}l\\ l\end{pmatrix}\gamma_l+\begin{pmatrix}l+1\\ l\end{pmatrix}\gamma_{l+1}+\cdots+\begin{pmatrix}k-1\\ l\end{pmatrix}\gamma_{k-1}\right] \tag{B.44}$$

式（B.40）和式（B.43）分别为用后差和右函数表达的 Adams k 步显式公式，计算 x_{k+1} 时，只用到前 k 个步点 $t_{n-k+1},t_{n-k+2},\cdots,t_n$ 上的 $x_{n-k+1},x_{n-k+2},\cdots,x_n$ 值。

2．Adams 隐式公式

对微分方程（B.1）两端从 t_{n-1} 到 t_n 求积分，得

$$x(t_n)-x(t_{n-1})=\int_{t_{n-1}}^{t_n} f\left(t,x(t)\right)\mathrm{d}t \tag{B.45}$$

与前面相同，仍用 f_n 的后差分表示插值公式，给出

$$x_{n+1}-x_n=h\sum_{m=0}^{k-1}\gamma_m^*\nabla^m f_n \tag{B.46}$$

仿照显式公式的推导过程，且下标改用同一形式，即得 Adams 隐式公式为

$$x_{n+1}-x_n=h\sum_{m=0}^{k-1}\beta_{kl}^* f_{n+1-l} \tag{B.47}$$

$$\beta_{kl}^*=(-1)^l\sum_{m=l}^{k-1}\binom{m}{l}\gamma_m^* \tag{B.48}$$

而 γ_m^* 满足下列递推关系，即

$$\gamma_m^*+\frac{1}{2}\gamma_{m-1}^*+\frac{1}{3}\gamma_{m-2}^*+\cdots+\frac{1}{m+1}\gamma_0^*=\begin{cases}1, & m=0\\0, & m\neq 0\end{cases} \tag{B.49}$$

$\gamma_0^*,\gamma_1^*,\cdots,\gamma_m^*$ 与 γ_m 之间有如下关系，即

$$\sum_{i=0}^{m}\gamma_i^*=\gamma_m,\quad m=0,1,2,\cdots \tag{B.50}$$

Adams 隐式公式与显式公式联合使用，即由 Adams 显式公式提供一个近似值 $x_{n+1}^{(0)}$，此即预估（PE），再用隐式公式进行校正（CE），从而得到所需要的 x_{n+1} 值。这一联合使用的方法就称为预估-校正法，简称 PECE 算法。对于受摄二体问题，可针对运动方程的特点，将右函数分解为主要（即中心引力加速度）和次要（即摄动加速度）两个部分，前者是校正的主要“内容”，这种方法又称为部分预估-校正法，简称 PECE*算法。

系数 γ_m，γ_m^* 和 β_{kl}，β_{kl}^* 的计算，在计算机上很容易实现的，这里为了某种需要，给出直到 12 阶（步）的系数 γ_m 和 γ_m^* 的值（m=1，2，…，11），见表 B.4。

表 B.4　γ_m 和 γ_m^* 的值

m	0	1	2	3	4	5
γ_m	1	$\frac{1}{2}$	$\frac{5}{12}$	$\frac{3}{8}$	$\frac{251}{720}$	$\frac{95}{288}$
γ_m^*	1	$-\frac{1}{2}$	$-\frac{1}{12}$	$-\frac{1}{24}$	$-\frac{19}{720}$	$-\frac{3}{160}$

（续表）

m	6	7	8	9	10	11
γ_m	$\frac{19087}{60480}$	$\frac{36799}{120960}$	$\frac{1070017}{3628800}$	$\frac{25713}{89600}$	$\frac{26842253}{95800320}$	$\frac{4777223}{17418240}$
γ_m^*	$-\frac{863}{60480}$	$-\frac{1375}{120960}$	$-\frac{33953}{3628800}$	$-\frac{8183}{1036800}$	$-\frac{3250433}{479001600}$	$-\frac{4671}{788480}$

B.3.2 Cowell 方法——Stromer 公式和 Cowell 公式

Cowell 方法是 1910 年由 Cowell 和 Grommelin 在预报哈雷彗星回归工作中提出的[4]，它是求解下列二阶方程初值问题，即

$$\begin{cases}\ddot{x}=f\left(x,t\right)\\ x\left(t_0\right)=x_0,\quad \dot{x}\left(t_0\right)=\dot{x}_0\end{cases} \tag{B.51}$$

的线性多步法。该二阶方程的特点是右函数不含速度 $\dot{x}$，而仅考虑引力作用的天体运动方程正是如此，Cowell 方法曾是天体力学有关问题常用的一种数值方法。在每一步计算中，只需要直接给出 x_n 而不必去算 $\dot{x}_n$。这比将二阶方程（B.51）写成一阶方程组后用 Adams 方法求数值解要简便些。

用于求解初值问题方程（B.51）的线性多步法计算公式与（B.31）式不同，其一般形式为

$$\alpha_k x_{n+k}+\alpha_{k-1}x_{n+k-1}+\cdots+\alpha_0 x_n=h^2\left(\beta_k f_{n+k}+\beta_{k-1}f_{n+k-1}+\cdots+\beta_0 f_n\right) \tag{B.52}$$

或写成

$$\sum_{i=0}^{k}\alpha_k x_{n+k}=h^2\sum_{i=0}^{k}\beta_k f_{n+k} \tag{B.53}$$

通常设 $\alpha_k=1,\left|\alpha_0\right|+\left|\beta_0\right|>0$。

1．Stromer 显式公式

对微分方程（B.51）求积分，得

$$\dot{x}\left(t\right)=\dot{x}\left(t_n\right)+\int_{t_n}^{t}f\left(t,x\left(t\right)\right)\mathrm{d}t \tag{B.54}$$

再积分该式两端，分别从 t_n 积到 t_{n+1} 和 t_n 积到 t_{n-1}，有

$$x\left(t_{n+1}\right)=x\left(t_n\right)+h\dot{x}\left(t_n\right)+\int_{t_n}^{t_{n+1}}\int_{t_0}^{t}f\left(t,x\left(t\right)\right)\mathrm{d}t^2$$

$$x\left(t_{n-1}\right)=x\left(t_n\right)-h\dot{x}\left(t_n\right)+\int_{t_n}^{t_{n-1}}\int_{t_0}^{t}f\left(t,x\left(t\right)\right)\mathrm{d}t^2$$

由这两式可消去 $\dot{x}\left(t_n\right)$，最后得一等价的积分方程，即

$$
\begin{aligned}
&x(t_{n+1})-2x(t_n)+x(t_{n-1})\\
&=\int_{t_n}^{t_{n+1}}\int_{t_0}^{t} f(t,x(t))\mathrm{d}t^2+\int_{t_n}^{t_{n-1}}\int_{t_0}^{t} f(t,x(t))\mathrm{d}t^2
\end{aligned}
\tag{B.55}
$$

用插值多项式代替被积函数，可给出离散化后的数值公式。类似 Adams 显式公式的推导过程，可得

$$
x(t_{n+1})-2x(t_n)+x(t_{n-1})=h^2\sum_{m=0}^{k-1}\sigma_m\nabla^m f_n \tag{B.56}
$$

其中

$$
\begin{cases}
\sigma_m=(-1)^m\int_0^1(1-s)\left[\begin{pmatrix}-s\\ m\end{pmatrix}+\begin{pmatrix}s\\ m\end{pmatrix}\right]\mathrm{d}s\\
s=\dfrac{t-t_0}{h}
\end{cases}
\tag{B.57}
$$

由此积分可给出系数 σ_m 的递推关系式[1]为

$$
\begin{cases}
\sigma_0=1\\
\sigma_m=1-\dfrac{3}{2}h_2\sigma_{m-1}-\dfrac{2}{4}h_3\sigma_{m-2}-\cdots-\dfrac{2}{m+2}h_{m+1}\sigma_0\\
\quad\;=1-\sum\limits_{i=1}^{m}\left(\dfrac{2}{i+2}h_{i+1}\right)\sigma_{m-1},\quad m=1,2,\cdots
\end{cases}
\tag{B.58}
$$

其中，h_i 是调和级数的前 i 项的部分和，即

$$
h_i=1+\frac{1}{2}+\cdots+\frac{1}{i} \tag{B.59}
$$

由后差公式（B.34），可将式（B.56）改写成用右函数表达的形式，即

$$
x_{n+1}-2x_n+x_{n-1}=h^2\sum_{m=0}^{k-1}\sigma_m\sum_{l=0}^{m}(-1)^l\begin{pmatrix}m\\ l\end{pmatrix}f_{n-1}=h^2\sum_{l=0}^{k-1}\left[(-1)^l\sum_{m=l}^{k-1}\sigma_m\begin{pmatrix}m\\ l\end{pmatrix}\right]f_{n-1}
$$

又可简写为

$$
x_{n+1}-2x_n+x_{n-1}=h^2\sum_{l=0}^{k-1}\alpha_{kl}f_{n-1},\quad k=1,2,\cdots \tag{B.60}
$$

其中

$$
\begin{aligned}
\alpha_{kl}&=(-1)^l\sum_{m=l}^{k-1}\sigma_m\begin{pmatrix}m\\ l\end{pmatrix}\\
&=(-1)^l\left[\begin{pmatrix}l\\ l\end{pmatrix}\sigma_l+\begin{pmatrix}l+1\\ l\end{pmatrix}\sigma_{l+1}+\cdots+\begin{pmatrix}k-1\\ l\end{pmatrix}\sigma_{k-1}\right]
\end{aligned}
\tag{B.61}
$$

式（B.56）和（B.60）即 Stromer 显式公式。

2．Cowell 隐式公式

仿照建立 Adams 隐式公式的方法，容易给出[1]

$$x_n - 2x_{n-1} + x_{n-2} = h^2 \sum_{m=0}^{k-1} \sigma_m^* \nabla^m f_n \tag{B.62}$$

其中

$$\sigma_m = (-1)^m \int_{-1}^{0} (1-s)\left[\binom{-s}{m} + \binom{s+2}{m}\right] \mathrm{d}s \tag{B.63}$$

s 的意义同前。σ_m^* 与 σ_m 有类似的递推关系，即

$$\begin{cases} \sigma_0^* = 1 \\ \sigma_m^* = -\dfrac{3}{2} h_2 \sigma_{m-1}^* - \dfrac{2}{4} h_3 \sigma_{m-2}^* - \cdots - \dfrac{2}{m+2} h_{m+1} \sigma_0^* \\ \quad = 1 - \displaystyle\sum_{i=1}^{m} \left(\dfrac{2}{i+2} h_{i+1}\right) \sigma_{m-1}^*, \quad m = 1, 2, \cdots \end{cases} \tag{B.64}$$

且有

$$\sigma_m^* = \sigma_m - \sigma_{m-1} \tag{B.65}$$

相应地用右函数表达的 Cowell 隐式公式（改用与显式公式同样的下标）为

$$x_{n+1} - 2x_n + x_{n-1} = h^2 \sum_{l=0}^{k-1} \alpha_{kl}^* f_{n+1-l}, \quad k = 1, 2, \cdots \tag{B.66}$$

其中

$$\alpha_{kl}^* = (-1)^l \sum_{m=l}^{k-1} \binom{m}{l} \sigma_m^* = (-1)^l \left[\binom{l}{l} \sigma_l^* + \binom{l+1}{l} \sigma_{l+1}^* + \cdots + \binom{k-1}{l} \sigma_{k-1}^*\right] \tag{B.67}$$

同样，可将显式公式与隐式公式联合使用，建立预估-校正算法，这就构成了一个完整的 Cowell 方法，又称为第一 Cowell 方法。Cowell 和 Crommelin 还推荐采用二次积分的方法，也称为第二 Cowell 方法，但与第一 Cowell 方法相比，并无特点，通常采用的还是第一 Cowell 方法，因此就简称 Cowell 方法。

为了某种需要，这里也给出直到 12 阶的系数 σ_m 和 σ_m^* 的值（m=0，1，…，11），见表 B.5。

表 B.5　σ_m 和 σ_m^* 的值

m	0	1	2	3	4	5
σ_m	1	0	$\frac{1}{12}$	$\frac{1}{12}$	$\frac{19}{240}$	$\frac{3}{40}$
σ_m^*	1	−1	$\frac{1}{12}$	0	$-\frac{1}{240}$	$-\frac{1}{240}$

（续表）

m	6	7	8	9	10	11
σ_m	$\frac{863}{12096}$	$\frac{825}{12096}$	$\frac{237671}{3628800}$	$\frac{229124}{3628800}$	$\frac{3250433}{53222400}$	$\frac{60723}{1025024}$
σ_m^*	$-\frac{221}{60480}$	$-\frac{19}{6048}$	$-\frac{9829}{3628800}$	$-\frac{8547}{3628800}$	$-\frac{330157}{159667200}$	$-\frac{24377}{13305600}$

B.3.3 Adams-Cowell 方法

k 阶（即 k 步）Adams 公式的局部截断误差是 $O\left(h^{k+1}\right)$，而 Cowell 公式的局部截断误差是 $O\left(h^{k+2}\right)$，因此 Cowell 公式比同阶的 Adams 公式精确。但是，随着天体力学（特别是轨道力学）问题的发展，考虑因素的不断增多，右函数中出现 $\dot{x}$（而且即使纯引力问题，有时也要给出 $\dot{x}$，例如人造地球卫星受摄星历的计算，就会出现上述两种情况），这就有必要将 Adams 方法与 Cowell 方法联合使用。

考虑初值问题，即

$$\begin{cases}\ddot{x}=f\left(x,\dot{x},t\right)\\ x\left(t_0\right)=x_0,\quad \dot{x}\left(t_0\right)=\dot{x}_0\end{cases} \tag{B.68}$$

可将方程（B.68）看成 $\dot{x}$ 的一阶方程，由 Adams 公式提供 $\dot{x}$，而同时用 Cowell 公式计算 x，这比单纯用 Adams 方法有效。这种联合使用的方法就称为 Adams-Cowell 方法，在天体（包括自然天体和人造天体）的精密星历表计算中常被采用。具体应用时，亦是采用预估-校正法，即显式公式与隐式公式相结合。

通过具体的应用效果来看，基本上可以归纳如下三点。

（1）Adams-Cowell 方法显然优于 Adams 方法，预估-校正法明显地比单纯的预估法好。

（2）多步法的阶数愈高，要使其稳定，则对计算步长应有所限制。

（3）对于 AC-PECE 算法，精度并不是简单地随方法的阶数增高而增高，还与稳定性有关（即误差的增长问题），在受摄情况下，一般阶数是 12~14 阶较好。

参考文献

[1] 南京大学数学系计算数学专业编. 常微分方程数值解法. 北京：科学出版社，1979.

[2] P. 亨利西著. 包雪松等译. 常微分方程离散变量方法. 北京：科学出版社，1985.

[3] Fehlberg E. Classical Fifth-sixth-severth and Eighth Order Rung-kuntta with Stepsite Control, NASA YR R-287, 1968.

[4] Cowell P H, Crommelin A C D. Appendix to Greenwich Obsercations for 1909. Edinburgh, 1910, 84.

附录 C 航天器定轨的算例

附录 C 将给出两类航天器的定轨计算结果,以此检验本专著所介绍的定轨方法的有效性。两类航天器中一类是环绕型航天器，即低轨地球卫星，记作航天器 A；另一类是非环绕型航天器，即嫦娥二号在小行星探测试验期间的运行段，记作航天器 B。两类航天器的定轨都是利用实测资料进行的，定轨结果可以体现实测资料的精度。

C.1 环绕型航天器的定轨算例

数据是 SZ-6 在轨一天 GPS 点位数据（已转至 J2000 历元地心天球坐标系），开始于 T_0 时刻，即 2005 年 10 月 12 日 08 时 20 分 11.389 秒（*UTC*），结束于 2005 年 10 月 13 日 08 时 20 分 11.389 秒（*UTC*）。

数据一般是 2～3 秒一个点，但中间有时存在一些间断，分布并不十分均匀，24 小时弧段共有 21 138 个点，点位数据标称精度 15m。

1．*初轨确定*

初轨由第 4 章中提供的方法计算，力学模型中加入了 $J2$ 摄动，数据使用从 T_0 时刻开始的 368s（约 6 分钟）资料。计算得到 T_0 时刻的初轨根数，可参见表 C.1，相应 6 分钟定轨弧段数据拟合的 RMS 为 12.5m。

表 C.1 T_0 时刻的初轨根数

a（km）	e	i（°）	Ω（°）	ω（°）	M（°）	$\omega+M$（°）
6 714.305 8	0.001 501 1	42.423 83	25.717 38	124.324 17	13.929 13	138.253 30

2．*数值法精密定轨*

数值法精密定轨指的是使用数值方法预报受摄星历，定轨中状态转移矩阵仍使用分析公式计算。定轨使用完整的 24 小时数据。定轨初值采用上面初轨确定给出的结果。

定轨过程估计 T_0 时刻状态量及大气组合参数 B^*，共 7 个参数。摄动模型考虑 20 阶次重力场、日月质点引力、大气阻力摄动、太阳辐射压和固体潮。定轨收敛后，精密轨道根数见表 C.2。

表 C.2　数值法确定的 T_0 时刻的精密轨道根数

a（km）	e	i（°）	Ω（°）	ω（°）	M（°）	$\omega+M$（°）
6 714.424 7	0.001 513 84	42.423 824	25.717 409	124.597 221	13.656 934	138.254 155

定轨总 RMS 为 19.9m，资料使用率 94.2%，改正后的 B^* 转为等效截面积为 8.0m^2（定轨采用的初值为 10.0m^2），残差分布如图 C.1 所示。

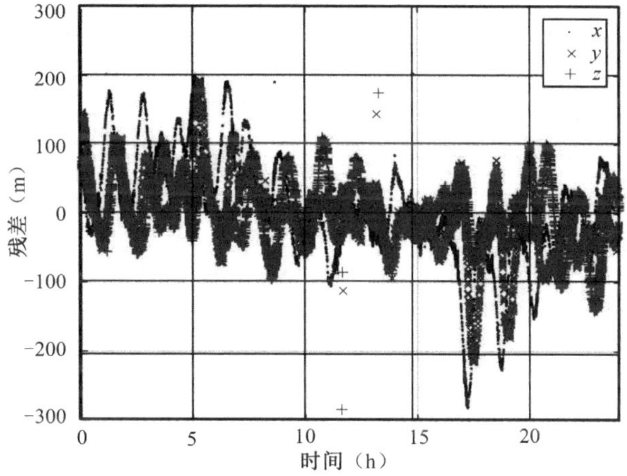

图 C.1　数值法定轨残差分布

3．分析法精密定轨

精密定轨中使用分析方法预报受摄星历及计算状态转移矩阵。定轨使用完整的 24 小时数据。定轨初值同样采用上面初轨确定给出的结果。

定轨过程估计 T_0 时刻状态量及大气组合参数 B^*，共 7 个参数。摄动模型考虑 15 阶带谐项、8 阶次田谐项、日月质点引力、大气阻力摄动、太阳辐射压和固体潮。定轨收敛后，精密轨道根数见表 C.3。

表 C.3　分析法确定的 T_0 时刻的精密轨道根数

a（km）	e	i（°）	Ω（°）	ω（°）	M（°）	$\omega+M$（°）
6 714.436 5	0.001 511 77	42.423 720	25.717 665	124.624 970	13.630 214	138.255 185

定轨总 RMS 为 60.7m，资料使用率 99.9%，改正后的 B^* 转为等效截面积为 6.8m^2（定轨采用的初值仍为 10.0m^2），残差分布如图 C.2 所示。

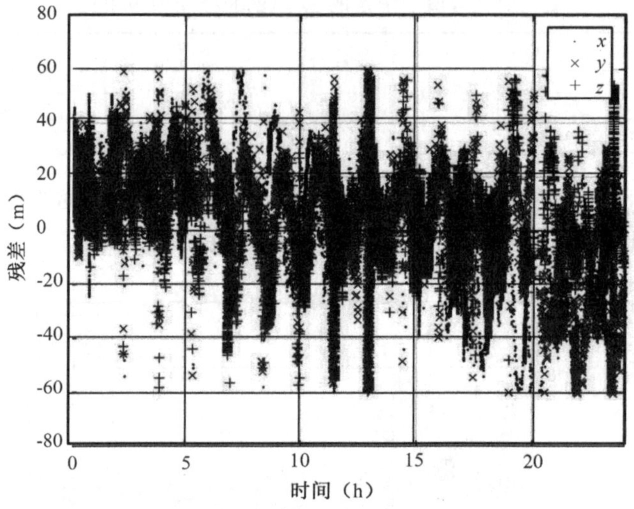

图 C.2 分析法定轨残差分布

C.2 非环绕型航天器的定轨算例

数据是嫦娥二号在小行星探测试验期间的地基 USB 与天文 VLBI 测量数据，数据原始采样率为 1s 一个点，为提高计算效率，重采样后为 10s 一个点。图 C.3 为 USB 与 VLBI 每次跟踪的弧段统计，USB 每天进行跟踪，跟踪弧段大约为 1 小时，每次轨控前后的 1 周内会增加跟踪弧段；VLBI 测控网每周跟踪两次，每次跟踪 2～6 小时，每次轨控前后 VLBI 测控网会适当加密跟踪，以保证探测器的定轨和预报精度。

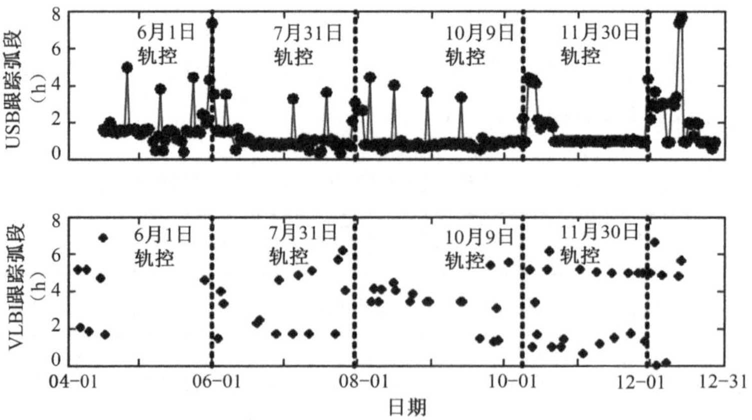

图 C.3 USB 与 VLBI 跟踪弧段

本算例采用精密定轨的结果评估观测数据的精度和稳定性。为了达到这一目的，在已有测量数据中，每次定轨计算引用 6 周的数据，每周进行一次，图 C.4 为定轨计算数据弧段选取示意图。阴影部分表示在连续 6 次定轨中同时引用的数据，实际处理中可根据这一“重叠”弧段精密轨道的差异来评估观测数据。

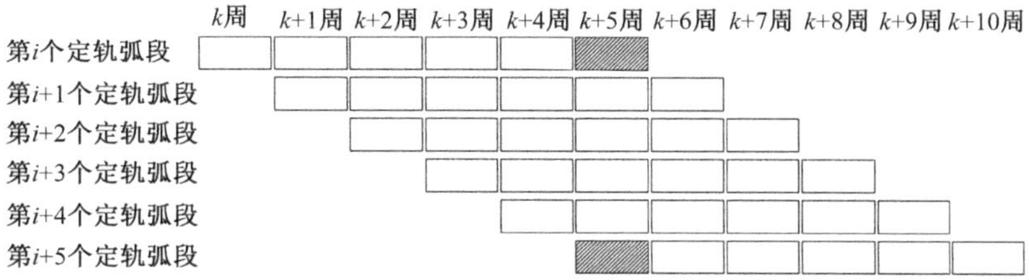

图 C.4　定轨使用弧段

表 C.4 为小行星探测试验期间嫦娥二号定轨计算所采用的策略，星历积分选取的是 J2000 地心天球参考系，考虑的引力为太阳、大行星及月球的质点引力，非引力考虑的是固定面质比的太阳光压。在数据预处理中除进行常规的对流层、电离层延迟修正外，还进行卫星的自旋修正。

表 C.4　定轨计算策略

项　　目	模　　型
坐标系	J2000 地心天球坐标系
第三体引力摄动	太阳及大行星、月球
太阳辐射压	固定面质比
非球形引力摄动	不考虑
相对论效应	Schwarzschild
解算参数	位置速度+光压系数 C_R
数据误差	测距: 3m 测速: 1mm/s 时延: 2ns
对流层折射修正	Hopfield 模型

图 C.5 为引用 6 周数据进行定轨的结果与引用全弧段 11 周数据定轨结果的比较，定轨历元取在重叠弧段。图 C.5 中的比较结果是精密轨道对应的位置[见图 B5（a）]和速度[见图 B5（b）]在 6 周数据定轨和全弧段定轨中的偏差。单独引用 USB 数据 6 周弧长定轨，重叠弧段位置偏差为 5～8km，而融合 VLBI 数据后的位置偏差为 1～3km。

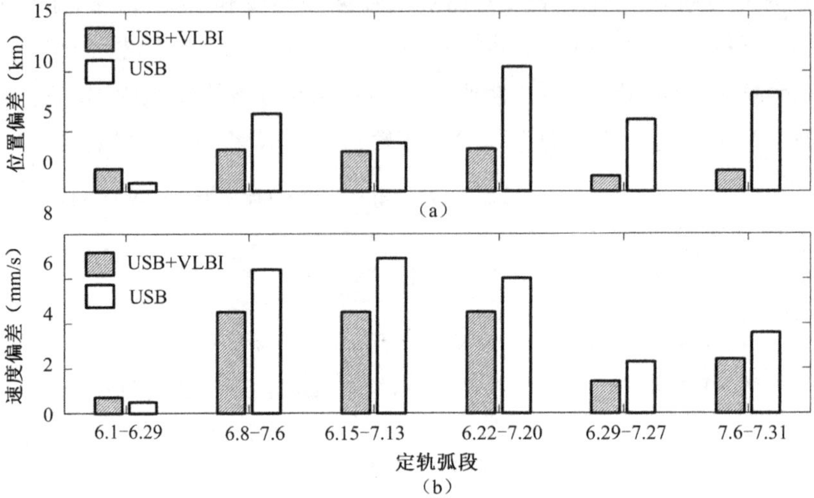

图 C.5　基于重叠弧段比较的精度评估

附录 D　主要天体的星体坐标系

IAU 地图坐标及旋转参数工作组（Working Group on Cartographic Coordinates and Rotational Elements），简称 IAU 工作组，在每三年一次的 IAU（国际天文联合会）大会上会递交一份相关的工作报告，并在会后正式发表。最新的报告，是在 2009 年里约热内卢 IAU 大会后于 2011 年发表的[1]，此前一份报告是在 2006 年布拉格 IAU 大会后于 2007 年发表的[2]。此外，NASA/JPL 的工具包 SPICE 中包含相关功能的实现[3]，该工具包被当作参考，用作和 IAU 报告的相关坐标转换进行对比，并体现同一坐标转换的不同实现之间的差异（SPICE 已内置实现不同算法的转换）。在 SPICE 的最新版本 N0064 中[3]，太阳系天体坐标系转换的内容是根据参考文献[2]实现的。

在 2009 年 IAU 工作组提出的报告中，空间坐标系是采用国际天球参考系（ICRF），该参考系与 J2000.0 历元平赤道坐标系存在微小的旋转（小于 0.1"），通常可忽略该差别，即认为 IAU 报告直接给出了各天体的体固坐标系与 J2000.0 天球坐标系之间的转换。最新版本的 SPICE 中也没有考虑这一差别。

以图 D.1 表示天体定向模型，α_0，δ_0 分别是天体平北极的赤经、赤纬，W 是距春分点 $90^\circ+\alpha_0$ 的节点方向 Q 至天体本初子午线方向 B 的角距。

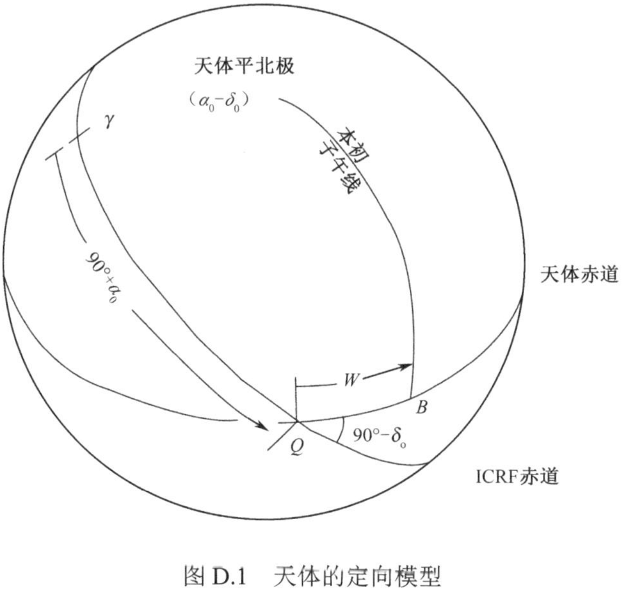

图 D.1　天体的定向模型

这一天体定向模型，就把各天体的天球坐标系、体固坐标系直接与地球的天球坐标系、体固坐标系联系起来了，引用方便。关于该系统的详细说明，详见参考文献[1]。引用该定向模型，从 J2000.0 天球坐标系（实为 ICRF，下同）$\vec{r}$ 到体固坐标系 $\vec{R}$ 的转换关系就可表示为

$$\vec{R} = \boldsymbol{R}_z(W)\boldsymbol{R}_x(90-\delta_0)\boldsymbol{R}_z(90+\alpha_0)\vec{r} \tag{D.1}$$

其中，旋转矩阵 $\boldsymbol{R}_{x,y,z}(\theta)$ 的定义同本书第 1 章中的定义，见式（1.22）～（1.24）。

针对深空探测的需求，这里列出太阳系 8 大行星和月球这 9 个天体涉及的北极点赤道坐标及本初子午线等参数。

水星：

$\alpha_0 = 281°.009\,7 - 0°.032\,8T$

$\delta_0 = 61°.414\,3 - 0°.004\,9T$

$$W = 329°.546\,9 + 6°.138\,502\,5d + 0°.009\,938\,22\sin(M1) - 0°.001\,045\,81\sin(M2) - 0°.000\,102\,80\sin(M3) - 0°.000\,023\,64\sin(M4) - 0°.000\,005\,32\sin(M5)$$

其中

$M1 = 174°.791\,086 + 4°.092\,335d$, $M2 = 349°.582\,171 + 8°.184\,670d$

$M3 = 164°.373\,257 + 12°.277\,005d$, $M4 = 339°.164\,343 + 16°.369\,340d$

$M5 = 153°.955\,429 + 20°.461\,675d$

金星：

$\alpha_0 = 272°.76$

$\delta_0 = 67°.16$

$W = 160°.20 - 1°.481\,368\,8d$

地球：

$\alpha_0 = 0°.00 - 0°.641T$

$\delta_0 = 90°.00 - 0°.557T$

$W = 190°.147 + 360°.985\,623\,5d$

火星：

$\alpha_0 = 317°.681\,43 - 0°.106\,1T$

$\delta_0 = 52°.886\,50 - 0°.060\,9T$

$W = 176°.630 + 350°.891\,982\,26d$

木星：

$$\alpha_0 = 268^\circ.056\,595 - 0^\circ.006\,499T + 0^\circ.000\,117\sin(Ja) + 0^\circ.000\,938\sin(Jb)$$
$$+0^\circ.001\,432\sin(Jc) + 0^\circ.000\,030\sin(Jd) + 0^\circ.002\,150\sin(Je)$$
$$\delta_0 = 64^\circ.495\,303 + 0^\circ.002\,413T + 0^\circ.000\,050\cos(Ja) + 0^\circ.000\,404\cos(Jb)$$
$$+0^\circ.000\,617\cos(Jc) - 0^\circ.000\,013\cos(Jd) + 0^\circ.000\,926\cos(Je)$$
$$W = 284^\circ.95 + 870^\circ.536\,000\,0d$$

其中

$$Ja = 99^\circ.360\,714 + 4\,850^\circ.404\,6T, \quad Jb = 175^\circ.895\,369 + 1\,191^\circ.960\,5T$$
$$Jc = 300^\circ.323\,162 + 262^\circ.547\,5T, \quad Jd = 114^\circ.012\,305 + 6\,070^\circ.247\,6T$$
$$Je = 49^\circ.511\,251 + 64^\circ.300\,0T$$

土星：

$$\alpha_0 = 40^\circ.589 - 0^\circ.036T$$
$$\delta_0 = 83^\circ.537 - 0^\circ.004T$$
$$W = 38^\circ.90 + 810^\circ.793\,902\,4d$$

天王星：

$$\alpha_0 = 257^\circ.311$$
$$\delta_0 = -15^\circ.175$$
$$W = 203^\circ.81 - 501^\circ.160\,092\,8d$$

海王星：

$$\alpha_0 = 299^\circ.36 + 0^\circ.70\sin(N)$$
$$\delta_0 = 43^\circ.46 - 0^\circ.51\cos(N)$$
$$W = 253^\circ.18 + 536^\circ.312\,849\,2d - 0^\circ.48\sin(N)$$

其中

$$N = 357^\circ.85 + 52^\circ.316T$$

月球：

$$\alpha_0 = 269^\circ.994\,9 + 0^\circ.003\,1T - 3^\circ.878\,7\sin(E1) - 0^\circ.120\,4\sin(E2)$$
$$+0^\circ.070\,0\sin(E3) - 0^\circ.017\,2\sin(E4) + 0^\circ.007\,2\sin(E6) - 0^\circ.005\,2\sin(E10)$$
$$+0^\circ.004\,3\sin(E13)$$

$$\delta_0 = 66^\circ.539\,2 + 0^\circ.013\,0T + 1^\circ.541\,9\cos(E1) + 0^\circ.023\,9\cos(E2) - 0^\circ.027\,8\cos(E3) + 0^\circ.006\,8\cos(E4) - 0^\circ.002\,9\cos(E6) + 0^\circ.000\,9\cos(E7) + 0^\circ.000\,8\cos(E10) - 0^\circ.000\,9\cos(E13)$$

$$W = 38^\circ.321\,3 + 13^\circ.176\,358\,15d - 1^\circ.4\times10^{-12}d^2 + 3^\circ.561\,0\sin(E1) + 0^\circ.120\,8\sin(E2) - 0^\circ.064\,2\sin(E3) + 0^\circ.015\,8\sin(E4) + 0^\circ.025\,2\sin(E5) - 0^\circ.006\,6\sin(E6) - 0^\circ.004\,7\sin(E7) - 0^\circ.004\,6\sin(E8) + 0^\circ.002\,8\sin(E9) + 0^\circ.005\,2\sin(E10) + 0^\circ.004\,0\sin(E11) + 0^\circ.001\,9\sin(E12) - 0^\circ.004\,4\sin(E13)$$

其中

$E1 = 125^\circ.045 - 0^\circ.052\,992\,1d,\quad E2 = 250^\circ.089 - 0^\circ.105\,984\,2d$

$E3 = 260^\circ.008 + 13^\circ.012\,000\,9d,\quad E4 = 176^\circ.625 + 13^\circ.340\,715\,4d$

$E5 = 357^\circ.529 + 0^\circ.985\,600\,3\,d,\quad E6 = 311^\circ.589 + 26^\circ.405\,708\,4d$

$E7 = 134^\circ.963 + 13^\circ.064\,993\,0d,\quad E8 = 276^\circ.617 + 0^\circ.328\,714\,6d$

$E9 = 34^\circ.226 + 1^\circ.748\,487\,7d,\quad E10 = 15^\circ.134 - 0^\circ.158\,976\,3d$

$E11 = 119^\circ.743 + 0^\circ.003\,609\,6d,\quad E12 = 239^\circ.961 + 0^\circ.164\,357\,3d$

$E13 = 25^\circ.053 + 12^\circ.959\,008\,8d$

上面的公式中，T 表示从 J2000.0 起算的儒略世纪，d 表示从 J2000.0 起算的儒略日，这里的标准历元 J2000.0 指的是 2000 年 1 月 1 日 12 时 TDB。

关于地球和月球，除上述 IAU 工作组的定义之外，各自都另有一套高精度的坐标转换方案[1]，IAU 方案对地球和月球而言只是为了提供一种备选策略，未必是最佳方案[1, 3]。

对于地球，IERS 提供了精确到微角秒级的坐标转换[4]，这里的 IAU 方案只针对平极忽略了章动，按照章动最大项估计，误差量级在 10^2 角秒也就是公里级。SPICE 文档[3]中给出的估计为大圆上位置误差约 6km，这和理论分析基本一致。

对于月球，IAU 方案存在同样的问题，因此和 JPL 历表相比同样存在一定误差。同时 IAU 方案使用的月球坐标系为平地球/极轴系统（Mean Earth/Polar Axis System，ME），而 JPL 使用的是惯量主轴系统（Principal Axis System，PA），这两者可以通过坐标旋转相互转换。参考文献[1]的报告中指出这两个坐标系的差别反映在月面上某点的坐标相差约 860m，同时 IAU 方案相比使用 JPL 历表误差在 150m 量级。